采煤机滚筒设计理论及性能研究

刘送永　杜长龙　高魁东　著

科学出版社

北京

内 容 简 介

采煤机滚筒是煤炭开采主要的关键部件，其截割性能和装载性能的优劣直接影响了煤炭开采效率和采煤机的可靠性。全书共分 6 章，系统地介绍了滚筒破煤理论、滚筒参数设计、滚筒截割性能研究、滚筒装煤性能研究、异形滚筒性能研究和滚筒动力学特性研究。书中内容力求浅显易懂，包含了大量的仿真和试验结果分析，深入浅出，易于理解。

本书体系完整、层次清楚、内容丰富，适合从事矿山工程研究的科技人员、高等院校相关专业的研究生和本科生阅读参考。

图书在版编目(CIP)数据

采煤机滚筒设计理论及性能研究/刘送永，杜长龙，高魁东著. —北京：科学出版社, 2018.12

ISBN 978-7-03-060207-7

Ⅰ. ①采… Ⅱ. ①刘… ②杜… ③高… Ⅲ. ①滚筒式-采煤机-研究
Ⅳ. ①TD421.6

中国版本图书馆 CIP 数据核字(2018) 第 292271 号

责任编辑：惠 雪 曾佳佳／责任校对：杨聪敏
责任印制：张 伟／封面设计：许 瑞

科学出版社 出版
北京东黄城根北街 16 号
邮政编码：100717
http://www.sciencep.com

北京中石油彩色印刷有限责任公司 印刷
科学出版社发行 各地新华书店经销
*
2018 年 12 月第 一 版 开本：720 × 1000 1/16
2018 年 12 月第一次印刷 印张：17 3/4
字数：350 000

定价：139.00 元

(如有印装质量问题，我社负责调换)

前　言

作为煤炭生产与消费大国，我国的能源消费和能源安全中煤炭占有重要的地位。根据国家能源战略行动计划和相关研究，到 2020 年、2030 年、2050 年，煤炭在我国一次性能源结构中的比重将保持在 62%、55%和 50%左右，煤炭消费总量将达到 45 亿~48 亿 t，煤炭作为主体能源的地位不会改变。然而，随着煤炭的逐年开采，开采工作面日益复杂，为了延长矿井服务年限以及提高资源回收率，对难开采煤层 (薄、极薄煤层，夹矸煤层，小断层煤层) 的开采日显重要。滚筒采煤机是目前煤炭开采的主要设备，其性能直接影响煤矿的生产效率和开采成本，如何提高滚筒采煤机在复杂煤层环境下的适应性和机械化程度已成为亟待解决的关键技术问题。

滚筒是采煤机的关键部件，承担着截煤、输煤及喷雾灭尘等任务，消耗的功率占整个采煤机装机功率的 80%~90%，并且采煤机的生产能力、比能耗、工作时的负载状况、截齿的受力情况、块煤率、粉尘量、工作平稳性、可靠性、装煤效果等各项性能指标都与滚筒有着密切的关系。因此，滚筒截割性能的优劣直接影响着整台采煤机的生产效率和可靠性。目前对于采煤机滚筒，仍然有以下几个方面需要进一步研究，以提高复杂煤层环境下的适应性和机械化程度：

(1) 采煤机截割工况复杂，不同截割工况、不同型号采煤机滚筒最佳匹配参数往往不同，每次参数改变均需重新建模、优化，导致产品设计周期长、经济性差，对滚筒进行参数化设计以适应不同工作对象有待研究。

(2) 对含有螺旋叶片形式滚筒及异形滚筒的研究不够具体和深入，且对含有不同煤岩界面煤层时滚筒截割载荷的变化有待进行系统性分析，以掌握不同形式滚筒在不同工作面特性下的截割性能。

(3) 对于滚筒装煤性能的研究，研究手段主要以理论推导和软件仿真为主，理论推导的方法需要较强的理论基础且推导出的结果往往与实际情况相差较大，软件仿真忽略了一些因素的影响，不能完全模拟滚筒的装煤工况，因此需要结合试验研究方法，对滚筒装煤性能及机理进行研究。

(4) 滚筒截割复杂煤岩时的突变特征及其载荷变化存在典型的非线性动力学特性，具有分形、混沌特征，研究滚筒截割系统载荷不确定性内在本质规律，揭示滚筒截割煤岩系统的动力学特性有待深入探讨。

针对上述问题，作者在国家 863 计划课题“薄煤层开采关键技术与装备” (项目编号：2012AA062100) 和国家自然科学基金青年科学基金项目“具有非连续冲击和摩擦行为的多体截割系统动力学特性研究”(项目编号：51005232) 等项目的资助下，开展了采煤机滚筒设计理论及性能研究，旨在提高不同煤层特性下滚筒的开采效率，为井下机械化、无人化开采提供技术指导。

本书以《采煤机滚筒截割性能及截割系统动力学研究》博士学位论文为基础，扩展了采煤机滚筒装煤理论、异形滚筒性能的研究内容。全书共分 6 章，重点介绍了滚筒破煤理论、滚筒参数设计、滚筒截割性能研究、滚筒装煤性能研究、异形滚筒性能研究和滚筒动力学特性研究。本书可供从事机械工程和采矿工程等领域的研究学者和工程技术人员参考。

本书的撰写参考了大量有关采掘机械方面的文献，在书稿的准备过程中，研究生姬会福、刘晓辉、纪云等承担了部分书稿的整理录入和校对工作，在此一并表示感谢。

限于作者水平，书中难免有疏漏和不妥之处，敬请读者批评指正。

刘送永

2018 年 9 月 25 日

目　录

第1章　滚筒破煤理论

煤岩是采煤机的截割破碎对象，对采煤机滚筒受力、截割比能耗、截割块煤率、生产效率、机器寿命、截割功率等均有直接影响。为此，需要了解煤的结构特性、物理机械特性以提高采煤机的截割效率。同时，滚筒是采煤机的关键部件，承担着截煤、输煤及喷雾灭尘等任务，消耗的功率占整个采煤机装机功率的 80%~90%。为研究煤的截割破碎机理，探索采煤机滚筒截煤过程的合理结构参数、运动参数，以提高采煤机的可靠性、稳定性，使其更为有效地工作，需要对截齿的破煤机理、滚筒截煤机理及滚筒装煤理论进行研究。

1.1　煤岩特性

煤是采煤机的截割对象，其结构特点和物理机械性质对采煤机滚筒的截割载荷、比能耗、截割效率、块煤率、运行平稳性、可靠性以及使用寿命均有直接影响，并且对采煤机的整机选型和使用条件也具有较大影响[1]。为此，开展采煤机滚筒破煤理论的研究，首先需了解煤的结构特性以及煤的物理机械性质。

1.1.1　煤的结构特性

煤是远古地质时代的沉积物，是在与空气隔绝、高温、高压条件下，经过漫长的碳化变质过程形成的。原始沉积物的不同，碳化变质程度的差异，使煤的物理机械性质和煤的结构在不同地域有很大差异。煤在沉积过程中形成的分层面称为层理，地质力使煤破碎形成的断裂面称为节理，使煤各处的性质不同，即煤是一种各向异性非均质性的脆性材料[2−4]。煤的结构特性主要有以下两个方面。

1) 原生性构造特性

原生性构造特性由煤生成时的条件所致，如生成煤的材料、当时的自然条件和环境条件等。通常以层理、节理和非均质性等概念描述煤的原生性构造特性。其中，层理、节理属于潜伏性的，是指在煤层整体中固有的结构面，是一种非连续性弱结合面，通常不易被肉眼观察到，仅能在煤层破碎过程中显现出来，此时呈现出光滑而规则的离层面。

2) 次生性构造特性

次生性构造特性是由地质作用形成的煤特征，通常用断裂和裂隙两个概念进行描述。断裂是指在煤层内明显的分离面；裂隙则是煤层内张开着的明显的大裂缝。煤层中存在着弱结合面，使煤层强度大为降低。在煤的开采过程中，为降低能耗和延长采煤机械寿命，应充分利用弱结合面处煤层强度降低这一特点。煤层的裂缝主要有以下几种形态特性。

(1) 多缝性：几条长短不一的裂缝同时存在；

(2) 不规则性：裂缝走向呈不规则的曲线或折线状；

(3) 易窜性：一般情况下，煤层厚度较小，裂缝不可能总是在煤层中延伸，极易窜至顶板、底板或更远处；

(4) 复杂性：水平缝、垂直缝、斜交缝通常同时存在。

有时在煤层小分层之间有整层的比煤炭强度高的其他矿物成分，即岩石夹层，称为夹矸。岩石夹层有黏土质、炭质、泥板岩或粉砂岩，很少有砂岩或石灰岩。坚硬的矿物成分有碳酸盐类、硫化物类和硅化物类。为评价工作面煤层中含有岩石夹层的含量及其性质，须测量出整层厚度、纯煤层厚度和矸石小分层的厚度，以确定岩石夹层的岩石学类别及其抗切削强度。

1.1.2　煤的物理机械性质

煤的物理性质是由其组成成分、赋存环境、构造等因素决定的，主要包括容重、湿度、孔隙度、导电性和传热性等，其中与煤开采密切相关的是容重和湿度。

煤的机械性质是指煤体受到机械施加的外力时所表现出来的性质和抵抗外力的能力，主要有强度、截割阻抗、坚固性系数、破碎特性指数、脆性程度指数、摩擦磨蚀性。在破煤时可借助煤的机械性质选择截齿对煤体力的作用形式以及截齿的形状和种类等。因此，了解煤的机械性质对机械化采煤非常重要[5,6]。

对采煤机截割破煤过程、滚筒设计、截齿选型有重要影响的煤的物理机械性质主要有以下几项。

1) 煤的容重

煤的容重是指单位体积煤在干燥状态下的质量。根据煤的种类不同，其容重在 1300~1450kg/m^3 变化。通常情况下，煤的容重越小，所在煤层的节理、层理越发达，其强度越小，越容易截割。对于容重较小的煤层，可通过提高采煤机的牵引速度来提高截割效率和块煤率。

2) 煤的湿度

煤的湿度即含水量，指煤的缝隙中存留水的质量与煤固体的质量之比。含水量高的煤体，结构被弱化，其强度明显降低。开采湿度较大的煤层时，功率消耗较低，产尘量小，可通过设定采煤机牵引速度，使其大于常规煤层的开采速度，以提高截割效率和块煤率。

3) 煤的强度

煤的强度是指煤在外力作用方向抵抗破坏的能力，通常用抗压强度 (σ_{y})、抗拉

强度 (σ_t) 和抗剪强度 (τ) 来衡量。试验研究表明，在单轴试验条件下，煤的抗压强度 σ_y 最大，抗剪强度 τ 次之，抗拉强度 σ_t 最小，其比值关系大致为

$$\sigma_y : \tau : \sigma_t = 1 : (0.1 \sim 0.4) : (0.03 \sim 0.1) \tag{1-1}$$

煤作为非均质各向异性的脆性材料，其单轴抗压强度为 $4.9 \sim 49$MPa，抗拉强度为 $2.0 \sim 16.2$MPa，抗剪强度为 $1.1 \sim 4.9$MPa。因此，在选择采煤机采煤方式、设计滚筒或布置截齿时，应充分利用不同煤强度的特点，尽量利用拉伸和剪切破煤，以降低截齿负载和整机能耗。同时，由于煤的各向异性，不仅不同地区、不同矿层的煤岩强度不同，即使同一煤体不同方向的强度也不尽相同。对于煤的单轴抗压强度，苏联学者和英国学者通过试验研究表明，垂直于层理方向加载与平行于层理方向加载相比较，前者的抗压强度比后者大 30%~50%，甚至可能大 3 倍以上。

4) 煤的截割阻抗

对于一种煤炭而言，用结构参数固定的截齿进行截割时，单位截割深度的截割阻力大致为常数；而对于不同矿区甚至不同煤层的工作面，用同一截齿进行截割时，测定的单位截割深度的截割阻力则差别较大。因此，苏联学者用标准截齿(截割宽度为 20mm，截角为 40°，后角为 10°) 对煤岩体进行截割试验，测得单位切削厚度煤体作用于截齿上的截割阻力值，定义该截割阻力值为截割阻抗 A_z，如式 (1-2) 所示：

$$A_z = F_j / h \tag{1-2}$$

式中，F_j 为截齿所受截割阻力，N；h 为切削厚度，mm。

煤的截割阻抗可用于计算截割机构受力和采煤机械选型，能全面反映矿井条件的影响，是表征煤的截割性能的一个常用指标，同时也是对截齿及截割机构进行工程计算、优化设计的基础。

煤的截割阻抗为 $30 \sim 420$N/mm，从有效使用采煤机的角度，可根据截割阻抗将煤层分为三大类：

(1) $A_z = 30 \sim 180$N/mm 的煤称为软煤，在设计采煤机滚筒时可以选择较小截割功率，并且截线距可以相对较大；

(2) $A_z = 180 \sim 240$N/mm 的煤称为中硬煤，需根据煤层是韧性煤还是脆性煤合理设计采煤机滚筒及其截齿布置，选择合适的截割功率；

(3) $A_z = 240 \sim 420$N/mm 的煤称为硬煤，截割此种煤层时，必须采用较大截割功率的采煤机，并且截齿间距适当减小，以提高滚筒的破岩能力。

5) 煤的坚固性系数

煤的坚固性系数 f 又称煤的坚硬度，由苏联学者普罗托季亚科诺夫于 1926 年提出，又称普氏系数，是衡量煤破碎难易程度的指标。它综合反映了煤的强度、硬

度和弹塑性等因素。我国通常根据煤的坚固性系数 f 来划分各种采煤机械的适用煤层，并依据该系数对煤炭进行分类，规定 $f<1.5$ 的煤为软煤，$f=1.5\sim 3$ 的煤为中硬煤，$f=3\sim 4$ 的煤为硬煤。

从理论上分析，坚固性系数、抗压强度和截割阻抗是不能换算的，但根据大量实际应用证明，可以用坚固性系数 f 来确定煤岩的单向抗压强度 σ_{y} 和截割阻抗 A_{z}，其近似关系为

$$\sigma_{\mathrm{y}}=10f,\quad A_{\mathrm{z}}\approx 120f \tag{1-3}$$

6) 煤的破碎特性指数

采煤机所采煤的块度与采煤机的结构类型和结构参数有关，也取决于被截割煤的破碎特性。苏联学者通过试验研究证明，在碎煤总量中块度分布服从的统计分布规律如式 (1-4) 所示：

$$W=1-\exp\left(-\lambda_{\mathrm{p}}d_{\mathrm{s}}^{m_{\mathrm{p}}}\right) \tag{1-4}$$

式中，W 为透过筛孔 $d_{\mathrm{s}}(\mathrm{mm})$ 的碎煤量在截落煤岩总量中的比重，%；λ_{p} 为破碎程度参数，其值越小，破碎越严重；m_{p} 为破碎特性指数，对于具体煤层为一常数，一般为 $0.4\sim 1.3$，与截割工况无关，其值越大，煤破碎越严重，块度越小。

破碎特性指数是确定煤炭脆性程度指数的基础，也是对煤尘生成能力分级的基础，可根据此指数预测开采块煤率的大小。破碎特性指数 m_{p} 的计算公式可通过对式 (1-4) 两边取对数获得

$$m_{\mathrm{p}}=\frac{\ln\ln\left(\dfrac{1}{1-W}\right)-\ln\lambda_{\mathrm{p}}}{\ln d_{\mathrm{s}}} \tag{1-5}$$

7) 煤的脆性程度指数

脆性对煤炭破碎过程的影响很大，苏联学者通过试验确定了脆性程度指数 B_{w} 与截槽崩裂角 φ_{j} 和切削厚度 h 之间的关系：

$$\tan\varphi_{\mathrm{j}}=B_{\mathrm{w}}h^{-0.5} \tag{1-6}$$

因此，截齿截割时的截槽横断面面积为

$$\overline{S_{\mathrm{j}}}=h\left(b_{\mathrm{p}}+h\tan\varphi_{\mathrm{j}}\right)=h\left(b_{\mathrm{p}}+B_{\mathrm{w}}h^{0.5}\right) \tag{1-7}$$

式中，$\overline{S}_{\mathrm{j}}$ 为截槽的横断面面积，mm^2；b_{p} 为截齿的计算宽度，mm。

根据截割比能耗 $H_{\mathrm{W}}=K_{\mathrm{z}}A_{\mathrm{z}}/\overline{S_{\mathrm{j}}}$ 可得其计算公式为

$$H_{\mathrm{W}}=\frac{K_{\mathrm{z}}A_{\mathrm{z}}}{b_{\mathrm{p}}+B_{\mathrm{w}}h^{0.5}} \tag{1-8}$$

式中，H_W 为截割比能耗，$kW \cdot h/mm^3$；K_z 为综合考虑煤的压张效应、脆塑性、截齿几何参数、截割条件、截齿布置等参数得到的系数。

在参数 b_p、h、A_z 一定的条件下，截割比能耗与煤的脆性程度指数 B_w 有关，B_w 值越大煤质越脆，截割比能耗越小。因此，在一定程度上，脆性程度指数 B_w 可用于描述煤炭的截割比能耗。

基于脆性程度指数和煤的破碎特性指数 m_p 的相互关系，可获得煤炭脆性程度指数的工程计算公式：

$$B_w = \frac{\exp(2.3m_p)}{m_p^2} - 8.4 \tag{1-9}$$

一般情况下，煤的脆性程度指数 B_w 为 $1.3 \sim 8$，$B_w < 2.1$ 为韧性煤；$B_w = 2.1 \sim 3.5$ 为脆性煤；$B_w > 3.5$ 为极脆性煤。

8) 煤的摩擦磨蚀性

煤体对金属的摩擦作用大小用摩擦系数 μ_f 表示，μ_f 值大小因相互摩擦的材料种类而异，也因做相对运动的二者之间压力大小和相对速度大小而不同。表 1-1 给出了煤与钢、煤与煤的摩擦系数。

表 1-1　煤与钢、煤与煤的摩擦系数

材料	无烟煤		褐煤		末煤		焦油煤		一般煤
	静	动	静	动	静	动	静	动	
钢	0.84	0.29	1.00	0.58	0.84	0.32	0.84	0.32	—
煤	—	—	—	—	—	—	—	—	~0.39

苏联学者对煤与钢的摩擦系数的研究结果表明，当煤与钢的相对滑动速度增加时，μ_f 值下降；当法向压力增加时，μ_f 值减小。

煤炭对金属、硬质合金和其他固体的磨蚀能力称为煤的磨蚀性 (或研磨性)。煤炭对截齿的磨蚀性主要是由截齿与煤岩的摩擦引起的。苏联学者研究表明，煤炭的磨蚀性与其石英含量、石英核直径和抗拉强度有关。表征煤岩磨蚀性的方法很多，可以用标准金属试件在一定压力下与被测煤岩材料接触，并做相对移动。设压力为 P_m (N)，摩擦路程为 L_m (m)，金属试件磨损体积为 V_m (cm^3)，则磨蚀性系数 f_m 为

$$f_m = V_m / (P_m L_m) \tag{1-10}$$

1.2　截齿破煤机理

截齿作为采煤机主要的截割工具，直接作用于煤层，工作条件恶劣，为易损零部件，并且采煤机大部分功率消耗在截齿截割上。截齿的截割性能直接影响着采煤机工作机构的运行质量，提高截齿破岩性能是降低比能耗、降低生产成本、提高截

割效率、延长使用寿命、提高可靠性和经济效益的根本途径[7−10]。为此，对滚筒采煤机破煤机理的研究，需对截齿的截割机理进行分析。采煤机上使用的截齿主要有楔形截齿和镐形截齿，两者的破煤机理类似，但由于楔形截齿截割硬煤能力较弱，逐渐被淘汰，为此，本书所研究的截齿均针对镐形截齿。

1.2.1　截齿切削破煤过程

截齿破煤力学分析是研究破煤机理及建立截齿截割力学模型的基础，为此，需对其进行分析，截齿破煤过程和截齿截割载荷变化分别如图 1-1、图 1-2 所示[2]。

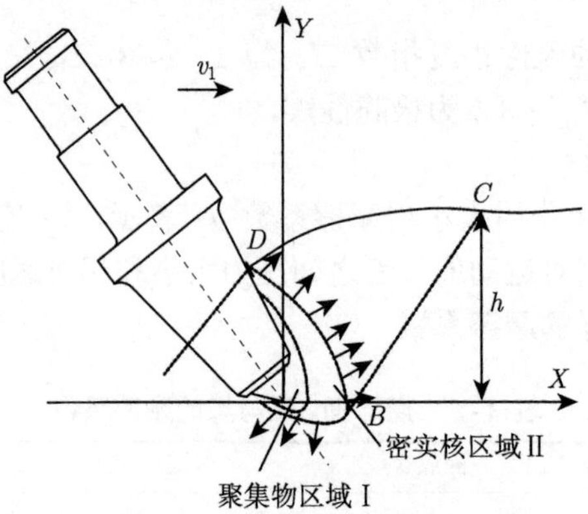

图 1-1　截齿破煤过程图

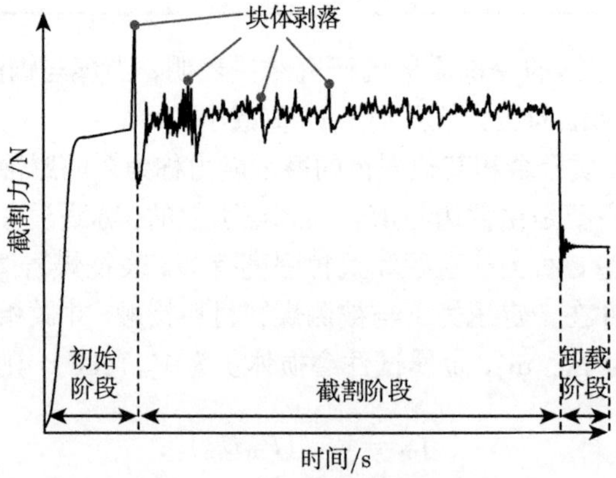

图 1-2　截齿截割载荷变化图

截齿以截割速度 v_1 截割煤体时，在接触处产生很高的压应力，并集中在很小的范围内。由于煤是脆性物质，当接触应力达到极限值时，煤体开始被局部压碎，形成很细的粉末，并形成煤粉密实核。在截齿截入的过程中，煤粉密实核部分将以很高的速度沿齿身锥面排出，从而压碎范围不断扩大，密实核也不断扩大，核内的煤粉因受到挤压而积聚能量，并向密实核四周的煤体施压，截齿的截割阻力也逐渐扩大。当密实核扩大到煤与截齿前面接触点 D 时，该处煤即发生小块脱落，密实核区域 II 的煤粉因受到强烈压缩而高速喷出，使积聚的能量突然释放，截割阻力也突然减小。煤粉在高速喷出时，与截齿齿身锥面发生强烈摩擦，致使在截齿齿尖部分形成聚集物区域 I，它黏附在截齿齿尖上并与截齿一起运动，同时对煤体产生楔入作用。截齿继续前进，密实核体积进一步扩大，截割阻力也继续扩大，直到再次发生小块剥落及煤粉喷出时，截割阻力下降。最后截齿运动到 B 点时，密实核内产生足够大的压力，使煤体内产生剪切裂纹，该裂纹随截齿前进并扩大到煤体表面，此时截割阻力达到最大值。进而煤块 BCD 沿裂纹 BC 剥落，密实核随之消失，截割阻力降到最小值。可见，截齿截煤过程是截入、密实核形成、跃进破碎的过程。

从断裂力学的角度分析，受压的煤体内部会产生裂隙，裂隙的进一步扩展是导致煤体破碎的直接原因。一般裂隙有三种扩展方式：张开型扩展、滑开型扩展和撕开型扩展，如图 1-3 所示。在截齿破煤的过程中，张力引起的张开型扩展起主要作用，使得煤体以 V 形崩落。

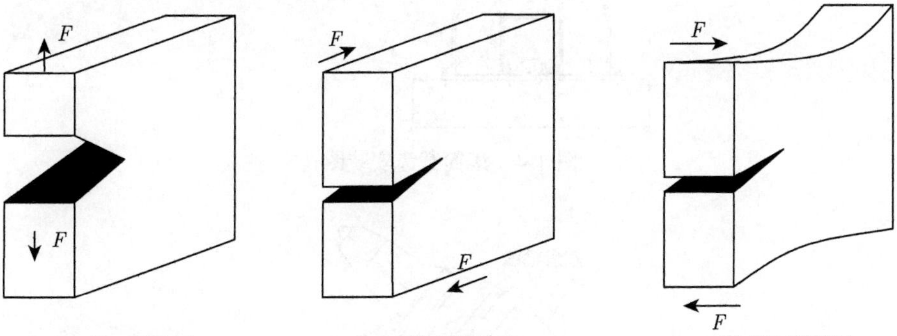

(a) 张开型扩展　(b) 滑开型扩展　(c) 撕开型扩展

图 1-3　裂隙扩展类型

1.2.2　截齿截煤截割力模型的建立

在对截齿截割力的研究中，主要的破岩理论包括苏联学者别隆[11] 的刀具切削理论、英国学者 Evans[12,13] 的最大拉应力理论、日本学者西松的库仑–莫尔理论[14] 以及我国学者牛东民提出的断裂力学理论[15,16]，这些理论是设计采掘机械截齿和工作机构 (滚筒、截割头) 的理论依据。虽然在文献 [17] 中给出了采煤机滚筒任意位置截齿的三向力计算公式，对计算采煤机滚筒叶片截齿的截割力提供了理论依据，但对于采煤机滚筒端盘截齿截割力的计算存在一定的误差，没有考虑端盘截齿倾斜角、歪斜角对截割力的影响；同时，采煤机滚筒在截割时，端盘截齿比叶片截齿受力状况更加复杂、恶劣，端盘截齿受力分析的准确度对设计采煤机滚筒有极大影响。

采煤机滚筒上截齿的安装角度分为：冲击角、倾斜角和歪斜角。冲击角为在滚筒的横截面内截齿轴线与滚筒径向线的夹角 (α_{cj})，如图 1-4 所示。滚筒横截面是指通过截齿齿尖垂直于滚筒轴线的平面，滚筒径向线是指齿尖所在的滚筒横截面内齿尖与中心点的连线。倾斜角为截齿轴线面以图 1-4 中截齿齿尖处滚筒切向线为旋转轴，旋转一定的角度后与滚筒横截面所成的二面角 (α_{qx})，其中截齿轴线面

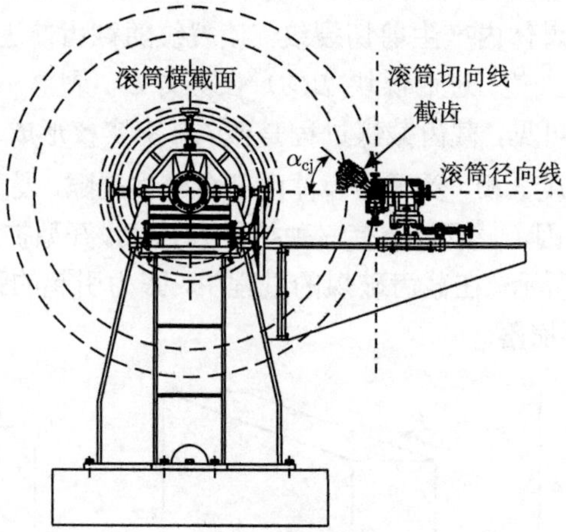

图 1-4　滚筒截齿安装图

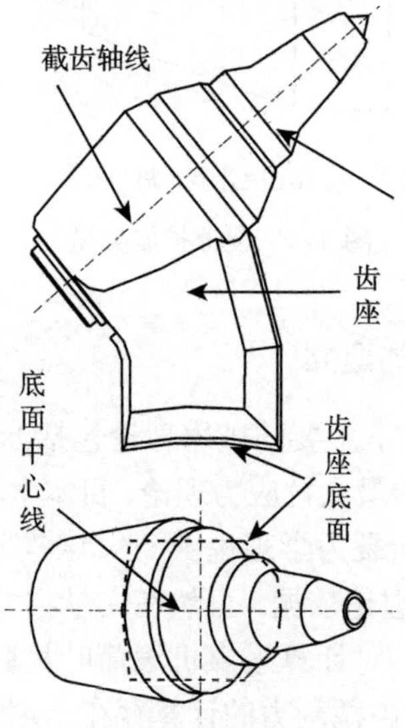

图 1-5　截齿组装图

是指通过截齿轴线和齿座底面中心线的平面，如图 1-5 所示。歪斜角为截齿轴线面以图 1-4 中截齿齿尖处滚筒径向线为旋转轴，旋转一定的角度后与滚筒横截面所成的二面角 (α_{wx})，它是截齿轴线面绕滚筒横截面中过齿尖的径向线旋转而得到的。在滚筒制造过程中，截齿的定位均是以齿尖为基准。对于螺旋叶片上截齿的 3 个安装角，只有冲击角非零，其余两个角度值均为零，并且此时截齿轴线面与滚筒径向面重合。而端盘上截齿的 3 个安装角度随截齿在端盘周向位置的不同而不同。但是，滚筒上所有截齿的冲击角均相等。并且，端盘截齿总数占滚筒截齿总数的一半以上，由此可见，分析滚筒受力，如果忽略端盘截齿倾斜角和歪斜角的影响势必造成很大误差[18]。

基于上述分析，为得到采煤机滚筒上截齿受力的通用计算公式，对其进行了理论推导，其过程如下。

滚筒截齿以转速 n 绕滚筒轴线旋转，并以牵引速度 v_{q} 进给截割煤岩。在滚筒旋转一周的过程中，每个截齿只有一半时间在截割煤岩。随着滚筒的前进，截齿切削厚度从零变化到最大值，继而从最大值降为零，其过程如图 1-6 所示，图中黑色区域为单个截齿旋转一周所截割的煤岩，呈月牙形；H 为滚筒旋转一周的进给量，其值为 $H = 1000v_{\mathrm{q}}/n$，mm；与截齿切削厚度最大值 $h_{\max}$ 之间的关系为：$h_{\max} = H/m$，m 为每条截线上的截齿数。

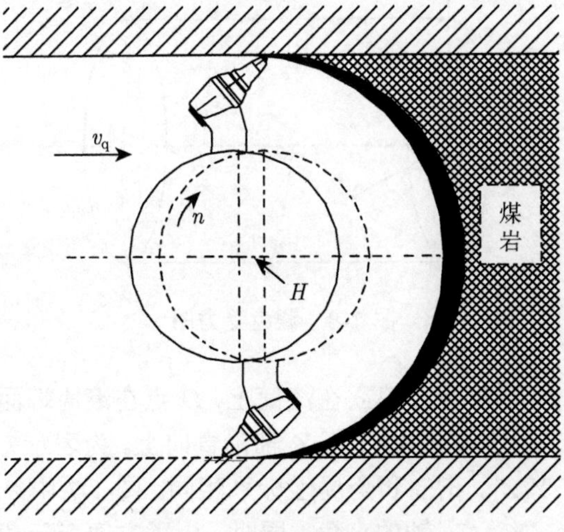

图 1-6 单齿截割过程图

本书所建立的滚筒上任意角度截齿模型如图 1-7、图 1-8 所示，并做如下假设：

(1) 截齿、齿座和滚筒之间的连接视为刚性连接，看作一体；

(2) 截齿受力简化为集中力，并作用于齿尖处。

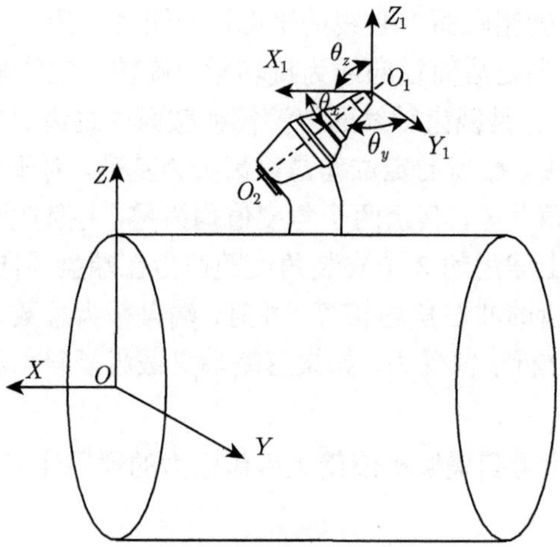

图 1-7　截齿安装角度图

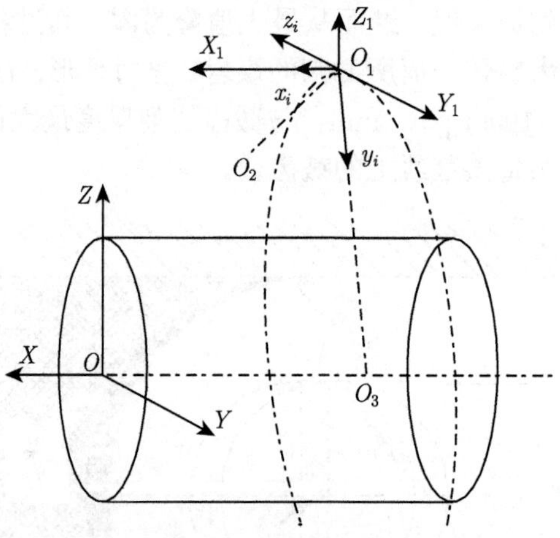

图 1-8　截齿受力图

如图 1-7 所示，全局坐标系建立在滚筒上，O 点在滚筒端面中心，X 轴沿滚筒轴线指向采空侧，Y 轴指向牵引方向，Z 轴铅直向上。为表示方便，在截齿齿尖建立局部坐标系 $O_1X_1Y_1Z_1$，指向和全局坐标系相同。图 1-7 中 θ_x、θ_y、θ_z 分别为截齿轴线 O_1O_2 与 X_1、Y_1、Z_1 轴的夹角。同时，为了方便表示截齿所受三向力，在图 1-8 中用 O_1O_2 表示截齿。x_i、y_i、z_i 分别表示任意截齿所受侧向力 X_0、进给阻力 Y_0 和截割阻力 Z_0，三力之间相互垂直。截齿所受合力沿其轴线方向时，其截割效率最高，磨损较小。为此，在此假设截齿截割煤岩所受合力沿其轴线 O_1O_2 方向，x_i 垂直 y_i 和 z_i 的合力，z_i 垂直截齿齿尖的回转半径 O_1O_3，沿回转圆的切线方向，并在面 $Y_1O_1Z_1$ 中；y_i 方向 O_1O_3 沿截齿齿尖的回转半径方向。

除图 1-7、图 1-8 中定义的角度外，截齿力还与自身名义安装角 β 和齿尖径向线相对 Z 轴位置角 φ_i 有关，β 角是截齿轴线在滚筒横截面内的投影与齿尖回转圆齿尖处切线方向的夹角，截齿的名义安装角与截齿冲击角互余，即 $\beta = \pi/2 - \alpha_{\mathrm{cj}}$，如图 1-9 所示。为找出 α_{cj}、α_{qx}、α_{wx} 之间的关系，建立截齿角度间的关系模型如图 1-10 所示。

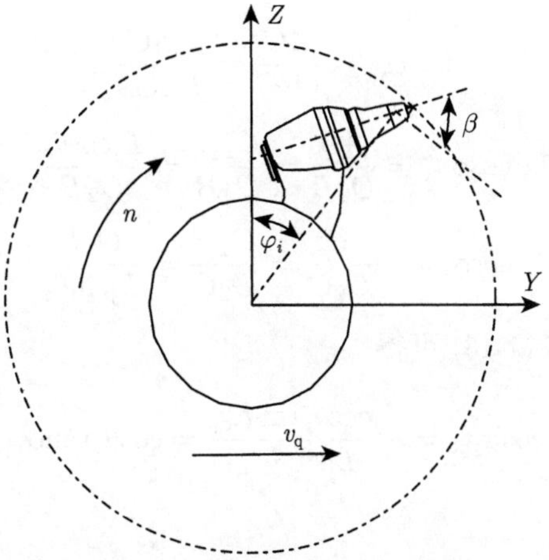

图 1-9 截齿相对滚筒位置图

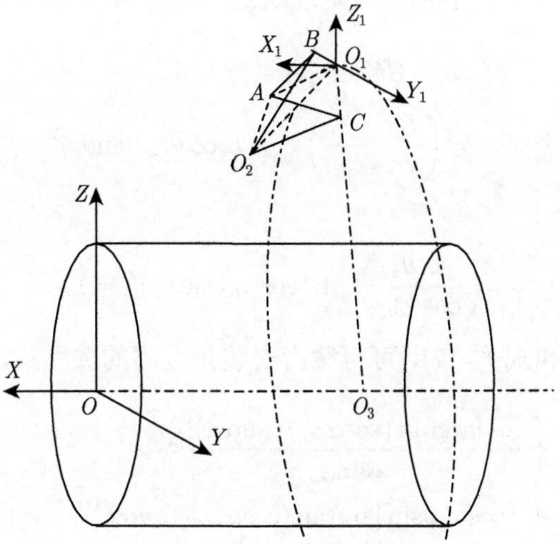

图 1-10 截齿角度关系图

O_1B 表示截割阻力 z_i 方向，O_1O_3 表示进给阻力 y_i 方向，x_i 沿 O_1X_1 方向。作截齿轴线 O_1O_2 上 O_2 点在其回转面内的投影，交于 A 点，连接 AO_1；作 $AB\perp BO_1$，连接 O_2B。由于 $O_2A\perp O_1B$，则 $O_1B\perp O_2B$，所以 $\angle ABO_2$ 为面 O_1O_2B

和面 AO_1B 的二面角，即截齿的倾斜角 α_{qx}。过 A 点作 $AC\perp O_1O_3$，连接 O_2C，又因为 $O_2A\perp O_1C$，则 $\angle ACO_2$ 为面 ABO_1C 和面 O_2O_1C 的二面角，即截齿的歪斜角 α_{wx} 。同时，根据截齿冲击角的定义可知，$\angle AO_1C$ 为截齿的冲击角 α_{cj}。结合图 1-10 可知，$\angle O_2O_1C=\theta_z$。

根据以上建立的面和角间的相互关系，设截齿长度为 L_{j}，利用三角形的相关知识可知：

$$\tan\alpha_{\mathrm{cj}}=\frac{AC}{O_1C}=\frac{AC}{L_{\mathrm{j}}\cos\theta_z} \tag{1-11}$$

$$\cos\alpha_{\mathrm{qx}}=\frac{AB}{O_2B}=\frac{O_1C}{O_2B}=\frac{L_{\mathrm{j}}\cos\theta_z}{O_2B} \tag{1-12}$$

$$\cos\alpha_{\mathrm{wx}}=\frac{AC}{O_2C}=\frac{O_1B}{O_2C}=\frac{O_1B}{L_{\mathrm{j}}\sin\theta_z} \tag{1-13}$$

结合式 (1-11)~式 (1-13) 可得

$$\cos\alpha_{\mathrm{wx}}=\frac{L_{\mathrm{j}}\cos\theta_z\tan\alpha_{\mathrm{cj}}}{L_{\mathrm{j}}\sin\theta_z}=\cot\theta_z\tan\alpha_{\mathrm{cj}} \tag{1-14}$$

即

$$\theta_z=\arctan\left(\cot\alpha_{\mathrm{cj}}\cos\alpha_{\mathrm{wx}}\right) \tag{1-15}$$

同时，在 $\triangle O_1BO_2$ 中利用勾股定理及式 (1-14) 和式 (1-15) 可得

$$\begin{aligned}L_{\mathrm{j}}^2&=O_2B^2+O_1B^2\\&=\left(\frac{L_{\mathrm{j}}\cos\theta_z}{\cos\alpha_{\mathrm{qx}}}\right)^2+\left(L_{\mathrm{j}}\cos\alpha_{\mathrm{wx}}\sin\theta_z\right)^2\end{aligned} \tag{1-16}$$

即

$$\left(\frac{\cos\theta_z}{\cos\alpha_{\mathrm{qx}}}\right)^2+\left(\cos\alpha_{\mathrm{wx}}\sin\theta_z\right)^2=1 \tag{1-17}$$

根据式 (1-15) 和式 (1-17)，可得截齿安装角度间的关系式，如式 (1-18) 所示：

$$\begin{aligned}&\left\{\frac{\cos\left[\arctan\left(\cos\alpha_{\mathrm{wx}}/\tan\alpha_{\mathrm{cj}}\right)\right]}{\cos\alpha_{\mathrm{qx}}}\right\}^2\\&+\left\{\cos\alpha_{\mathrm{wx}}\sin\left[\arctan\left(\cos\alpha_{\mathrm{wx}}/\tan\alpha_{\mathrm{cj}}\right)\right]\right\}^2=1\end{aligned} \tag{1-18}$$

根据式 (1-18) 及冲击角 α_{cj} 与名义安装角 β 间的关系可得，名义安装角 β 与截齿倾斜角 α_{qx}、歪斜角 α_{wx} 的关系为

$$\left\{\frac{\cos\left[\arctan\left(\tan\beta\cos\alpha_{\mathrm{wx}}\right)\right]}{\cos\alpha_{\mathrm{qx}}}\right\}^2$$

$$+\left\{\cos\alpha_{\mathrm{wx}}\sin\left[\arctan\left(\tan\beta\cos\alpha_{\mathrm{wx}}\right)\right]\right\}^2=1 \tag{1-19}$$

由以上分析可知，为使采煤机滚筒截割时截齿所受合力方向与截齿轴线重合，在设计滚筒截齿安装角度时应使截齿的角度间关系满足式 (1-18) 或式 (1-19)，以提高截齿的截割效率和使用寿命。

根据以上分析及图 1-6～ 图 1-9 可得滚筒旋转到截煤区某一位置时，任意工作截齿 i 所受的侧向力 x_i、进给阻力 y_i 和截割阻力 z_i 在坐标系 $OXYZ$ 上的分力分别为

$$\begin{cases} F_{xi}=x_i \\ F_{yi}=-z_i\cos\varphi_i-y_i\sin\varphi_i \\ F_{zi}=z_i\sin\varphi_i-y_i\cos\varphi_i \end{cases} \tag{1-20}$$

式中，F_{xi}、F_{yi}、F_{zi} 为截齿截割时在坐标系 $OXYZ$ 中 X、Y、Z 轴上的作用力，N；φ_i 为截齿位置角，其取值为 $0\sim\pi$，rad。

从式 (1-20) 看似截齿所受三向力与截齿的安装角度无关，其实不然。根据式 (1-21) 可以看出，对于滚筒上任意位置的截齿，在煤岩性质、滚筒转速和采煤机牵引速度一定的情况下，其单齿切削厚度 h、煤岩截割阻抗 A_{z}、崩落角 ψ_{b} 和相关系数均不会发生变化，而截齿的计算宽度 b_{p} 和名义安装角 β 均将发生改变，使得截割阻力 z_i 发生变化，进而由阻力 y_i、侧向力 x_i 与截割阻力 z_i 的关系可知，进给阻力 y_i 和侧向力 x_i 也将发生变化。由上述分析和式 (1-19) 可知，随着截齿安装角度的改变，截齿所受三向力将发生变化。

$$\begin{cases} z_i=Z_0=A_{\mathrm{z}}ht_{\mathrm{s}}\dfrac{0.35b_{\mathrm{p}}+0.3}{b_{\mathrm{p}}+h\tan\psi_{\mathrm{b}}}\cdot\dfrac{k_yk_mk_\alpha k_fk_{\mathrm{p}}}{k_\psi}\cdot\dfrac{1}{\cos\beta} \\ b_{\mathrm{p}}=0.9\sqrt{h}\sin\alpha_{\mathrm{jj}}\sqrt{\cos2\alpha_{\mathrm{jj}}+\sin2\alpha_{\mathrm{jj}}\cdot\cot\left(\beta-\alpha_{\mathrm{jj}}\right)}/\sin\left(\alpha_{\mathrm{jj}}+\beta\right) \end{cases} \tag{1-21}$$

式中，k_y 为煤的压涨系数；k_m 为煤体裸露系数；k_α 为截角影响系数；k_f 为截齿前刃面影响系数；k_{p} 为截齿配置系数，顺序式排列 $k_{\mathrm{p}}=1$，棋盘式排列 $k_{\mathrm{p}}=1.25$。

为研究截齿安装角度对截齿三向力的影响，根据式 (1-21) 研究截齿名义安装角 β 与截割阻力 z_i 的关系，其关系如图 1-11 所示。

根据图 1-11 可以看出，随着截齿名义安装角的增大，截齿的截割阻力将以指数形式增大，即随着截齿冲击角的增大，截齿的截割阻力将以指数形式减小；并且，由式 (1-19) 可知，随着截齿倾斜角、歪斜角的增大，截齿名义安装角增大，将导致截齿的截割阻力、进给阻力和侧向力均以指数形式增大。由此分析可知，截齿安装角度的不同，势必造成截齿三向力的不同；并且截齿的倾斜角、歪斜角越大对截齿受力越不利，磨损将加剧。

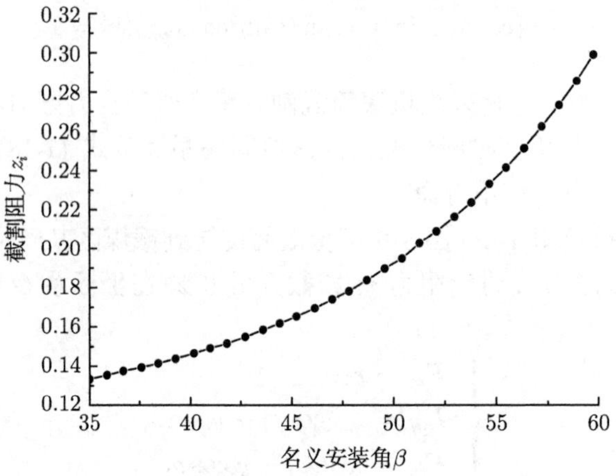

图 1-11　截割阻力与名义安装角的关系

1.3　滚筒截煤机理

采煤机以牵引速度 v_q 沿工作面前进，滚筒以转速 n 截煤，其截煤过程如图 1-12 所示。在采煤机截煤过程中，滚筒消耗的功率占整机功率的 80%～90%，主要用于截齿截煤和滚筒螺旋叶片输煤。采煤机滚筒的受力状况以及运动参数间匹配关系的优劣对采煤机整机的性能及其寿命均有直接影响。为此，对采煤机滚筒破煤过程的研究需对其受力和运动特性进行分析。

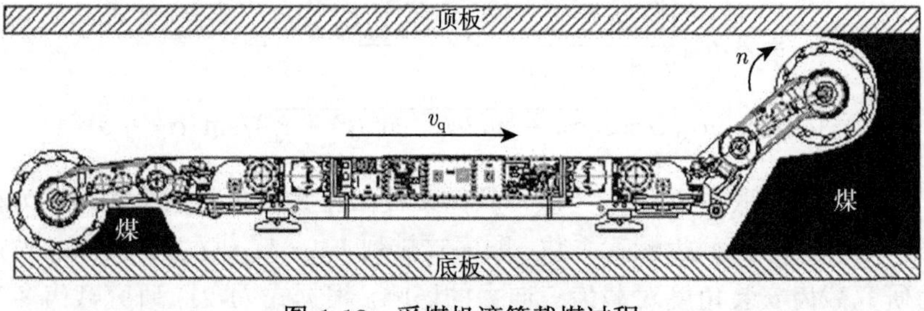

图 1-12　采煤机滚筒截煤过程

1.3.1　滚筒截煤力学分析

滚筒截割过程所受载荷是所有参与截割截齿载荷综合作用的结果，它包括滚筒所受的三向力和力矩[19-22]。由图 1-6 和图 1-12 可以看出，当滚筒截入煤体时，随着滚筒转过不同的角度，同一截齿所处的截割位置不同，参与截割的截齿总数量也总在变化。滚筒截割过程中所受三向力如式 (1-22) 所示，坐标系和图 1-7 相同。图 1-13、图 1-14 分别为采煤机滚筒截煤过程和滚筒截割载荷，滚筒部分截入煤层时，截割载荷随截入量的增加而逐渐增大，直至滚筒完全截入煤层，截割载荷在均值上下波动[23]。

$$\begin{cases} F_x = \sum_{i=1}^{N_{\text{jg}}} F_{xi} = \sum_{i=1}^{N_{\text{jg}}} x_i \\ F_y = \sum_{i=1}^{N_{\text{jg}}} F_{yi} = -\sum_{i=1}^{N_{\text{jg}}} (y_i \sin\varphi_i + z_i \cos\varphi_i) \\ F_z = \sum_{i=1}^{N_{\text{jg}}} F_{zi} = \sum_{i=1}^{N_{\text{jg}}} (z_i \sin\varphi_i - y_i \cos\varphi_i) \end{cases} \tag{1-22}$$

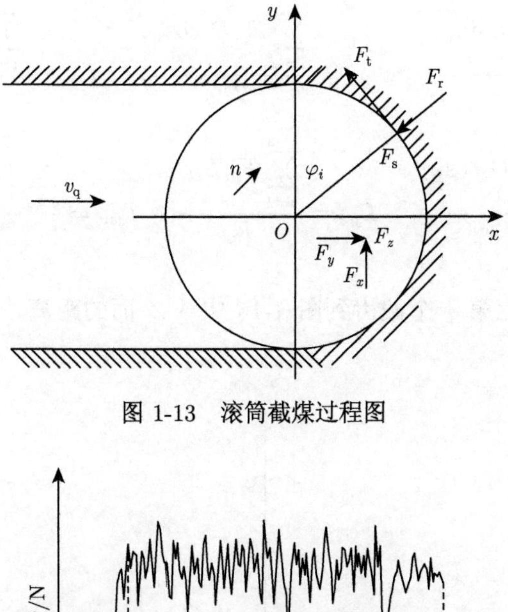

图 1-13　滚筒截煤过程图

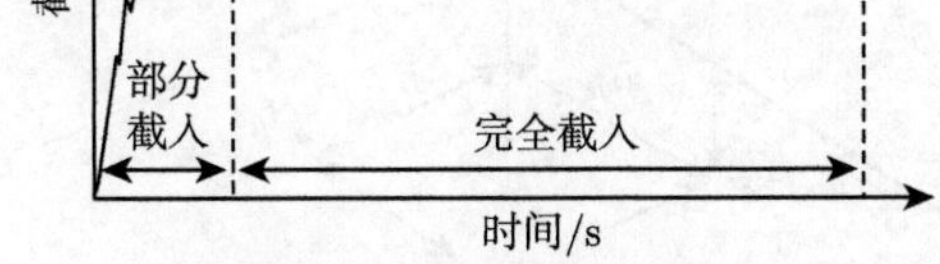

图 1-14　滚筒截割载荷图

式中，N_{jg} 为截煤区参与截割的截齿总数；F_x、F_y、F_z 为滚筒 x、y、z 轴上的合力，F_y 中的负号只是表明所受力方向与规定的牵引方向相反，计算时取其绝对值。

为得到滚筒的力矩，将坐标系从滚筒端面移至滚筒中心，如图 1-15 所示。根

据文献 [3] 中滚筒力矩的求解方法，可得滚筒合力矩沿三个坐标方向的分力矩为

$$\begin{cases} M_x = F_z L_{zx} + F_y L_{yx} \\ M_y = F_z L_{zy} - F_x L_{xy} \\ M_z = F_y L_{yz} - F_x L_{xz} \end{cases} \tag{1-23}$$

式中，M_x 为滚筒所受 x 轴向的力矩，$\mathrm{N\cdot mm}$；M_y 为滚筒所受 y 轴向的力矩，$\mathrm{N\cdot mm}$；M_z 为滚筒所受 z 轴向的力矩，$\mathrm{N\cdot mm}$；L_{zx}、L_{yx}、L_{zy}、L_{xy}、L_{yz}、L_{xz} 为滚筒所受合力矩作用点的力臂，mm。其表达式分别为

$$\begin{cases} L_{zx} = \dfrac{\sum\limits_{i=1}^{N_{\mathrm{jg}}} F_{zi} D_{\mathrm{c}} \sin\varphi_i}{2F_z}, \quad L_{yx} = \dfrac{\sum\limits_{i=1}^{N_{\mathrm{jg}}} F_{yi} D_{\mathrm{c}} \cos\varphi_i}{2F_y}, \quad L_{zy} = \dfrac{\sum\limits_{i=1}^{N_{\mathrm{jg}}} F_{zi} L_{Bi}}{F_z} \\ L_{xy} = \dfrac{\sum\limits_{i=1}^{N_{\mathrm{jg}}} Fx_i D_{\mathrm{c}} \cos\varphi_i}{2F_x}, \quad L_{yz} = \dfrac{\sum\limits_{i=1}^{N_{\mathrm{jg}}} F_{yi} L_{Bi}}{F_y}, \quad L_{xz} = \dfrac{\sum\limits_{i=1}^{N_{\mathrm{jg}}} F_{xi} D_{\mathrm{c}} \sin\varphi_i}{2F_x} \end{cases} \tag{1-24}$$

式中，L_{Bi} 为滚筒上第 i 个截齿到图 1-15 中 YZ 面的距离，mm；D_{c} 为滚筒直径，mm。

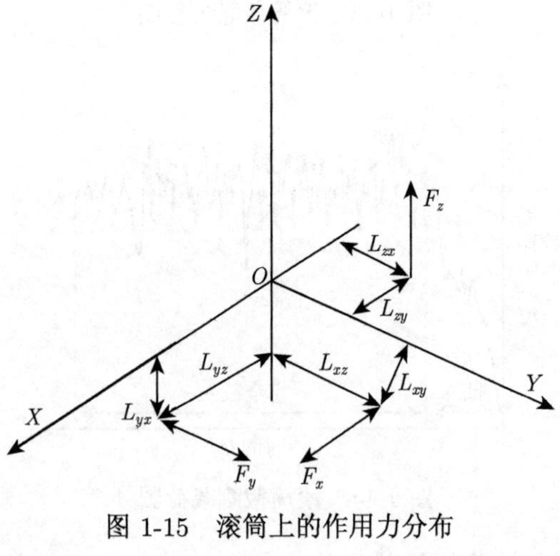

图 1-15　滚筒上的作用力分布

根据式 (1-23) 和式 (1-24) 可得滚筒截割扭矩与截齿截割力之间的关系，如式 (1-25) 所示：

$$\begin{cases} M_x = \dfrac{D_{\mathrm{c}}}{2}\sum\limits_{i=1}^{N_{\mathrm{jg}}}(F_{zi}\sin\varphi_i + |F_{yi}|\cos\varphi_i) \\ M_y = \sum\limits_{i=1}^{N_{\mathrm{jg}}}\left(F_{zi}L_{Bi} - \dfrac{D_{\mathrm{c}}}{2}F_{xi}\cos\varphi_i\right) \\ M_z = \sum\limits_{i=1}^{N_{\mathrm{jg}}}\left(|F_{yi}|\,L_{Bi} - \dfrac{D_{\mathrm{c}}}{2}F_{xi}\sin\varphi_i\right) \end{cases} \tag{1-25}$$

$$\begin{cases} Z_0 = A_{\mathrm{z}}ht_{\mathrm{s}}\dfrac{0.35b_{\mathrm{p}}+0.3}{b_{\mathrm{p}}+h\tan\phi_{\mathrm{b}}}\cdot\dfrac{k_yk_mk_\alpha k_fk_{\mathrm{p}}}{k_\phi}\cdot\dfrac{1}{\cos\beta} \\ Y_0 = k_qZ_0 \\ X_0 = Z_0\left(\dfrac{1.4}{0.1h+0.3}+0.15\right)\dfrac{h}{S_{\mathrm{j}}}\text{(顺序式排列)} \\ X_0 = Z_0\left(\dfrac{1}{0.1h+2.2}+0.1\right)\dfrac{h}{S_{\mathrm{j}}}\text{(棋盘式排列)} \end{cases} \tag{1-26}$$

由式 (1-25) 可以看出，同时参与截割的截齿的数量和位置，影响采煤机滚筒截割扭矩各分量的大小和特性。即使作用在截齿上截割力稳定不变，滚筒转动时同时参与截割的截齿数量和位置都在变化，各载荷分量也要随之变化。同时，结合式 (1-26) 可以分析采煤机滚筒结构参数、运动参数、截齿参数和所截割煤体强度特性对截割扭矩各分量的影响。

1.3.2 滚筒运动学分析

滚筒的运动学参数直接影响着采煤机的截割载荷大小、截割性能和装煤性能优劣、机器运行的稳定性以及整机的可靠性等性能指标，但对截齿运动状态的影响更为突出，截齿直接截割煤层，其运动状态的优劣也直接影响着截割比能耗和其他参量，为此，需对运动参数对截齿运动状态的影响进行分析[24,25]。为使煤从煤壁上不断脱落，固定在滚筒上的截齿除了随滚筒绕其轴线旋转，还必须随采煤机一起沿工作面做直线运动。有时为了达到调整采高的目的，还需随摇臂做旋转运动，但此运动相对绕滚筒轴线旋转和沿工作面直线运动在速度值上小得多，并且调整次数也很少，因而只研究滚筒沿工作面直行且绕滚筒轴线旋转时对截齿运动特性的影响。截齿齿尖的运动如图 1-16 所示，图中 M 点代表第 i 个截齿齿尖的初始位置，M_1 为滚筒运动时间 t 后第 i 个截齿齿尖的位置，并且此时滚筒中心的坐标 xOy 也变为 xO_1y_1。

根据图 1-16 中参数间的关系可得截齿的运动方程，如式 (1-27) 所示。根据此式可得截齿的轨迹图，如图 1-17 所示。

$$\begin{cases} x = v_{\mathrm{q}}t + R\sin\varphi_{\mathrm{z}} \\ y = R\cos\varphi_{\mathrm{z}} \\ \varphi_{\mathrm{z}} = \dfrac{\pi n}{30}t \end{cases} \tag{1-27}$$

式中，R 为滚筒半径，mm；φ_{z} 为截齿转过的角度，rad；t 为运动时间，s。

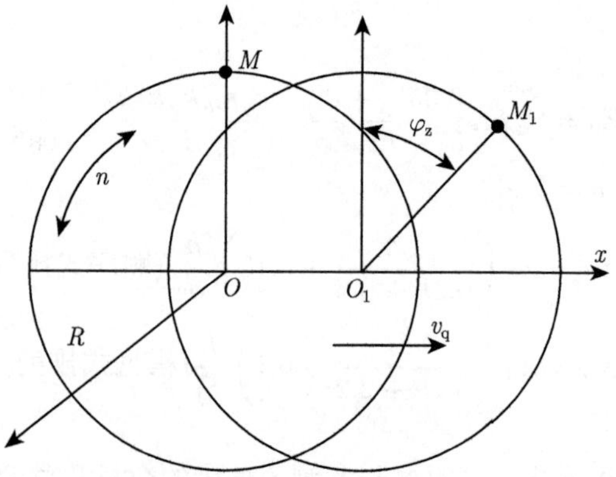

图 1-16　截齿齿尖运动图

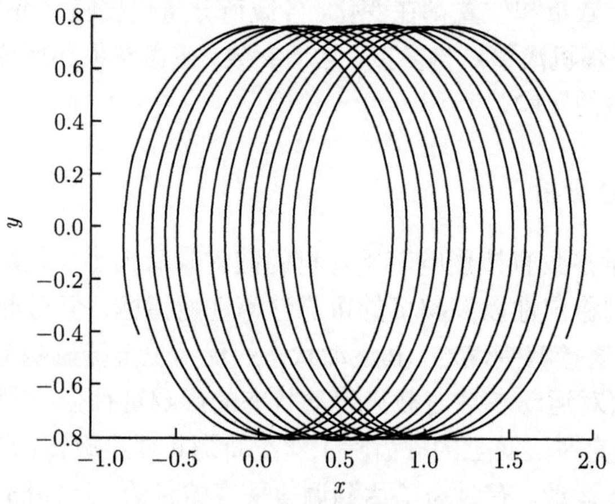

图 1-17　齿尖轨迹图

由于截齿固定在滚筒叶片和端盘上，可以把滚筒和截齿看成一个刚体，当截齿随着滚筒旋转时，滚筒的运动瞬心即截齿运动的瞬心。从图 1-18 可以看出，M 点的速度方向应为牵引速度 v_{q} 和切向速度 v_{t} 的合速度方向，即沿 V 方向。过 M 点作与 V 方向垂直的直线 O_1M，即 M 点截齿运动的法线方向。而在滚筒上 M_1 点处的截齿速度方向为 V_1，作其垂线交于 y 轴，且与直线 O_1M 交于 O_1 点，根据理论力学相关知识可知 O_1 点即滚筒运动的瞬心。由此可知，M 点的速度 V 大于 M_1 点的速度 V_1，即滚筒上截齿的速度并不是处处相等。

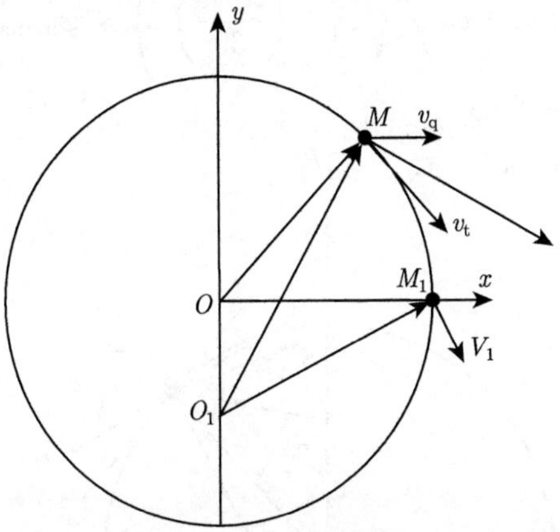

图 1-18 滚筒瞬心图

截齿截煤过程中，除绕滚筒轴线做旋转运动外，还随着整机做牵引运动，截齿齿尖处实际运动的切线方向 CD 与截齿仅绕滚筒轴线做旋转运动时的切线方向 AB 不同，从而引起截齿后齿面与截割表面间的夹角发生变化，本书中称该角度为截齿的工作后隙角 φ_{hg}，即图 1-19 中的 $\angle CME$。根据图 1-19 及截齿冲击角的定义可知，如果截齿冲击角与截齿齿尖处夹角 α_{jj} 的一半之和 $\alpha_{cj}+\alpha_{jj}/2$ 大于 φ_m，则截齿齿身势必与煤壁干涉，致使截齿磨损严重，为此，在设计截齿时应使 $\alpha_{cj}+\alpha_{jj}/2\leqslant\varphi_m$。根据图 1-19 中相关角度间的关系可知，$\varphi_m$ 的计算公式如式 (1-28) 所示：

$$\frac{\cos\varphi_m}{OO_1}=\frac{\sin\angle MOO_1}{O_1M} \tag{1-28}$$

为求得 φ_m 的最小值，需使 $\angle MOO_1=90°$，而当 $\angle MOO_1=90°$ 时，M 点应在 M_1 点处，此时：

$$\begin{cases} OO_1=R\tan\angle OM_1O_1=R\dfrac{v_q}{v_t} \\ O_1M=\sqrt{R^2+OO_1^2}=\sqrt{R^2+R^2\dfrac{v_q^2}{v_t^2}} \end{cases} \tag{1-29}$$

将式 (1-28) 代入式 (1-29) 可得

$$\cos\varphi_{m\,min}=\frac{v_q}{\sqrt{v_q^2+v_t^2}} \tag{1-30}$$

当 φ_m 为最大值时，$\angle MOO_1=0°$，此时 $\varphi_{m\,max}=90°$。而 $v_t=\pi nR/30$，$\alpha_{cj}+$

$\alpha_{jj}/2 \leqslant \varphi_m$，由此可得截齿齿尖处夹角的范围和最大截齿工作后隙角为

$$\begin{cases} \varphi_{\mathrm{m\,min}} = \arccos\left(v_q \Big/ \sqrt{v_q^2 + \left(\dfrac{\pi n R}{30}\right)^2}\right) \leqslant \varphi_{\mathrm{m\,max}} = 90^\circ \\ \alpha_{jj} \leqslant 2\varphi_{\min} - 2\alpha_{cj} \\ \varphi_{\mathrm{hg\,max}} = \varphi_{\mathrm{m\,max}} - \alpha_{cj} - \alpha_{jj}/2 \end{cases} \tag{1-31}$$

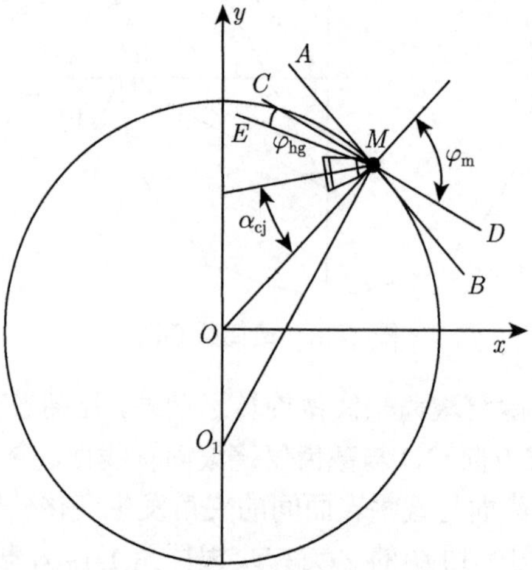

图 1-19 截齿截割切线图

由式 (1-31) 可以看出，当设计滚筒时，采煤机滚筒的转速、牵引速度和截齿安装角度确定后，为减少截齿的磨损量和改善截齿的受力状况，应根据此式来设计或选择截齿的齿尖角度。

1.4 滚筒装煤理论

滚筒是滚筒采煤机主要的工作机构，其主要任务是截煤和装煤，随着技术的进步和研究的不断深入，滚筒截煤理论渐趋成熟，而滚筒装煤理论的研究相对滞后。在保证采煤机截割性能的条件下，如何提高采煤机的装煤性能，这是当今采煤机研究工作的重点，亟须理论指导。为此，接下来将对滚筒的装煤机理和影响滚筒装煤性能的主要因素进行分析，并结合散体力学理论对具有较好装煤性能的滚筒结构参数和运动参数需要满足的条件进行数学推导，为采煤机滚筒的设计提供理论依据。

1.4.1 滚筒装煤机理

薄煤层采煤机滚筒和中厚煤层采煤机滚筒的结构参数不同，装煤率也有较大

差别，但它们的装煤机理和作用形式基本相同，均采用抛射装煤和推挤装煤[26]。抛射装煤是指滚筒在逆转过程中对煤的作用方式。滚筒逆转即滚筒截割方向与截落煤岩方向相反的转动形式。在抛射装煤情况下，煤的输送分成如图 1-20 所示的三个区域。I 区：煤量较少，上部 1/3 区被截割下的煤越过滚筒向后抛出堆积在底板上；II 区：在该区被截割下的煤量最多，煤在螺旋叶片的作用下，沿轴向运动的同时受重力的作用而继续下落，其中一小部分被装入刮板输送机；III区：虽然采煤量不是很多，但加上从II区落下的煤而形成的煤量最多，在螺旋叶片之间堆积于底板上，靠螺旋叶片的推力作用将煤推向刮板输送机。推挤装煤是指滚筒在顺转过程中对煤的作用形式。滚筒顺转即滚筒截割方向与截落煤岩方向相同的转动方式。在该情况下，由于煤的自重及滚筒向下旋转时螺旋叶片、截齿及齿座的加速作用，煤几乎全部堆积在III区，煤只能在该区域运动。

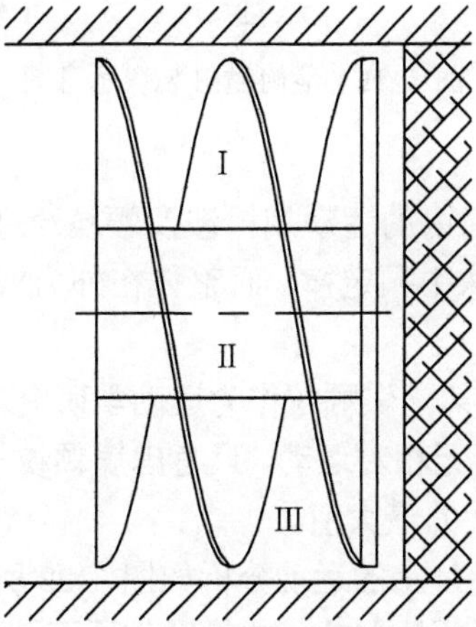

图 1-20 滚筒内煤炭输送分区图

根据上述分析可以看出，两种装煤方式滚筒对煤的作用形式和作用位置有很大区别。为此，滚筒装煤理论的研究首先应明确抛射装煤和推挤装煤的机理。

1.4.1.1 抛射装煤机理

采煤机滚筒采用螺旋结构，可以看成一种类似于半封闭、低速的螺旋输送器，其输送机理与螺旋输送器相似，主要靠旋转叶片轴向分速度的抛物作用完成抛煤装载[27,28]。图 1-21 为滚筒抛射装煤示意图，从图中可以看出，被滚筒截落下的煤颗粒在滚筒的叶片作用下开始运动，其运动方向与颗粒的受力情况以及滚筒的运动参数和结构参数有关。煤颗粒群由许多单一颗粒构成，研究煤颗粒群的运动状况，可以通过研究颗粒群中某一颗粒受力情况和运动状况来实现。为此，利用散体力学理论对煤颗粒群中的某一颗粒进行运动学分析和单体力学分析。

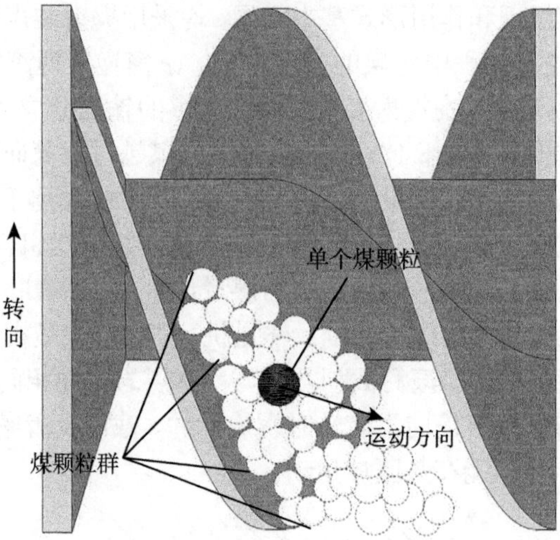

图 1-21　滚筒抛射装煤示意图

1) 煤颗粒运动学分析

分析煤颗粒在叶片空间内的运动规律涉及颗粒流理论这个复杂的问题，颗粒物质中单个颗粒的运动服从牛顿定律，而整体在外力或内部应力状况变化时则表现出流体的性质。

为简化研究，取煤流中某一煤颗粒作为运动学研究对象。取与叶片外缘相接触的煤颗粒，并假设煤颗粒间无相对运动，只考虑煤颗粒与叶片间的摩擦，这样煤流的速度即叶片中煤颗粒速度的最大值。

抛射装煤时煤颗粒在叶片上的运动分析如图 1-22 所示。设滚筒以转速 n 旋转，忽略煤颗粒的自重影响，煤颗粒在叶片的推动作用下获得圆周速度 V_1 和沿叶片相对滑动速度 V_2'，此时它以绝对速度 $\overline{V}_{\rm n}' = \overline{V}_1 + \overline{V}_2'$ 沿叶片的法向运动。但由于煤颗粒与叶片间存在摩擦，在摩擦力的作用下，使得 V_2' 减小为 V_2，此时其绝对速度也由 $V_{\rm n}'$ 减小为 $\overline{V}_{\rm n} = \overline{V}_1 + \overline{V}_2$，且偏离法向方向 $n' - n'$ 一个摩擦角 $\rho_{\rm m}$。

根据速度投影定理可知：

$$V_{\rm n} = \frac{V_1 \sin\alpha_{\rm cp}}{\cos\rho_{\rm m}} \tag{1-32}$$

又因为

$$V_i = \pi n D_i \tag{1-33}$$

式中，V_i 为煤颗粒在叶片任意直径处的圆周速度，m/min；D_i 为煤颗粒所在叶片作用处的回转直径，m。

由式 (1-32) 和式 (1-33) 可得煤颗粒的绝对速度为

$$V_{\rm np} = nL_i \frac{\cos\alpha_{\rm cp}}{\cos\rho_{\rm m}} \tag{1-34}$$

式中，V_{np} 为煤颗粒平均直径处速度，m/min；L_i 为螺旋叶片导程，$L_i=\pi D_{\mathrm{cp}}\tan\alpha_{\mathrm{cp}}$；$D_{\mathrm{cp}}$ 为煤颗粒所在叶片作用处的平均回转直径，m；α_{cp} 为螺旋叶片的平均螺旋升角，(°)；ρ_{m} 为煤颗粒与螺旋叶片之间的摩擦角，rad。

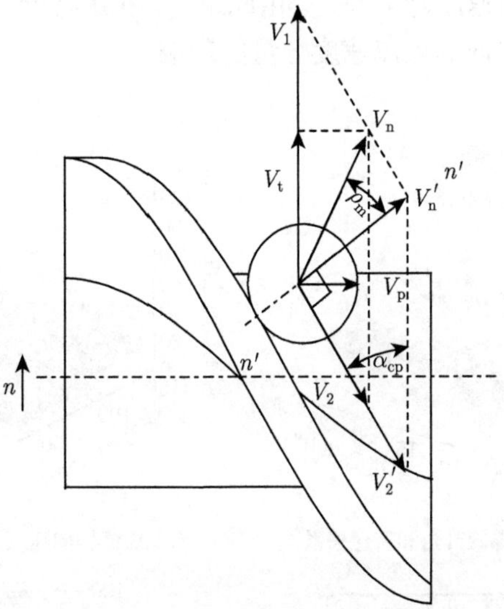

图 1-22 煤颗粒在叶片上的运动分析

将 V_{np} 沿滚筒轴向和切向分解可得煤颗粒轴向分速度 V_{p} (抛煤速度) 和煤颗粒切向分速度 V_{t}：

$$V_{\mathrm{p}}=\frac{\pi nD_{\mathrm{cp}}\sin\alpha_{\mathrm{cp}}\cos\left(\alpha_{\mathrm{cp}}+\rho_{\mathrm{m}}\right)}{\cos\rho_{\mathrm{m}}} \tag{1-35}$$

$$V_{\mathrm{t}}=\frac{\pi nD_{\mathrm{cp}}\sin\alpha_{\mathrm{cp}}\sin\left(\alpha_{\mathrm{cp}}+\rho_{\mathrm{m}}\right)}{\cos\rho_{\mathrm{m}}} \tag{1-36}$$

假设煤流的轴向速度和切向速度与煤颗粒的轴向速度和切向速度相同，以直径为 1050mm 的采煤机滚筒为例 (D_{cp} = 650mm)，可绘出煤流轴向速度、切向速度与滚筒转速和螺旋升角的关系图，如图 1-23 所示。其中图 1-23(a) 和图 1-23(b) 分别为煤流轴向速度、切向速度与滚筒转速和螺旋升角的三维关系图；图 1-23(c) 和图 1-23(d) 分别为煤流轴向速度、切向速度在特定滚筒转速和螺旋升角下的变化曲线图。

由于采煤机滚筒叶片螺旋升角的取值一般不大于 30°，滚筒转速在 30r/min 以上，因此，在此范围内，由图 1-23 可知，煤流的轴向速度随滚筒转速和叶片螺旋升角的增大而增大；煤流的切向速度也随滚筒转速和叶片螺旋升角的增大而增大，但两方向的速度增大形式有所区别。从图 1-23(c) 可以看出，在特定滚筒转速下，随着叶片螺旋升角增大，煤流轴向速度与切向速度的差值增大。从图 1-23(d) 可以看出，当叶片螺旋升角小于 18° 时，煤流的切向速度小于轴向速度，大于 18° 时，煤流的切向速度大于轴向速度，并且煤流切向速度随叶片螺旋升角的增大呈线性增加趋势，轴向速度随叶片螺旋升角的增大呈非线性增加趋势，当叶片螺旋升角大于一定值时，煤流的轴向速度趋于稳定。由此可见，在进行叶片螺旋升角和转速选择时，应充分考虑两个方向的煤流速度分量的影响。

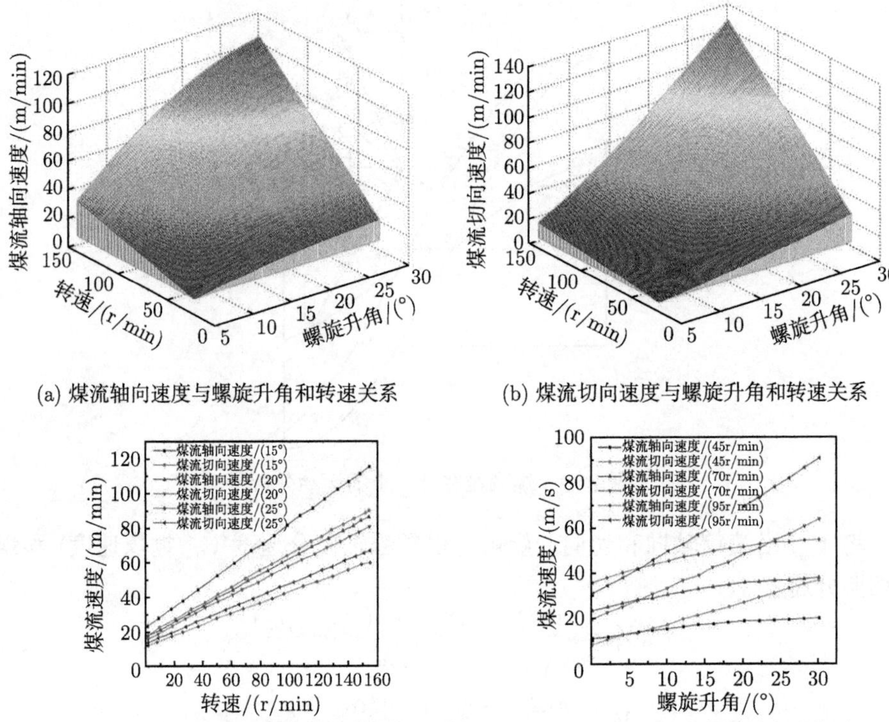

(a) 煤流轴向速度与螺旋升角和转速关系　　(b) 煤流切向速度与螺旋升角和转速关系

(c) 煤流速度与滚筒转速的关系　　(d) 煤流速度与螺旋升角的关系

图 1-23　煤流轴向速度、切向速度与滚筒转速和叶片螺旋升角的关系图

2) 煤颗粒力学分析

煤在装载过程中，其受力情况十分复杂，与自身位置、自身质量、周围颗粒的作用、滚筒转速、叶片螺旋升角以及滚筒的充填系数都有关系，因此分析中都应将这些因素考虑在内。虽然颗粒在随叶片运动的过程中受到重力方向为竖直向下，但其在不同位置处与叶片的夹角一直变化，不易定量分析，除此之外，由于每个单体煤颗粒的质量较小，其自身重力相对其他力影响较小，可以忽略不计。为了简化研究，分析中还忽略了颗粒间相互作用的影响，单体煤颗粒在叶片内的受力分析如图 1-24 所示。

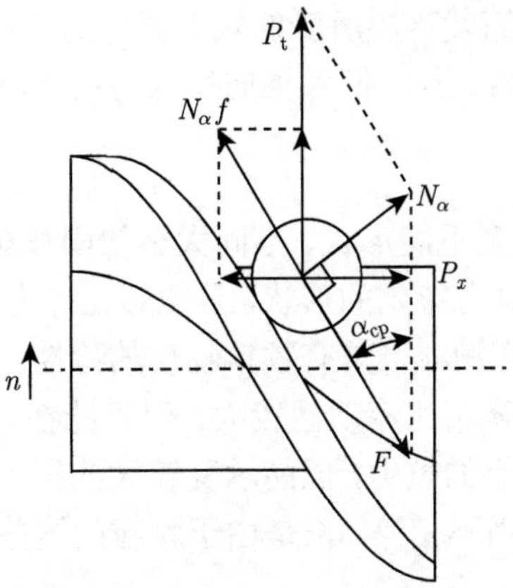

图 1-24 煤与叶片的作用力分析

根据煤的受力平衡可得

$$\begin{cases} P_t = N_\alpha (\sin\alpha_{cp} + f_x \cos\alpha_{cp}) \\ P_x = N_\alpha (\cos\alpha_{cp} - f_x \sin\alpha_{cp}) \end{cases} \tag{1-37}$$

式中，P_t 为落煤切向力，N；P_x 为轴向抛煤力，N；N_α 为抛煤时滚筒叶片对煤的正压力，N；f_x 为螺旋叶片与煤的摩擦系数，$f_x = \tan\rho_m$。

根据落煤切向力和转速求得装煤功率为

$$N_z = \frac{[N_\alpha (\sin\alpha + f_x \cos\alpha)]\, V_t}{1000} \tag{1-38}$$

根据参考文献 [1] 的研究，滚筒的装煤功率可表示为

$$N_z = \frac{0.1 v_q v_j K_z}{n} \tag{1-39}$$

式中，v_j 为滚筒齿尖截割线速度，m/s；v_q 为牵引速度，m/s；K_z 为装煤阻力系数，有挡煤板时 $K_z = 350$，无挡煤板时 $K_z = 1000$，N/cm。

由式 (1-38) 与式 (1-39) 相等，整理可得

$$N_\alpha = \frac{100 \cos\rho_m v_q v_j K_z}{\pi n^2 D_{cp} \sin\alpha_{cp} \sin(\alpha_{cp} + \rho_m)(\sin\alpha_{cp} + f_x \cos\alpha_{cp})} \tag{1-40}$$

将式 (1-40) 代入式 (1-37) 可得

$$\begin{cases} P_t = \dfrac{100 \cos\rho_m v_q v_j K_z}{\pi n^2 D_{cp} \sin\alpha_{cp} \sin(\alpha_{cp} + \rho_m)} \\ P_x = \dfrac{100 (\cos\alpha_{cp} - f_x \sin\alpha_{cp}) \cos\rho_m v_q v_j K_z}{\pi n^2 D_{cp} \sin\alpha_{cp} \sin(\alpha_{cp} + \rho_m)(\sin\alpha_{cp} + f_x \cos\alpha_{cp})} \end{cases} \tag{1-41}$$

由式 (1-41) 可知，滚筒截落煤所受的轴向抛煤力是叶片螺旋升角 α_{cp}、牵引速度 v_q 和滚筒转速 n 的函数，且它们对轴向抛煤力的影响都较为复杂。

1.4.1.2　推挤装煤机理

滚筒截落的煤是由许多不同形状、不同大小的固体颗粒所构成的机械混合物。单个煤颗粒呈固体状态，具有特定的形状，且能够在外力作用下保持自身现有的状态。由多个煤颗粒组成的煤颗粒群具有颗粒物质的特性，其力学性质介于固体与液体的力学性质之间，与固体相比流动性较大，但又能在一定范围内保持堆积形状，它不能承受或只能承受很小的拉力，但能承受较大的压力和剪力，还可向各个方向传递压强，但所传递的压强不相等。正是由于颗粒的这些性质，才使得滚筒推挤装煤得以实现。

图 1-25 为滚筒推挤装煤的示意图。由图可以看出，被截落的煤颗粒处于叶片的下方，且呈一定的堆积形式，具有一定的堆积角度。由于滚筒的旋转，叶片对处于相对稳定堆积状态的煤颗粒施加了向左下方的外力，使与叶片接触的煤颗粒处于挤压状态，挤压力也由这些煤颗粒向其相邻煤颗粒传递，煤颗粒间的接触和相互作用力开始发生改变。当挤压力达到一定程度，煤颗粒群的稳定状态被打破，开始向左下方移动。当煤颗粒群移动到叶片作用范围以外，将会进行再次的堆积，直至稳定。这就是煤颗粒在滚筒推挤作用下的基本过程，也是滚筒推挤装煤的基本机理。煤颗粒在滚筒推挤装煤过程中的力学分析和运动分析，也可借助散体力学理论和单体力学理论进行分析，其运动学分析过程和分析结果与抛射装煤基本相同，图 1-26 为煤颗粒在叶片下的运动分析图，式 (1-42) 和式 (1-43) 为煤颗粒在滚筒叶片作用下的切向速度和轴向速度表达式，但其力学分析较为复杂。

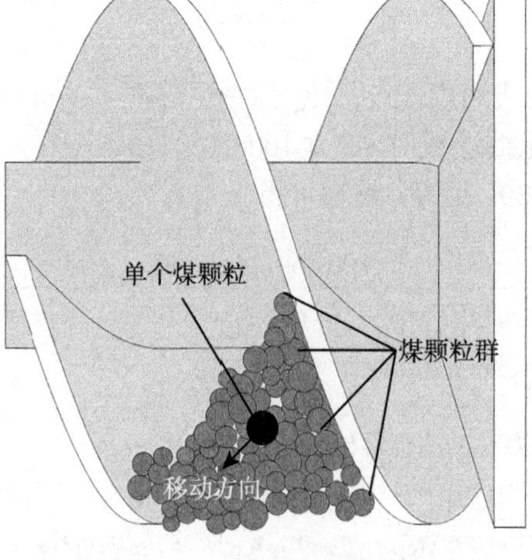

图 1-25　滚筒推挤装煤示意图

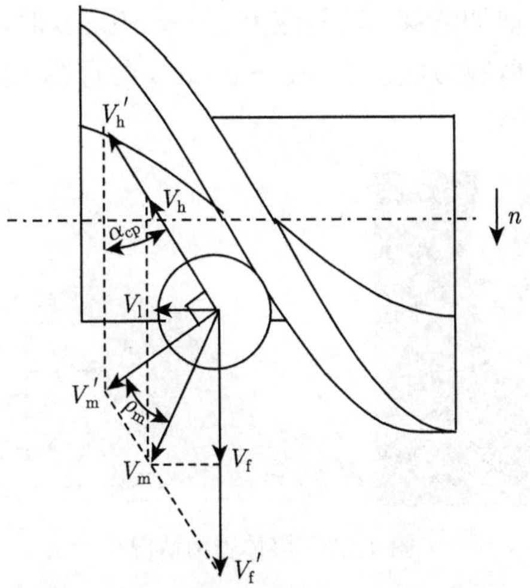

图 1-26 煤颗粒在叶片下的运动分析

$$V_{\mathrm{l}}=\frac{\pi n D_{\mathrm{cp}}\sin\alpha_{\mathrm{cp}}\cos\left(\alpha_{\mathrm{cp}}+\rho_{\mathrm{m}}\right)}{\cos\rho_{\mathrm{m}}} \tag{1-42}$$

$$V_{\mathrm{f}}=\frac{\pi n D_{\mathrm{cp}}\sin\alpha_{\mathrm{cp}}\sin\left(\alpha_{\mathrm{cp}}+\rho_{\mathrm{m}}\right)}{\cos\rho_{\mathrm{m}}} \tag{1-43}$$

在滚筒推挤煤颗粒群运动的整个过程中，煤颗粒彼此间接触，彼此间传递作用力，具有连续介质的基本特征。因此，可以用数理微分方程的方法将煤颗粒群作为统一的连续介质模型来处理。又由于散体颗粒之间具有一定的强度来阻止散体的变形，所以与材料力学中的应力分析一样，可以把作用于煤颗粒接触点上的力，想象为连续分布于煤体任意截面上的假想力，通过研究煤体内的应力，来研究煤颗粒间产生的滑移和流动现象。图 1-27 为煤体的受力情况。从图 1-27 可以看出，煤体在推挤装煤过程中，煤颗粒受到的力不仅有来自叶片的切向推力和轴向推力，还有来自相邻颗粒对其产生的作用力，而且这些作用力的数值较大。当利用单体力学理论对推挤装煤机理进行受力分析时，应将煤颗粒间的接触应力以及煤壁、地面的反作用力都考虑在内，分析极为复杂。目前解决该问题一般采用莫尔–库仑定律[29]，本节借助莫尔–库仑定律对推挤装煤煤体的堆积平衡失效机理进行简单阐述。

煤体主参数的相互关系及其莫尔应力圆如图 1-28 所示。图中 σ_1 为最大主应力；σ_3 为最小主应力；σ_g 为 g 点的主应力；τ_g 为相应于 g 点的抗剪强度；Og 和 Og' 为两条莫尔极限线。

对于煤体内的某点，其主应力 σ 可以在 σ_3 到 σ_1 的范围内变化而不破坏极限平衡，若 σ_3 减小或 σ_1 增大，其应力圆将与两条莫尔极限线相交，极限平衡被破坏，煤体处于流动状态，当煤体内某点的剪应力增加到超过极限应力线 Og 或 Og'

时，该点的煤体将产生剪切滑移。当剪应力 $\pm\tau = \sigma'\tan\phi$ 时，煤体处于即将产生滑移的极限平衡状态；当剪应力值位于 $\pm\tau = \sigma'\tan\phi$ 两直线之间时，煤体处于稳定平衡状态且无滑移现象产生。

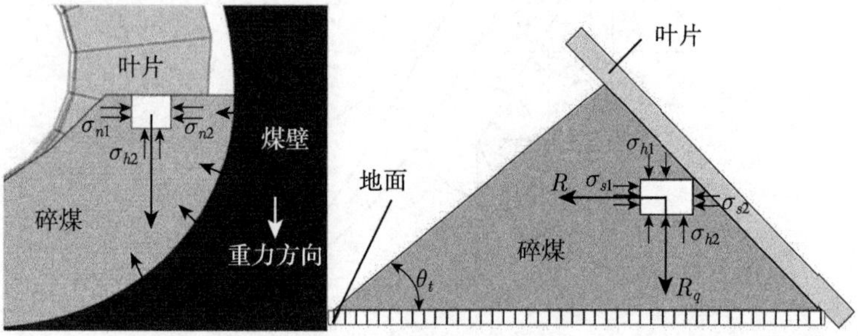

图 1-27　煤体受力情况

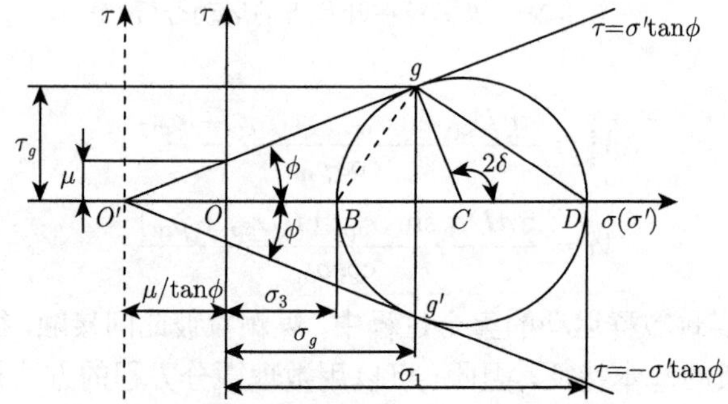

图 1-28　煤体主参数的相互关系及其莫尔应力圆

如果煤体内某一个平面上所有点的应力都达到极限平衡状态，即煤体内部开始有质点的相对滑移，那么此平面就是煤体破坏时的滑移平面。如果极限平衡状态发生在煤体内部的一定范围内，那么在该范围内将产生无数个滑移平面。

煤体中的任意单元体都会受到两个主应力的作用，一个是作用于单元体的侧压应力，另一个是作用于单元体底部的压应力，其比值被称为侧压应力系数。煤体的侧压应力系数反映了煤体侧向传递压强的能力，它一方面说明了煤体颗粒间的活动程度，另一方面说明了煤体在极限平衡状态下，两个主应力之间存在一定的比值关系。当侧压应力系数小于 1 时，煤体将在自重作用下侧向变形发生剪切滑移现象，这种运动形式称为主动破坏；当侧压应力系数大于 1 时，煤体将在侧向应力的作用下发生侧向压缩向上拱起而发生剪切滑移现象，这种运动形式称为被动破坏。

由上面的分析可知，随着采煤机滚筒的不断截割，堆积于滚筒叶片下的煤颗粒不断增加，在这一过程中，侧压应力小于煤体的作用压应力，煤体上表面的煤颗粒由于休止角的作用使其向滚筒末端和采空区滑动；又由于滚筒的转动和叶片的挤压，接触叶片的煤体内部产生压力，并通过颗粒间的相互作用将该压力向各位置传递，当压力传递到煤体表面时，煤体表面的侧向压力大于煤体的作用压应力，煤体表面因侧向压缩而拱起，产生被动破坏的剪切滑移动现象。

1.4.2 滚筒装煤性能影响因素

采煤机工作过程中装煤的主体是滚筒，作用对象为破碎煤体，作用方法为螺旋输送。因此，影响采煤机滚筒装煤性能的主要因素除了滚筒自身的结构参数，煤体的物理性质、滚筒的工作参数等都对其有很大影响[30]。

1.4.2.1 煤体性质对装煤性能的影响

破碎煤体是采煤机滚筒装煤的工作对象，其物理性质除了受煤岩自身赋存条件的影响，还受采煤机开采过程的影响，如滚筒的截割块度和滚筒喷雾系统的喷射量等。根据 1.4.1 节中对滚筒装煤机理的运动学分析可以看出，滚筒与煤体之间的摩擦系数是影响滚筒装煤性能的主要因素之一，而摩擦系数与煤岩自身的成分构成有着直接的关系。表 1-1 是几种煤与钢的摩擦系数。在滚筒装煤过程中，煤体与叶片的摩擦主要为动摩擦，根据表 1-1 可以看出褐煤与钢的动摩擦系数高于其他煤种，因此在设计滚筒时应充分考虑所采煤的种类。

影响滚筒与煤体摩擦系数的主要因素除了煤体自身构成成分，煤体的湿度、颗粒形状对其也有影响，其中湿度的影响最为显著。煤体的湿度可用煤的含水率来表示，煤的含水率除了包含煤层缝隙中的存留水，滚筒喷雾系统喷出的水也会增加煤的湿度。煤岩材料根据其湿度不同，其内摩擦系数和外摩擦系数有很大差别，内、外摩擦系数都随着湿度的增加呈现先增加后减小的趋势。东南大学的陈汝超等在其对粒煤螺旋输送机的研究中指出，螺旋输送机的输送效率随着煤体湿度的增加而降低[31]，这主要是由于煤体湿度的增加提高了煤体与输送机、煤颗粒与煤颗粒间的吸附力，从而导致摩擦系数的增加，降低了煤颗粒的移动能力。陈汝超等的研究还指出，煤体的粒度对螺旋输送效率也有影响，螺旋输送效率随着粒度的增加而增大，因此，增加滚筒截割块煤率对提高滚筒装煤率也有一定的帮助。动摩擦系数除了指滑动摩擦系数，还包括滚动摩擦系数，因此，煤体颗粒形状越接近球形，其与叶片的摩擦系数越小。

影响滚筒装煤性能的因素除了煤体的摩擦系数、湿度、颗粒形状和粒度这些直接因素，还包括煤的松散系数和孔隙性这些间接因素。煤的松散度可用松散系数来表示，松散系数又称碎胀系数，是指截割后呈松散状态煤的体积与截割前煤的自然状态下原有体积之比。煤的松散度越高，采煤机截落下的单位体积煤层的煤量就越多，对滚筒装载能力的要求也就越高。煤的孔隙性是指不同形状、不同大小的煤颗粒之间存有间隙的现象，可用一定容积煤中孔隙体积与总体积的比值，即孔隙率来表示。孔隙率越高，煤的松散度也就越高，采煤机截落的单位质量煤的体积就越大，对滚筒输煤空间的要求越高。

1.4.2.2 滚筒结构参数对装煤性能的影响

煤层的赋存情况和煤的物理力学性质多种多样，滚筒的结构参数必须与之相适应。影响滚筒装煤性能的主要结构参数包括：滚筒的直径 $D_{\rm c}$、叶片外缘直径 $D_{\rm y}$、筒毂直径 $D_{\rm g}$、叶片内缘螺旋升角 $\alpha_{\rm g}$、叶片外缘螺旋升角 $\alpha_{\rm y}$ 和截深 J。

滚筒直径由煤层厚度决定，在截深确定后，滚筒的直径越大，其装煤性能越高。螺旋叶片外缘直径通常是指叶片最外端的直径，但在一些滚筒中，为了增加叶片与煤的接触面积、保护齿座，在不影响滚筒截割性能的前提下加附了一层耐磨板，因此，实际中的叶片直径应该是耐磨板最外端直径。叶片外缘直径与滚筒直径差值越小，叶片与未截割煤壁间的间隙越小，颗粒从该间隙滑落或流出的概率越小。滚筒的装煤空间由叶片直径和筒毂直径的差值决定，筒毂直径越大，叶片的深度越小，滚筒内容纳碎落煤的空间越小，碎落煤在滚筒内循环和被重复破碎的可能性则越大，为此，一般希望筒毂直径越小越好，但由于受到采煤机摇臂结构限制，特别是某些筒毂内设计安装行星机构的薄煤层采煤机，筒毂直径不易缩小，因此，设计出一种小直径输出轴的摇臂对提高滚筒装煤性能具有重要的意义。

滚筒截深 J 略小于滚筒宽度 $B_{\rm i}$，滚筒宽度 $B_{\rm i}$ 是指滚筒边缘到端盘最外侧截齿齿尖的距离。在采煤机滚筒的设计中，滚筒宽度的确定除了要考虑煤层的厚度、装煤情况、机器功率以及与之相配合的支架步距，还要充分利用煤壁的压酥效应来降低采煤机截煤时的能耗。对于薄煤层来说，由于所用采煤机滚筒直径较小，出煤空间太小，为了保证采煤机的生产能力，减少回采循环次数，提高单刀产量，一般采用较大的截深。滚筒截深的增大，不利于利用煤体的自然堆积特性装煤，但英国采矿研究所 (MRDE) 的实验指出[32]：若滚筒本身具有良好的装煤性能，增加其长度后，对其装煤性能影响很小；相反，若一个滚筒装煤能力和装煤效率都较差，增加其长度后，其装煤性能将更差。因此，设计出具有合理结构参数的采煤机滚筒对提高滚筒装煤效率，增加煤矿单位时间产量具有重要意义。

螺旋叶片是滚筒负责装煤的主要结构，其结构参数对滚筒的装煤效率影响最为关键。螺旋叶片的几何参数主要包括螺旋升角、螺距、叶片头数以及叶片在筒毂上的包角。

螺旋升角是指螺旋线的切线与垂直螺旋轴心平面的交角，滚筒叶片螺旋升角的方向有左旋和右旋之分，叶片螺旋升角有内螺旋升角、外螺旋升角和平均螺旋升角之分，图 1-29 是螺旋叶片旋向与展开示意图。螺旋升角、螺距、叶片头数和包角满足以下关系：

$$\alpha_{\mathrm{g}} = \arctan \frac{L_{\mathrm{i}}}{\pi D_{\mathrm{g}}} = \arctan \frac{ZS}{\pi D_{\mathrm{g}}} = \arctan \frac{360 B_{\mathrm{l}}}{\pi D_{\mathrm{g}} \theta_{\mathrm{i}}} \tag{1-44}$$

$$\alpha_{\mathrm{y}} = \arctan \frac{L_{\mathrm{i}}}{\pi D_{\mathrm{y}}} = \arctan \frac{ZS}{\pi D_{\mathrm{y}}} = \arctan \frac{360 B_{\mathrm{l}}}{\pi D_{\mathrm{y}} \theta_{\mathrm{i}}} \tag{1-45}$$

$$\beta_{\mathrm{y}} = \frac{360 B_{\mathrm{l}}}{\pi D_{\mathrm{y}} \tan\alpha_{\mathrm{y}}} \tag{1-46}$$

式中，α_{g} 为叶片内缘螺旋升角，rad；α_{y} 为叶片外缘螺旋升角，rad；D_{g} 为螺旋叶片内径，m；D_{y} 为螺旋叶片外径，m；Z 为叶片头数；S 为叶片螺距，m；B_{l} 为带有螺旋叶片的滚筒长度，m；θ_{i} 为一条叶片的围包角，rad。

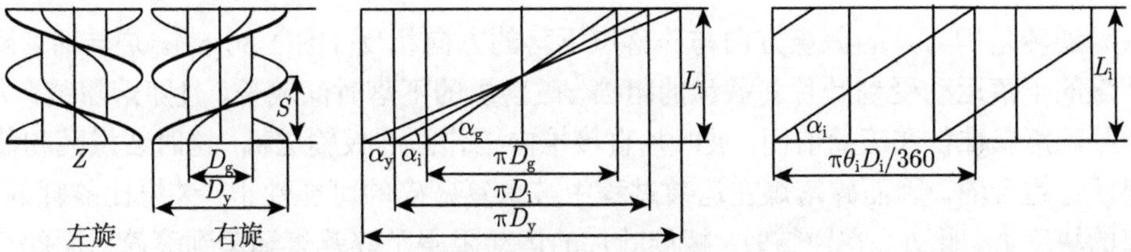

图 1-29 螺旋叶片旋向与展开示意图

由式 (1-44)、式 (1-45) 可知，叶片的螺旋升角与滚筒直径、叶片螺距 (或滚筒长度)、叶片头数 (或围包角) 等有关，而在不同的叶片直径处，螺旋升角由内向外逐渐减小，任意直径处的螺旋升角 α 为：$\alpha_{\mathrm{g}} > \alpha_{\mathrm{i}} > \alpha_{\mathrm{y}}$。通常所说的螺旋升角为叶片平均螺旋升角，其可以表示为 $\alpha_{\mathrm{cp}} = (\alpha_{\mathrm{g}} + \alpha_{\mathrm{y}})/2$。叶片包角 θ_{i} 一般需满足：

$$\theta_{\mathrm{i}} = \frac{360^\circ B_{\mathrm{l}} Z}{\pi D_{\mathrm{y}} \tan\alpha_{\mathrm{y}}} \geqslant 420^\circ \left(\frac{7\pi}{3}\right) \tag{1-47}$$

目前，我国薄煤层采煤机滚筒叶片头数一般为 2 头，每一条叶片的包角一般大于等于 210°，叶片外缘升角 α_{y} 一般取值范围为 8° ~ 30°。当滚筒截深一定时，螺旋升角越小，叶片的包角越大，叶片对煤流的作用时间越久，而对于中厚、厚煤层滚筒，叶片头数一般为 3 ~ 4 头。

1.4.2.3 滚筒工作参数对装煤性能的影响

滚筒的工作参数主要包括滚筒的旋转方向、转速和牵引速度等。

1) 滚筒旋转方向

根据采煤机滚筒的装煤效果、粉尘的产生量、采煤机工作的平稳性、螺旋叶片的旋向和操作安全等因素，其旋转方向可分为逆转和顺转两种，如图 1-30 所示。

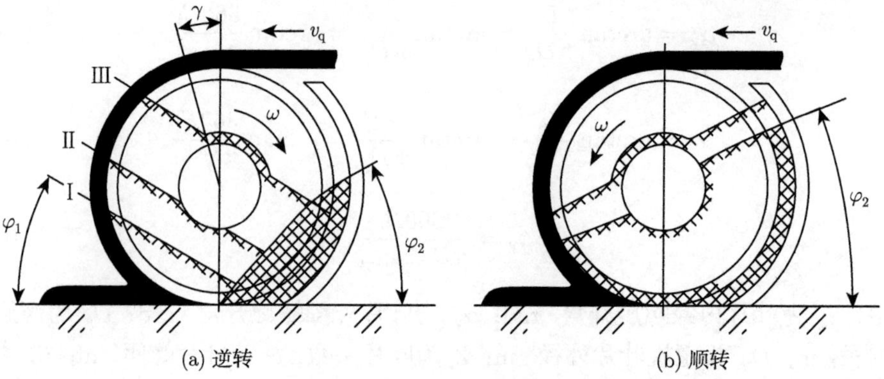

图 1-30　滚筒的逆转与顺转

逆转是指刀具的截煤方向与碎落煤下落的方向相反 (图 1-30(a))。逆转时，碎落煤的下落运动受到叶片和截齿的阻挡，破落煤的下落时间较长，且随落随装，大部分碎落煤堆积在滚筒前面，被叶片直接推向工作面刮板输送机，这时装煤区和截煤区是重合的。因而碎落煤在运装过程中被重复破碎的可能性小，装煤比能耗低，煤的块度大。此外，在逆转时，螺旋叶片的运动阻碍了碎落煤漏落到滚筒后面的可能性，即使不使用挡煤板，滚筒仍能将煤装得比较干净。但是在截煤时，由于被截煤壁表面呈槽形，滚筒的装煤阻力和功率消耗较大。

煤的堆积角 φ_1 取决于叶片表面与煤的摩擦系数。随着采煤机牵引速度的增加，滚筒内煤的堆积面由Ⅰ、Ⅱ向Ⅲ升高，甚至越过筒毂流入挡煤板侧 (图 1-30(a))，使滚筒后面煤堆水平升高。当煤堆角度大于自然安息角 φ_2 时，煤将滑落，被叶片带入截割区，其中一部分被装走，另一部分成为循环煤，其煤量的大小取决于滚筒内煤流的实际断面积。

逆转时，刀具在割顶部 γ 角范围内的煤时，煤可能被带入滚筒后部，成为循环煤。滚筒转速越高、筒毂越大、刀具越多及摩擦系数越大，γ 角也越大。

顺转是指刀具的截煤方向与碎落煤下落的方向相同 (图 1-30(b))。顺转时，碎落煤的下落运动被叶片加速，其下落时间较短，且有部分碎落煤从滚筒底部被带到滚筒后面堆积于挡煤板侧，再靠螺旋叶片运走，造成装煤区与截煤区分开，运煤距离增长，煤被重复破碎的可能性增加，装煤单位能耗也随之增加。此外，顺转时，必须使用挡煤板，否则工作面的浮煤较厚，生产效率较低。

2) 滚筒转速

滚筒转速是采煤机的主要参数之一，滚筒转速的合理与否，对块煤率、装煤性能和比能耗有着重要的影响。若滚筒转速过高，切削厚度减小，粉尘量增加，采煤机单位截割能耗增大；若滚筒转速过低，切削厚度增大，刀具受力增大，对其强度将有更高的要求。

大多数中厚煤层采煤机的滚筒转速在 30 ~ 40r/min 范围内。由于滚筒转速增大时，截齿的截割速度随之增大，煤与截齿间摩擦发火的可能性增大，不利于安全生产，特别是大直径滚筒，转速不宜过高。目前滚筒转速有降低的趋势，最低转速可至 15 ~ 20r/min。

但对薄煤层采煤机的小直径滚筒来说，由于叶片的高度较低，滚筒内的运煤空间较小，只有加大滚筒转速，才能使碎落煤顺利运出，保证采煤机的生产效率，因此，小直径滚筒的转速可至 80 ~ 120r/min。

3) 滚筒牵引速度

牵引速度不属于滚筒本身的固有参数，它是随采煤机运行时滚筒获得的一种牵连运动，但其大小却影响滚筒单位时间内的落煤量，从而影响滚筒内煤体的体积。当滚筒落煤量大于滚筒的最大理论容积时，滚筒将会出现堵转情况，增大滚筒扭矩，降低装煤率。即使滚筒落煤量小于滚筒容积，但填充系数的不同，会导致颗粒间的作用形式不同，从而影响装煤效率。因此，牵引速度的选择应充分考虑其与滚筒结构参数和滚筒转速间的匹配关系。

而对于一定型号的采煤机，v_{q} 直接决定了机器的生产率。因此，从提高产量来看，应选用较大的 v_{q}。但考虑到截割和牵引阻力、输煤能力及机器工作平稳性等因素，特别是采煤机工作时，其生产能力需与刮板输送机能力和液压支架的移设速度相配合，因而尽管目前采煤机的设计牵引速度最大可达 10 ~ 12m/min，但在实际生产中常用的为 3 ~ 5m/min。

对于煤矿井下工作的采煤机来说，运转时唯一可调的是牵引速度。因此，为了达到较好的截割性能，在工况和配套设备允许的条件下，应尽量采用较大的牵引速度。

对于新设计的采煤机，在确定滚筒相关参数时，必须考虑牵引速度的实际使用范围。从保持合理切削厚度和提高截、装能力出发，通过降低转速，合理确定螺旋叶片数、截距和每条截线上的截齿数，使滚筒的截割性能尽可能达到最佳状态。

1.4.2.4 采煤机结构对滚筒装煤性能的影响

滚筒采煤机的结构形式有两种，一种为爬底板式，另一种为骑输送机式。爬底板式一般采用前滚筒割底后滚筒扫顶，骑输送机式一般采用前滚筒割顶后滚筒割底。不同类型的采煤机导致其开采工艺有很大区别，开采工艺的不同又导致采煤机滚筒与刮板机的位置参数有很大不同。采煤机在使用过程中，滚筒的装煤量是指输送到刮板机中部槽内煤的质量与煤的总开采量的比值。开采下来的煤若要输送到刮板机中部槽内，煤首先应被运输到滚筒末端，然后还需要越过铲煤板，最后才能到达输送机。煤体较高的输出速度和较好的输出路线，有利于其越过铲煤板到达刮板机。

除此之外，一部分采煤机上配有挡煤板，即将半封闭的螺旋输送结构改为封闭螺旋输送结构，使得煤流在未到达滚筒末端时只能在滚筒内部运动直至被排出。该种方式虽然能够避免煤体排到滚筒后侧成为浮煤，但是，煤流在滚筒内部的运动较为复杂，两种装煤方式同时存在，煤颗粒受到的挤压和碰撞较为严重，这些情况将加剧截齿、齿座以及叶片的磨损程度，降低了原煤的块煤率。由于采用了封闭形式，循环煤现象严重，循环煤将占用滚筒空间，在滚筒转速一定时，不得不通过降低牵引速度来保证足够的装煤空间，从而降低了采煤机的开采效率。不仅如此，滚筒加装了挡煤板，在进行往复采煤时，挡煤板的位置需要调节，这将增加其对空间的需求，为了给挡煤板调节留有足够空间，势必会压缩滚筒直径，减小叶片深度，降低叶片与煤体的作用面积，从而影响滚筒的输送效率。

1.4.3　滚筒装煤性能影响因素的限制条件

根据 1.4.2 节的分析可以看出，滚筒的结构参数和工作参数之间相互影响、相互制约。合理的结构参数和工作参数对提高滚筒的装煤效率具有重要的意义。为此，结合滚筒设计和使用中应注意的内容，给出了三个限制条件，并推导出了这三个条件应满足的数学表达式。

1.4.3.1　煤流速度和运动过程对滚筒转速的限制

1) 抛射装煤

由图 1-22 可以看出 $V_{\mathrm{t}} < V_1$，即煤流在周向上的速度小于叶片的转速。滚筒在抛射装煤时，内侧叶片最先开始接触煤颗粒，煤流由滚筒端盘端向滚筒末端运动。假设滚筒在整个装煤过程中，平均回转半径上的煤流切向速度不变，忽略煤流在滚筒径向上的运动，煤流运动轨迹如图 1-31 所示。

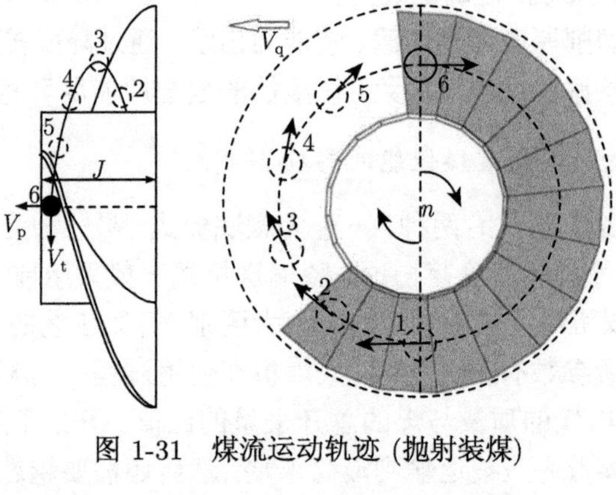

图 1-31　煤流运动轨迹 (抛射装煤)

假设某单位体积煤流从位置 1 处开始随滚筒运动，经过位置 2、3、4、5，在 6 处到达滚筒轴线上方，整个运动过程所用时间 t_{z} 可表示为

$$t_{\mathrm{z}}=180\bigg/\left(\frac{360V_{\mathrm{t}}}{\pi D_{\mathrm{cp}}}\right)=\frac{\pi D_{\mathrm{cp}}}{2V_{\mathrm{t}}} \tag{1-48}$$

由图 1-31 可以看出，当煤流运动到位置 6 时，若还未运动到滚筒末端，则将被抛到滚筒后侧成为浮煤，为了避免该情况产生需满足下述条件 (忽略端盘尺寸)：

$$\left(\frac{360V_1}{\pi D_{\mathrm{cp}}}\right)t_{\mathrm{z}}>\frac{360J}{L_{\mathrm{p}}} \tag{1-49}$$

或

$$V_{\mathrm{p}}t_{\mathrm{z}}>J \tag{1-50}$$

式中，L_{p} 为叶片的螺距，m。

式 (1-49) 和式 (1-50) 表述的内容本质上相同，但有所区别。式 (1-49) 表示在 t_{z} 时刻叶片运动的角度大于叶片的包角，为煤流离开滚筒末端、抛向刮板机；式 (1-50) 表示在 t_{z} 时刻叶片轴向运动距离大于滚筒截深，也为煤流离开滚筒末端、抛向刮板机。将式 (1-33)~式 (1-35) 和式 (1-48) 代入，式 (1-49) 和式 (1-50) 可表示为

$$\frac{\pi D_{\mathrm{cp}}\cos\rho_{\mathrm{m}}}{2\cos\alpha_{\mathrm{cp}}\sin\left(\alpha_{\mathrm{cp}}+\rho_{\mathrm{m}}\right)}>J \tag{1-51}$$

$$\frac{\pi D_{\mathrm{cp}}\cos\left(\alpha_{\mathrm{cp}}+\rho_{\mathrm{m}}\right)}{2\sin\left(\alpha_{\mathrm{cp}}+\rho_{\mathrm{m}}\right)}>J \tag{1-52}$$

将两式进行比较，可以看出：

$$\frac{\pi D_{\mathrm{cp}}\cos\left(\alpha_{\mathrm{cp}}+\rho_{\mathrm{m}}\right)}{2\sin\left(\alpha_{\mathrm{cp}}+\rho_{\mathrm{m}}\right)}<\frac{\pi D_{\mathrm{cp}}\cos\rho_{\mathrm{m}}}{2\cos\alpha_{\mathrm{cp}}\sin\left(\alpha_{\mathrm{cp}}+\rho_{\mathrm{m}}\right)} \tag{1-53}$$

由此可知，要保证煤流在运动到滚筒末端之前不被抛到滚筒后侧成为浮煤，只需满足式 (1-52)。仍以直径为 1050mm 的采煤机滚筒为例 ($D_{\mathrm{cp}}=650\mathrm{mm}$)，根据式 (1-52) 可绘出滚筒最大截深随平均螺旋升角 α_{cp} 的变化曲线，如图 1-32 所示。由图可以看出滚筒最大截深随着螺旋升角的增大而减小，即在叶片直径和筒毂直径确定以后，增大滚筒截深时应选择较小的螺旋升角。

除了上述滚筒的截深需要满足煤流的轴向运动距离要求，煤流在出口时还应尽量保证从滚筒里面输出煤流在滚筒末端的出口切向速度方向，如图 1-33 所示。当采煤机采用前滚筒抛射装煤时，煤流出口切向速度尽量不要指向 AA 右侧 (滚筒后方)，其主要原因是：如果煤流出口方向指向 AA 右侧，输出的煤流就会被抛向摇臂方向，若摇臂较厚，煤流容易被反弹回来；若摇臂较薄，煤流将落在摇臂上，也不利于采煤机装煤效率的提高。

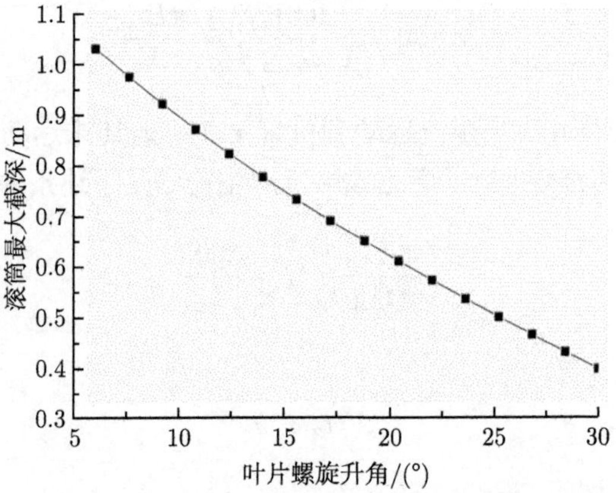

图 1-32 滚筒最大截深与叶片螺旋升角的关系

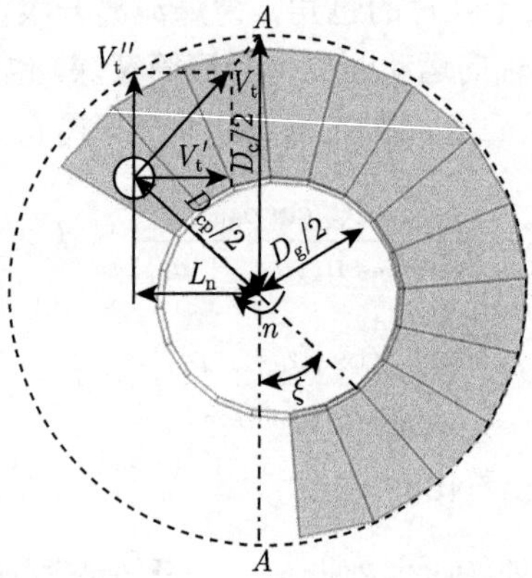

图 1-33 滚筒末端煤流切向速度

根据图 1-33 可知，煤流切线速度的极限方向指向 AA 分界线与截齿切削圆 (图中滚筒外侧的虚线圆) 的上交点，由此可知，过煤流所处极限位置和圆心的直线与 AA 分界线的夹角 ξ 为

$$\xi = \arccos\frac{D_c}{D_{cp}} \tag{1-54}$$

因此，煤流在极限位置被抛出后，在竖直方向上落到筒毂最上端所用的时间 t'_g 为

$$t'_g = \frac{V_t\sin\xi + \sqrt{V_t^2\sin^2\xi - gD_g + gD_{cp}\cos\xi}}{60g} \tag{1-55}$$

在水平方向上，煤流越过分界线所用的时间 t_g 为

$$t_g = \frac{D_{cp}\sin\xi}{120V_t\cos\xi} \tag{1-56}$$

采煤机前滚筒采用抛射装煤时，为使煤流不被抛到摇臂上方，需满足：

$$t'_{\mathrm{g}} < t_{\mathrm{g}} \tag{1-57}$$

即

$$n < \frac{30\cos\rho_{\mathrm{m}}\sin\xi}{\pi\sin\alpha_{\mathrm{cp}}\sin(\alpha_{\mathrm{cp}}+\rho_{\mathrm{m}})}\sqrt{\frac{g}{\cos\xi\,(D_{\mathrm{cp}}-D_{\mathrm{g}}\cos\xi)}} \tag{1-58}$$

仍以直径为 1050mm 的滚筒为例，根据式 (1-58) 可作出转速与叶片螺旋升角的关系曲线，如图 1-34 所示。由图 1-34 可以看出，滚筒的转速随着螺旋升角的增加而呈非线性减小趋势，滚筒转速随着叶片螺旋升角的增加，其减小幅度越来越小。

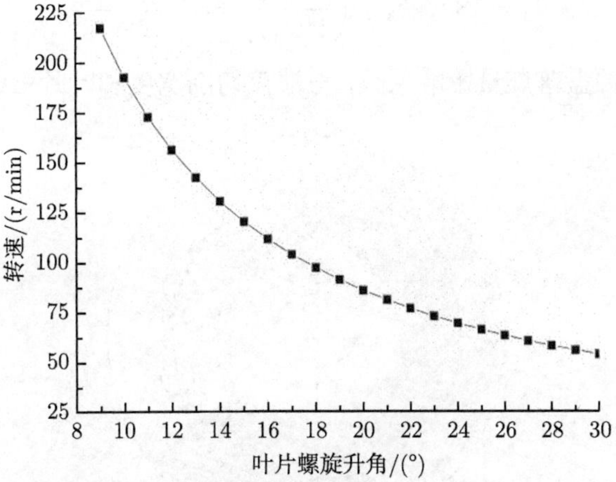

图 1-34 滚筒转速与叶片螺旋升角的关系

当后滚筒采用抛射装煤时，煤流将会被抛向摇臂方向，而为了避免摇臂的阻挡，煤流方向应尽量指向摇臂上方，为此，滚筒的转速应需满足：

$$n > \frac{30\cos\rho_{\mathrm{m}}\sin\xi}{\pi\sin\alpha_{\mathrm{cp}}\sin(\alpha_{\mathrm{cp}}+\rho_{\mathrm{m}})}\sqrt{\frac{g}{\cos\xi\,(D_{\mathrm{cp}}-D_{\mathrm{g}}\cos\xi)}} \tag{1-59}$$

根据上述对煤流出口切向速度方向的分析可以看出，为了使煤流在到达滚筒末端时具有较好的速度方向，式 (1-48) 需改为

$$t_{\mathrm{z}} = \left[180 - \arccos\left(\frac{D_{\mathrm{cp}}}{D_{\mathrm{c}}}\right)\right] \Big/ \left(\frac{360V_{\mathrm{t}}}{\pi D_{\mathrm{cp}}}\right) \tag{1-60}$$

则滚筒截深需满足：

$$J < \left[180 - \arccos\left(\frac{D_{\mathrm{cp}}}{D_{\mathrm{c}}}\right)\right] \frac{\pi D_{\mathrm{cp}}\cos(\alpha_{\mathrm{cp}}+\rho_{\mathrm{m}})}{360V_{\mathrm{t}}\sin(\alpha_{\mathrm{cp}}+\rho_{\mathrm{m}})} \tag{1-61}$$

2) 推挤装煤

当滚筒推挤装煤时，进行煤颗粒与叶片互作用运动分析，根据前面对推挤装煤机理的分析可知，截落煤岩只有先落到地面后才能在叶片的作用下获得轴向速度。

图 1-35 是煤流在叶片作用下的运动轨迹，叶片对煤流的轴向作用初始时间并非由位置 1 开始，而是在位置 1 下方的其他位置，且作用初始位置主要和滚筒的单位时间截煤量有关，根据上述中关于滚筒容量参数的分析过程可知，前端叶片落煤量与系数 ψ_z 有关，又由于滚筒前面的端盘也参与落煤，而端盘截落的煤能够抬高叶片初始作用位置。因此，推挤装煤时，煤体在叶片作用下运动的总时间可以表示为

$$t_z = 180\psi_z k_z \Bigg/ \left(\frac{360V_t}{\pi D_{cp}}\right) = \frac{\psi_z k_z \pi D_{cp}}{2V_t} \tag{1-62}$$

式中，k_z 为滚筒端盘落煤量影响系数，与端盘切削宽度和叶片截线距的比值有关。

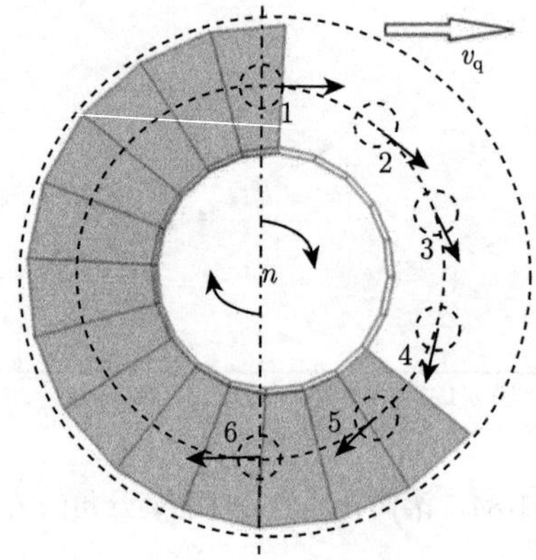

图 1-35　煤流在叶片作用下的运动轨迹 (推挤装煤)

由于煤流在滚筒的推挤输送作用下，颗粒都将从滚筒下部输出，因此，不需要考虑煤流输出时速度方向的影响，则滚筒截深需满足：

$$\frac{\pi\psi_z k_z D_{cp}\cos(\alpha_{cp}+\rho_m)}{2\sin(\alpha_{cp}+\rho_m)} > J \tag{1-63}$$

根据目前一般采煤机滚筒的结构参数可知，端盘切削宽度与叶片截线距的比值为 1~2.5，又由于端盘下方也会有一定量的煤堆积，所以 k_z 的取值一般为 2~3。以直径为 1050mm 的滚筒为例，$\xi < 45°$，根据式 (1-63) 和式 (1-61) 的比较可知，即使 k_z 和 ψ_z 取最大值，推挤装煤作用下允许的滚筒最大截深也要小于抛射装煤作用下的滚筒最大截深。因此，双滚筒薄煤层采煤机采用双向采煤法时，滚筒宽度的设计，应以推挤装煤所允许的最大截深为设计依据。

1.4.3.2 滚筒与刮板机相对位置对滚筒转速的限制

由两种装煤方式的煤流速度分析可知，滚筒转速越高，煤在叶片空间中沿轴向和切向运动的速度越大。煤的轴向运动速度越大，煤从叶片出口处抛向刮板输送机的距离就越远，若转速过高，将会造成滚筒抛煤严重。如图 1-36 所示，当滚筒转速达到一定程度时，煤将会被抛到刮板输送机后方，不仅会对人员及设备造成危害，还会降低装煤率。因此，滚筒的转速要控制在一定范围内。

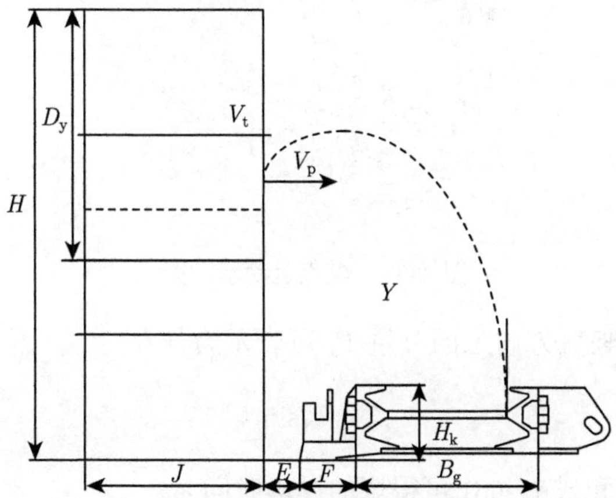

图 1-36 滚筒装煤示意图

根据滚筒装煤机理可知，同种条件下滚筒抛射装煤抛射高度和抛射速度要高于推挤装煤，为此研究抛射装煤对抛煤路径的影响。为了保证滚筒能将大部分煤都抛入刮板输送机的溜槽内，设煤流由滚筒出口处向输送机方向的最大位移为 Y，则滚筒螺旋叶片的最大输送距离应满足：

$$Y \leqslant E + F_c + B_g \tag{1-64}$$

式中，E 为煤壁与铲煤板间距，m；F_c 为铲煤板宽度，m；B_g 为中部溜槽宽度，m。

若不考虑滚筒与输送机之间的相对倾斜、煤流运动过程中颗粒间的碰撞以及空气阻力等因素，煤的水平抛煤距离 Y 由其出口位置和出口速度决定。由 1.4.2 节的理论研究可以看出颗粒的出口速度主要包括轴向速度和切向速度，不同的切向速度能够使煤获得不同的上升高度，因此在研究中不仅要考虑出口位置与轴向速度的影响，还要考虑切向速度的影响。研究中仍将煤流简化成位于叶片中心位置的球形颗粒，图 1-37 为煤流运动示意图，结合图 1-36 及多头螺旋叶片的最大装煤断面积公式[33] 可知煤的出口位置可表示为

$$H_s = H - H_k - D_c/2 - D_{cp}\cos\beta_s/2 \tag{1-65}$$

式中，β_s 为颗粒在滚筒周向上从位置 1 处开始运动过的角度，(°)。

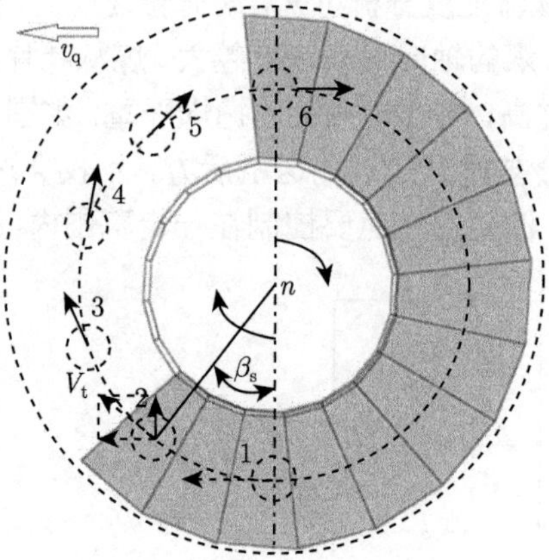

图 1-37　煤流运动示意图

煤切向速度在竖直方向上的分量 V_s 可表示为

$$V_s = V_t \sin\beta_s \tag{1-66}$$

根据式 (1-65) 和式 (1-66) 可得煤的抛落时间为

$$t' = \sqrt{\frac{V_t^2 \sin^2\beta_s}{3600g^2} + \frac{2H - D_c - 2H_k - D_{cp}\cos\beta_s}{g}} + \frac{V_t \sin\beta_s}{60g} \tag{1-67}$$

煤的抛落时间确定后，煤的抛出距离可用煤的轴向速度与抛落时间的乘积表示，即

$$\begin{aligned} Y = V_p t' = & \frac{\pi n D_{cp} \sin\alpha_{cp} \cos(\alpha_{cp} + \rho_m)}{60\cos\rho_m} \\ & \times \sqrt{\frac{\pi^2 n^2 D_{cp}^2 \sin^2\alpha_{cp} \sin^2(\alpha_{cp} + \rho_m) \sin^2\beta_s}{3600g^2\cos^2\rho_m} + \frac{2H - D_c - 2H_k - D_{cp}\cos\beta_s}{g}} \\ & + \frac{\pi^2 n^2 D_{cp}^2 \sin^2\alpha_{cp} \sin(\alpha_{cp} + \rho_m)\cos(\alpha_{cp} + \rho_m)\sin\beta_s}{3600g\cos^2\rho_m} \end{aligned} \tag{1-68}$$

将式 (1-68) 代入式 (1-64) 可解得滚筒的最高转速需满足：

$$n \leqslant \sqrt{\frac{2\Gamma\Lambda + \Sigma^2\Omega - \Sigma\sqrt{\Sigma^2\Omega^2 + 4\Delta\Lambda^2 + 4\Gamma\Omega\Lambda}}{2\Gamma^2 - 2\Sigma^2\Delta}} \tag{1-69}$$

式中，$\Sigma = \dfrac{\pi D_{cp}\sin\alpha_{cp}\cos(\alpha_{cp} + \rho_m)}{60\cos\rho_m}$，$\Delta = \dfrac{\pi^2 D_{cp}^2 \sin^2\alpha_{cp}\sin^2(\alpha_{cp} + \rho_m)\sin^2\beta_s}{3600g^2\cos^2\rho_m}$，$\Lambda =$

$E+F+B_{\mathrm{g}}$, $\varOmega=\dfrac{2H-D_{\mathrm{c}}-2H_{\mathrm{k}}-D_{\mathrm{cp}}\cos\beta_{\mathrm{s}}}{g}$, $\varGamma=\dfrac{\pi^2D_{\mathrm{cp}}^2\sin^2\alpha_{\mathrm{cp}}\sin^2(\alpha_{\mathrm{cp}}+\rho_{\mathrm{m}})\sin\beta_{\mathrm{s}}}{7200g\cos^2\rho_{\mathrm{m}}}$。

图 1-38 是根据式 (1-69) 绘制的滚筒最大转速随角 β_{s} 的变化曲线。根据图 1-37 可知角 β_{s} 的值代表了煤体的出口位置，从图 1-38 可以看出，滚筒的最大转速随角 β_{s} 的增大先减小后增大，也就是说，在抛射装煤条件下抛射距离最远的煤并不在滚筒的最上端，而是在滚筒中心偏上侧的位置，这主要是由抛出煤体的切向速度方向引起的。从滚筒最大转速随螺旋升角的变化曲线可以看出，螺旋升角越小，允许的滚筒转速越大。为了防止煤块抛出刮板输送机的范围，滚筒转速不能超过图 1-38 中每条变化曲线最低点位置的滚筒转速。当一些特殊条件需要滚筒的转速超过最大转速时，为了防止煤块抛出，可在滚筒相应抛煤剧烈的位置加装防护装置。

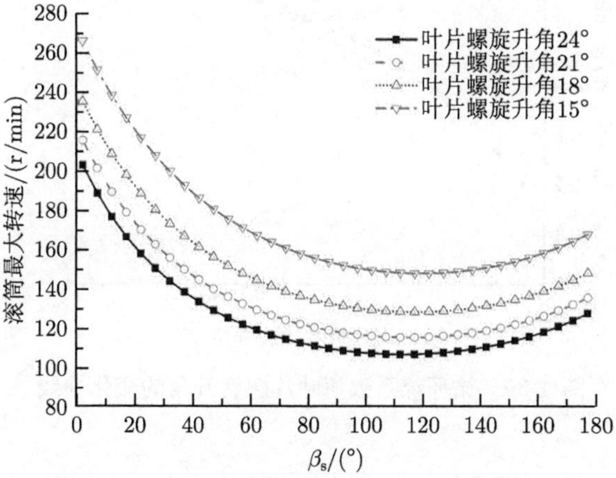

图 1-38 滚筒最大转速随角 β_{s} 的变化曲线

1.4.3.3 循环煤系数限制

循环煤是指从滚筒截割侧带到滚筒非截割侧而又被带回滚筒截割侧的煤。这部分煤经过滚筒反复作用，不仅破碎程度严重，还影响滚筒的截割和输送，因此应尽量避免循环煤的产生。在无挡板滚筒截割时，循环煤量非常少，可以忽略不计，而带有挡板的滚筒，循环煤现象比较明显，特别是装煤性能差的滚筒。根据煤流循环的物理过程，滚筒装煤过程中煤流的循环煤量可用煤流循环系数 K_{h} 来表示，煤流循环系数是指在滚筒有效装煤空间内循环煤量与总煤流量的比值，其数学表达式为

$$K_{\mathrm{h}}=1-\frac{2Jv_{\mathrm{q}}D_{\mathrm{c}}\lambda k\sin(\alpha_{\mathrm{cp}}+\rho_{\mathrm{m}})\sin2\rho_{\mathrm{m}}}{\pi\left(D_{\mathrm{y}}^2-D_{\mathrm{g}}^2\right)n\varphi_{\mathrm{c}}\sin\alpha_{\mathrm{cp}}\left[J\sin\rho_{\mathrm{m}}-Z\delta\sin(\alpha_{\mathrm{cp}}+\rho_{\mathrm{m}})\right]} \tag{1-70}$$

式中，φ_{c} 为滚筒充满系数。

由式 (1-70) 可以看出，在其他条件不变的情况下，循环煤系数随着牵引速度的增加而减小，随着滚筒转速的增加而增加。图 1-39 是式 (1-70) 在特定赋值条件下循环煤系数随叶片螺旋升角的变化曲线。由图可以看出，循环煤系数随着螺旋升角的增大而增大，因此，选择较小的螺旋升角有利于降低循环煤系数。除此之外，根据式 (1-70) 还可以看出，较小的滚筒充满系数和截深、较大的筒毂直径也有利于降低循环煤系数，但筒毂直径的增大会减小叶片深度、降低滚筒装煤空间，不利于装煤效率的提高。

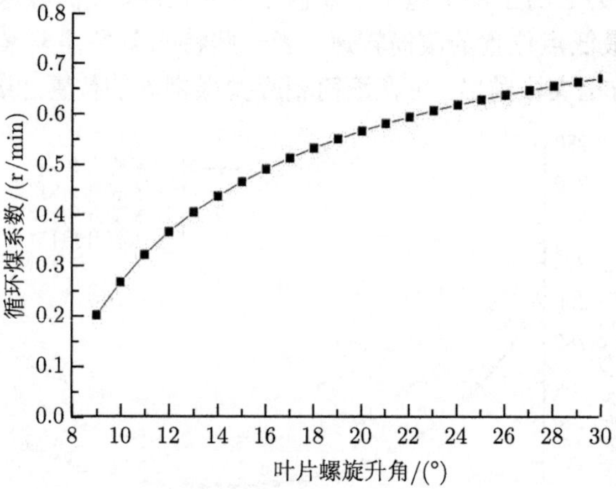

图 1-39　循环煤系数随叶片螺旋升角的变化曲线

参 考 文 献

[1] 刘春生. 滚筒式采煤机理论设计基础[M]. 徐州: 中国矿业大学出版社, 2003.

[2] 李昌熙, 沈立山, 高荣. 采煤机[M]. 北京: 煤炭工业出版社, 1988.

[3] 陶驰东. 采掘机械[M]. 北京: 煤炭工业出版社, 1993.

[4] 徐永圻. 煤矿开采学[M]. 徐州: 中国矿业大学出版社, 2015.

[5] 钱鸣高. 煤炭的科学开采[J]. 煤炭学报, 2010, 35(4): 529-534.

[6] 王家臣, 刘峰, 王蕾. 煤炭科学开采与开采科学[J]. 煤炭学报, 2016, 41(11): 2651-2660.

[7] 张丽明, 谢进. 采煤机滚筒破煤机理仿真研究[J]. 煤矿机械, 2013, 34(10): 44-46.

[8] Hurt K G, Macandrew K M. Cutting efficiency and life of rock-cutting picks[J]. Mining Science and Technology, 1985, 2(2): 139-151.

[9] Zhao L J, Chen Y, Dong M M. Research on the influence on working reliability of cutting unit of shearer by cutting pick[J]. Modern Manufacturing Engineering, 2010, 30(12): 104-110.

[10] Zhao L J, Liu X, Liu P. Influence of picks arrangement mode on shearer's working

performance[J]. Mechanical Science and Technology for Aerospace Engineering, 2014, 33(12): 1838-1844.

[11] 别隆 A. И. 煤炭切削原理[M]. 王兴祚, 译. 北京: 中国工业出版社, 1965.

[12] Evans I. The force required to cut coal with blunt wedges[J]. International Journal of Rock Mechanics and Mining Science, 1965, 2: 1-12.

[13] Evans I. A theory of the cutting force for point-attack picks[J]. International Journal of Rock Mechanics and Mining Science, 1984, 2(1): 67-71.

[14] Nishimatsu Y. The mechanics of rock cutting[J]. International Journal of Rock Mechanics and Mining Science, 1972, 9: 261-270.

[15] 牛东民. 刀具切削破煤机理研究[J]. 煤炭学报, 1993, 18(5): 49-54.

[16] 牛东民. 煤炭切削力学模型的研究[J]. 煤炭学报, 1994, 19(5): 526-529.

[17] 李提建. 高块煤率采煤机参数优化[D]. 徐州: 中国矿业大学, 2007.

[18] Liu S Y, Du C L, Cui X X. Research on the cutting force of a pick[J]. Mining Science and Technology, 2009, 19(4): 514-517.

[19] Liu S Y, Du C L, Cui X X, et al. Characteristics of different rocks cut by helical cutting mechanism[J]. Journal of Central South University, 2011, 18(5): 1518-1524.

[20] Yu H J, Ma L F, Ji J J, et al. Cutting performance analysis and finite element simulation of rotating drum flying shears[J]. Heavy Machinery, 2012, 4: 12.

[21] Li Y G, Ye Q, Wang G P, et al. The analyze of shear force calculation model of drum type linear blade flying shear[J]. Advanced Materials Research, 2012, 503: 785-789.

[22] Luo C X, Jiang H X, Cui X X. Experimental study on the axial force of shearer drum cutting coal and rock[J]. Recent Patents on Mechanical Engineering, 2015, 8(1): 70-78.

[23] Liu X H, Liu S Y, Cui X X, et al. Interference model of conical pick in cutting process[J]. Journal of Vibroengineering, 2014, 16(1): 103-115.

[24] Luo C X, Du C L, Liu S Y. Influence of drum motion parameters on shearer cutting properties[J]. Telkomnika Indonesian Journal of Electrical Engineering, 2014, 12(1): 520-529.

[25] 刘送永. 采煤机滚筒截割性能及截割系统动力学研究[D]. 徐州: 中国矿业大学, 2009.

[26] 李宁宁, 杜长龙, 李建平. 基于装煤性能的采煤机滚筒参数优化[J]. 矿山机械, 2009, (11): 4-6.

[27] Gospodarczyk P. Modeling and simulation of coal loading by cutting drum in flat seams[J]. Archives of Mining Sciences, 2016, 61(2): 365-379.

[28] Gao K D, Wang L, Du C L, et al. Research on the effect of dip angle in mining direction on drum loading performance: A discrete element method[J]. International Journal of Advanced Manufacturing Technology, 2016, 89: 2323-2334.

[29] 黄松元. 散体力学[M]. 北京: 机械工业出版社, 1993.

[30] Liu S Y, Du C L, Zhang J, et al. Parameters analysis of shearer drum loading performance[J]. Mining Science and Technology, 2011, 21(5): 621-626.

[31] 陈汝超, 陈晓平, 蔡佳莹, 等. 粒煤螺旋输送特性实验研究[J]. 煤炭学报, 2012, 37(1): 154-157.

[32] 陆曾亮. 采煤机滚筒装煤问题研究 (上)[J]. 煤矿机电, 1981, (3): 1-4.

[33] 高魁东. 薄煤层滚筒采煤机装煤性能研究[D]. 徐州: 中国矿业大学, 2014.

第2章 滚筒参数设计

目前，人们在滚筒设计中基本采用传统设计，由于滚筒的参数众多，且各类参数间存在复杂的依赖关系，传统的经验设计虽然能够达到较好的效果，但缺少可靠的理论支持以及有效的设计性能验证方法，设计性能存在人工干预形成的波动性，特别是在滚筒的螺旋叶片以及截齿排列上，难以满足社会需求。因此，亟须一种便捷的设计方法来简化设计过程、缩短生产周期。

本章首先分析了滚筒的结构参数；考虑到切削图是影响块煤率的关键因素，本章提出以切削图的面积最大为目标函数，以采煤机的装煤性能、力学性能等为约束的优化模型，结合 MG200/500-W 型采煤机进行参数优化；在模型的求解中，通过神经网络建立起截齿安装角与切削厚度的映射关系，该映射关系可在优化程序中调用，并通过遗传算法优化高块煤率采煤机的设计参数；为缩短设计周期，本章把复杂的分析、建模、优化过程集成在软件包中，通过在人机界面修改原始参数，便可自动获得优化结果，同时输出的切削图和载荷波动图也有助于综合分析采煤机的性能；进一步实测了凯南麦特生产的滚筒，并把该滚筒结构参数、切削图与本章优化结果进行比较，结果表明采用本章所建立的优化模型设计高块煤率采煤机是可行有效的。

2.1 滚筒及截齿相关参数

滚筒及截齿相关参数主要包括滚筒直径、滚筒截深 (B)、截线距 ($S_{\rm j}$)、截齿排列方式、截齿位置、螺旋叶片升角 ($\alpha_{\rm ys}$)。

2.1.1 滚筒直径

滚筒的直径主要指滚筒筒毂直径 $D_{\rm c}$、螺旋叶片外缘直径 $D_{\rm y}$ 和筒体直径 $D_{\rm g}$，如图 2-1 所示。

2.1.1.1 滚筒筒毂直径 $D_{\rm c}$

滚筒筒毂直径是指滚筒截齿绕滚筒轴线旋转所形成的圆直径，其大小主要与煤层厚度、采煤机的型号有关。

一次采全高的单滚筒采煤机与双滚筒采煤机的滚筒直径计算公式相同，均为

$$D_{\rm c} = H_{\min} - (100 \sim 300) \tag{2-1}$$

式中，$H_{\min}$ 为最小煤层厚度，mm。100~300mm 是为防止因截割后顶板的下沉而导致回采过程中滚筒截割顶梁所设置的余量。

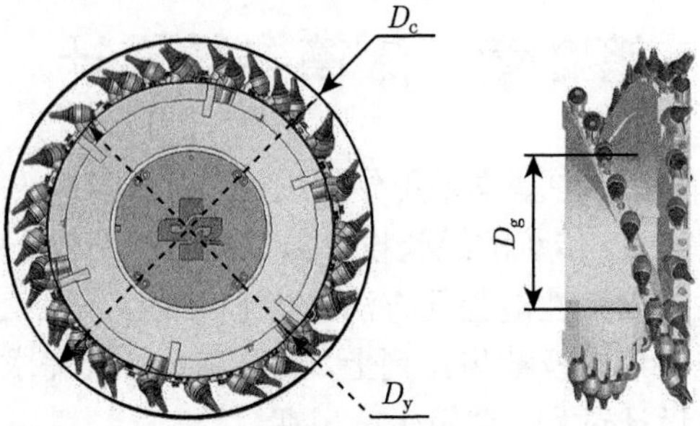

图 2-1　滚筒直径

对于中厚煤层，采煤机滚筒的直径取决于采煤机的种类，单滚筒采煤机滚筒直径的计算公式为

$$D_c \approx (0.55 \sim 0.6)\, H_{\max} \tag{2-2}$$

式中，$H_{\max}$ 为最大煤层厚度，mm。

对于双滚筒采煤机，滚筒直径通常依据采煤机前后两滚筒装煤量相等原则来选取，其计算公式为

$$D_c = aH_{cg} \tag{2-3}$$

式中，H_{cg} 为采煤机采高，mm；a 为滚筒直径与采煤机采高的比值。

$$a = \frac{1}{1+\eta} \tag{2-4}$$

式中，η 为滚筒的装煤效率，其取值范围为 0.6~0.7 (小直径滚筒) 或 0.7~0.8 (大直径滚筒)。

2.1.1.2　螺旋叶片外缘直径 D_y

螺旋叶片外缘直径是指截齿齿座突出所形成的直径，计算公式为

$$D_y = D_c - 2l_p \tag{2-5}$$

式中，l_p 为截齿径向伸出长度，mm。

因本章仅研究切向截齿，故有

$$l_p = (1 \sim 1.2)\frac{1000v_q}{nm} \tag{2-6}$$

式中，v_q 为采煤机牵引速度，m/min；n 为滚筒转速，r/min；m 为单条截线上的截齿数。

2.1.1.3 筒体直径 D_g

筒体直径越小，装煤空间越大，滚筒装煤能力越强，还能有效减少循环煤量，从而减少煤的二次破碎。因此，在保证能装下行星减速器和滚筒强度满足情况下，应尽量选择较小的筒体直径。

一般而言，滚筒叶片外缘直径与筒体直径之间满足如下关系：

$$\begin{cases} \dfrac{D_y}{D_g} \leqslant 2 & \text{大直径滚筒} \\ \dfrac{D_y}{D_g} \geqslant 2.5 & \text{小直径滚筒} \end{cases} \tag{2-7}$$

2.1.2 滚筒截深

滚筒截深是指叶片第一条截线到端盘最后一条截线的轴向距离，其值小于滚筒的结构宽度。我国的中厚及厚煤层采煤机大多采用 630mm 截深，而薄与极薄煤层采煤机为提高生产率多采用 800～1000mm 截深。

滚筒截深小，能够更有效地利用煤层的压酥效应。煤层的压酥效应主要是由于悬顶的作用和裂隙带岩层在取得平衡前的下沉，使得长壁工作面煤壁前方的煤体不仅要承受本身的上覆岩层质量，还要承受裂隙带岩层传递来的采空区上方的一部分上覆岩层质量，由此在煤体内形成随工作面移动而移动的支承压力。此压力导致了靠近采空侧煤壁的压酥效应，使得煤壁内部压力降低，其应力分布如图 2-2 所示。图中 x_0 为应力降低区宽度，即压酥区宽度；x_j 为极限平衡区宽度；σ_x^1 为水平方向应力分布；σ_y^1 为铅直方向应力分布；N_0 为煤壁最前端铅直方向的压力；N_{x_0} 为 $x = x_0$ 处煤壁铅直方向压力；N_{x_j} 为 $x = x_j$ 处煤壁铅直方向压力；设计滚筒截深时，应在 x_0 范围内，其计算公式为[1]

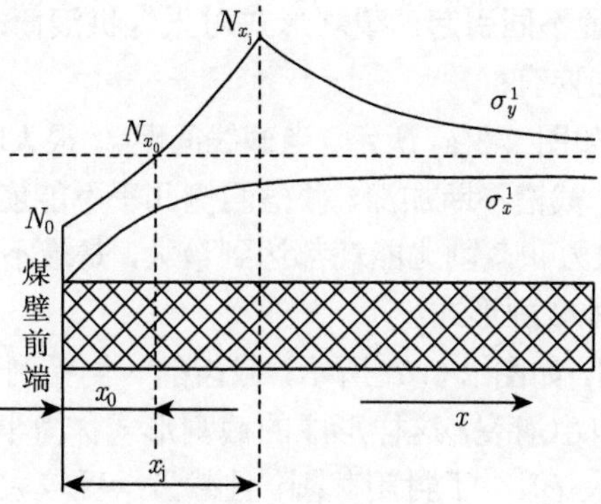

图 2-2 煤壁压酥区

$$x_0 = \frac{H_C(1 - \sin\phi_{nm})}{2f_{mc}(1 + \sin\phi_{nm})} \ln\frac{\gamma_j H_{cs}}{N_0} \tag{2-8}$$

式中，ϕ_{nm} 为煤体的内摩擦角，rad；γ_j 为铅直应力集中系数；H_{cs} 为采深，m。

工程中常用的筒毂直径、滚筒截深与滚筒宽度系列如表 2-1 所示。

表 2-1　滚筒主要参数系列

截齿类型	筒毂直径/mm	滚筒截深/mm	滚筒宽度/mm
镐形	800	630	680
	1000	600	650
	1250	600	650
	1400	630	680
	1600	630	680
	1600	800	855
	1800	630	680
	1800	800	855
	2000	630	680
	2000	800	855
	2240	800	855
	2500	1000	1060
	2750	1000	1060
	3000	1000	1060
	3200	1000	1060
	3500	1050	1100

2.1.3　截线距

截线距是指两条截线间的距离，截线距不同将导致截齿的截割形式与截槽形状不同，其中，截割形式的不同主要是由于煤体裸露表面的数目、相互位置以及截齿相对被截割面的位置不同引起。截割形式对采煤机滚筒载荷和截割比能耗均有重要的影响，其形式主要有：

(1) 封闭式截割。如图 2-3(a) 所示，当截线间距 t_s 很大时，相邻截槽互不影响，随着滚筒的不断推进，截槽不断加深，截槽两侧几乎不能崩裂，这种切削形式即封闭切削。此时，截割阻力和截割比能耗都达到最大，是最不理想的截割工况，工作过程中应避免使用这种截割形式。

(2) 半封闭式截割。如图 2-3(b) 所示，截齿的一侧受到煤体或顶底板限制不能崩裂，而另一侧可以自由崩裂，这样形成的截割形式称为半封闭截割。此时，截割阻力和单位能耗也较大 (但小于封闭截割) 且截齿承受较大的侧向力。滚筒端盘靠近煤壁侧截齿的截割状态就是这种截割形式，因受力较大，在煤壁侧的截齿布置应较为密集。

(3) 平面截割。如图 2-3(c) 所示，在平整表面进行截割时，煤向两侧崩落所形成的截割称为平面截割。由于采煤机滚筒截割后的煤壁很难形成平整的截面，所以这种截割形式只在滚筒刚开始工作时存在，但这种截割形式在实验室条件下很容易获得，所以常把它作为与其他截割形式比较截割阻力和单位能耗的标准。

(4) 自由截割。如图 2-3(d) 所示，当煤体存在三个自由面，且只有一个面与煤体相连，且其厚度与截齿宽度相接近时所形成的截割形式称为自由截割。自由截割的截割阻力和截割比能耗最小，通常情况下很难得到这种截割形式。

(5) 平面重复截割。如图 2-3(e) 所示，当煤体有两个自由面，且截线距小于截齿宽度时所形成的截割形式称为平面重复截割。这种截割形式下的截割阻力较小，但由于切下的煤过碎，使得截割比能耗较大。

(6) 顺序式截割。如图 2-3(f) 所示，顺序截割的特点是被截割煤体单向裸露，相邻两截齿在推进方向上没有超前，煤可向两侧崩落，截齿受到来自非裸露侧较大的侧向力。当滚筒的截齿采用顺序式排列时，得到这种截割形式。

(7) 棋盘式截割。如图 2-3(g) 所示，相邻两截齿在推进方向上相互交错、一前一后并超前半个切削厚度的截割形式称为棋盘式截割。这种截割形式的突出优点是侧向力平衡，当滚筒的截齿采用棋盘式排列时，得到这种截割形式。

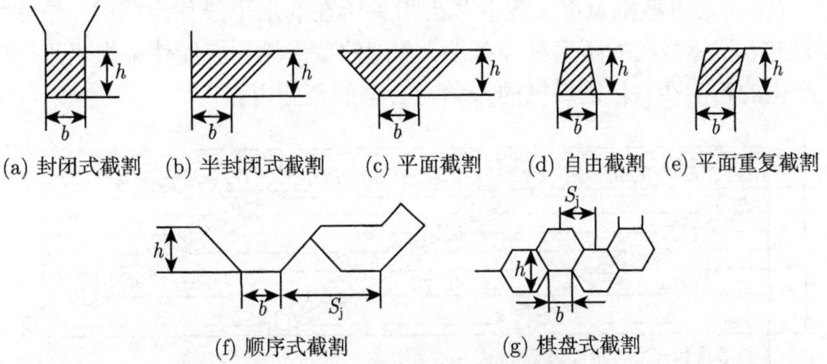

图 2-3 典型截割形式下的截槽形状

由上述分析可知，截线距的不同将导致截割形式不同，并影响截割比能耗、块煤率、截割力的大小及波动性。对于采煤机滚筒上相邻截齿截线距的分布情况可分为三种情况，如图 2-4 所示，图中 S_j 为截线距，单位为 mm。在相同切削厚度下，如果截线距过小 (图 2-4(a))，由于煤岩过分破碎，截割效率不高、截割比能耗相对较大；而截线距过大 (图 2-4(c))，使得在两截槽间形成脊梁，截割不充分，容易形成全封闭式截割，此时，截割比能耗最大，截割工况最不理想。由此可以看出，对于相同切削厚度情况下，必定存在一个最佳的截线距 (图 2-4(b))，使得截割比能耗最小。

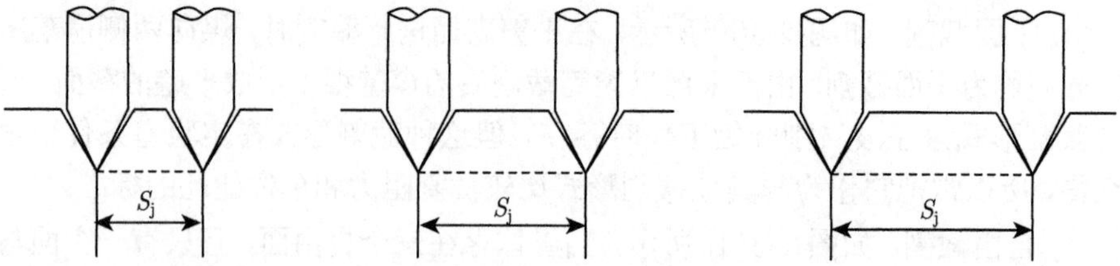

(a) 截线距过小(过分破碎)　(b) 理想截线距(成块破碎)　(c) 截线距过大(截槽间形成脊梁)

图 2-4　截齿截线距

2.1.4　截齿排列方式

截齿排列方式是指截齿在滚筒上的排列规律，即截齿齿尖在滚筒展开图中的相对位置。作为滚筒设计的关键因素，截齿排列的合理与否直接影响采煤机滚筒的截割比能耗、载荷的波动特性、截割块煤率及粉尘量等性能指标。而块煤率是衡量煤炭质量的一个重要标准，块煤率越大，煤炭的价格越高，对提高企业的经济效益具有重要作用；同时，提高块煤率可以降低煤粉的产出率[2]。

截齿排列情况可以通过截齿排列图来展示，该排列图是滚筒上截齿齿尖所在圆柱面的展开图。图 2-5 为一个左旋 3 头叶片的滚筒展开图，其中，B_y 为叶片截割宽度，B_d 为端盘截割宽度。图中截齿齿尖所在的水平线称为截线，是截齿齿尖的运动轨迹；相邻截线的距离称为截距。合理的截齿排列应能使采煤机采出的煤块度大，产生的粉尘少，且采煤机的振动在合理的范围内。

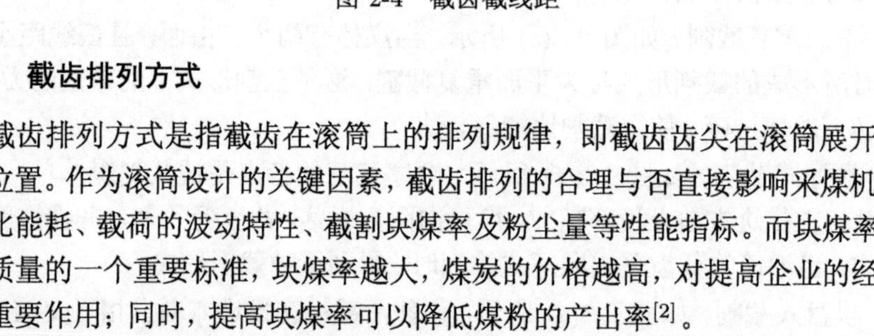

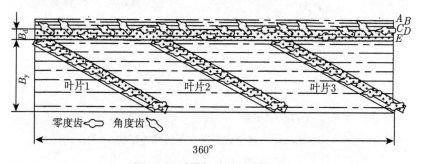

图 2-5　采煤机滚筒截齿排列

2.1.4.1　端盘截齿排列

采煤机滚筒工作时，截割由里向外，端盘紧贴煤壁工作，用来截割出新的齐整的工作煤壁，为整个滚筒的截割先开出一个自由面；同时平衡螺旋叶片装煤时所受的力，使采煤机工作平稳。因工作条件恶劣且受载较大，排列时大多根据经验并遵循以下原则[3,4]：

(1) 端盘截齿布置较多，截线距较小，且从煤壁侧到叶片部截线距依次增大。

(2) 端盘截齿的数量主要取决于煤质的硬度和滚筒直径。如果煤质硬度大且滚筒直径大，端盘截齿应多些；反之，端盘截齿应布置少些。

(3) 端盘截齿在圆周方向上的间距要尽量均衡，并与螺旋叶片的截齿相匹配。

(4) 端盘截齿的排列，应保证各截齿受力尽量均衡，以免过早发生掉齿现象。

(5) 端盘部截线一般为 4~6 条，每条截线上至少有 2~3 个截齿，每组截齿齿数中，从最大倾角截齿开始，依次递减。

(6) 在端盘截齿布置时，应保证所截出的掏槽宽度在 80~140mm。

端盘截线一般为 4~7 条，其平均截距一般为叶片的一半，每条截线上的截齿数比叶片多 2~3 个，且越靠近煤壁截线上的截齿数越多，以减小截齿磨损。如图 2-5 可知，端盘截齿共有 A、B、C、D、E 五条截线，其中，截线 A 上截齿最多，并且从 A 到 E 截线距不断增大，齿尖处直径也不断增大。端盘截齿的投影如图 2-6 所示，图中 V 为叶片齿，其倾斜角和歪斜角均为 0°，其余截齿的角度如表 2-2 所示。由于截线 A 上截齿截割时受力条件较差、磨损较严重，在制造时应在截线 A 上所有截齿前的端盘板上焊接一条耐磨条，且耐磨条高度应大于齿座高度，以起到保护作用。

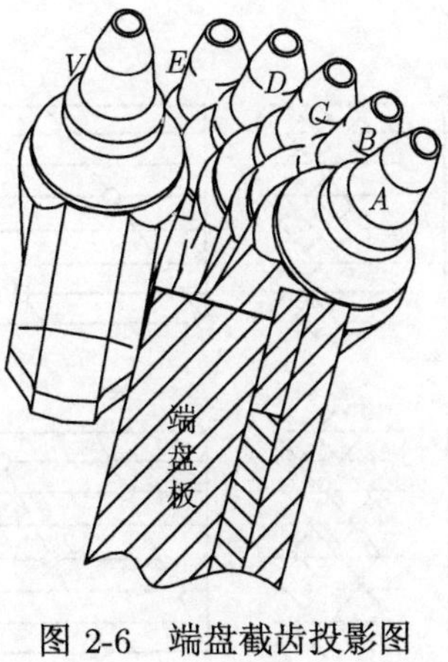

图 2-6 端盘截齿投影图

表 2-2 端盘截齿角度

截线号	冲击角/(°)	倾斜角/(°)	歪斜角/(°)
A	40	50	5
B	40	42	5
C	40	32	3
D	40	20	2

2.1.4.2　叶片截齿排列

由于叶片截齿截割的宽度较大，其截齿布置合理与否对块煤率、粉尘量大小、截割比能耗影响较大，对不同结构参数、不同工作参数和截割不同煤质的采煤机滚筒应采用不同的截齿排列方式。为使截割时滚筒运行平稳，波动载荷较小，叶片截齿应周向均匀布置。

截齿的排列方式还与叶片头数、每条截线上截齿数有关，根据切削图的形状、叶片头数以及每条截线上截齿数，叶片截齿排列分为顺序式、棋盘式、棋盘畸变 1 式和棋盘畸变 2 式四种形式，如图 2-7 所示。

截齿顺序式排列时，叶片每条截线上的截齿数与叶片头数的比值为 1，截割时截齿一个紧挨一个，每个截齿截割的煤体呈单向裸露，其排列方式及切削图如图 2-7(a) 所示。

截齿棋盘式排列时，叶片每条截线上的截齿数与叶片头数的比值为 0.5，截割时每个截齿在相邻两截齿超前开出的半个切削厚度的煤体上工作，截齿按间隔的次序截割，截割条件相对顺序式较好，其排列方式如图 2-7(b) 所示。

截齿排列为畸变 1 式和畸变 2 式时，每条截线上都只有一个截齿；两者的区别在于相邻两条螺旋线上截齿的相对位置不同，如图 2-7(c) 和图 2-7(d) 中截齿 3 和截齿 1、截齿 2 的相对位置。

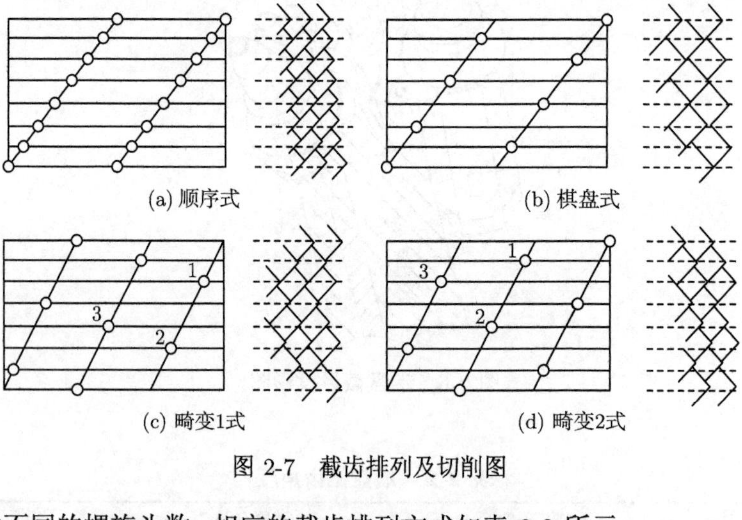

图 2-7　截齿排列及切削图

针对不同的螺旋头数，相应的截齿排列方式如表 2-3 所示。

采煤机工作时滚筒除转动割煤装煤外还随着整机的牵引做水平移动，滚筒一转过后的前后位置如图 2-8 所示。右侧的新月形为破煤区域，截齿随滚筒一转的过程中约有一半的时间处在截煤区，为间歇式截煤。在截煤区，当截齿转至水平位置时开采厚度最大，向两边逐渐减小。

表 2-3 截齿排列方式

排列形式	截线齿数	螺旋头数
棋盘式	1	2
	2	4
顺序式	2	2
	3	3
	4	4
畸变 1 式	1	3
	1	4
畸变 2 式	1	3
	1	4

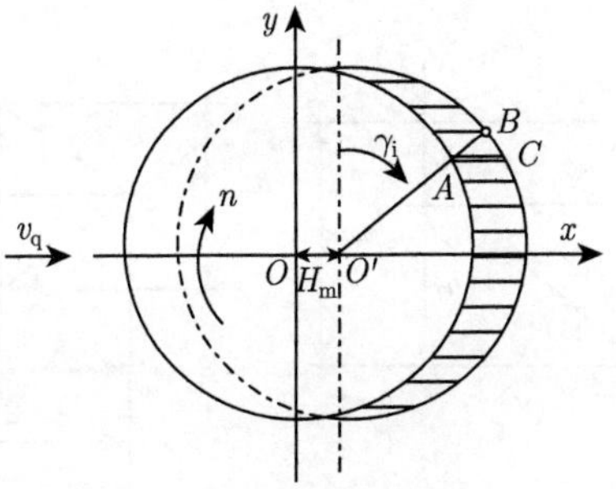

图 2-8 滚筒切削厚度

滚筒上装有截齿，截齿破落煤体形成截槽。截齿破落的扇形煤体由多个分片的煤体和边角尖锐处崩落的小煤块组成。在煤层参数给定的情况下，截槽的面积越大、形状越“方正”，破落下的扇形煤体也就越完整，煤的块度就越大。宏观上，每个截齿破落煤体的总和就形成了图 2-8 所示的新月形。图 2-9 反映了不同位置处的截齿破落煤体的切槽断面 (只画出了“新月形”的上半部分，下半部分与此对称)。在偏离滚筒中心处的其他位置，截齿的切削厚度小且越靠近“新月形”上下两端，切削厚度越薄，相应切槽断面的形状也变得越细长，煤的破碎情况也越严重。滚筒

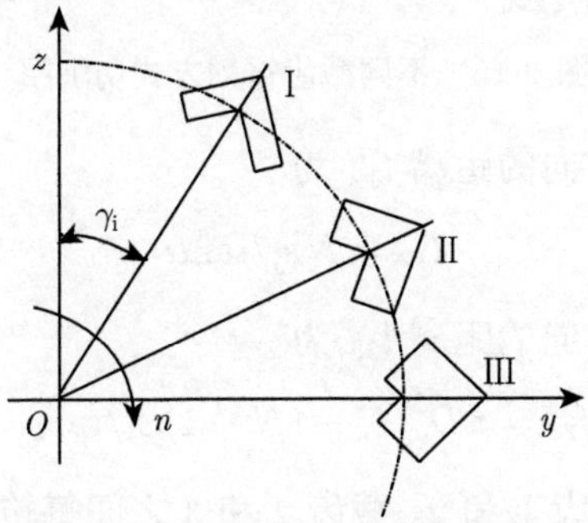

图 2-9 不同位置处截齿的切槽图

采煤机的破煤机理表明了这种切削方式不可避免地产生碎煤, 因为参与截割的截齿总有一部分处在 "新月形" 上下两端处, 处于非理想的切削状态。图 2-9 中位置 I 处切槽最细, 煤的破碎最严重。

定义截齿通过最大切削厚度的那个面留下的切槽断面为切削图, 即图 2-9 中位置 III 处的截槽。增加切削图的面积, 改善切削图的形状, 可同时改善其他位置截槽的面积和形状, 有利于提高块煤率。

下面从几种不同的截齿排列方式来分析截齿的切削图。

1) 截齿畸变 2 式布置

对应图 2-7(d) 所示的截齿畸变 2 式布置, 其切削图如图 2-10(d) 所示。

(a) 顺序式　　　　　　　　　　　　　　　　(b) 棋盘式

(c) 畸变1式　　　　　　　　　　　　　　　(d) 畸变2式

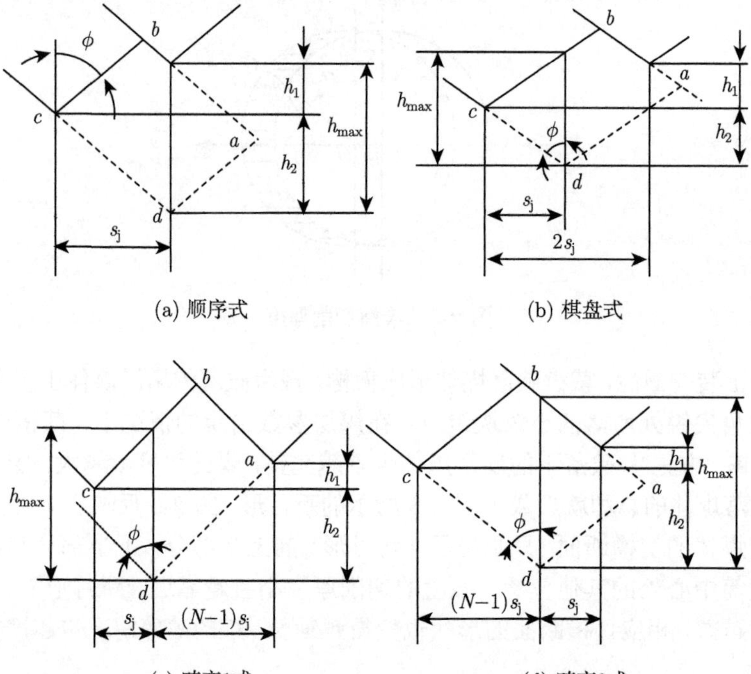

图 2-10　不同截齿排列方式切削图

截齿 2 和 1 在圆周方向的距离 l_{12} 为

$$l_{12} = Ns_{\mathrm{j}}/\tan\alpha \tag{2-9}$$

截齿 2 和 3 在圆周方向的距离 l_{23} 为

$$l_{23} = \pi D_{\mathrm{c}}/N - (N-1)\,s_{\mathrm{j}}/\tan\alpha \tag{2-10}$$

根据比例关系可得截齿 1 和 2、截齿 2 和 3 之间每转推进的最大进给量 h_1 和 h_2 分别为

$$h_1 = \frac{H_{\mathrm{m}}}{\pi D_{\mathrm{c}}} \frac{N s_{\mathrm{j}}}{\tan\alpha} \tag{2-11}$$

$$h_2 = \frac{H_{\mathrm{m}}}{\pi D_{\mathrm{c}}} \left(\frac{\pi D_{\mathrm{c}}}{N} - \frac{(N-1)\, s_{\mathrm{j}}}{\tan\alpha} \right) \tag{2-12}$$

由图 2-10(d) 又可得出 h_2 和单齿实际的最大切削厚度 $h_{\max}$ 为

$$h_2 = (N-1) s_{\mathrm{j}} / \tan\phi \tag{2-13}$$

$$h_{\max} = h_1 + h_2 + s_{\mathrm{j}} / \tan\phi \tag{2-14}$$

联立式 (2-12)、式 (2-13) 得

$$\frac{s_{\mathrm{j}} H_{\mathrm{m}}}{\pi D_{\mathrm{c}} \tan\alpha} = \frac{H_{\mathrm{m}}}{N(N-1)} - \frac{s_{\mathrm{j}}}{\tan\phi} \tag{2-15}$$

$$s_{\mathrm{j}} = \frac{H_{\mathrm{m}}}{N(N-1) \left(\dfrac{1}{\tan\phi} + \dfrac{H_{\mathrm{m}}}{\pi D_{\mathrm{c}} \tan\alpha} \right)} \tag{2-16}$$

联立式 (2-11)、式 (2-13)、式 (2-14) 得

$$h_{\max} = N \frac{s_{\mathrm{j}} H_{\mathrm{m}}}{\pi D_{\mathrm{c}} \tan\alpha} + \frac{N s_{\mathrm{j}}}{\tan\phi} \tag{2-17}$$

联立式 (2-15)、式 (2-17) 得

$$h_{\max} = H_{\mathrm{m}} / (N-1) \tag{2-18}$$

将式 (2-18) 代入式 (2-16) 得叶片部截齿的截线距 S_{j} 为

$$S_{\mathrm{j}} = \frac{h_{\max}}{N \left(\dfrac{1}{\tan\phi} + \dfrac{(N-1) h_{\max}}{\pi D_{\mathrm{c}} \tan\alpha} \right)} \tag{2-19}$$

由图 2-10(d) 可得切削图的边长 l_{cd}、l_{ad} 为

$$\begin{cases} l_{\mathrm{cd}} = (N-1) s_{\mathrm{j}} / \sin\phi \\ l_{\mathrm{ad}} = 0.5 (N s_{\mathrm{j}} + h_1 \tan\phi) / \sin\phi \end{cases} \tag{2-20}$$

2) 截齿顺序式布置

在截齿顺序式布置方式下 h_1、h_2、$h_{\max}$ 和 s_{j} 分别为

$$\begin{cases} h_1 = \dfrac{H_{\mathrm{m}}}{\pi D_{\mathrm{c}}} \dfrac{s_{\mathrm{j}}}{\tan\alpha} \\ h_2 = \dfrac{H_{\mathrm{m}}}{\pi D_{\mathrm{c}}} \left(\dfrac{\pi D_{\mathrm{c}}}{N} - \dfrac{s_{\mathrm{j}}}{\tan\alpha} \right) \\ h_{\max} = \dfrac{H_{\mathrm{m}}}{N} \\ s_{\mathrm{j}} = \dfrac{h_{\max}}{\dfrac{1}{\tan\phi} + \dfrac{m h_{\max}}{\pi D_{\mathrm{c}} \tan\alpha}} \end{cases} \tag{2-21}$$

其切削图如图 2-10(a) 所示，切削图边长 l_{cd}、l_{ad} 为

$$\begin{cases} l_{\mathrm{cd}} = s_{\mathrm{j}}/\sin\phi \\ l_{\mathrm{ad}} = 0.5(s_{\mathrm{j}} + h_1\tan\phi)/\sin\phi \end{cases} \tag{2-22}$$

3) 截齿棋盘式布置

在截齿棋盘式布置方式下 h_1、h_2、$h_{\max}$ 和 s_{j} 分别为

$$\begin{cases} h_1 = \dfrac{H_{\mathrm{m}}}{\pi D_{\mathrm{c}}}\dfrac{2s_{\mathrm{j}}}{\tan\alpha} \\ h_2 = \dfrac{H_{\mathrm{m}}}{\pi D_{\mathrm{c}}}\left(\dfrac{\pi D_{\mathrm{c}}}{N} - \dfrac{s_{\mathrm{j}}}{\tan\alpha}\right) \\ h_{\max} = \dfrac{2H_{\mathrm{m}}}{N\left(1 + \dfrac{H_{\mathrm{m}}\tan\phi}{\pi D_{\mathrm{c}}\tan\alpha}\right)} \\ s_{\mathrm{j}} = h_{\max}\tan\phi/2 \end{cases} \tag{2-23}$$

其切削图如图 2-10(b) 所示，切削图边长 l_{cd}、l_{ad} 为

$$\begin{cases} l_{\mathrm{cd}} = s_{\mathrm{j}}/\sin\phi \\ l_{\mathrm{ad}} = 0.5(2s_{\mathrm{j}} + h_1\tan\phi)/\sin\phi \end{cases} \tag{2-24}$$

4) 截齿畸变 1 式布置

在截齿畸变 1 式布置方式下 h_1、h_2、$h_{\max}$ 和 s_{j} 分别为

$$\begin{cases} h_1 = \dfrac{H_{\mathrm{m}}}{\pi D_{\mathrm{c}}}\dfrac{Ns_{\mathrm{j}}}{\tan\alpha} \\ h_2 = \dfrac{H_{\mathrm{m}}}{\pi D_{\mathrm{c}}}\left(\dfrac{\pi D_{\mathrm{c}}}{N} - \dfrac{s_{\mathrm{j}}}{\tan\alpha}\right) \\ h_{\max} = H_{\mathrm{m}}/(N-1) \\ s_{\mathrm{j}} = \dfrac{h_{\max}}{N\left(\dfrac{1}{\tan\phi} - \dfrac{(N-1)h_{\max}}{\pi D_{\mathrm{c}}\tan\alpha}\right)} \end{cases} \tag{2-25}$$

其切削图如图 2-10(c) 所示，切削图边长 l_{ad}、l_{cd} 为

$$\begin{cases} l_{\mathrm{ad}} = (N-1)s_{\mathrm{j}}/\sin\phi \\ l_{\mathrm{cd}} = s_{\mathrm{j}}/\sin\phi + 0.5(h_2 - s_{\mathrm{j}}/\tan\phi)/\cos\phi \end{cases} \tag{2-26}$$

综上所述，不同截齿排列方式下的切削图面积 A 均可表示为

$$A = l_{\mathrm{cd}}l_{\mathrm{ad}}\sin(2\phi) \tag{2-27}$$

2.1.5 截齿位置

不管采用哪种截齿配置方式，一旦确定截齿相对滚筒圆周方向和轴向的位置，截齿的位置便可确定下来。

2.1.5.1 叶片部截齿相对滚筒位置

叶片截齿的编号由螺旋线号和螺旋线上的截齿号组成，如图 2-11 所示。其中，螺旋线编号规则为紧靠截齿配置图最右侧的螺旋线编号为 I，其余螺旋线编号数从右向左依次递增；螺旋线上截齿的编号规则为在同一条螺旋线上，截齿号数由上到下依次增加。截齿相对滚筒圆周方向的位置可由截齿的圆周角度表示，轴向位置可由 X 轴坐标表示。

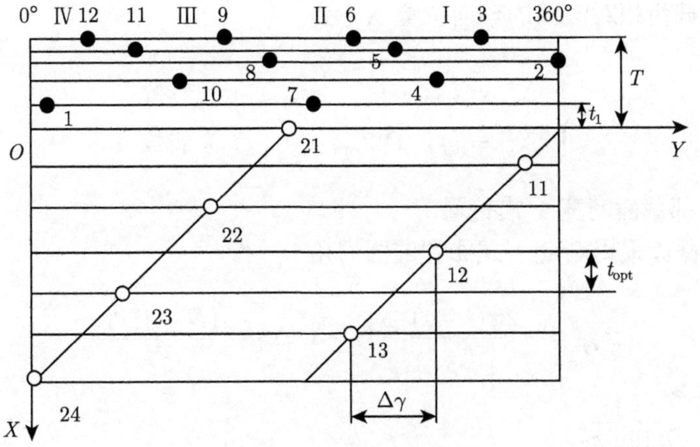

图 2-11 滚筒截齿配置图

下面分别从棋盘式布置、畸变 1 式布置、畸变 2 式布置和顺序式布置来确定叶片截齿相对滚筒的位置。

1) 叶片部截齿棋盘式布置

由图 2-11 可得叶片部编号 11 截齿的圆周角 γ_{11}^{y} 为

$$\gamma_{11}^{\mathrm{y}} = -0.5\Delta\gamma \tag{2-28}$$

式中，$\Delta\gamma$ 为同一叶片上相邻截齿的圆周间隔角，$\Delta\gamma = \dfrac{4t_{\mathrm{opt}}}{D_{\mathrm{c}}\tan\varphi}$；$t_{\mathrm{opt}}$ 为叶片部最佳截距，mm；φ 为叶片螺旋升角，rad。

叶片部第 1 条螺旋线上第 j 个截齿的圆周角 γ_{1j}^{y} 为

$$\gamma_{1j}^{\mathrm{y}} = \gamma_{11}^{\mathrm{y}} - (j-1)\,\Delta\gamma \tag{2-29}$$

叶片部第 i 条螺旋线上第 1 个截齿的圆周角 γ_{1i}^{y} 为

$$\begin{cases} \gamma_{i1}^{\mathrm{y}} = -\dfrac{2\pi(i-1)}{N} - 0.5\Delta\gamma & i\ \text{为奇数} \\ \gamma_{i1}^{\mathrm{y}} = -\dfrac{2\pi(i-1)}{N} & i\ \text{为偶数} \end{cases} \tag{2-30}$$

由式 (2-24)~式 (2-26) 可推得叶片部编号为 ij 截齿的圆周角 γ_{ij}^{y} 为

$$\begin{cases} \gamma_{ij}^{\mathrm{y}} = -\dfrac{2\pi(i-1)}{N} - 0.5\Delta\gamma - (j-1)\Delta\gamma & i\ \text{为奇数} \\ \gamma_{ij}^{\mathrm{y}} = -\dfrac{2\pi(i-1)}{N} - (j-1)\Delta\gamma & i\ \text{为偶数} \end{cases} \tag{2-31}$$

叶片部截齿相对滚筒的轴向位置 X_{ij}^{y} 为

$$\begin{cases} X_{ij}^{\mathrm{y}} = t_{\mathrm{opt}} + (j-1)t_{\mathrm{opt}} & i\ \text{为奇数} \\ X_{ij}^{\mathrm{y}} = (j-1)2t_{\mathrm{opt}} & i\ \text{为偶数} \end{cases} \tag{2-32}$$

2) 叶片部截齿畸变 1 式布置

叶片部截齿采用畸变 1 式布置的圆周角 γ_{ij}^{y} 为

$$\gamma_{ij}^{\mathrm{y}} = -\frac{2\pi\,(i-1)}{N} - (j-1)\,\Delta\gamma - \frac{(N-i)\,\Delta\gamma}{N} \tag{2-33}$$

式中，$\Delta\gamma = \dfrac{2Nt_{\mathrm{opt}}}{D_{\mathrm{c}}\tan\varphi}$。

叶片部编号为 ij 截齿的轴向坐标 X_{ij}^{y} 为

$$X_{ij}^{\mathrm{y}} = (N-i)\,t_{\mathrm{opt}} + (j-1)\,Nt_{\mathrm{opt}} \tag{2-34}$$

3) 叶片部截齿畸变 2 式布置

叶片部截齿采用畸变 2 式布置的圆周角 γ_{ij}^{y} 为

$$\gamma_{ij}^{\mathrm{y}} = -\frac{2\pi\,(i-1)}{N} - (j-1)\,\Delta\gamma - \frac{(i-1)\,\Delta\gamma}{N} \tag{2-35}$$

式中，$\Delta\gamma = \dfrac{2Nt_{\mathrm{opt}}}{D_{\mathrm{c}}\tan\varphi}$。

叶片部截齿的轴向位置 X_{ij}^{y} 为

$$X_{ij}^{\mathrm{y}} = \frac{i-1}{N}t_{\mathrm{opt}} + (j-1)\,Nt_{\mathrm{opt}} \tag{2-36}$$

4) 叶片部截齿顺序式布置

叶片部截齿采用顺序式布置的圆周角 γ_{ij}^{y} 为

$$\gamma_{ij}^{\mathrm{y}} = -\frac{2\pi(i-1)}{N} - (j-1)\Delta\gamma \tag{2-37}$$

式中，$\Delta\gamma = \dfrac{2t_{\mathrm{opt}}}{D_{\mathrm{c}}\tan\varphi}$。

叶片部截齿的轴向坐标 X_{ij}^{y} 为

$$X_{ij}^{\mathrm{y}} = (j-1)\,t_{\mathrm{opt}} \tag{2-38}$$

2.1.5.2 端盘部截齿相对滚筒位置

端盘部截齿的编号与叶片部不同，规定端盘部第 I 条螺旋线上零度齿的号数为 1，其余截齿的编号从 2 开始自右向左依次递增，并根据端盘截齿排列规则，使截齿在圆周方向均匀布置。

端盘部螺旋线的编号规则为紧靠截齿配置图最右侧的螺旋线编号为 I，其余螺旋线编号从右向左依次递增。为实现叶片截齿到端盘截齿的良好过渡，端盘部的零度齿应在叶片螺旋线的延长线上，例如，图 2-11 中端盘齿 1 和 7 都在叶片螺旋线的延长线上。

1) 端盘部截齿的圆周角

由图 2-11 可得端盘部编号为 1 截齿的圆周角 γ_1^{d} 为

$$\gamma_1^{\mathrm{d}} = \frac{2t_1}{D_{\mathrm{c}}\tan\varphi} \tag{2-39}$$

式中，t_1 为端盘部第 1 条截线与相邻叶片截线间的距离，mm。

端盘部第 i 个截齿的圆周角 γ_i^{d} 为

$$\gamma_i^{\mathrm{d}} = \gamma_1^{\mathrm{d}} - (i-1)\frac{2\pi}{N_1} \tag{2-40}$$

式中，N_1 为端盘截齿的总数。

2) 端盘部截齿的轴向位置

由图 2-11 可见端盘截齿的排列具有规律性：齿 1～齿 6 的轴向坐标分别和齿 7～齿 12 的轴向坐标对应相等。若端盘螺旋线条数为 N_{d}，可有 $N_{\mathrm{d}}/2$ 组截齿的轴向坐标分别对应相等。根据这种规律可得端盘截齿的轴向坐标 X_i^{d} 为

$$\begin{cases} X_i^{\mathrm{d}} = -\sum\limits_{i=1}^{(2i-1)} t_i, & 1 \leqslant i \leqslant n_1 \\ X_i^{\mathrm{d}} = -\sum\limits_{i=1}^{2(i-n_1)} t_i, & n_1 < i \leqslant n_{\mathrm{d}} \\ X_i^{\mathrm{d}} = -\sum\limits_{i=1}^{n_{\mathrm{d}}} t_i, & i = n_{\mathrm{d}} \\ X_i^{\mathrm{d}} = X_{n_2}^{\mathrm{d}}, & \text{其他} \end{cases} \tag{2-41}$$

式中，t_i 为端盘第 i 条截线与第 $i-1$ 条截线的截线距，mm；n_1 为端盘第 I 条螺旋线上的截齿数，$n_1 = n_{\mathrm{d}}/2 + \mathrm{mod}\,(n_{\mathrm{d}}/2)$；$n_{\mathrm{d}}$ 为端盘部的截线数；n_2 为端盘截齿的编号，$n_2 = i - 6\mathrm{INT}\left(\dfrac{i-1}{n_{\mathrm{d}}+1}\right)$，其中，mod( ) 为取余公式，INT( ) 为取整公式。

2.1.6 螺旋叶片参数

螺旋叶片参数主要包括叶片升角、螺距、叶片头数和叶片在筒毂上的包角四个参数，对滚筒截煤、装煤均有影响，但对装煤影响较大。对于叶片头数，是由煤层特性、所需装煤量决定的。在螺距一定的情况下，增大叶片头数，可以增大螺旋叶片导程，提高装煤量；同时，可以增加每条截线上的截齿数，使切削厚度减小，增强截割硬煤的能力。

螺旋叶片螺距是两螺旋线之间的距离，当确定叶片导程和头数后，螺距即可求得。而叶片在筒毂上的总包角应不小于 420°，为此，每个叶片的包角 $\beta_{\mathrm{bj}} = \beta_{\mathrm{zb}}/Z_{\mathrm{y}}$，(°)；$\beta_{\mathrm{zb}}$ 为叶片总包角，(°)。则对于两头叶片，$\beta_{\mathrm{bj}} \geqslant 210°$；三头，$\beta_{\mathrm{bj}} \geqslant 140°$；四头，$\beta_{\mathrm{bj}} \geqslant 105°$。

螺旋叶片升角为螺旋叶片的切线与垂直螺旋轴平面的夹角，如图 1-65 中 α_{y}、α_{i} 和 α_{g}，其计算公式为

$$\alpha_{\mathrm{i}} = \arctan\frac{Z_{\mathrm{y}}S_{\mathrm{y}}}{\pi D_{\mathrm{i}}} = \arctan\frac{L_{\mathrm{y}}}{\pi D_{\mathrm{i}}} \tag{2-42}$$

由式 (2-42) 及图 1-65 可以得到：

$$\alpha_{\mathrm{g}} = \arctan\frac{L_{\mathrm{y}}}{\pi D_{\mathrm{g}}} < \alpha_{\mathrm{i}} = \arctan\frac{L_{\mathrm{y}}}{\pi D_{\mathrm{i}}} < \alpha_{\mathrm{y}} = \arctan\frac{L_{\mathrm{y}}}{\pi D_{\mathrm{y}}} \tag{2-43}$$

滚筒装煤过程的实质就是滚筒旋转时，螺旋叶片将碎煤沿滚筒轴向抛到刮板输送机上。对于螺旋叶片上任意位置处的煤块，当滚筒转动时，叶片将带动煤块沿轴向运动，其推移速度为[5]

$$v_{\mathrm{zxi}} = L_{\mathrm{y}}n = \pi n D_{\mathrm{i}}\tan\alpha_{\mathrm{i}} \tag{2-44}$$

式中，v_{zxi} 为叶片任意位置处煤块的轴向推移速度，mm/min。

由式 (2-40) 可知叶片导程与叶片升角的关系：$L_{\mathrm{y}}=\pi D_{\mathrm{i}}\tan\alpha_{\mathrm{i}}$，对于单个螺旋叶片，其导程与螺距相等，即 $L_{\mathrm{y}}=S_{\mathrm{y}}$；对于多头螺旋叶片，其导程等于螺距与头数的乘积，即 $L_{\mathrm{y}}=Z_{\mathrm{y}}S_{\mathrm{y}}$。由此可以看出，当根据煤层特性使得滚筒直径和叶片头数确定后，螺距与螺旋升角的关系为

$$S_{\mathrm{y}}=\pi D_{\mathrm{i}}\tan\alpha_{\mathrm{i}}/Z_{\mathrm{y}} \tag{2-45}$$

对于单个叶片上任意位置处螺旋线的包角可根据式 (2-42) 计算：

$$\beta_{\mathrm{bji}}=\frac{B_{\mathrm{y}}Z_{\mathrm{y}}}{\pi D_{\mathrm{i}}\tan\alpha_{\mathrm{i}}}\times 360^{\circ} \tag{2-46}$$

式中，β_{bji} 为叶片上任意位置处螺旋线的包角，(°)。

2.1.7 截齿安装角和倾斜角

2.1.7.1 安装角度 β 的确定

安装角度 β 是镐形截齿安装的一个重要角度，它和截齿所受切削阻力的大小有关。设计时要考虑以下因素：一是使截齿所受的合力尽量与齿身轴线重合，使截齿危险部位所受的合应力最小；二是要避免截齿与未截割煤体发生干涉，减小截割能耗，延长截齿使用寿命[17]。所以，可通过优化的方法确定截齿安装角 β。

当截齿安装于齿座时，齿座的顶端在 M 面处对截齿限位，故应力最大的面为 M 面。在校核镐形截齿时，可把它简化成悬臂梁进行研究，齿身在割煤时所受的是弯、压应力组合[18,19]。故目标函数函数 $F_1(X)$ 为 M 面处的合应力为

$$F_1(X)=\sigma_1+\sigma_2 \tag{2-47}$$

式中，σ_1 为 M 面处的弯曲正应力，MPa，$\sigma_1=\dfrac{\sqrt{M_1^2+M_2^2}}{\pi d^3/32}\times 10^3$；$M_1$ 为产生的弯矩，N·m，$M_1=(z_i\sin\beta-y_i\cos\beta)\cdot l_1\times 10^{-3}$；$l_1$ 为齿尖到镐形截齿危险面 M 的距离，mm；M_2 为截齿侧向力 x_i 产生的弯矩，N·m，$M_2=x_i\cdot l_1\times 10^{-3}$；$d$ 为危险截面处截齿的直径，mm。

截齿与煤体不发生干涉的条件为[20]

$$\frac{H_{\mathrm{g}}}{R}\geqslant\sqrt{\tan^2(0.5\pi-\beta)+\frac{1}{\cos^2(0.5\pi-\beta)\tan^2\phi}} \tag{2-48}$$

式中，H_{g} 为截齿硬质合金的齿身外伸的长度，mm；ϕ 为煤的崩落角，rad；R 为截齿齿身端部的半径，mm，其余符号同上。

安装角 β 的变化范围为

$$0 \leqslant \beta \leqslant \frac{\pi}{2} \tag{2-49}$$

上述模型中的参数分为两类，一类是结构参数，包括 l_1、d、H_g 和 R；另一类是变量参数，包括 β、ϕ、z_i、y_i 和 x_i。当截齿选定后，结构参数就成为定值。已知 ϕ、z_i、y_i 和 x_i 是单齿的切削厚度 h_i 的函数，所以安装角 β 必然和 h_i 有关，即最优安装角 β 和 h_i 存在一一对应的关系。因此可事先给定 h_i 的值，然后再优化出安装角 β。

2.1.7.2　倾斜角 θ_1 的确定

倾斜角 θ_1 定义为截齿轴线在 xz 面的投影与 z 轴的夹角，并规定由 z 轴正向逆时针转到截齿投影线的角度为正，反之为负。

叶片截齿的倾斜角 θ_1 为 0°，为使采煤机自开切口，端盘截齿除有安装角 β 外还有一个倾斜角 θ_1。倾斜的端盘截齿可起掏槽作用，割出一个自由面，为滚筒的正常截割创造条件，同时可配合叶片截齿减小滚筒的波动性、增加采煤机工作时的稳定性。

由于端盘较窄，可认为端盘截齿的齿根在滚筒同一断面圆周上，把端盘截齿向 xz 面投影，如图 2-12 所示。为表达方便在后续的公式推导中，用 θ_1^i 表示在端盘第 i 条截线上截齿的倾斜角；用 t_i 表示端盘第 i 条截线与第 $i-1$ 条截线的截线距，t_1 则表示端盘第 1 条截线与相邻叶片截线的距离；t'_{opt} 为端盘相邻截线上截齿齿尖在 xz 面投影的距离。

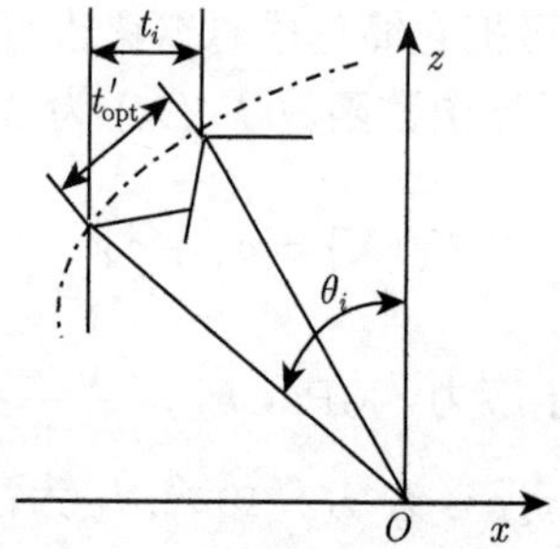

图 2-12　端盘最佳截距示意图

为使煤的块度大、截割比能耗小，叶片截齿有一理想截距 t_{opt}。端盘截齿大多处在半封闭截割状态，靠煤壁侧不能崩落，故 t'_{opt} 为

$$t'_{\text{opt}} = t_{\text{opt}}/2 \tag{2-50}$$

由图 2-12 可得 t_i 和 t'_{opt} 分别为

$$t_i = t'_{\text{opt}} \cdot \cos\theta_1^i \tag{2-51}$$

$$t'_{\mathrm{opt}} = \left(\theta_1^i - \theta_1^{i-1}\right) \cdot l_{\mathrm{p}} \tag{2-52}$$

式中，l_{p} 为截齿在 xz 面投影的长度，$l_{\mathrm{p}} = l \cdot \sin\theta_2$；$l$ 为截齿的长度；θ_2 为截齿与 y 轴的夹角。

整理式 (2-52) 可得关于倾斜角的迭代公式为

$$\theta_1^i = \frac{t_{\mathrm{opt}}}{2l\sin\theta_2} + \theta_1^{i-1}, \quad i = 1, 2, \cdots, n \tag{2-53}$$

其中 $\theta_1^0 = 0$，并且最大倾斜角满足 $\theta_1^n \leqslant \dfrac{\pi}{4}$。于是可得端盘第 i 条截线上截齿的倾斜角 θ_1^i 和端盘部的截线数 n_{d} 为

$$\theta_1^i = i \cdot \frac{t_{\mathrm{opt}}}{2l\sin\theta_2}, \quad i = 1, 2, \cdots, n \tag{2-54}$$

$$n_{\mathrm{d}} = \mathrm{INT}\left(\frac{4\pi}{9} \cdot \frac{l\sin\theta_2}{t_{\mathrm{opt}}}\right) \tag{2-55}$$

式中，INT( ) 为取整公式。

2.2 高块煤率滚筒参数优化设计

2.2.1 优化模型建立

2.2.1.1 目标函数建立

研究高块煤率采煤机应从切削图入手，主要分析切削图的面积和 “方正” 性，而 “方正” 性主要指切削图相邻两边的比值。以三头叶片截齿畸变 1 式布置为例，由式 (2-15) 可知，影响切削图面积和 “方正” 性的参数为 l_{ad}、l_{cd} 及煤的崩落角 ϕ；而分析式 (2-14) 可知，这三个参数对切削图的影响可归结为滚筒每转的最大进给量 H_{m} 和齿尖螺旋升角 φ 对切削图的影响。φ 对装煤效果影响较大，它的选取主要从装煤的能力出发，且其变化范围较小，一般处于 8°~30°，工程中常取 $\varphi = 15°$。由式 (2-14) 得滚筒一转的最大进给量 H_{m} 为

$$H_{\mathrm{m}} = (N-1)\, h_{\max} \tag{2-56}$$

为了避免齿座与截割煤体接触，根据经验，单齿的最大切削厚度 $h_{\max}$ 要小于截齿长度的 0.7，即 $h_{\max} < 0.7l$。一般截齿长度 l 在 157mm 左右，可得三头畸变 1 式布置时 $H_{\mathrm{m}} < 220$。H_{m} 在区间 [0, 220] 变化，与 φ 的变化区间 [8, 30] 相比，区间范围更大，叶片头数越多，差距就越明显。因此在定性分析时可忽略 φ 的影响。取 $\varphi = 15°$，用 MATLAB 中的 Simulink 仿真器可得 H_{m} 与切削图面积 A 及切削图两边比值 ξ 的关系，如图 2-13 所示。

由图 2-13 可知，随着 $H_{\rm m}$ 的增加切削图面积呈上升趋势，面积的增长幅度明显，由 1750mm^2 增加到 4700mm^2；而切削图的方正性却变差，但下降幅度不大，相邻两边长的比值由 0.617 下降到 0.602。对其他截齿排布方式也能得到类似的结论。所以，对特定的切削方式选取优化目标函数时，只需考虑切削图的面积，可以忽略切削图的“方正”性。因此，高块煤率采煤机参数优化的目标函数可由式 (2-14)、式 (2-15) 变换得出

$$\min F(X) = -\frac{(1000v_{\rm q})^2\pi D_{\rm c}\tan\varphi\tan\phi}{N(N-1)n(\pi D_{\rm c}n\tan\varphi - 1000v_{\rm q}\tan\phi)} \tag{2-57}$$

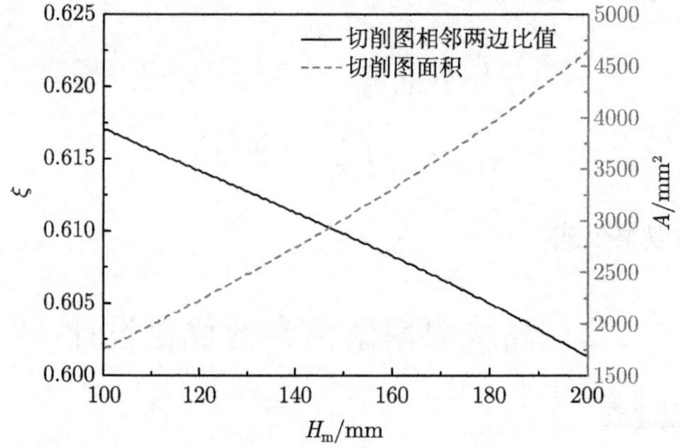

图 2-13　$H_{\rm m}$ 与切削图相邻两边比值 ζ 及切削图面积 A 的关系

2.2.1.2　设计变量选取

式 (2-57) 中包含的参数有采煤机的牵引速度 $v_{\rm q}$、滚筒的转速 n、齿尖螺旋升角 φ、螺旋叶片头数 N、滚筒直径 $D_{\rm c}$ 及煤的崩落角 ϕ，其中 ϕ 是单齿切削厚度 $h_{\rm i}$ 的函数，可用 $v_{\rm q}$ 和 n 表示；$D_{\rm c}$ 为滚筒的结构参数，可当作已知量。另外，不同的截齿配置方式，切削图边长 $l_{\rm ad}$、$l_{\rm cd}$ 的表达式不同，因此目标函数中包含截齿配置形式参数 κ (棋盘式布置 $\kappa=1$、顺序式布置 $\kappa=2$、畸变 1 式布置 $\kappa=3$、畸变 2 式布置 $\kappa=4$)，叶片头数 N 及每线截齿数 m 可包含在参数 κ 中。在优化模型前可指定具体的截齿配置形式，参数 κ 视为已知量。所以，目标函数中的设计变量取为

$$X = [x_1, x_2, x_3]^{\rm T} = [v_{\rm q}, n, \varphi]^{\rm T} \tag{2-58}$$

2.2.1.3　约束条件确定

1) 采煤机装载性能约束

(1) 装煤的约束条件为[6,7]

$$Q_{\rm z} > Q_{\rm t} \tag{2-59}$$

式中，Q_z 为考虑端盘的滚筒的理论装煤量，m^3/min；Q_t 为滚筒的落煤量，m^3/min。Q_z、Q_t 的表达式分别为

$$Q_z = \frac{\pi n\cos(\alpha_{ep} + \rho_m) k_c \left(D_y^2 - D_g^2\right)(S\cos\alpha_{ep} - \Delta \cdot N)}{4\cos\rho_m} \tag{2-60}$$

$$Q_t = Bv_q D_c \lambda K_1 \times 10^{-6} \tag{2-61}$$

式中，B 为滚筒的截深，mm；K_1 为应装走的煤所占的份额，取 $K_1 = 1$；n 为滚筒的转速，r/min；α_{ep} 为螺旋叶片的平均升角，$\alpha_{ep} = \dfrac{\alpha_g + \alpha_y}{2}$，其中 α_g 为叶片内螺旋升角，$\alpha_g = \arcsin\left(\dfrac{D_c\sin\varphi}{D_g}\right)$，$\alpha_y$ 为叶片外螺旋升角，$\alpha_y = \arcsin\left(\dfrac{D_c\sin\varphi}{D_y}\right)$；$k_c$ 为螺旋滚筒装煤时的充满系数，查手册取 $k_c = 0.32$；Δ 为叶片厚度，mm，常取 60~70，最大厚度可达 100；S 为叶片平均导程，mm，$S = \pi D_{yep}\tan\alpha_{ep}$，其中 D_{yep} 为螺旋叶片的平均直径，mm，$D_{yep} = \dfrac{D_g + D_y}{2}$。

整理得约束条件：

$$g_1 = 1.6BD_c v_q \times 10^3 - 0.29n\cos\left(\alpha_{ep} + \frac{\pi}{6}\right)\left(D_y^2 - D_g^2\right)(S\cos\alpha_{ep} - 70N) < 0 \tag{2-62}$$

(2) 为使叶片间能顺利排煤，而不被大块煤卡住的约束条件为

$$1 < \frac{2S}{N(D_y - D_g)} < 4.4 \tag{2-63}$$

整理得约束条件：

$$g_2 = 1 - \frac{2S}{N(D_y - D_g)} < 0 \tag{2-64}$$

$$g_3 = \frac{2S}{N(D_y - D_g)} - 4.4 < 0 \tag{2-65}$$

(3) 螺旋叶片总包围角的约束条件为[8]

$$\frac{360B_y N}{\pi D_y \tan\alpha_y} > 420 \tag{2-66}$$

式中，B_y 为叶片占滚筒的轴向宽度，mm。

整理得约束条件：

$$g_4 = 7 - 1.911\frac{B_y N}{D_y \tan\alpha_y} < 0 \tag{2-67}$$

2) 切削过程技术约束

(1) 载荷波动系数

由于煤体不均、截齿布置不均匀而引起滚筒所受载荷发生变化，衡量滚筒载荷变化的指标为载荷波动系数，它包括三个分力的波动系数和三个扭矩的波动系

数[9]。滚筒上三向力和三向扭矩产生的根源为截齿上的力 x_i、y_i 和 z_i。然而，x_i 和 y_i 与 z_i 有相关关系；切削分力和扭矩的波动系数与滚筒所受切削阻力的波动系数存在相关关系，所以限制切削阻力的波动可同时限制滚筒所有载荷的波动。为简化起见，现以滚筒所受切削阻力的波动系数 δ 作为约束

$$\delta=\frac{1}{\overline{Z}}\sqrt{\frac{1}{K_{\mathrm{p}}}\sum_{k=1}^{K_{\mathrm{p}}}\left(Z^{(k)}-\overline{Z}\right)^{2}} \tag{2-68}$$

式中，$Z^{(k)}$ 为滚筒处在任意位置 k 时，所受切削阻力的合力，N，$Z^{(k)}=\sum\limits_{i=1}^{N_{\mathrm{p}}}z_i$；$\overline{Z}$ 为滚筒旋转一周内，所受切削阻力的平均值，N，$\overline{Z}=\sum\limits_{i=1}^{K_{\mathrm{p}}}Z^{(k)}\Big/K_{\mathrm{p}}$。

大量的实验证明切削阻力的波动影响着工作机构的总载荷，它的波动系数存在一个极限值，若超过此值将会导致工作中的采煤机失去稳定性，甚至导致传动元件发生损坏。这个波动系数统计特性的允许值为 0.05[10,11]，整理得限制载荷波动系数的约束条件为

$$g_5=\frac{1}{\overline{Z}}\sqrt{\frac{1}{36}\sum_{k=1}^{K_{\mathrm{p}}}\left(Z^{(k)}-\overline{Z}\right)^{2}}-0.05\leqslant 0 \tag{2-69}$$

(2) 防止煤二次破碎的约束条件[12]

过高的转速使得煤流沿滚筒径向甩出，造成难以排出，发生二次破碎，故转速应小于某个值，即

$$n\leqslant n_1' \tag{2-70}$$

式中，n_1' 为不发生二次破碎的临界转速，r/min。当 $D_{\mathrm{c}}=500\sim600\mathrm{mm}$ 时，$n_1'=80\sim120\mathrm{r/min}$；当 $D_{\mathrm{c}}=1800\sim2000\mathrm{mm}$ 时，$n_1'=30\sim40\mathrm{r/min}$。

整理得约束条件：

$$g_6=n-n_1'\leqslant 0 \tag{2-71}$$

(3) 截割速度约束

截齿齿尖的切线速度为截割速度，过大的截割速度不仅容易产生火花和大量粉尘，还会缩短截齿的使用寿命，通常情况下截割速度的范围为 3.0~5.0m/s，即

$$3.0\leqslant\frac{n}{60}\pi D_{\mathrm{c}}\times10^{-3}\leqslant 5.0 \tag{2-72}$$

整理得约束条件：

$$g_7=3-\frac{n}{60}\pi D_{\mathrm{c}}\times10^{-3}\leqslant 0 \tag{2-73}$$

$$g_8=\frac{n}{60}\pi D_{\mathrm{c}}\times10^{-3}-5\leqslant0 \tag{2-74}$$

(4) 牵引功率约束

为保证采煤机稳定工作，采煤机所受阻力的功率 P_{n} 应小于其牵引功率 P_{q}，即

$$P_{\mathrm{n}}<P_{\mathrm{q}} \tag{2-75}$$

又因

$$P_{\mathrm{n}}=\frac{k_f\left[10G\left(\sin\alpha_{\mathrm{m}}+f'\cos\alpha_{\mathrm{m}}\right)+2\overline{F}_y\right]v_{\mathrm{q}}}{6}\times10^{-4} \tag{2-76}$$

式中，k_f 为截齿前刃面影响系数；G 为采煤机机身质量，kg；α_{m} 为工作面倾角，rad；f' 为刮板机齿条和采煤机间摩擦系数；$\overline{F}_y$ 为滚筒转动一周中所受合力在 y 轴分力的平均值，N。

取 $k_f=1.3$，$H_{\max}=3.4\mathrm{m}$，$H_{\min}=1.6\mathrm{m}$，$\alpha_{\mathrm{m}}=16°$，$f'=0.2$，整理得约束条件：

$$g_9=0.217\left(138242.7+2\overline{F}_y\right)v_{\mathrm{q}}\times10^{-4}-P_{\mathrm{q}}<0 \tag{2-77}$$

(5) 截割功率约束

滚筒截割深度增大，必然会引起截割阻力增加。为保证滚筒能够正常工作，需保证滚筒截割时所受的最大截割阻力小于滚筒的驱动扭矩，即单滚筒的截割功率要大于最大截割阻力功率，因此有

$$P_1>P_{\mathrm{j}} \tag{2-78}$$

式中，P_1 为单个滚筒截割功率，kW；P_{j} 为单个滚筒截割阻力功率，kW。

整理得约束条件：

$$g_{10}=8373.3v_{\mathrm{q}}+0.0523N^a\bar{z}n\times10^{-6}-200<0 \tag{2-79}$$

(6) 端盘截齿掏槽宽度约束

根据经验，端盘掏槽宽度 T 的限定条件为

$$80\leqslant T\leqslant140 \tag{2-80}$$

其中

$$T=\sum_{i=1}^{n_{\mathrm{d}}}t_i \tag{2-81}$$

式中，t_i 为端盘部第 i 条截线与第 $i-1$ 条截线间的截线距，mm。

整理得约束条件：

$$g_{11}=80-\sum_{i=1}^{n_{\mathrm{d}}}t_i<0 \tag{2-82}$$

$$g_{12} = \sum_{i=1}^{n_{\rm d}} t_i - 140 < 0 \tag{2-83}$$

(7) 截齿强度约束

当截齿所受和外力在危险界面处的应力超过该处的最大应力时，便会发生截齿的破坏，为防止破坏的发生，需要截齿危险截面处的最大应力小于截齿的许用应力，即

$$\sigma < [\sigma] \tag{2-84}$$

式中，$[\sigma]$ 为截齿的许用应力，MPa，常用截齿的材料为 35CrMnSiA，可取 $[\sigma] =$ 900MPa。

整理得约束条件：

$$g_{13} = \sigma - 900 < 0 \tag{2-85}$$

3) 边界约束

(1) 叶片螺旋升角

根据经验可知，滚筒叶片螺旋升角处于 8°～30° 时，滚筒的装煤性能良好，故叶片的螺旋升角也应在此范围内变动，即约束条件为[13]

$$g_{14} = \frac{2\pi}{45} - \alpha_{\rm y} < 0 \tag{2-86}$$

$$g_{15} = \alpha_{\rm y} - \frac{\pi}{6} < 0 \tag{2-87}$$

(2) 转速

滚筒的直径不同，其转速也会在较大的范围内变化，一般滚筒的转速范围为 0～100r/min，即约束条件为

$$g_{16} = -n < 0 \tag{2-88}$$

$$g_{17} = n - 100 < 0 \tag{2-89}$$

(3) 采煤机牵引速度

在实际生产中，采煤机的牵引速度一般为 1～7m/min，对于新型采煤机其牵引速度最大可达 15 m/min，即约束条件为

$$g_{18} = 1 - v_{\rm q} < 0 \tag{2-90}$$

$$g_{19} = v_{\rm q} - 15 < 0 \tag{2-91}$$

2.2.1.4 参数优化模型

综上所述，本书建立的数学模型为

$$\begin{cases} X = (x_1, x_2, x_3)^{\mathrm{T}} \\ \min F(X) = -\dfrac{(1000v_{\mathrm{q}})^2 \pi D_{\mathrm{c}} \tan\varphi \tan\phi}{N(N-1)n(\pi D_{\mathrm{c}} n \tan\varphi - 1000v_{\mathrm{q}} \tan\phi)} \\ \text{s.t.} \quad g_j(X) \leqslant 0, \quad j = 1, 2, \cdots, 19 \end{cases} \tag{2-92}$$

2.2.2 优化模型求解方法

本书采用遗传算法对高块煤率滚筒进行参数化求解，求解问题的难点是约束的处理，一般处理约束的方法有拒绝策略、修复策略、改进遗传算子策略和惩罚策略[14,15]。本章通过改进拒绝策略提出的直接比较–比例法 (direct comparison-proportional method)，简称 DCPM，可以很好地解决遗传算法中的约束问题[16]。该方法的思想如下：

(1) 刻画个体违反约束程度的量，即 $\mathrm{viol}(x) = \sum\limits_{j=1}^{m} g_j(x)$。

(2) 对事先给定的约束容差量 $\varepsilon > 0$，按下列准则比较两个个体的优劣。当两个个体 x 和 x' 都可行时，比较它们的适应度值 $f(x)$ 和 $f(x')$，适应度值大的个体为优 (求极大值时)；当两个个体 x 和 x' 都不可行时，比较 $\mathrm{viol}(x)$ 和 $\mathrm{viol}(x')$ 的值，viol 值小的个体为优；当 x 可行和 x' 不可行时，如果 $\mathrm{viol}(x') \leqslant \varepsilon$，按第一种情况比较它们的优劣；如果 $\mathrm{viol}(x') > \varepsilon$，则个体 x 为优。

(3) 事先给定种群中不可行解所占的比例 P 和正整数 K，按以下准则来调整约束容差量 ε。从种群中产生可行解的第一代起，每进化 K 代后，计算出在这 K 代的每一代中不可行解在种群中的比例 P，并按下式将 ε 修正为 ε'：

$$\varepsilon' = \begin{cases} 1.2\varepsilon, & p \leqslant P \\ 0.8\varepsilon, & p > P \\ \varepsilon, & \text{其他} \end{cases} \tag{2-93}$$

一般可取 $K = 5$，$\varepsilon = 0.05$，$P = 0.2$。

该约束方法通用性强，对求解问题和约束没有特别要求，将传统处理约束条件的惩罚函数法转化为直接比较个体违反约束程度的关系，避免了惩罚因子的选择问题，并通过动态适应性的调节机制，使得群体中始终保持一定比例靠近边界的不可行解，求解过程更合理，该算法的流程如图 2-14 所示。

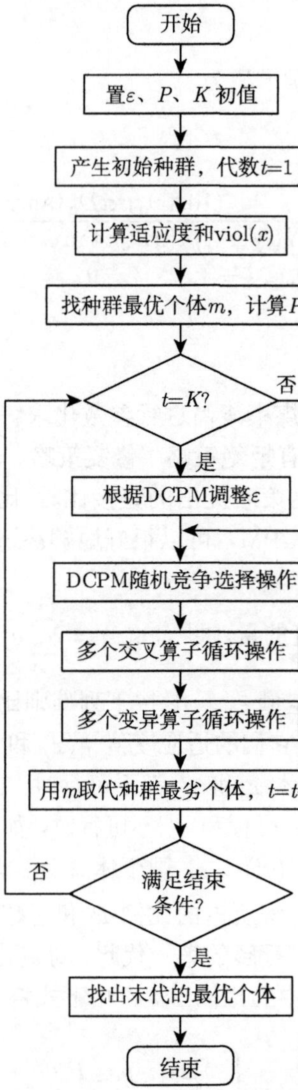

图 2-14　遗传算法计算流程图

利用典型的测试函数对上述遗传算法测试后发现，其效率和稳健性较好，可作为通用程序使用。

2.2.3 优化求解

2.2.3.1　工矿条件

此处以某型号采煤机为例，以提高其块煤率为目标进行参数优化设计。所适应的工作面煤层采高为 $H = 1400 \sim 2800\text{mm}$，煤层倾角 $\alpha_{\rm m} \leqslant 16°$，煤质中硬，截割阻

抗 $\overline{A} \approx 210\text{N/mm}$；采煤机的左或右截割功率 $P_1 = 200\text{kW}$，滚筒截深 $B = 630\text{mm}$，滚筒直径 $D_\text{c} = 1600\text{mm}$；截齿总长 $L_\text{j} = 157\text{mm}$，齿尖距危险面 M 距离 $l_\text{m} = 76\text{mm}$，齿尖锥角 $\alpha_\text{p} = 75°$，合金头半径 $R = 8.5\text{mm}$，合金头高度 $H_\text{g} = 10\text{mm}$。

2.2.3.2 安装角 β 映射

1) 数学模型及求解结果

由式 (2-54) 可知，只要知道叶片截齿的最佳截距 t_opt 及 θ_2 便可确定端盘截齿的倾斜角 θ_1。通过分析可知，β 是 θ_1、θ_2 的函数，所以在优化出 β 后，只要知道 t_opt 便可求出 θ_2，进而求出倾斜角 θ_1。

综合上述内容可知，安装角 β 的优化数学模型可表达为

$$\begin{cases} \min F_1(\beta) = \dfrac{(z_i \sin x_1 - y_i \cos x_1 + x_i) \cdot l_1}{\dfrac{\pi d^3}{32}} + \dfrac{z_i \cos x_1 + y_i \sin x_1}{\dfrac{\pi d^2}{24}} \\ \text{s.t.} \quad g_1(\beta) = -x_1 \leqslant 0 \\ g_2(\beta) = x_1 - \dfrac{\pi}{2} \leqslant 0 \\ g_3(\beta) = \sqrt{\tan^2(0.5\pi - x_1) + \dfrac{1}{\cos^2(0.5\pi - x_1) \cdot \tan^2 \phi}} - \dfrac{H_\text{g}}{R} \leqslant 0 \end{cases} \tag{2-94}$$

求解上述模型，便可得出端盘截齿和叶片截齿在不同切削厚度下的最优安装角 β，在求出 β 后便可求出截齿的倾斜角 θ_q 及安装角 θ_2，如表 2-4 和表 2-5 所示。

表 2-4 叶片部截齿的最优安装角 (单位：(°))

安装角	5mm	10mm	15mm	20mm	25mm	30mm	35mm	40mm	45mm
θ_2	36.41	36.95	37.77	38.73	39.83	41.04	42.33	43.67	45.03
β	41.081	41.589	42.362	43.264	44.297	45.431	46.633	47.889	49.156
安装角	50mm	55mm	60mm	65mm	70mm	75mm	80mm	85mm	90mm
θ_2	46.37	47.66	48.85	49.89	50.74	51.35	51.70	51.76	51.53
β	50.401	51.598	52.700	53.662	54.447	55.010	55.333	55.388	55.176

2) 神经网络非线性映射的建立

由表 2-4、表 2-5 可知，单齿的切削厚度 h_i 和截齿的安装角 β 存在 $f(h_\text{i}) \to \beta$ 的映射关系，利用三层 BP 神经网络建立映射关系。

人工神经网络是模仿大脑神经网络结构和功能而建立的一种新型智能信息处理系统，BP 神经网络是应用较多的人工神经网络模型之一，其一个重要功能就是实现从 R^n 到 R^m 的非线性映射[21]。图 2-15 是一个三层 BP 神经网络示意图，它由输入层、隐层和输出层构成。n 个信号从输入层进入网络，经传递函数变换后到

表 2-5　端盘部截齿的最优安装角　　(单位: (°))

h_i	1			2			3		
	β	θ_1	θ_2	β	θ_1	θ_2	β	θ_1	θ_2
1mm	46.810	3.649	44.104	46.820	7.294	44.131	46.836	10.933	44.176
3mm	48.247	8.130	45.631	48.305	16.221	45.772	48.403	24.236	46.005
5mm	48.641	10.902	46.065	48.751	21.710	46.323	48.946	32.335	46.750
7mm	48.848	12.808	46.301	49.007	25.464	46.660	49.291	37.827	47.256
9mm	48.991	14.213	46.465	49.191	28.219	46.911	49.558	41.828	47.650
11mm	49.103	15.303	46.596	49.341	30.346	47.115	49.779	44.900	47.975
13mm	49.199	16.179	46.708	49.469	32.053	47.290	49.971	47.352	48.253
15mm	49.284	16.906	46.807	49.583	33.465	47.444	50.141	49.373	48.497
17mm	49.363	17.525	46.897	49.687	34.663	47.583	50.295	51.083	48.714
19mm	49.435	18.061	46.981	49.783	35.701	47.710	50.436	52.561	48.911
21mm	49.503	18.535	47.059	49.873	36.617	47.828	50.566	53.863	49.091
23mm	49.568	18.961	47.133	49.957	37.438	47.938	50.687	55.027	49.258
25mm	49.630	19.348	47.204	50.037	38.183	48.042	50.800	56.085	49.412
27mm	49.688	19.705	47.271	50.113	38.870	48.140	50.907	57.058	49.558
29mm	49.745	20.038	47.335	50.185	39.510	48.233	51.008	57.963	49.695
31mm	49.798	20.352	47.396	50.254	40.112	48.323	51.105	58.815	49.825
33mm	49.850	20.650	47.455	50.321	40.685	48.408	51.197	59.625	49.950
35mm	49.900	20.937	47.512	50.384	41.235	48.491	51.285	60.402	50.070
37mm	49.947	21.215	47.566	50.446	41.767	48.571	51.370	61.154	50.185
39mm	49.993	21.487	47.618	50.505	42.286	48.648	51.452	61.888	50.297
41mm	50.036	21.754	47.668	50.563	42.797	48.723	51.550	62.012	50.410

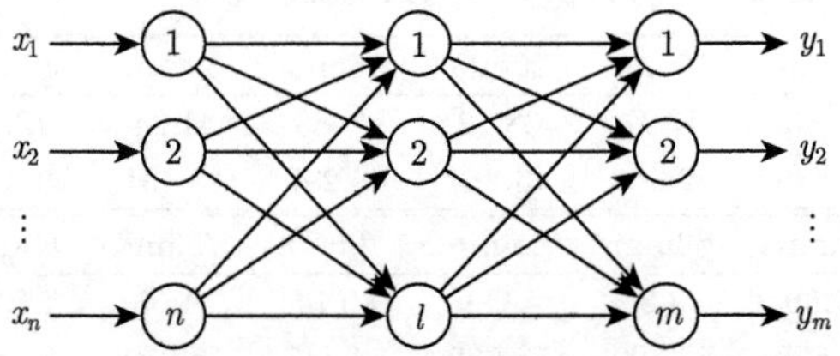

图 2-15　三层 BP 神经网络

达隐层，然后再经传递函数变换到输出层构成 m 个输出信号。三层 BP 神经网络是一个通用函数逼近器，可以逼近任意闭区间内的任意连续函数。

输入层和隐层间的转换函数为正切 S 型函数 “tansig”，隐层到输出层间的传递函数为线性函数 “purelin”，并选用可提高网络泛化能力的训练函数 “trainbr”，隐层神经元的个数取为 100，网络训练次数为 50。

对叶片部截齿，输入参数为单齿的切削厚度 h_i，输出为 β；对端盘部截齿，输入参数为 h_i 和端盘的截线号，输出为 β。取表 2-4、表 2-5 的数据作为学习样本输入 BP 神经网络进行学习训练，并用 “postreg” 函数以线性回归的方法分析测试结果，如图 2-16 所示。

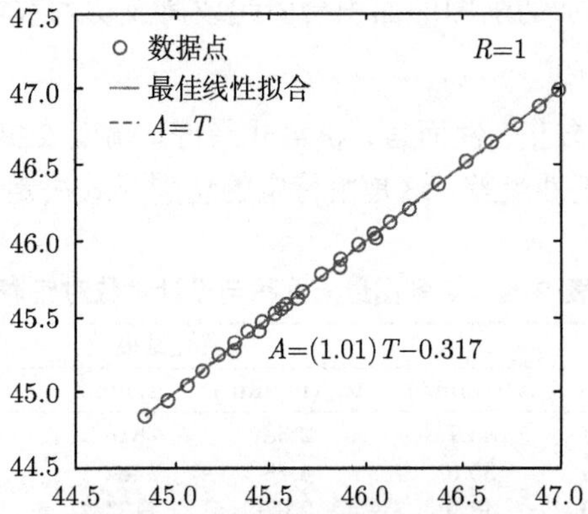

图 2-16 网络训练结果分析

图 2-16 中，T 为目标输出，A 为网络输出。理想回归直线 (网络输出等于目标输出的直线) 由实线表示，最优回归直线由虚线表示。虚线和实线几乎重合，说明网络有非常好的性能。另外，“postreg” 函数返回三个参数，即 $m = 1.0069$、$b = -0.3110$、$u = 0.9997$，其中，m 表示最优回归直线的斜率，b 表示最优回归直线和 A 轴的截距，u 表示网络输出与目标输出的相关系数。m、u 越接近 1，b 越接近 0，网络性能越好。

网络训练好后，将其保存下来，在需要时加载到 MATLAB 工作空间中，并由神经网络工具箱中的映射函数 “sim( )” 得出 β 的值，实现主程序的调用。

2.2.3.3 结果与分析

映射出截齿安装角 β 与单齿的切削厚度 h_{i} 的关系后，便可用遗传算法优化所建立的数学模型，不同截齿布置形式对应的目标函数和设计变量优化值如表 2-6 所示。

表 2-6 中不仅给出了最优设计变量和目标函数值，还列出了滚筒每转的进给量 H_{m}、切削阻力波动系数 δ 及切削图相邻两边的比值 ξ。与表 2-6 对应，当取最优设计变量时截齿的安装角如表 2-7 所示。由于同一端盘截线上所有截齿的安装角一样，表 2-7 中用 $\beta^1 \sim \beta^{n_{\mathrm{d}}}$ 和 $\theta_1^1 \sim \theta_1^{n_{\mathrm{d}}}$ 分别表示端盘第 1 条到第 n_{d} 条截线上截齿的安装角 β 和 θ_1。表 2-8 给出了采煤机滚筒的其他参数。

分析表 2-6、表 2-8 的优化结果可以得到下列结论：

(1) 截齿排列方式采用畸变 1 式和畸变 2 式的采煤机，产生的切削图面积大；而采用棋盘式和顺序式的采煤机产生的最大切削图面积相当。

(2) 随着叶片头数的增加，叶片螺旋升角变大。

(3) 同一种截齿布置形式，随着叶片头数和截齿总数的增加，单齿的最大切削厚度变小，最大切削面积变小 (3 头数顺序式布置除外)，相应载荷波动系数也变小，即提高块煤率、增加切削图的面积会引起载荷波动系数增加，影响采煤机工作的平稳性。

(4) 对切削图的 “方正” 性而言，棋盘式最好，畸变 2 式次之，畸变 1 式和顺序式产生的切削图方正性最差，这是由特定的切削形式决定的。

表 2-6　切削图最大面积与设计参数对应表

截齿配置 κ		优化结果						
		$\varphi/(^\circ)$	$n/(\mathrm{r/min})$	$v_\mathrm{q}/(\mathrm{m/min})$	A/mm^2	H_m/mm	δ	ξ
1	$N=2,m=1$	10.04	35.7	2.38	2818.2	66.7	0.0500	0.905
1	$N=4,m=2$	16.70	35.8	4.28	2382.4	119.6	0.0210	0.894
2	$N=2,m=2$	10.40	43.9	2.67	2134.4	60.8	0.0500	0.571
2	$N=3,m=3$	11.60	35.8	4.57	3376.7	127.6	0.0266	0.606
3	$N=4,m=4$	15.30	35.8	4.14	1951.0	115.5	0.0102	0.594
3	$N=3,m=1$	15.30	39.6	6.39	5655.0	161.4	0.0500	0.686
3	$N=4,m=1$	17.10	36.3	7.03	4427.0	193.8	0.0406	0.604
4	$N=3,m=1$	15.20	36.0	5.41	6183.9	150.7	0.0215	0.857
4	$N=4,m=1$	16.10	38.6	7.45	5735.0	193.1	0.0201	0.787

表 2-7　截齿的安装角

截齿配置 κ		$\beta/(^\circ)$		$\theta_1/(^\circ)$	
		叶片齿	端盘齿 $\beta^1\sim\beta^{n_\mathrm{d}}$	叶片齿	端盘齿 $\theta_1^1\sim\theta_1^{n_\mathrm{d}}$
1	$N=2,m=1$	52.78	53.95, 49.66, 50.03, 50.69, 51.19, 51.54	0	0, 8.50, 16.85, 24.88, 32.78, 40.56
1	$N=4,m=2$	51.24	52.66, 50.11, 50.80, 51.26, 51.50	0	0, 10.10, 19.87, 29.44, 38.86
2	$N=2,m=2$	47.15	47.15, 49.93, 50.43, 51.09, 51.43, 51.66	0	0, 8.03, 15.93, 23.55, 30.98, 38.31
2	$N=3,m=3$	48.53	48.53, 49.97, 50.50, 51.14, 51.45, 51.66	0	0, 8.65, 17.14, 25.30, 33.35, 41.26
2	$N=4,m=4$	45.17	45.17, 50.28, 51.00, 51.33, 51.49	0	0, 9.91, 19.54, 28.92, 38.18
3	$N=3,m=1$	55.39	46.14, 50.65, 51.18, 51.35, 51.35	0	0, 9.45, 18.67, 27.59, 36.41
3	$N=4,m=1$	53.59	45.83, 51.08, 51.22, 51.09	0	0, 13.29, 26.28, 39.07
4	$N=3,m=1$	55.04	46.85, 49.94, 50.45, 51.11, 51.44	0	0, 9.53, 18.70, 27.61, 36.43
4	$N=4,m=1$	53.45	45.83, 50.93, 51.24, 51.27	0	0, 13.73, 27.17, 40.40

表 2-8 滚筒的结构参数

结构参数	1		2			3		4	
	$N=2$ $m=1$	$N=4$ $m=2$	$N=2$ $m=2$	$N=3$ $m=3$	$N=4$ $m=4$	$N=3$ $m=1$	$N=4$ $m=1$	$N=3$ $m=1$	$N=4$ $m=1$
叶片截线 n_y	13	14	9	8	9	15	23	17	23
端盘截线 n_d	6	5	6	6	5	5	4	5	4
叶片截距 t_{opt}/mm	42.20	39.86	63.58	69.18	60.65	36.28	23.50	34.11	23.44
端盘截距 $t_1 \sim t_{n_d}$/mm	16.11	19.93	15.71	17.00	19.57	18.63	26.63	18.21	26.31
	15.94	19.62	15.55	16.80	19.27	18.38	25.92	17.97	25.62
	15.46	18.74	15.11	16.24	18.44	17.65	23.88	17.29	23.65
	14.70	17.36	14.40	15.36	17.13	16.51	20.67	16.22	20.56
	13.70	15.52	13.47	14.20	15.38	15.00		14.80	
	12.48		12.33	12.77					
掏槽宽 T/mm	88.22	90.86	86.41	92.15	89.5	86	96.40	84.30	95.46
叶片升角 φ_y/(°)	11.56	18.56	11.71	13.12	16.84	17.32	19.08	18.04	18.06
齿数 N_1/N_3	14/27	12/40	14/32	21/45	12/48	18/33	10/33	18/35	10/33

(5) 从切削图的面积、方正性及载荷波动系数三方面综合评价，叶片截齿畸变 2 式是高块煤率采煤机的首选。

上述结论 (1)、(4) 也可以通过切削图直观地看出，图 2-17 和图 2-18 分别给出了顺序式 4 头布置和畸变 2 式 3 头布置下对应的切削图，它们的设计参数如表 2-4 所示。

上述两种布置方式下滚筒的三向力波动情况分别如图 2-19、图 2-20 所示。

图 2-17~图 2-20 验证了前面的结论，同时可见 z 轴合力最大，y 轴次之，x 轴最小；z 轴和 y 轴载荷波动较大，x 轴载荷波动较小。

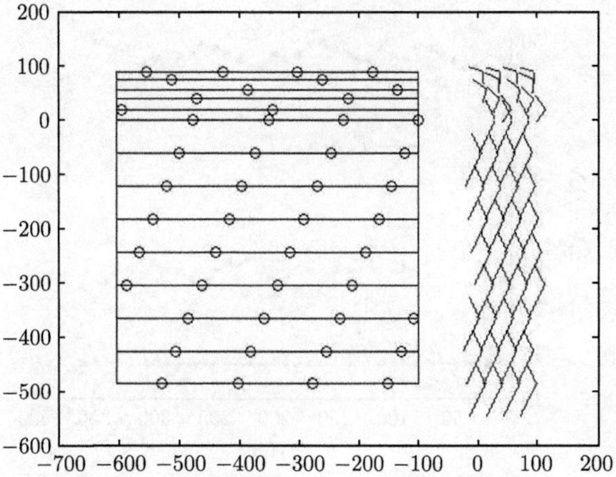

图 2-17 滚筒顺序式 4 头布置切削图

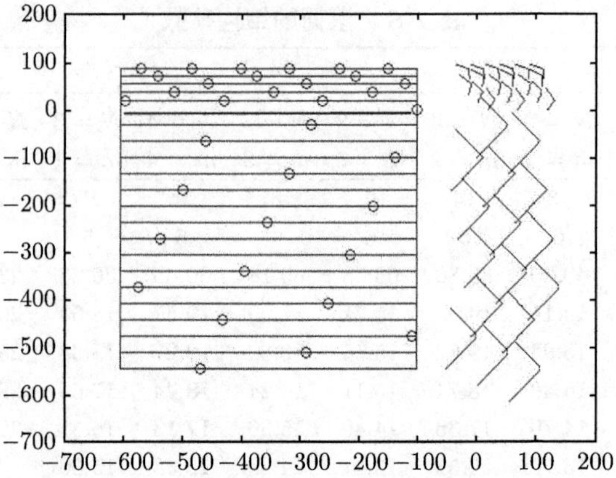

图 2-18　滚筒畸变 2 式 3 头布置切削图

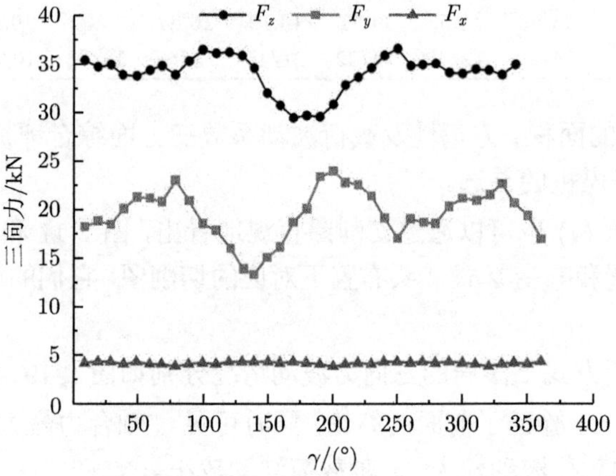

图 2-19　滚筒畸变 2 式 3 头布置三向力波动图

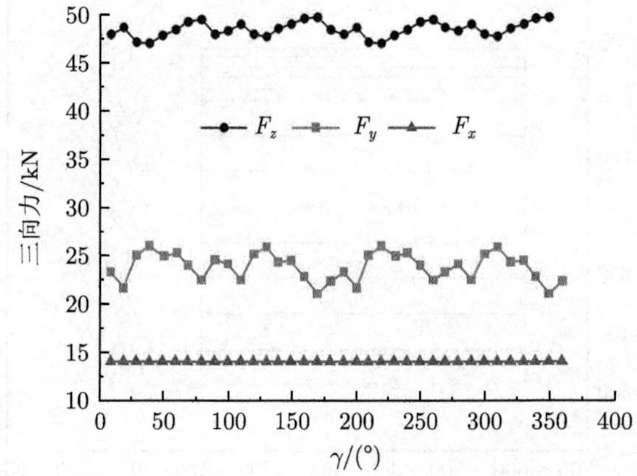

图 2-20　滚筒顺序式 4 头布置三向力波动图

另外还可得知滚筒三向力波动具有明显的周期性，在滚筒旋转一周的过程中，波动的周期数和螺旋叶片的头数相同。由图 2-19 和图 2-20 可见，采用畸变 2 式布置的采煤机在滚筒转过 100°、230° 和 350° (或 0°) 附近时 y 轴和 z 轴的合力达到峰值，在这些角度之间 y 轴和 z 轴的合力逐渐下降到低谷；采用顺序式布置的采煤机在滚筒转过 75°、140°、240° 和 340° 附近时 y 轴和 z 轴的合力同样达到峰值。由于端盘截齿在圆周方向均匀排布，它对载荷波动影响较小，因此引起切削阻力周期变化的只可能是叶片部截齿。

经进一步分析，可求出叶片部截齿的圆周角，如表 2-9 所示。对于畸变 2 式布置的滚筒，第 I 头叶片和第 II 头叶片在重叠处有截齿存在，即截齿 $\gamma_{16}^{\mathrm{y}}=225.1°$ 和 $\gamma_{21}^{\mathrm{y}}=231°$ 交叉布置；第 I 头叶片和第 III 头叶片在重叠处有截齿存在，即截齿 $\gamma_{11}^{\mathrm{y}}=0°$ 和 $\gamma_{35}^{\mathrm{y}}=354.1°$ 交叉布置；第 II 头叶片和第 III 头叶片在重叠处也有截齿存在，截齿 $\gamma_{31}^{\mathrm{y}}=102°$ 和 $\gamma_{26}^{\mathrm{y}}=96.1°$ 交叉布置。同样对于顺序式布置的滚筒，在相邻叶片的交叠处也有截齿存在，它们的圆周角以加粗的字体显示，例如 I 、IV 头叶片间 $\gamma_{11}^{\mathrm{y}}=0°$、$\gamma_{12}^{\mathrm{y}}=344°$、$\gamma_{13}^{\mathrm{y}}=328°$ 和 $\gamma_{47}^{\mathrm{y}}=354°$、$\gamma_{48}^{\mathrm{y}}=338°$、$\gamma_{49}^{\mathrm{y}}=322°$ 交叉布置。叶片交叠处截齿的分布密度大，滚筒在转过相应角度时所受的合力增加，形成力峰；通过改变叶片升角 α_{y} 和截线距 S_{j} 使交叉处截齿间隔角均匀，载荷波动的峰值则会降低。

表 2-9 叶片部截齿的圆周角

畸变 2 式布置 $N=3,m=1$	$\gamma_{11}^{\mathrm{y}}-\gamma_{16}^{\mathrm{y}}$: **0**, 333.0, 306.1, 279.1, 252.1, **225.1** $\gamma_{21}^{\mathrm{y}}-\gamma_{26}^{\mathrm{y}}$: **231.0**, 204.0, 177.1, 150.1, 123.1, **96.1** $\gamma_{31}^{\mathrm{y}}-\gamma_{35}^{\mathrm{y}}$: **102.0**, 75.0, 48.1, 21.1, **354.1**
顺序式布置 $N=4,m=4$	$\gamma_{11}^{\mathrm{y}}\sim\gamma_{19}^{\mathrm{y}}$: **0**, **344.0**, **328.0**, 312.0, 296.1, 280.1, **264.1**, **248.1**, **232.1** $\gamma_{21}^{\mathrm{y}}-\gamma_{29}^{\mathrm{y}}$: **270.0**, **254.0**, **238.0**, 222.0, 206.0, 190.1, **174.1**, **158.1**, **142.1** $\gamma_{31}^{\mathrm{y}}-\gamma_{39}^{\mathrm{y}}$: **180.0**, **164.0**, **148.0**, 132.0, 116.0, 100.1, **84.1**, **68.1**, **52.1** $\gamma_{41}^{\mathrm{y}}-\gamma_{49}^{\mathrm{y}}$: **90.0**, **74.0**, **58.0**, 42.0, 26.0, 10.1, 354.1, **338.1**, **322.1**

2.3 高块煤率滚筒参数优化软件集成

高块煤率采煤机工况较复杂，影响因素众多，不同工况下，不同型号的采煤机最佳匹配参数是不同的。若每次参数改变都重新建模、优化，不仅导致产品的设计周期长，而且十分不经济。若通过编程，把高块煤率采煤机参数匹配、优化的过程集成起来进而形成一个通用的软件包，便可在工作界面更改参数，通过后台运算直接输出结果，这是十分现实有效的。另外，对现有的采煤机，在不能改变滚筒结构参数的情况下，还可匹配滚筒的转速、牵引速度等参数，从而改善切削图的形状，提高煤炭开采的块煤率。

2.3.1 软件集成方法

软件集成将复杂、烦琐的优化过程集成在直观、友好的设计界面下，通过人机对话方式，在对话窗口输入设计参数，输出结果，达到非专业人员也可优化模型参数并缩短设计周期的目的。对采煤机共同参数优化软件集成采用 ActiveX 部件方法[22−24]。

1) 创建 ActiveX 对象

建立 VB 与 MATLAB 通信接口：将 MATLAB 定义为 VB 下的一个 Activex 部件，在 VB 中创建 MATLAB 对象的程序如下：

```
Dim Matlab as object
Set Matlab=CreateObject(‘‘Matlab.Application’’)
```

创建好 VB 下 MATLAB 的 Activex 部件后，可对其进行操作。

2) VB 与 MATLAB 交换数据

完成 ActiveX 对象创建后，可实现数据的传输。VB 与 MATLAB 软件集成用到的数据交换方法如下：以剪切板作桥梁实现图形文件的传输。MATLAB 程序中生成的图形先以 bitmap 的格式存入剪切板中，然后再将图片读入到 VB 中的 Image 控件中去。调用格式为

```
Matlab.execute(‘‘print-dbitmap’’)
Me.Image1.picture=Clipboard.GetData()
```

2.3.2 集成软件包组成

该软件包由 VB 做界面，MATLAB 计算结果并绘图，然后再由 VB 调用运算结果和图像并显示在界面上。从基本结构上可将软件分为底层数据暂存单元、中间计算程序和顶层人机界面三部分，顶层人机界面指 VB 界面，共有三个。图 2-21 为软件包主界面，图 2-22、图 2-23 为绘图界面。

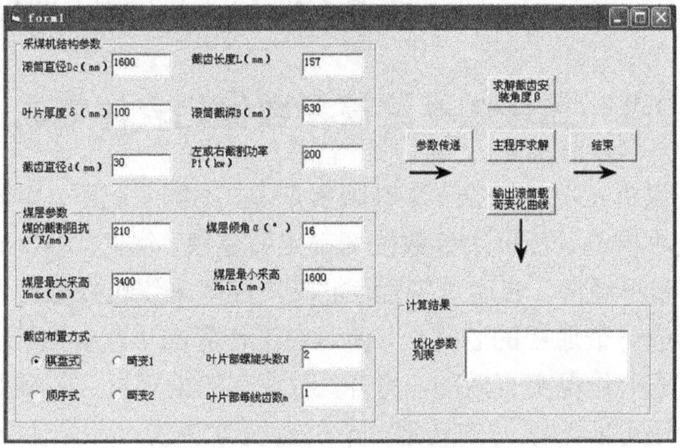

图 2-21 软件包主界面

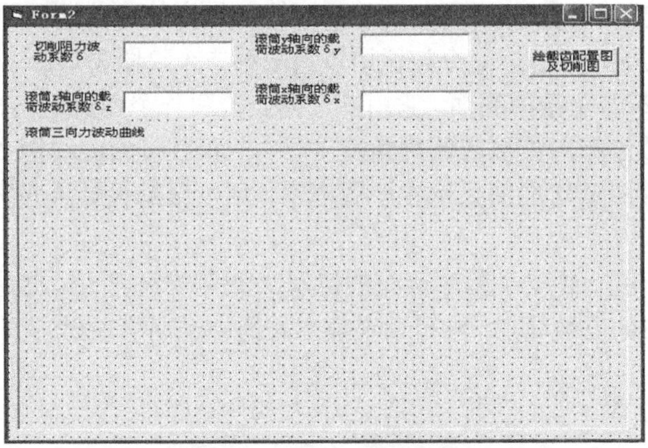

图 2-22 第一个绘图界面

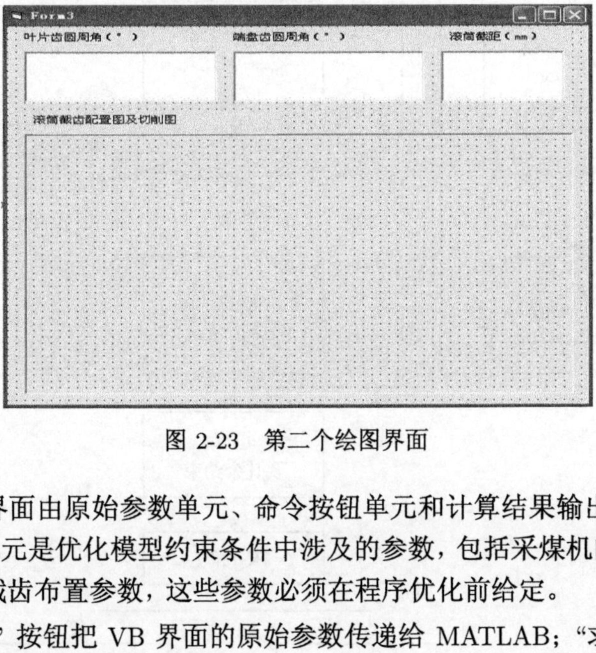

图 2-23 第二个绘图界面

软件包主界面由原始参数单元、命令按钮单元和计算结果输出单元三部分组成，原始参数单元是优化模型约束条件中涉及的参数，包括采煤机的结构参数、煤层参数和滚筒截齿布置参数，这些参数必须在程序优化前给定。

“参数传递”按钮把 VB 界面的原始参数传递给 MATLAB；“求解截齿安装角度 β”按钮，可利用神经网络找到 $f(h_i) \to \beta$ 的映射关系；“主程序求解”按钮，可求解相应截齿布置方式下的切削图最大面积 $A_{\max}$ 以及对应的设计参数 φ、n 和 v_{q}，并在“计算结果”单元的列表框中输出结果；“结束”按钮结束程序运行；“输出滚筒载荷变化曲线”按钮，在第一个绘图界面上输出滚筒三向分力 F_x、F_y、F_z 随滚筒旋转角度的变化图。

第一个绘图界面如图 2-22 所示，它包含四个文本框、一个命令按钮和一个图形显示框。文本框分别显示“切削阻力波动系数 δ”、“滚筒 x 轴向的载荷波动系数

δ_x”“滚筒 y 轴向的载荷波动系数 δ_y” 和 “滚筒 z 轴向的载荷波动系数 δ_z”；图形框显示滚筒三向力波动情况；命令按钮用以调出第二个绘图窗口。

图 2-23 为第二个绘图界面，它由三个列表框和一个图形输出框组成。三个列表框分别存放截齿相对滚筒的圆周角度 γ_{ij}^{y}、γ_i^{d} 和截齿的截线距 t_{i}、t_{opt}；不同工况下截齿的配置图及切削图显示在绘图框中，用以帮助设计人员分析参数匹配的优劣。

通过分析研究，制定了程序运行的流程，如图 2-24 所示。该程序在求截齿受力时要用到截齿的安装角 β，它可通过建立好的神经网络映射得到。

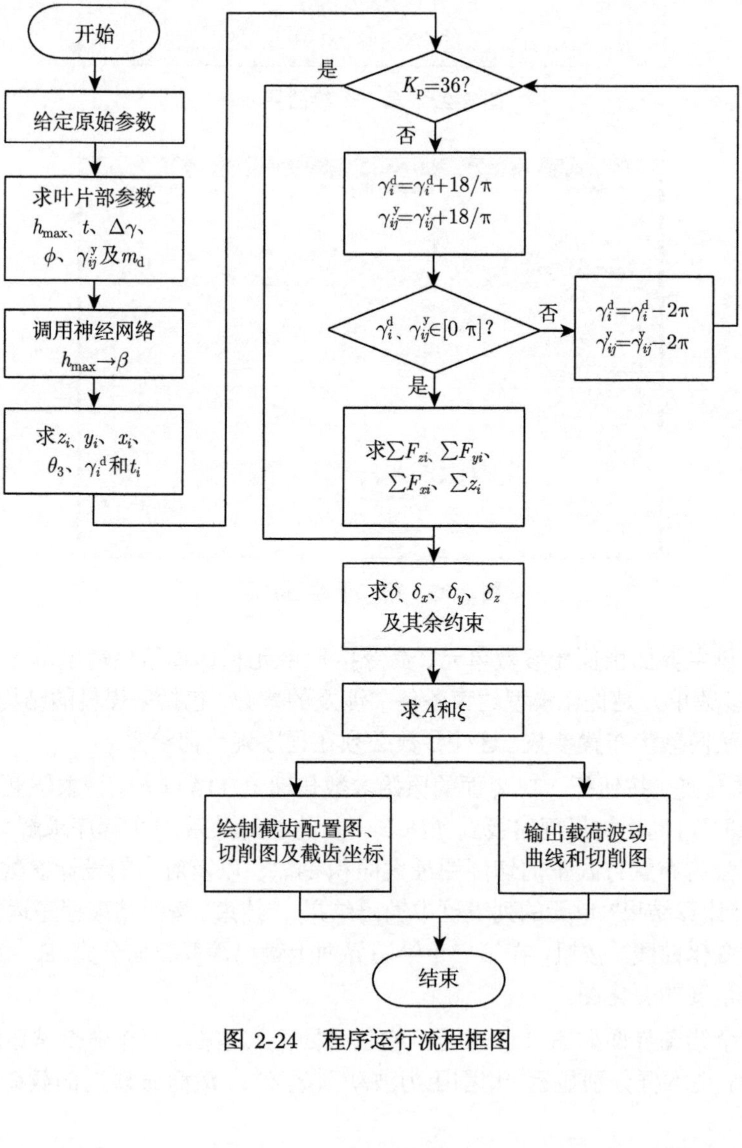

图 2-24　程序运行流程框图

2.3.3 参数优化模拟

由前面分析可知，截齿配置共有 9 种方式。图 2-17~ 图 2-20 已给出截齿 4 头顺序式和 3 头畸变 2 式布置时的载荷波动图及切削图，此处仅以 4 头顺序式布置来说明软件包的运作步骤。

4 头顺序式布置对应的最优设计参数，如图 2-25 所示[25]。

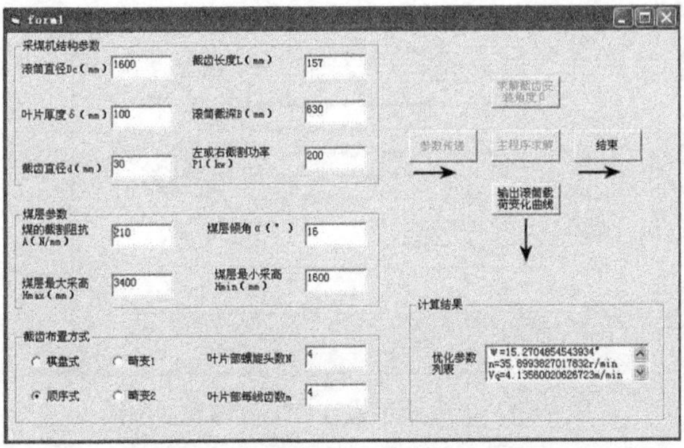

图 2-25 4 头顺序式主程序运行结果

求解完优化参数后可单击“输出滚筒载荷变化曲线”按钮，查看载荷波动情况，以利于设计者进行综合评判，图 2-26 为 4 头顺序式载荷波动图。

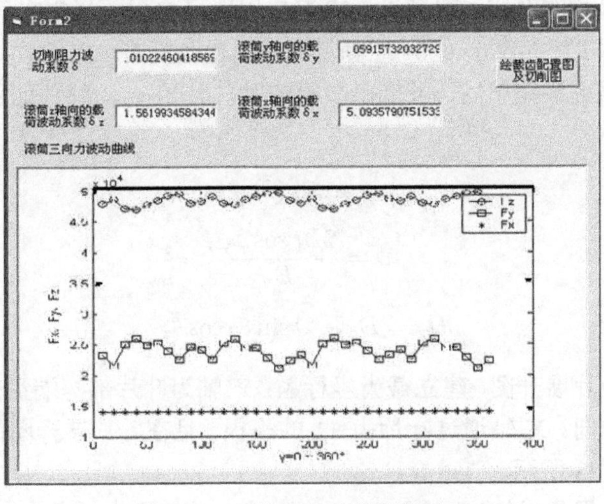

图 2-26 4 头顺序式载荷波动图

进一步单击图 2-26 中“绘截齿配置图及切削图”按钮，可获得 4 头顺序式布置时截齿相对滚筒的位置坐标，如图 2-27 所示。切削图更直观，能帮助设计者做出判断。

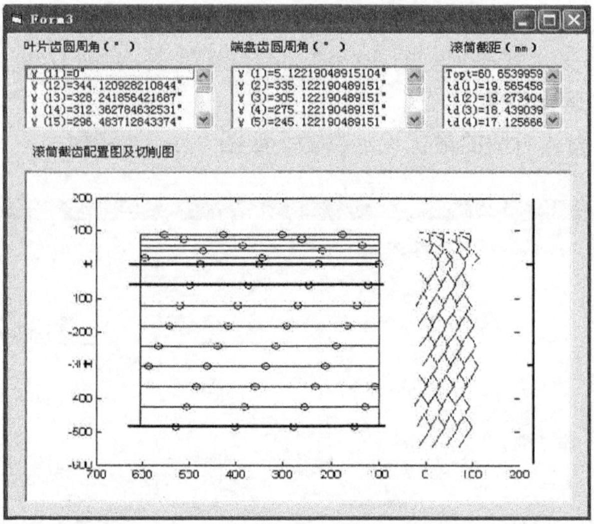

图 2-27　4 头顺序式截齿配置图和切削图

2.4　优化模型验证

本章对采掘行业认可的某公司 $\phi1600\times630$ 型采煤机滚筒进行实测，通过将优化结果与实测参数的对比，间接论证本书提出的高块煤率采煤机参数优化的正确性。被测滚筒规格为 $\phi1600\times630$，经测量圆整后得滚筒的原始参数如表 2-10 所示。

在原始数据测量完毕后，可推得滚筒的叶片升角 φ_{y}、叶片的包角 ψ、叶片直径 D_{y} 为

$$\varphi_{\mathrm{y}}=\arcsin(B_{\mathrm{y}}/L_1) \tag{2-95}$$

$$\psi=\frac{2L_1\cos\varphi_{\mathrm{y}}}{D_{\mathrm{y}}} \tag{2-96}$$

$$D_{\mathrm{y}}=D_{\mathrm{c}}-2l\sin\theta_2\cos\theta_1 \tag{2-97}$$

滚筒螺旋叶片展开图，建立截齿坐标系：Y 轴为叶片部与端盘部交界线，指向采煤机牵引的方向；X 轴通过叶片齿 11 的齿根，且在叶片展开图的左边界，指向采空侧，如图 2-28 所示。

叶片截齿齿根的坐标为

$$\begin{cases} X_{ij}^{\mathrm{yg}}=L_2^i\sin\varphi_{\mathrm{y}}+(j-1)\,L_3\sin\varphi_{\mathrm{y}} \\ Y_{ij}^{\mathrm{yg}}=\pi D_{\mathrm{y}}-L_2^i\cos\varphi_{\mathrm{y}}-(j-1)\,L_3\cos\varphi_{\mathrm{y}}-\pi D_{\mathrm{y}}\,(i-1)/N \end{cases} \tag{2-98}$$

表 2-10 滚筒测量原始参数

参数	数值
N	3
N_3/N_1	34/18
B_{y}/mm	530
L_1/mm	1820
H_1/mm	250
l/mm	160
$(L_2^1\sim L_2^3)$/mm	0，121，242
L_3/mm	364
$(L_4^1\sim L_4^{18})$/mm	162, 400, 637, 875, 1110, 1350, 1585, 1823, 2060, 2300, 2535, 2775, 3010, 3248, 3485, 3723, 3960, 4198
L_5/mm	23
$\theta_1/(^\circ)$	叶片齿：0 端盘齿 1～18：22, 41, 11, 31, 41, 0, 22, 41, 11, 31, 41, 0, 22, 41, 11, 31, 41, 0
$\theta_2/(^\circ)$	叶片齿：48 端盘齿 1～18：48, 48, 48, 48, 48, 48, 48, 48, 48, 48, 48, 48, 48, 48, 48, 48, 48, 48

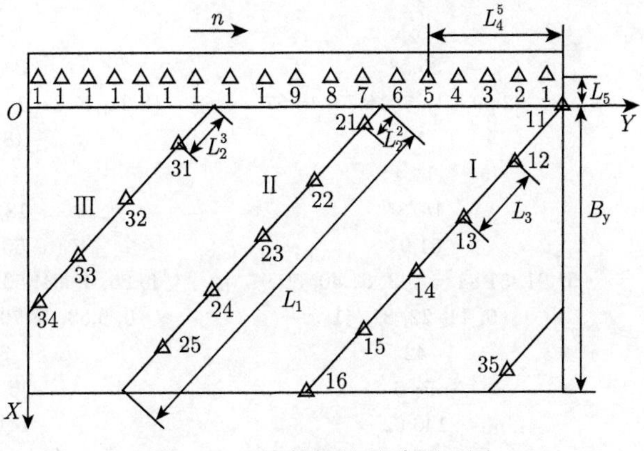

图 2-28 滚筒螺旋叶片展开图

端盘截齿齿根的坐标为

$$
\begin{cases}
X_i^{\mathrm{dg}} = -L_5 \\
Y_i^{\mathrm{dg}} = \pi D_{\mathrm{y}} - L_4^i
\end{cases}
\tag{2-99}
$$

叶片截齿齿根和端盘截齿齿根的圆周角 $\gamma_{ij}^{\mathrm{yg}}$ 与 γ_i^{dg} 分别为

$$
\begin{cases}
\gamma_{ij}^{\mathrm{yg}} = 2Y_{ij}^{\mathrm{yg}}\big/D_{\mathrm{y}} \\
\gamma_i^{\mathrm{dg}} = 2Y_i^{\mathrm{dg}}\Big/D_{\mathrm{y}}
\end{cases}
\tag{2-100}
$$

截齿配置图反映的是齿尖的排布情况，由于齿尖和齿根在滚筒展开图和叶片展开图中的圆周角是一致的，故可得叶片截齿齿尖的坐标 X_{ij}^{y} 和 Y_{ij}^{y} 为

$$\begin{cases} X_{ij}^{\mathrm{y}} = X_{ij}^{\mathrm{yg}} - l\sin\theta_2\sin\theta_1 \\ Y_{ij}^{\mathrm{y}} = \gamma_{ij}^{\mathrm{yg}} D_{\mathrm{c}}/2 \end{cases} \tag{2-101}$$

根据齿尖坐标绘制图 2-29 所示的截齿配置图，可见滚筒采用了 3 头畸变 2 式布置，端盘部有六条螺旋线，端盘截齿为棋盘式交错布置。设定零度齿所在的端盘截线号数为 1，向着煤壁侧端盘截线号数逐渐增加。由图 2-29 可得端盘截线数 n^{d}、叶片截线数 n^{y}；由比例关系可求出叶片截齿的最佳截线距 t_{opt}、端盘第 i 条截线与第 $i-1$ 条截线间的距离 t_i。θ_1 和 θ_2 已知，可计算出安装角 β。同一端盘截线上截齿的倾斜角 θ_1、θ_2 是一样的，可用 θ_1^i 表示处在端盘第 i 条截线上截齿的倾斜角 θ_1；β^i 表示端盘第 i 条截线上截齿的安装角 β。厂商推荐的牵引速度为 5~6m/min，滚筒转速定为 42r/min。这些参数如表 2-11 所示。

表 2-11 滚筒的截割参数

参数	实测结果	优化结果
n^{y}	16	17
n^{d}	5	5
t_{opt}/mm	35.33	34.11
t_i/mm	23, 22.69, 21.85, 16.70, 16.67	18.21, 17.97, 17.29, 16.22, 14.80
φ_{y}/(°)	17	18.04
φ(°)	14.4	15.2
N_1/N_3	18/34	18/35
叶片 β	51.91	55.04
端盘 $\beta^1 \sim \beta^5$	51.91, 51.84, 51.63, 51.40, 50.97	46.85, 49.94, 50.45, 51.11, 51.44
$\theta_1^1 \sim \theta_1^{n_{\mathrm{d}}}$/(°)	0, 11, 22, 31, 41	0, 9.53, 18.70, 27.61, 36.43
n/(r/min)	42	36
v_{q}/(m/min)	5~6	5.41
ψ/(°)	146.62	141.73
D_{y}/mm	1360	1355

通过对比可知两个滚筒的截割参数比较接近。本章优化的叶片截线距和端盘截线距较小，使得叶片截线数比实测的多了一条，叶片截齿也随之增加一个。2.2.3 节图 2-18 为优化后的 3 头畸变 2 式截齿配置图，其截齿排列形式和切削图的排列顺序与图 2-28 相似，但切削图的面积更大。经计算机模拟计算得优化后的切削图和实测滚筒切削图的面积分别为 $A_1 = 6184\mathrm{mm}^2$、$A_2 = 5621\mathrm{mm}^2$。

综上所述，针对相同煤层和采煤机结构参数，本章优化的截割参数与实测采煤机滚筒截齿布置结果相同，证明了本书所建优化模型的正确性。

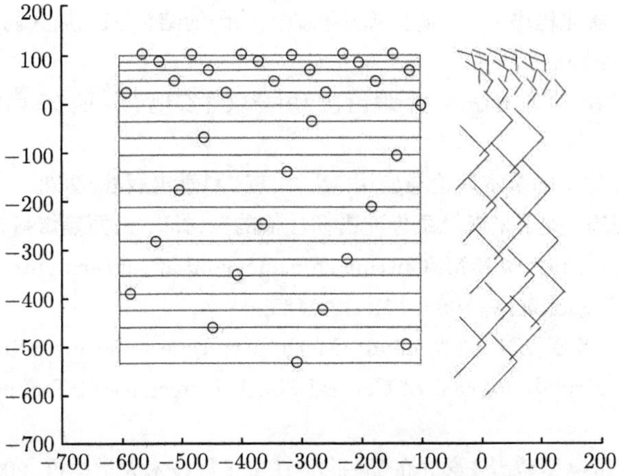

图 2-29 滚筒截齿配置图及切削图

参 考 文 献

[1] 杜计平, 苏景春. 煤矿深井开采的矿压显现及控制[M]. 徐州: 中国矿业大学出版社, 2000.

[2] 刘送永, 杜长龙, 崔新霞, 等. 采煤机滚筒运动参数的分析研究[J]. 煤炭科学技术, 2008, 36(8): 62-64.

[3] 任月龙, 李贵轩. 采煤机螺旋滚筒端盘截齿排列研究[J]. 煤矿机械, 1994, (5): 18-21.

[4] 郭迎福. 螺旋滚筒端盘截齿排列方法[J]. 煤, 1998, (1): 22-23.

[5] 刘送永, 杜长龙, 崔新霞, 等. 采煤机滚筒螺旋叶片结构参数研究[J]. 工程设计学报, 2008, 15(4): 290-294.

[6] 王传礼, 王鸿萍. 新型螺旋滚筒装煤性能的理论研究[J]. 煤矿机械, 2001, (2): 15-17.

[7] 杨奇顺. 采煤机螺旋滚筒装煤性能研究及其参数优化[J]. 煤矿机械, 2001, (2): 1-3.

[8] Liu S Y, Du C L, Zhang J, et al. Parameters analysis of shearer drum loading performance[J]. International Journal of Mining Science and Technology, 2011, 21(5): 621-624.

[9] Du C L, Liu S Y, Cui X X. Study on pick arrangement of shearer drum based on load fluctuation[J]. Journal of China University of Mining and Technology, 2008, 18(2): 305-310.

[10] 保晋. 采煤机破煤理论[M]. 王庆康, 译. 北京: 煤炭工业出版社, 1992.

[11] 栗润萍, 安道星. 采煤机螺旋滚筒的力学分析与设计[J]. 机械工程与自动化, 2005, (4): 94-95.

[12] 王传礼, 汪胜陆. 螺旋滚筒最低和最高装煤转速的确定[J]. 煤矿机械, 1996, (4): 1-3.

[13] Du C L, Liu S Y, Cui X X, et al. Study on design of operating mechanism of auger mining machine[J]. Procedia Earth and Planetary Science, 2009, 1(1): 1406-1410.

[14] 米凯利维茨. 演化程序 —— 遗传算法和数据编码的结合[M]. 周家驹, 何险峰, 译. 北京: 科学出版社, 2000.

[15] 王小平, 曹立明. 遗传算法 —— 理论、应用与软件实现[M]. 西安: 西安交通大学出版社, 2002.

[16] 李敏强. 遗传算法的基本理论与应用[M]. 北京: 科学出版社, 2003.

[17] 张建军, 刘晓周. 关于采煤机截齿冲击韧性值的探讨[J]. 山西焦煤科技, 2000, (3): 7-9.

[18] Hurt K G, MacAndrew K M. Cutting efficiency and life of rock-cutting picks[J]. Mining Science and Technology, 1985, (4): 139-151.

[19] Liu S Y, Cui X X, Du C L, et al. Method to determine installing angle of conical point attack pick[J]. Journal of Central South University of Technology, 2011, 18(6): 1994-2000.

[20] 刘春生. 采煤机镐型截齿安装角的研究[J]. 辽宁工程技术大学学报, 2002, 21(5): 661-663.

[21] 闻新, 周露, 李翔, 等. MATLAB 神经网络仿真与应用[M]. 北京: 科学出版社, 2003.

[22] 胡智文, 邓铁如, 余增亮, 等. 在 VB 应用程序中集成 MATLAB[J]. 计算机工程与应用, 2003, 39(7): 104-106.

[23] 樊金荣, 黎洪生. 浅谈 VB 与 MATLAB 相结合的三种方法[J]. 微型电脑应用, 2003, 19(4): 60-62.

[24] 周竹生, 陈灵君, 张赛民. VB 实现对 MATLAB 程序的调用[J]. 电脑开发与应用, 2004, 17(5): 21-23.

[25] 李提建. 高块煤率采煤机参数优化[D]. 徐州: 中国矿业大学, 2007.

第 3 章 滚筒截割性能研究

采煤机滚筒截割性能的优劣主要表现在截割时的载荷大小、比能耗大小、截割效率、载荷波动特性及截割块煤率的大小，而这些指标与煤岩性质、截齿结构参数、滚筒结构参数和运动参数有关。煤是各向异性、非均质的脆性材料，如想使得人工配制的模拟煤壁包含煤的所有特性，实为困难，本书配制的模拟煤壁主要考虑了抗压强度和密度与原煤的相似性，因此，本章主要研究煤的抗压强度与滚筒截割性能的关系，探究煤的性质对滚筒截割性能的影响。当滚筒截割不同性质的煤层时，不同煤层特性对采煤机滚筒的载荷、比能耗、截割效率、稳定性和使用寿命均有直接影响，并对滚筒的种类及型号的选择、煤炭开采和破煤机理的研究具有十分重要的意义，因此，本章对滚筒截割性能的研究应对不同性质的煤岩进行研究。然而，当截割同一性质的煤岩时，对滚筒截割性能影响较大的是截齿本身的结构参数、安装参数、截齿的排列方式、螺旋叶片的相关参数和滚筒的运动参数，这些参数选择的合理与否直接影响着采煤机滚筒的截割性能。为找出各个参数与滚筒截割性能的关系，本章通过改变滚筒截齿、螺旋叶片的相关参数以及滚筒的运动参数对滚筒截割性能的影响进行试验研究。而对于一定高度范围的煤层，其所用滚筒的直径是确定的，为此，本章主要研究不同因素对相同直径滚筒截割性能的影响，并且利用滚筒的截割扭矩、截割比能耗、截割块煤率以及截割过程中载荷的波动作为衡量滚筒截割性能优劣的标准。同时，本章重点研究滚筒相关参数的变化对其截割性能的影响，寻找其规律，故仅进行单因素试验。在研究过程中，条件相同的试验重复进行三次，并对每次的相关统计量进行计算，以三次的平均值作为试验值进行分析。

3.1 煤岩截割试验台设计

根据滚筒采煤机截割理论，以相似理论、相似系数为基础，建立了煤岩截割试验台，其主体部分如图 3-1 所示。此试验台包括主传动、辅助传动和测试系统三部分[1]。同时，本试验台采用滚筒旋转、煤壁移动的方式来模拟井下采煤机工作过程。

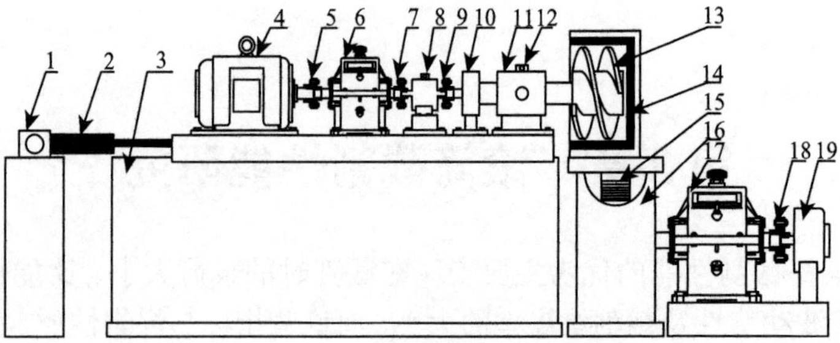

图 3-1　煤岩截割主传动系统

1. 液压缸支架；2. 推进油缸；3. 推进导轨；4. 电动机；5. 联轴器 1；6. 减速器 1；7. 联轴器 2；8. 扭矩传感器；9. 联轴器 3；10. 轴承座；11. 测力支架；12. 压力传感器；13. 试验滚筒；14. 试验煤壁；15. 齿轮–齿条机构；16. 平移导轨；17. 减速器 2；18. 联轴器 4；19. 液压马达

3.1.1　主传动

如图 3-1 所示，部件 4~13 为主传动部分，用来实现滚筒的旋转截割。在本试验台中，滚筒只有旋转运动，其速度的变化由变频器来调节。变频调速在低速时，截割功率降低导致扭矩变小，为获得较大扭矩，在传动系统中加入减速器 6。同时，为测得滚筒的截割扭矩、转速和截割力，在传动系统中加入扭矩传感器 8 和测力装置 11、12。在此传动中，根据目前使用的采煤机滚筒，最高转速可达 120r/min。为此，根据表 3-1 中的相似系数，本试验台滚筒的转速设定为 0~200r/min，可模拟的滚筒转速为 0~115r/min。同时，为保证所建试验台能够模拟绝大部分滚筒的截割功率，本试验台将截割电机功率设定为 15kW，根据表 3-1 中相似系数，可知可模拟滚筒的截割功率范围为 0~690kW。

表 3-1　滚筒相关参数的相似系数

参数	原型	模型	参数	原型	模型
滚筒直径/mm	D	$D/3$	截线间距/mm	S_j	$S_j/3$
滚筒截深/mm	B	$B/3$	截齿宽度/mm	b	$b/3$
筒毂直径/mm	D_g	$D_g/3$	截齿安装角/rad	β	β
滚筒转速/(r/min)	n	$\sqrt{3}n$	截齿倾斜角/rad	α_{qx}	α_{qx}
牵引速度/(m/min)	v_q	$v_q/\sqrt{3}$	每条截线上的截齿数	m	m
滚筒受力/N	F	$F/27$	模拟材料崩落角/rad	ψ	ψ
滚筒扭矩/(N·m)	T	$T/81$	模拟材料的抗压强度/Pa	σ_{ym}	$\sigma_{ym}/3$
滚筒截割功率/kW	P	$P/46.76$	模拟材料密度/(kg/m^3)	ρ_n	ρ_m
叶片升角/rad	α_{ys}	α_{ys}	重力加速度/(m/s^2)	g	g
叶片头数	N_{yt}	N_{yt}			

3.1.2 辅助传动

辅助传动采用液压驱动的方式来模拟井下采煤机工作时牵引速度的自动调速。其包括两个回路：试验煤壁的移动和滚筒的推进移动。试验煤壁移动的回路通过电动机带动油泵工作，高压油经三位四通电磁阀带动马达旋转，马达经减速器带动齿轮–齿条系统运动，从而使固定在平移导轨上的截割煤壁实现直线运动。此回路为变量泵–定量马达组成的恒功率系统，马达输出轴速度的调节由变量泵完成，该泵的油路压力与流量由恒功率变量系统控制互相补偿，当煤壁硬度发生变化时，滚筒的扭矩与牵引速度相互调整，以达到恒功率自动反馈调速，与井下采煤机工作时牵引速度的变化相符。滚筒推进移动的回路用来调节滚筒的截割位置，此回路为变量泵–液压缸系统，主传动部分固定在导轨面上，靠液压缸伸缩实现滚筒的推进和后退。这两个回路只有在模拟滚筒斜切进刀时才同时使用。液压系统原理图如图 3-2 所示，辅助回路的控制面板如图 3-3 所示。在辅助传动中，根据目前使用采煤机牵引速度 (0~15m/min)，结合表 3-1 中关于牵引速度的相似系数，设定煤壁的平移速度为 0~10m/min，基本包括了现有采煤机可实现的牵引速度范围。同时，为调整滚筒在试验台上的位置，且保证其移动速度足够慢，将滚筒的移动速度设定为 0~2m/min；此外，该速度可以满足其他截割机构 (截割头、螺旋钻头) 的截割试验。

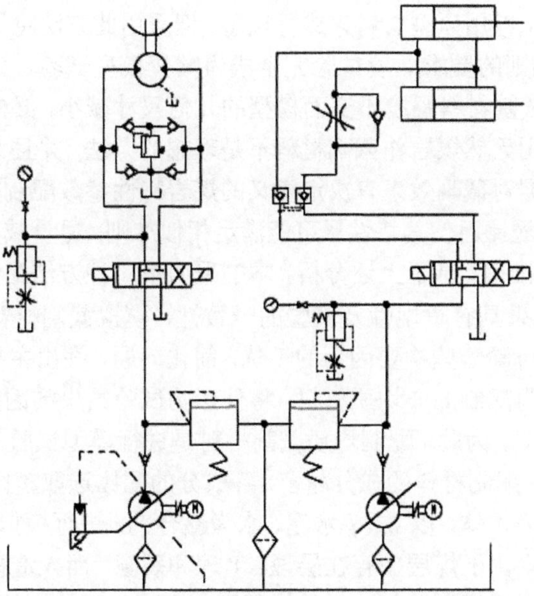

图 3-2 液压系统原理图

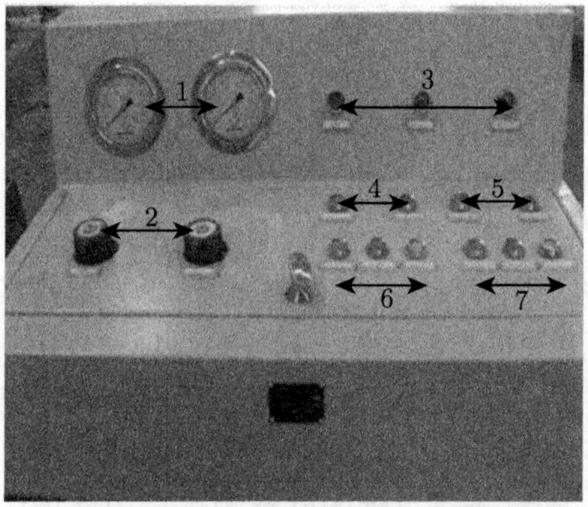

图 3-3 辅助回路控制面板图

1. 液压表；2. 调速旋钮；3. 电源、推进泵、平移泵指示灯；4. 煤壁移动回路启动、停止按钮；5. 滚筒移动回路启动、停止按钮；6. 煤壁前进、后退、停止按钮；7. 滚筒前进、后退、停止按钮

3.1.3 模拟截割材料的配制

进行滚筒模型试验，截割材料的特性具有重要地位，其特性与天然煤岩的各项特性是否一致，将直接影响试验结果的准确性[2]。但是，由于影响煤岩性质的因素较多，要保证模拟截割材料与真实煤岩特性之间所有的相似关系，往往很难做到。因此，本章只能采用近似的方法来研究。模拟煤岩可采用两种方法：一种是采用天然煤岩作截割材料，即用原型材料来进行试验，但采用此方法将导致截割材料的特性不能满足相似准则的要求而使试验完全成为畸变模型试验，会使问题变得更为复杂。同时，由于截割材料强度不变而模型的几何尺寸减小，必然会引起滚筒模型强度不足。因此采用天然煤岩作截割材料不是理想的方法，并且大块天然煤岩很难获得。另一种是根据对截割效果有决定意义的煤岩特性参数配制模拟截割材料，通过控制不同材料的配比而使其特性尽可能满足相似准则，尽量减小模型的畸变，从而使试验结果更为准确。基于上述分析，本书采用第二种方法配制模拟截割材料。

为了使试验结果具有重现性及试验的一致性，模拟截割材料应具有尽可能均质的结构。这样可排除一些次要因素的干扰，简化问题，突出主要矛盾，使结果更具典型性。并且人为配制的非均质材料，将使影响试验结果的因素增多，具有不确定性，甚至出现畸变。为此，配制均质截割材料是进行模型试验的最佳选择，也具有实际意义。但是，配制材料的成分越多，各成分的配比选取越困难，且不易把握。为此，本章以粉煤为本体，以 525#水泥、水为黏合剂，进行模拟截割材料的配制。相关试验资料表明，由于煤层中存在层理、节理和裂隙，而人造模拟截割材料质地较均匀，因而人造均质模拟截割材料的抗压强度大约为天然煤的 2.5 倍[3]。即抗压强度为 10MPa 的人造模拟截割材料，相当于抗压强度为 25MPa 的天然煤。模拟截割材料的配制过程如下。

3.1.3.1　选取天然煤样

配制模拟截割材料首先应以天然煤的密度、抗压强度、泊松比和弹性模量为依据，进而根据相似系数的计算得到模拟截割材料的相关量。为此，进行了天然煤样的选取和试样的研制，如图 3-4 所示。

图 3-4　天然煤样

试样的密度为 1356.67kg/m^3，由于脆性材料存在尺寸效应，其强度随着高径比的不同而不同，为此，根据文献 [4] 确定天然煤样为圆柱体，其高径比为 2:1，即试样高度为 100mm、直径为 50mm，并在 MTS815.02 试验系统上进行天然煤样的单轴抗压试验，试样测试系统如图 3-5 所示。MTS815.02 型电液伺服试验机的主要性能指标为：垂直液压缸最大轴力 1700kN，围压小于 45MPa，最小采样时间为 50μs。在试验过程中可以实时获得全程应力应变曲线、最大压力、弹性模量、泊松比以及整个试验过程中所加载的载荷大小和试样的位移量等数据。

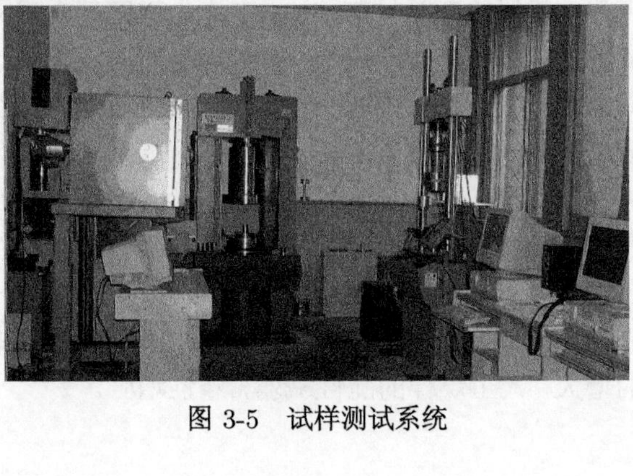

图 3-5　试样测试系统

随着载荷的增大，试件产生压缩变形直至破坏，其破碎图如图 3-6 所示。从图 3-6 可以看出，天然煤样破碎属于剪切滑移破坏。此试验中，本章提取的测试量为煤样的应力–应变曲线、抗压强度、弹性模量和泊松比。所测 3 组天然煤样的平均应力–应变曲线如图 3-7 所示，平均抗压强度的峰值为 17.86MPa，弹性模量为 4.32GPa，泊松比为 0.35。

图 3-6　试件破碎图

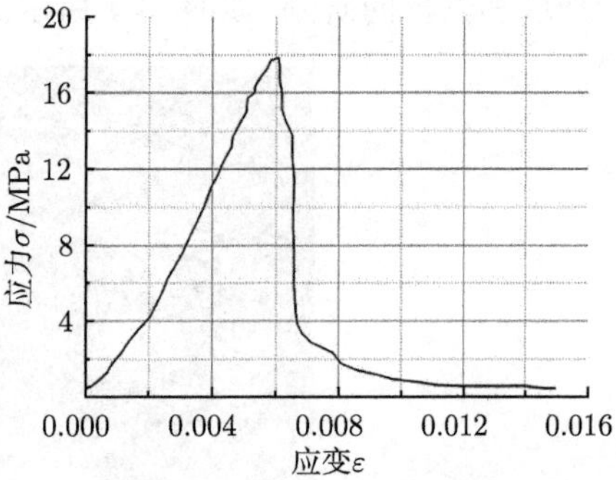

图 3-7　平均应力–应变曲线

3.1.3.2　模拟煤样的研制

进行模拟煤样的研制，首先应根据相似系数的计算公式，以天然煤样的强度为基准计算出模拟煤样的强度。假定所配煤壁的密度和原煤一样，根据表 3-5 及前述分析可知，需配制的模拟材料的抗压强度为

$$\sigma_{\mathrm{ym}} = \frac{\sigma_{\mathrm{y}} C_{\sigma_{\mathrm{ym}}}}{2.5} = \frac{17.86}{2.5 \times 3} \approx 2.38 \tag{3-1}$$

式中，σ_{ym} 为模拟抗压强度，MPa；σ_{y} 为原煤抗压强度，MPa。

为得到与原煤特性相似的截割材料，本章在满足密度基本相同的情况下，以抗压强度为主要参量进行模拟材料的试制。配比时水泥的质量不变，通过变化粉煤的质量来达到改变模拟材料抗压强度的目的，水的配比质量按水泥和粉煤混合物达到黏稠状时所用质量为准，配比结果如表 3-2 所示，每组试样三个，任意一组煤样的模型图如图 3-8 所示，破碎效果如图 3-9 所示。从破碎图中可以看出，人工煤样的破碎形式基本和天然煤样的破碎形式相同，说明所配材料特性与天然煤样具有相似性。并在 MTS815.02 试验系统上测得每组的应力–应变曲线，进而求取三个煤样的平均值，每组试样的测试结果如图 3-10~图 3-14 所示，从图中可以看出，随着煤粉与水泥配比的增大，人工煤样的脆性减弱，塑性增强。

表 3-2 模拟截割材料首次配比

配比号	配比比例(煤粉 : 水泥 : 水)	抗压强度 σ_{ym}/MPa	弹性模量E /MPa	剪切模量G /MPa	泊松比 μ	高径比 ξ	密度 $\rho_n/(kg/m^3)$
1	1∶1∶0.6	9.25	1701.76	625.65	0.36	2.011	1621.73
2	2∶1∶0.8	5.26	1400.00	522.39	0.34	2.022	1527.84
3	3∶1∶1.0	3.81	922.58	341.70	0.35	1.990	1492.75
4	4∶1∶1.1	1.97	312.50	114.90	0.36	1.993	1418.12
5	5∶1∶1.2	1.43	188.18	69.70	0.35	1.993	1394.13

图 3-8 人工煤样模型图

图 3-9 人工煤样的破碎图

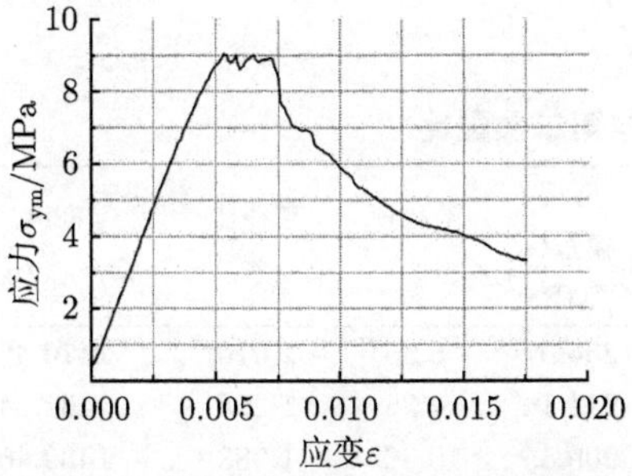

图 3-10 第 1 组平均应力–应变曲线

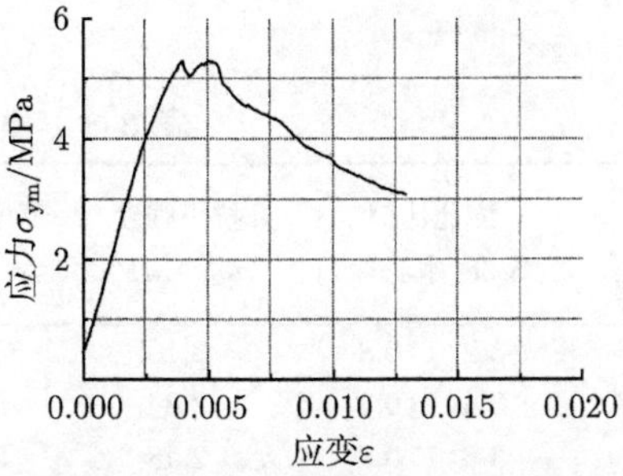

图 3-11 第 2 组平均应力–应变曲线

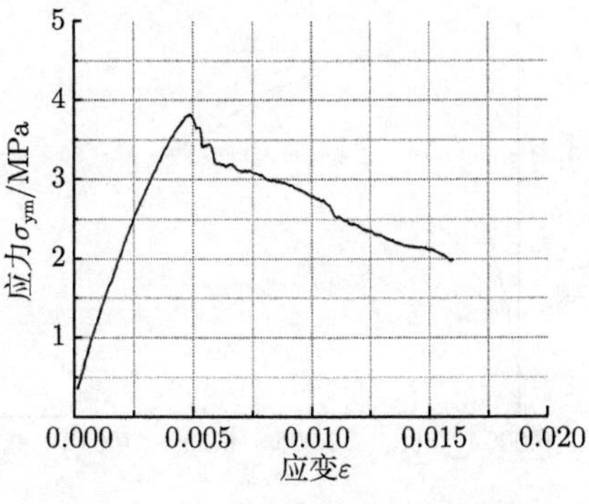

图 3-12 第 3 组平均应力–应变曲线

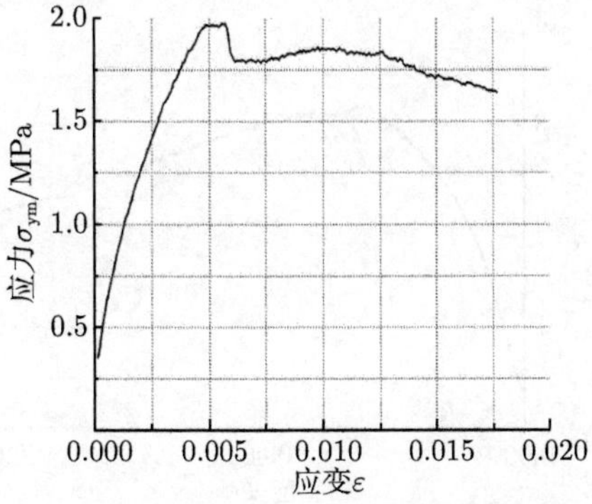

图 3-13 第 4 组平均应力–应变曲线

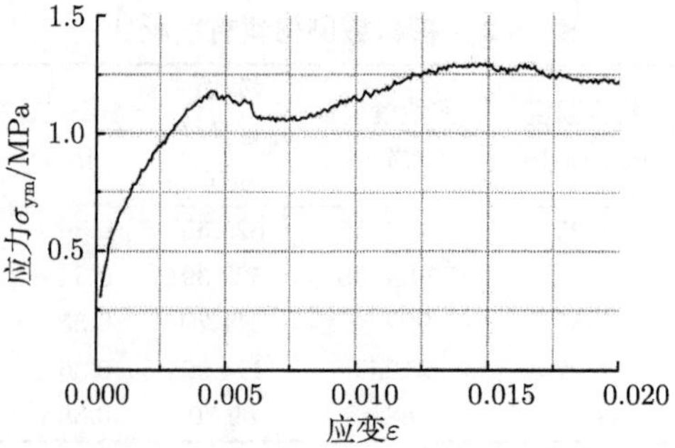

图 3-14　第 5 组平均应力–应变曲线

由表 3-2 所得配比结果可知，根据天然煤样计算所得模拟截割材料的抗压强度应在配比第 3 组与第 4 组之间，为此，为得到与计算所得模拟截割材料抗压强度相近的模拟材料，需重新进行人工煤样的配比，配比过程与前 5 组一样，每组三个，并在 MTS815.02 型电液伺服试验机上测得了每组模拟材料的相关参数，并求取每组的平均值，其结果如表 3-3 所示，其应力–应变曲线如图 3-15~图 3-18 所示。

表 3-3　模拟截割材料第二次配比

配比号	配比比例 (煤粉 : 水泥 : 水)	抗压强度 σ_{ym}/MPa	弹性模量 E /MPa	剪切模量 G /MPa	泊松比 μ	高径比 ξ	密度 ρ_n/(kg/m^3)
6	3.2 : 1 : 0.8	3.19	631.98	234.07	0.35	2.010	1476.46
7	3.4 : 1 : 0.8	2.84	570.07	211.14	0.35	1.968	1461.34
8	3.6 : 1 : 0.9	2.48	569.98	209.55	0.36	1.983	1439.46
9	3.8 : 1 : 0.9	2.18	399.16	146.75	0.36	1.992	1425.29

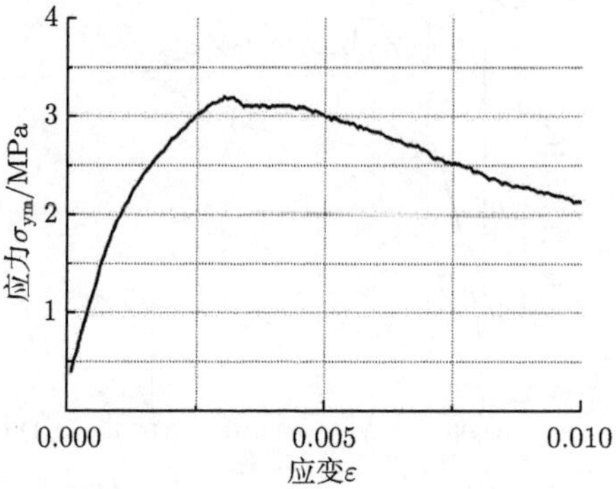

图 3-15　第 6 组平均应力–应变曲线

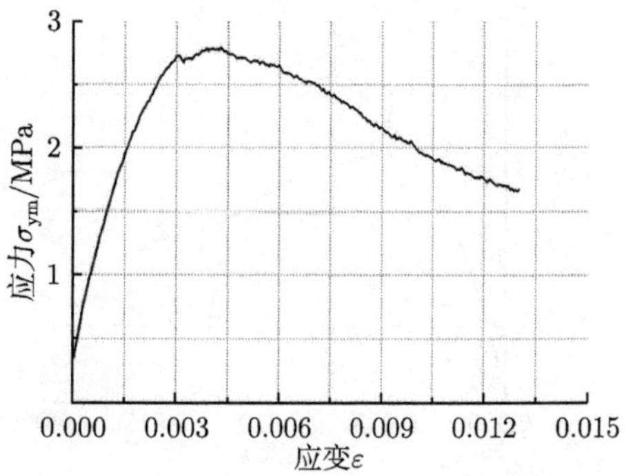

图 3-16　第 7 组平均应力–应变曲线

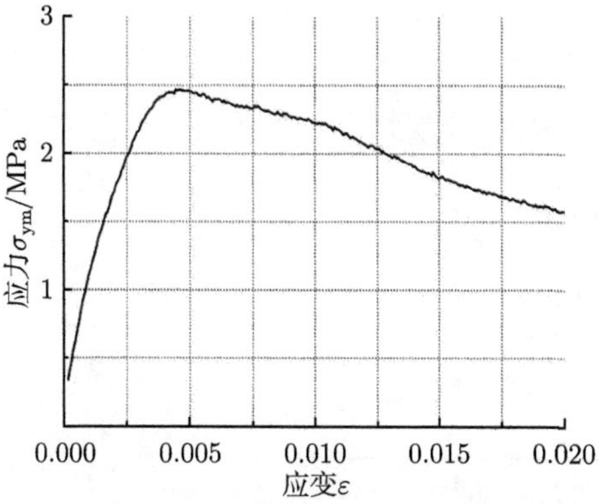

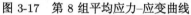

图 3-17 第 8 组平均应力–应变曲线

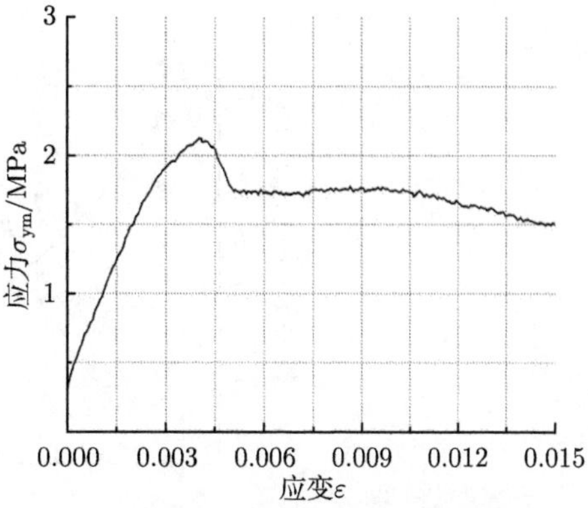

图 3-18 第 9 组平均应力–应变曲线

根据表 3-3 所得配比结果，本章拟用第 7 组、第 8 组作为模拟材料的配比，但是第二次配比所得数值均是在假定模拟材料的密度与天然煤样的密度一样的情况下得到的，而实际中存在差值。为使得模拟材料与天然煤样的密度相似，必须对其密度进行相似系数的计算，进而根据计算所得密度相似系数求取抗压强度的相似系数，根据相似系数的确定规则可知：

$$\begin{cases} C_{7\rho_{\rm m}} = \dfrac{1461.34}{1356.67} \approx 1.08 \\ C_{7\sigma_{\rm ym}} = \dfrac{C_{7\rho_{\rm m}} C_{\rm g}}{K} = \dfrac{1.07}{3} \approx 0.36 \\ C_{8\rho_{\rm m}} = \dfrac{\rho_{\rm m}}{\rho_{\rm p}} = \dfrac{1439.46}{1356.67} \approx 1.06 \\ C_{8\sigma_{\rm ym}} = \dfrac{C_{8\rho_{\rm m}} C_{\rm g}}{K} = \dfrac{1.06}{3} \approx 0.35 \end{cases} \tag{3-2}$$

式中，$C_{7\rho_{\rm m}}$ 为第 7 组密度相似系数；$C_{7\sigma_{\rm ym}}$ 为第 7 组抗压强度相似系数；$C_{8\rho_{\rm m}}$ 为第 8 组密度相似系数；$C_{8\sigma_{\rm ym}}$ 为第 8 组抗压强度相似系数。

根据式 (3-1)、式 (3-2) 可得第 7 组、第 8 组模拟截割材料可模拟的天然煤的抗压强度为

$$\begin{cases} \sigma_{y7} = 2.84 \times 2.50/0.36 \approx 19.72 \\ \sigma_{y8} = 2.48 \times 2.50/0.35 \approx 17.71 \end{cases} \tag{3-3}$$

由式 (3-3) 可知，第 8 组配比结果与所测原煤抗压强度较接近，为此，选择第 8 组作为模拟所选天然煤样的配比方案。

以上所述为配制一种模拟材料的整个过程，但试验时如想模拟不同强度的天然煤必须重复以上工作，这将花费大量的时间和资金。为此，根据以上配比结果本章对不同配比与模拟材料抗压强度的试验值进行了曲线拟合，如图 3-19 所示。

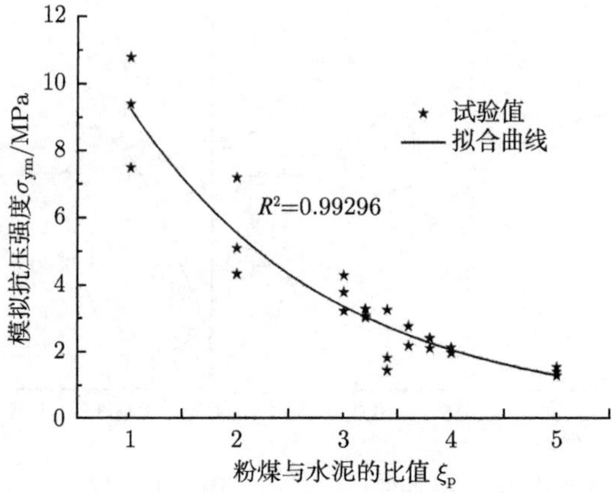

图 3-19　配比与抗压强度关系图

同时，得到了粉煤、水泥不同配比与抗压强度的关系表达式，如式 (3-4) 所示。根据此表达式可方便地计算出不同配比模拟材料所对应的抗压强度值，进而根据式 (3-1) 可得到模拟天然煤抗压强度的近似值：

$$\sigma_{ym} = 15.067\exp(-\xi_p/1.89) + 0.303 \tag{3-4}$$

式中，ξ_p 为粉煤与水泥的配置值。

以式 (3-4) 为依据，根据所要模拟天然煤的抗压强度分别进行了模拟抗压强度为 2.48MPa、1.97MPa、1.43MPa、0.73MPa 和含不同形式煤岩界面模拟煤壁的配制，试验所用人工煤壁的尺寸为 1600mm×500mm×900mm(长 × 宽 × 高)，采用整块配制。其方法为：将粉煤、水泥、水的混合物浇注到特制的框架内，并进行捣实，等试块干燥后将框架固定到试验台平移导轨的煤壁架上并用螺栓固定。

3.1.4　试验滚筒的研制

为研究滚筒不同结构参数对滚筒截割性能的影响，本书研制了 17 种试验滚筒，如图 3-20 所示，结构参数如表 3-4 所示。其中，滚筒 (a)~(j)主要用于截割试验，截深 315mm固定不变，改变螺旋升角、截齿布置方式、截线距、截齿冲击角。为使在截割试验时，滚筒运行平稳、振动较小，滚筒螺旋叶片、端盘截齿、叶片截齿周向均匀布置。叶片截齿布置在 8 条截线上，并且对于顺序式截齿排列，两个叶片上的截齿周向对称；端盘截齿分为三组，每组 4 个 (A、B、C、D)，布置在 4 条截线上；叶片截齿的倾斜角为 0°，端盘截齿的倾斜角因截线不同而不同。同时，根据截齿结构参数的不同研制了 10 种试验用截齿，如图 3-21 所示，前 8 种结构参数如表 3-5 所示。其余 7 种滚筒 (k)~(q) 主要用于装煤试验，试验中，所用滚筒所使用的截齿的结构参数和截齿安装角相同。

(a) (b) (c) (d) (e) (f) (g) (h) (i) (j) (k) (l) (m) (n) (o) (p) (q)

图 3-20 试验滚筒

表 3-4 试验滚筒结构参数

序号	螺旋升角/(°)	截线距/mm	截齿冲击角/(°)	滚筒宽度/mm	筒毂直径/mm	滚筒直径/mm	叶片直径/mm	旋向	滚筒形式
(a)	15	30	45	650	240	530	420	右	顺序式
(b)	20	20	45	650	240	530	420	右	顺序式
(c)	20	30	45	650	240	530	420	右	顺序式
(d)	20	40	45	650	240	530	420	右	顺序式
(e)	25	30	45	650	240	530	420	右	顺序式
(f)	25	30	50	650	240	530	420	右	顺序式
(g)	25	30	50	650	240	530	420	右	棋盘式
(h)	25	30	50	650	240	530	420	右	畸变 1 式
(i)	25	30	50	650	240	530	420	右	畸变 2 式
(j)	25	30	40	650	240	530	420	右	顺序式
(k)	21	40	40	650	240	530	420	左	顺序式
(l)	21	40	40	450	150	530	420	左	顺序式
(m)	21	40	40	450	180	530	420	左	顺序式
(n)	21	40	40	450	210	530	420	右	顺序式
(o)	18	30	40	330	200	530	420	右	顺序式
(p)	21	30	40	330	200	530	420	右	顺序式
(q)	24	30	40	330	200	530	420	右	顺序式

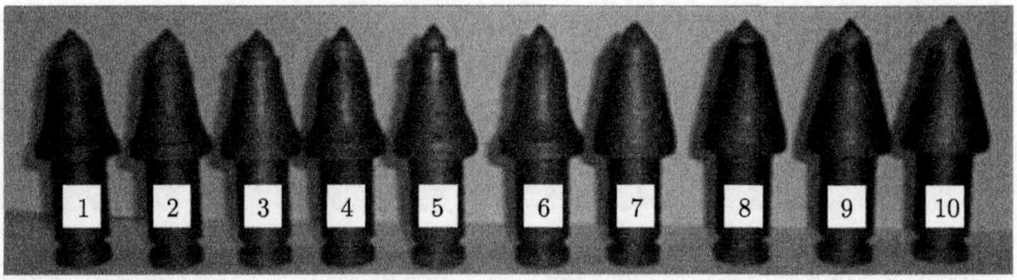

图 3-21　试验截齿

表 3-5　不同合金头直径截齿的结构参数

截齿号	齿身长度 L/mm	合金头直径 d_{jh}/mm	齿身锥角 α_{zj}/(°)	齿尖夹角 α_{jj}/(°)	齿柄直径 D_{jb}/mm
1	84	12	20	75	20
2	84	10	20	75	20
3	84	8	20	75	20
4	84	12	20	80	20
5	84	12	20	90	20
6	84	8	20	75	20
7	84	8	25	75	20
8	84	8	30	75	20

在加工滚筒时，用截齿齿尖的轴向高度和周向角度来定位滚筒上截齿齿尖的位置，以满足滚筒直径的要求。并以滚筒采空侧的端面为基准面定义每条截线的轴向位置，以叶片底端的边线为零度线，与螺旋叶片的旋向一致为正，表 3-6 列出了螺旋升角 25°，截线距 30mm，截齿冲击角 50°，顺序式截齿排列滚筒的截齿定位参数。根据相似系数的比例关系，该滚筒可模拟直径为 1600mm、截深为 1000mm 的实际滚筒。

表 3-6　滚筒截齿齿尖的定位表

		高度/mm	直径/mm	圆周角/(°)	冲击角/(°)	倾斜角/(°)
端盘	A 截线	355	505	257	40	45
	B 截线	340	510	235	40	30
	C 截线	325	518	213	40	23
	D 截线	310	525	191	40	12
叶片	截线 8	295	530	176	40	0
	截线 7	260	530	154	40	0
	截线 6	225	530	132	40	0
	截线 5	190	530	110	40	0
	截线 4	155	530	88	40	0
	截线 3	117	530	66	40	0
	截线 2	79	530	44	40	0
	截线 1	40	530	22	40	0

3.1.5 煤岩截割试验台

在上述试验台的传动系统、试验滚筒、试验截齿研制的基础上，建立了煤岩截割试验台，如图 3-22 所示。

图 3-22 煤岩截割试验台

滚筒截割功率为 15kW，滚筒转速范围为 0~200r/min，滚筒直径为 530mm，滚筒截深为 315mm；煤壁平移速度为 0~10m/min，平移范围为 0~2.5m；滚筒推进液压缸的速度为 0~2m/min；煤壁规格为 1400mm×500mm× 900mm；扭矩测量范围为 0~2000N·m，测力传感器范围为 0~5000N。根据表 3-7 中相似系数的关系可知，本章所选相似比可模拟的滚筒最大直径为 1600mm，最大截深为 1000mm，最大截割功率约为 700kW，最高滚筒转速为 115r/min，最大牵引速度为 17.32m/min。

3.2 煤层特性对滚筒截割性能的影响

煤是采煤机滚筒的截割对象，其物理机械性质对采煤机滚筒的载荷、比能耗、截割效率、稳定性和使用寿命均有直接影响，并对滚筒的种类及型号的选择、煤炭开采和破煤机理的研究具有十分重要的意义，因此，对滚筒截割性能的研究应对不同性质的煤岩进行研究，以期得到有益的结论来指导采煤机的设计。

采煤机在截煤过程中，煤岩界面的主要结构形式如图 3-23 所示。图 3-23(a) 为采煤机截割薄、极薄煤层，采煤机滚筒截割顶、底板时的煤岩界面情况；图 3-23(b) 为采煤机截割含夹矸煤层时的煤岩界面情况；图 3-23(c) 为采煤机截割含小断层煤层时的煤岩界面情况。此三种情况的共同点为，采煤机在工作时，其工作机构不仅仅截割煤层，还截割岩石，其截割部通过界面时的动态响应特性也将发生较大的变化，影响其截割性能和工作可靠性。

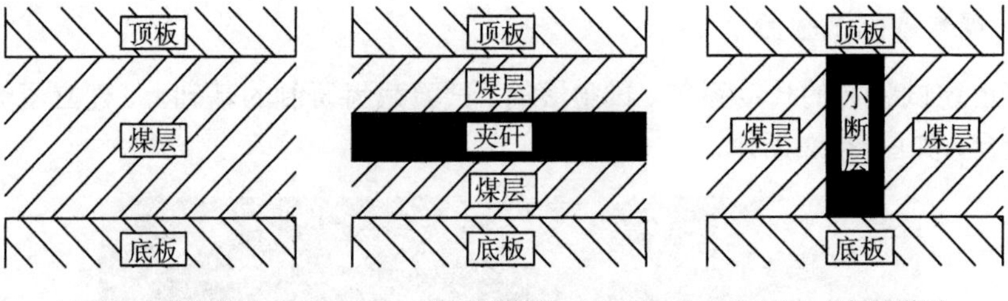

图 3-23 煤岩界面的不同结构形式

国内外学者对煤岩截割行为的研究，仅仅是针对纯粹的煤或岩石进行的，而关于煤岩界面形式对采煤机截割行为的影响却鲜见报道。为此，本章不仅对纯煤截割进行研究，而且通过试验的方法对煤岩界面形式进行研究，以便设计的滚筒适应性更强。

3.2.1 纯煤截割

煤的特性直接影响着采煤机滚筒的截割性能，不同性质的煤导致滚筒截割时的载荷大小、波动特性、截割比能耗以及块煤率均不同。为减小由于截齿、滚筒的不同对试验结果的影响，本试验均采用螺旋升角 25°、截线距 30mm、截齿冲击角 50°、顺序式截齿排列的滚筒，并采用图 3-21 中 3 号截齿对不同抗压强度的模拟煤壁进行截割，试验煤壁的抗压强度分别为 2.48MPa、1.97MPa 和 1.43MPa，滚筒转速为 125r/min。由于牵引系统为恒功率系统，在截割煤壁时随截割阻力的变化而变化，为此，在试验时设定牵引速度初始值为 1.0m/min。在不同煤岩强度下进行试验所得的一组截割扭矩时域曲线如图 3-24 所示，并根据截割扭矩的均值、截割比能耗和截割块煤率来衡量不同性质的煤对滚筒截割性能的影响。

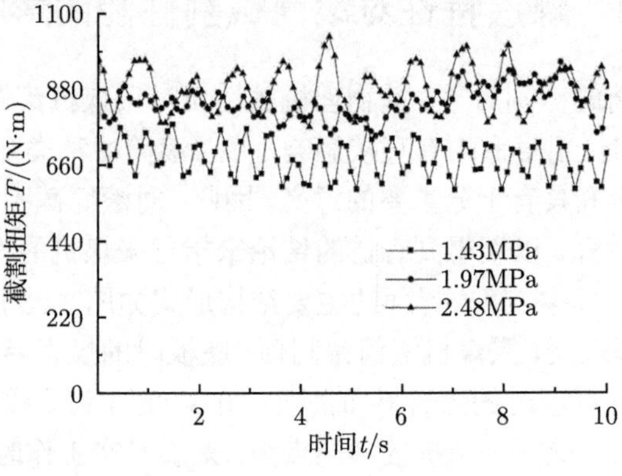

图 3-24 不同煤岩的截割扭矩时域曲线

为比较滚筒截割不同抗压强度煤壁时截割扭矩的大小及其载荷的波动性，对试验值的数据进行统计。截割扭矩的均值大小是判断滚筒负载程度的一个重要特征量，最大值、最小值反映了滚筒截割过程中的负载极限；最大平均值是对超过最大值 95%数据的平均值，反映了截割时滚筒的受冲击情况；标准差是衡量截割过程中负载波动特性的度量，其值越大表明载荷波动越严重，对采煤机稳定性越不利。各组试验均值的统计量结果如表 3-7 所示。

表 3-7 不同抗压强度煤的截割扭矩统计量

煤岩强度/MPa	扭矩均值/(N · m)	最大值/(N · m)	最小值/(N · m)	最大平均值/(N · m)	标准差	实际牵引速度/(m/min)
1.43	684.3757	785.932	593.682	763.3818	52.2969	0.7428
1.97	846.0630	963.90	752.047	934.4670	45.3140	0.6444
2.48	1014.8080	1161.76	900.309	1127.3440	62.7546	0.5742

根据表中数据可得截割扭矩各统计量与煤岩抗压强度间的变化关系，如图 3-25 所示，并给出了扭矩均值与煤岩抗压强度的拟合公式，其中 T_m 为滚筒截割扭矩均值，N·m；σ_{ym} 为模拟煤岩的抗压强度，MPa。从图中及扭矩均值拟合值的相关系数 R 可以看出，在试验研究范围内截割扭矩与煤岩抗压强度存在线性关系；并且，截割扭矩的其余统计值与煤岩抗压强度基本呈线性关系。但根据表 3-7 中标准差的值可以看出，标准差并不随着截割煤层抗压强度增大而增大，说明截割载荷的波动不随煤岩抗压强度的增大而增大。而随着煤层硬度的增大，实际牵引速度减小，说明随着煤层硬度增大，其截割阻力增大。

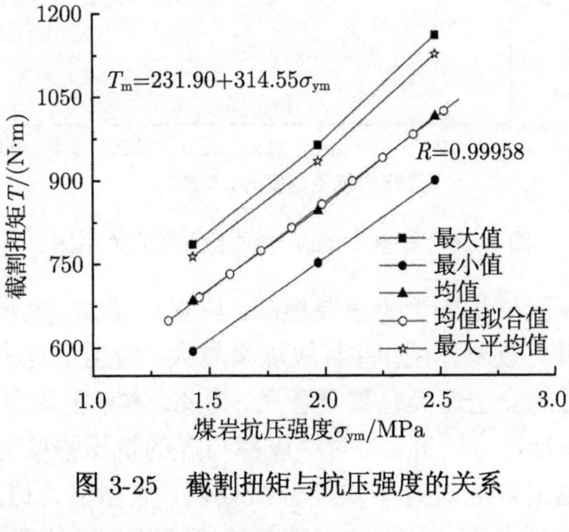

图 3-25 截割扭矩与抗压强度的关系

为对截割比能耗与煤的抗压强度的关系进行研究，以截割单位体积所消耗的能量作为截割比能耗的衡量标准，根据功与扭矩、转速和时间的关系以及体积与质量和密度的关系可得截割比能耗的表达式，如式 (3-5) 所示。进而根据表 3-7 中每组试验截割扭矩的均值以及其他相关参数可以得到截割不同抗压强度煤时的截割比能耗，如表 3-8 所示。

$$H_{\mathrm{w}}=\frac{\rho_{\mathrm{m}}t_{\mathrm{j}}n\overline{T_{\mathrm{M}}}}{9550\times3600M_{\mathrm{m}}} \tag{3-5}$$

式中，H_{w} 为截割比能耗，kW·h/m^3；t_{j} 为截割时间，s；ρ_{m} 为模拟煤壁密度，kg/m^3；M_{m} 为截落模拟煤壁的质量，kg。

表 3-8　不同抗压强度煤的截割比能耗

煤岩强度 /MPa	扭矩均值 /(N · m)	转速 /(r/min)	时间 /s	密度 /(kg/m^3)	质量 /kg	截割比能耗 /(kW · h/m^3)
1.43	684.3757	125	10.093	1394.13	57.1549	0.6126
1.97	846.0630	125	10.026	1418.12	50.1742	0.8717
2.48	1014.8080	125	9.953	1439.46	48.4165	1.0918

由表 3-8 中的试验值，可以得到截割比能耗与煤岩抗压强度的关系曲线，如图 3-26 所示。从图中可以看出，截割比能耗与煤岩抗压强度呈线性关系。

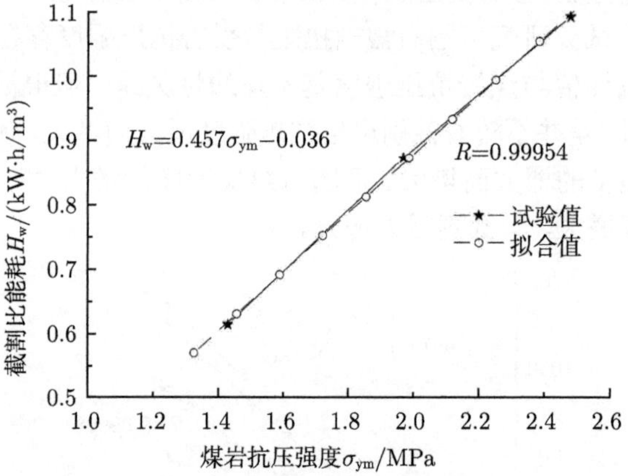

图 3-26　截割比能耗与抗压强度的关系图

块煤率是衡量煤炭质量的一个重要标准，块煤率越大，煤炭的价格越高，对提高企业的经济效益具有重要作用；并且块煤率越大，粉尘量越小，对改善工人的工作环境和提高采煤时的安全性具有重要意义。为此，本章把块煤率作为衡量滚筒截割性能的一个重要指标进行研究。为对块煤率与煤的抗压强度的关系进行研究，对每组试验过程中截落的煤岩进行了块度分级处理，数据值为透过筛孔直径 d_{ms} 的碎煤在总截落煤中的质量百分比，称为截割块度累积率，处理结果如表 3-9 所示，截割煤壁如图 3-27 所示，截割粒度分级如图 3-28 所示。

表 3-9　不同抗压强度煤的截割块度累积率

煤岩强度/MPa	0~10mm	0~15mm	0~20mm	0~25mm	0~30mm
1.43	87.06	92.13	95.80	97.53	98.58
1.97	79.15	86.47	94.01	96.67	98.00
2.48	64.29	78.80	88.46	93.25	96.37

图 3-27　截割煤壁

图 3-28　截割粒度分级

以未透过筛孔直径 d_{ms} 的碎煤在总截落煤中的质量百分比为块煤率，以 $d_{\mathrm{ms}} \geqslant$ 15mm 为块煤标准，根据表 3-7 中不同粒度范围的块煤百分比可以得到截割块煤率与煤岩抗压强度的关系曲线，如图 3-29 所示。

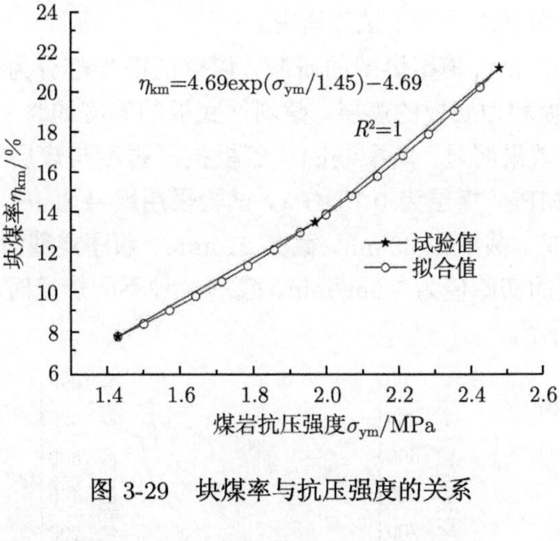

图 3-29　块煤率与抗压强度的关系

图中 η_{km} 为截割块煤率，%。从图中可以看出块煤率与抗压强度呈指数关系，并随着抗压强度的增大而增大。

以上通过煤的抗压强度对滚筒截割性能影响的试验结果可以看出，滚筒的截割扭矩、截割比能耗均随抗压强度的增加而呈线性增大，而块煤率随着抗压强度的增加呈指数形式增大。从理论上分析，煤岩强度越大，其崩裂特性越好，块煤率就越大；但是，强度越大，截割阻力越大，单位时间内的能耗也将越大，即截割比能耗越大。

3.2.2　顶底板

采煤机滚筒截割薄、极薄煤层时，受采煤机结构和煤层赋存条件的限制，常常会截割到顶底板，此种情况主要有 3 种形式：截割底板、截割顶板、截割顶底板，如图 3-30 所示。

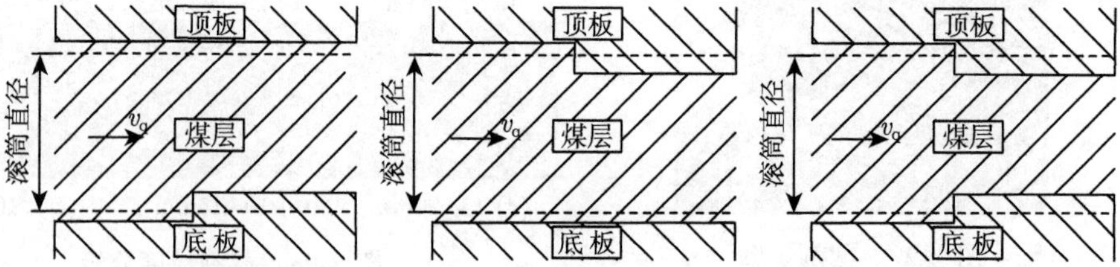

(a) 截割底板　　(b) 截割顶板　　(c) 截割顶底板

图 3-30　截割顶底板形式

截割底板和截割顶板两种情况在中厚煤层也较常见，特别是后滚筒，为了给刮板机、液压支架的推进提供位置，经常截割底板，导致冲击载荷增大。为此，本章对 3 种不同煤岩界面形式进行了试验研究。

试验前，进行了 3 种模拟煤壁的研制，煤壁的前半部分为均质煤层，后半部分为含有底板、顶板和顶底板的煤层，截割顶底板的厚度均为 60mm。并且，为使截割煤岩界面时的效果明显，所配制的顶底板抗压强度与煤层的抗压强度相差较大，顶底板为 1.97MPa，煤层为 0.73MPa。试验采用编号为 (c) 的滚筒，螺旋升角 20°、截齿冲击角 45°、截线距 30mm、截深 210mm、顺序式截齿排列，滚筒转速为 80r/min，牵引速度的初始值为 1.5m/min。截割 3 种不同煤壁时的滚筒截割扭矩时域曲线如图 3-31 所示。

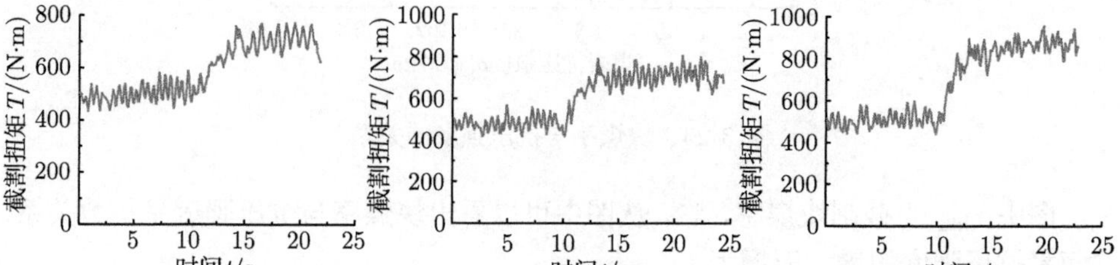

(a) 截割底板　　(b) 截割顶板　　(c) 截割顶底板

图 3-31　截割顶底板的截割扭矩时域曲线

为研究截割底板、顶板和顶底板时对滚筒截割性能的影响，需对 3 种不同情况下的截割扭矩进行分析，分析结果如表 3-10 所示，表中扭矩增量是指截割底板、顶板和顶底板时的截割扭矩与截割均质煤层时的截割扭矩比较所增加的值。

表 3-10 截割顶底板扭矩统计值 (单位：N·m)

试验类别		扭矩均值	标准差	最大值	最小值	扭矩差值
截割底板	煤层	501.4237	31.6483	588.1167	434.6792	186.0147
	底板	687.4383	45.0575	770.3531	602.9219	
截割顶板	煤层	479.5588	31.1094	564.5920	417.292	229.3071
	顶板	708.8659	47.7195	832.5970	618.4756	
截割顶底板	煤层	507.8572	31.9403	598.0848	442.0466	349.1445
	顶底板	857.0017	47.4221	981.2599	723.1139	

从表 3-10 可以看出，截割顶板时的滚筒截割扭矩均值和标准差均大于截割底板时的值。当考虑牵引速度的影响时，由于右旋叶片滚筒截割时滚筒顶部截齿的线速度比底部大，即瞬时切削厚度大，因此，截割顶板的截割扭矩、标准差比截割底板时大；反之，从理论上分析，对于左旋滚筒截割底板的截割扭矩和标准差应比截割顶板时大。同时，由表 3-10 可知，截割顶底板时的截割扭矩大于截割底板和顶板时的值，但是其标准差并不比截割顶板时大，即截割顶底板时载荷波动比截割顶板时小，这是由于截割顶底板时，滚筒的顶部和底部承受载荷相差不大，形成平衡，使得载荷波动减小，因此，截割顶底板时标准差比截割顶板时小。从扭矩差值可以看出，截割底板、顶板和顶底板时扭矩的增量并不是成比例增大，即截割顶底板时截割扭矩的增量并不是截割底板或顶板的两倍。并且，从图 3-31 可以看出，截割底板时截割扭矩的上升速度比截割顶板和截割顶底板时慢，说明从截割均质煤层过渡到截割底板时对滚筒的冲击较小，而其他两种形式对滚筒的冲击较大。在设计用于以上三种煤岩界面中的滚筒时，应当考虑突变载荷对滚筒的冲击。

3.2.3 夹矸煤层

夹矸煤层是指在煤层的中部含有一定厚度的矸石。在截煤过程中为了提高截煤效率，矸石和煤经常被一起截割，致使滚筒磨损严重；并且夹矸厚度的不同对滚筒的冲击和磨损也存在差别，为寻求滚筒截割性能与夹矸煤层厚度间的关系，研制了 3 种模拟煤壁进行研究，其结构形式如图 3-32 所示。

根据配制的模拟煤壁，进行了截割滚筒由煤层过渡到夹矸煤层的试验。试验条件为：试验采用编号为 (c) 的滚筒，螺旋升角 20°、截齿冲击角 45°、截线距 30mm、截深 210mm、顺序式截齿排列，滚筒转速为 80r/min，牵引速度的初始值为 1.5m/min，煤层抗压强度为 0.73MPa，夹矸层抗压强度为 1.97MPa；并且夹矸层的厚度分别为 60mm、120mm 和 180mm。截割不同夹矸时滚筒截割扭矩时域曲线的变化如图 3-33 所示。

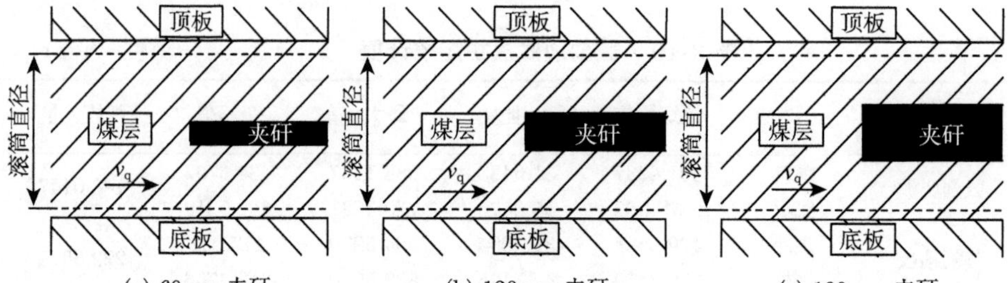

(a) 60mm 夹矸　　(b) 120mm 夹矸　　(c) 180mm 夹矸

图 3-32　夹矸煤层形式

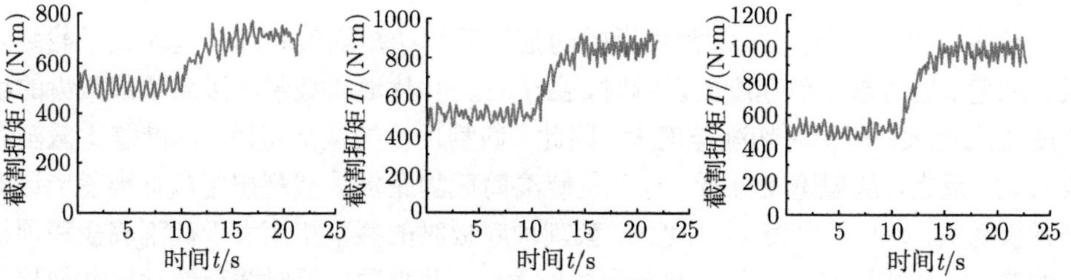

(a) 60mm 夹矸　　(b) 120mm 夹矸　　(c) 180mm 夹矸

图 3-33　夹矸煤层的截割扭矩时域曲线

从图 3-33 中可以看出，随着夹矸厚度的增大，滚筒截割扭矩的增量逐渐增大，并且由均质煤层过渡到夹矸的时间也在增大；同时可以看出，截割夹矸煤层时的载荷波动也在增大。为研究夹矸厚度与滚筒截割扭矩增量间关系，需对截割载荷试验值进行统计分析，进而根据分析值得到在同一煤层中夹矸厚度与截割扭矩的关系，统计分析结果如表 3-11 所示。从表中可以看出，对于同一抗压强度的煤层其截割扭矩和标准差也存在差异，这是由于 3 种模拟煤壁的制作不是一次完成，而是分 3 次完成，导致了模拟煤壁的一致性存在一定差异。因此，对于截割扭矩与夹矸厚度的关系，本书利用扭矩增量与夹矸厚度的关系代替，如图 3-34 所示，图中 T_{zl} 为扭矩增量，N·m；h_{jg} 为夹矸厚度，mm。从图中可以看出，在本书研究范围内扭矩增量与夹矸厚度基本呈现线性关系，并随着夹矸厚度的增大而增大，但随夹矸厚度的增加扭矩增量有逐渐减小趋势。因此，在设计适用于夹矸煤层采煤机滚筒时，应提高滚筒截齿的耐磨性和强度。

同时，从表 3-10 和表 3-11 可以看出，截割夹矸和顶底板厚度相同时，其截割扭矩增量基本相同，说明截割扭矩增量与顶底板厚度的关系和截割夹矸煤层时基本相同，即截割扭矩增量与截割顶板、底板或顶底板的厚度呈线性关系。

表 3-11 截割夹矸扭矩统计值 (单位：N·m)

试验类别		扭矩均值	标准差	最大值	最小值	扭矩增量
夹矸 60mm	煤层	506.4010	31.9364	570.9333	449.7333	198.1920
	夹矸层	704.5930	36.1512	795.9070	610.3080	
夹矸 120mm	煤层	503.2121	32.1621	578.8448	424.8764	344.5813
	夹矸层	847.7934	47.1081	940.6115	718.9364	
夹矸 180mm	煤层	505.6634	32.0131	583.1460	420.5025	469.8600
	夹矸层	975.5234	53.3824	1081.0250	806.4900	

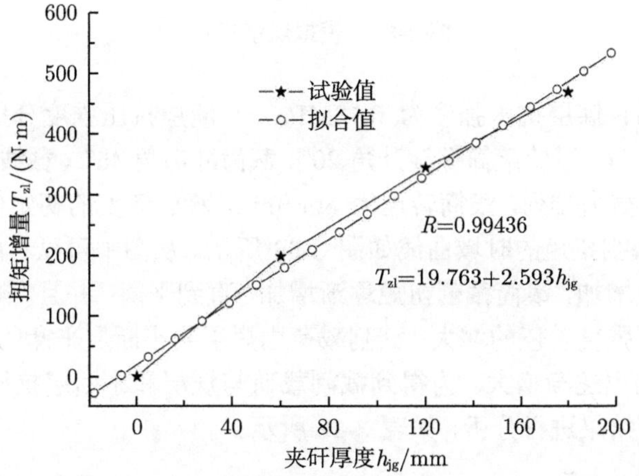

图 3-34 扭矩增量与夹矸厚度的关系

3.2.4 小断层煤层

断层是指由于地壳的变动, 地层发生断裂并沿断裂面发生垂直、水平或倾斜方向的相对位移的现象，它大小不一、规模不等，小的不足 1m，大到数百、上千米。本书研究的小断层主要是指落差不足 1m 的小断层，在采煤工作面上，最经常遇到的是落差为 1m 左右的断层，约占总断层数的 82%。以往主要靠打眼放炮的方法解决此类断层，不仅费时费工，而且安全性得不到保障。为此，煤矿企业为提高截煤效率和安全性，要求采煤机械设计单位和生产单位所研制的采煤机在保证机器运行稳定性和可靠性的前提下可以通过小断层。而采煤机滚筒直接作用于小断层，其性能的优劣直接影响着整个采煤机的稳定性和可靠性。目前，为通过小断层，采煤机设计单位和生产单位主要通过加大功率来实现，并未研究通过小断层时对滚筒的影响以及滚筒载荷的变化规律，造成电耗增大，且滚筒的运行稳定性和可靠性也不高。因此，为探明滚筒截割小断层时载荷的变化规律，本章对其进行了试验研究。配制的模拟煤壁形式如图 3-35 所示。

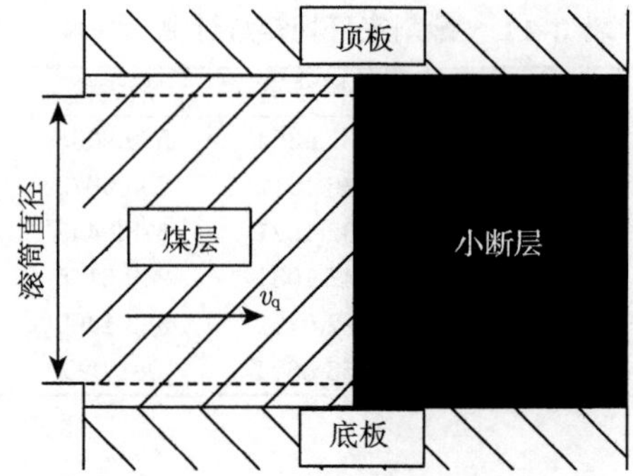

图 3-35 模拟煤壁形式

试验条件为：煤层抗压强度为 0.73MPa，小断层抗压强度分别为 1.43MPa、1.97MPa、2.48MPa，试验滚筒螺旋升角 20°、截齿冲击角 45°、截线距 30mm、截深 210mm、顺序式截齿排列，滚筒转速为 80r/min，牵引速度的初始值为 1.5m/min。试验所得 3 种截割扭矩的时域曲线如图 3-36 所示。从图中可以看出，随着滚筒截入小断层宽度的增加，滚筒截割扭矩逐渐增加，直到平衡；并且，随着小断层抗压强度与煤层抗压强度差值的增大，截割载荷由煤层到小断层平衡的时间逐渐增大，截割载荷的波动也逐渐增大。为得到截割载荷与煤层和小断层抗压强度差值的关系，对 3 组试验结果进行分析，如表 3-12 所示。

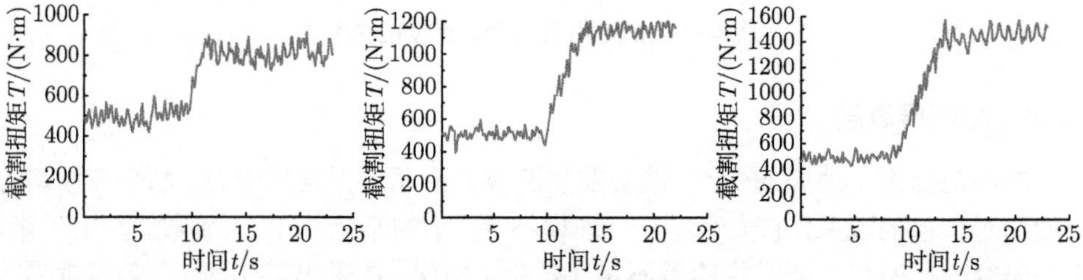

(a) 1.43MPa 断层 (b) 1.97MPa 断层 (c) 2.48MPa 断层

图 3-36 小断层截割扭矩时域曲线

表 3-12 截割小断层扭矩统计值 (单位：N·m)

试验类别		扭矩均值	标准差	最大值	最小值	扭矩增量
小断层	煤层	497.1995	31.8463	598.0848	417.2920	310.7942
1.43MPa	断层	807.9937	42.2654	910.6316	723.7770	
小断层	煤层	504.4973	32.0939	591.8408	394.9316	616.9927
1.97MPa	断层	1121.4900	48.2485	1210.6990	991.5081	
小断层	煤层	483.9797	31.9097	564.5920	420.4000	957.9143
2.48MPa	断层	1441.8940	58.3245	1570.7750	1311.0650	

从表 3-12 中可以看出，随着小断层抗压强度与煤层抗压强度差值的增大，其扭矩差值逐渐增大，但其增量的差值基本相同。为得到截割小断层时扭矩增量与抗压强度差值之间的关系，根据表 3-12 中的试验值对其进行分析，结果如图 3-37 所示，图中 T_{dc} 为截割小断层时扭矩与截割煤层时扭矩的差值，为小断层抗压强度与煤层抗压强度的差值。从图中所显示的曲线增长趋势和试验值的拟合表达式可以看出，截割含小断层煤层时滚筒通过煤岩界面的截割扭矩增量与构成煤岩界面两种材料的抗压强度差值呈线性关系，并且随着抗压强度差值的增大，截割扭矩差值也增大。为此，在设计适用于含小断层煤层的滚筒时，不仅只加大采煤机的截割功率，应考虑载荷的突然增大对整个截割部的冲击；并且，在设计时应提高整个截割部的可靠性系数，除滚筒截齿强度和齿座的焊接强度提高外，特别是摇臂内部传动齿轮的强度，应根据煤层强度与小断层强度的差值和滚筒截割扭矩增量的关系，适当提高传动齿轮的强度或改变齿轮的材料来保证整台机器运行的可靠性和稳定性。

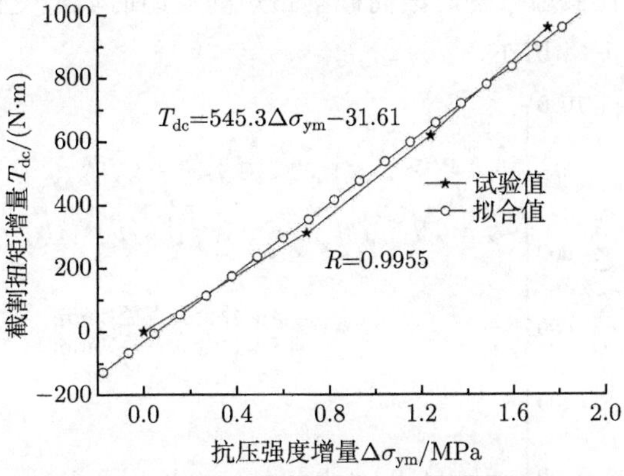

图 3-37　扭矩增量与抗压强度增量的关系

通过以上对截割不同煤岩界面形式煤层的试验可知，采煤机滚筒通过任意一种形式的界面，均将对采煤机截割部甚至对整台机器产生强烈的冲击，导致某些部件的损坏。为此，在设计采煤机截割部时，应当考虑以上试验所得截割载荷与煤岩界面形式之间的关系，以提高采煤机的适应性、可靠性和稳定性。

3.3　截齿结构参数对滚筒截割性能的影响

3.3.1　合金头直径

截齿齿尖处合金头的作用主要是破碎煤岩，合金头直径的大小直接影响着煤的破碎程度和截齿的使用寿命。为研究截齿合金头直径对整个滚筒截割性能的影响，本书研制了 3 种不同合金头直径的截齿，截齿号分别为 1、2、3。并安装在螺旋叶片升角 25° 、截线距 30mm、截齿冲击角 50° 、2 头顺序式截齿排列滚筒上进行截割试验。试验条件为：截割煤壁的抗压强度为 1.43MPa，滚筒转速为 125r/min，牵引速度初始值为 1.0m/min，试验用截齿、滚筒如图 3-38 所示。

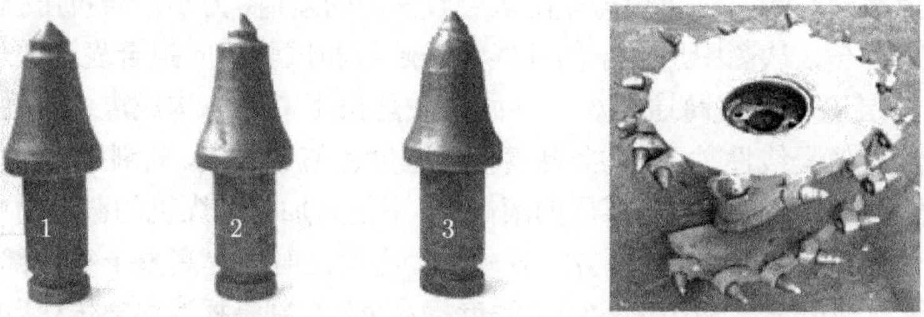

图 3-38　不同合金头直径截齿及滚筒

不同合金头直径截齿截割时滚筒截割扭矩的一组时域值变化曲线如图 3-39 所示，其统计值如表 3-13 所示。

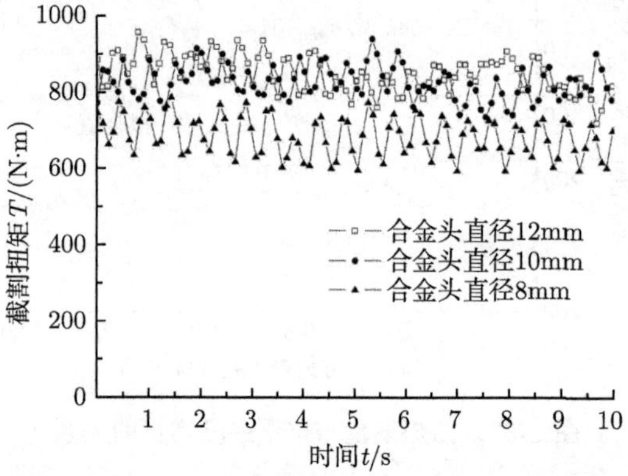

图 3-39　不同合金头直径截齿的截割扭矩时域值变化曲线

表 3-13　不同合金头直径截齿截割扭矩的统计量

合金头直径 /mm	扭矩均值 /(N · m)	最大值 /(N · m)	最小值 /(N · m)	最大平均值 /(N · m)	标准差	实际牵引速度 /(m/min)
12	849.9017	956.811	735.897	909.8717	43.09848	0.7056
10	826.6725	940.068	721.417	929.7628	47.24772	0.7398
8	684.3757	785.932	593.682	763.3818	52.29694	0.7428

根据试验值与表 3-13 中截割扭矩的各统计值，可以得到合金头直径与截割扭矩各统计量的关系曲线，如图 3-40 所示。

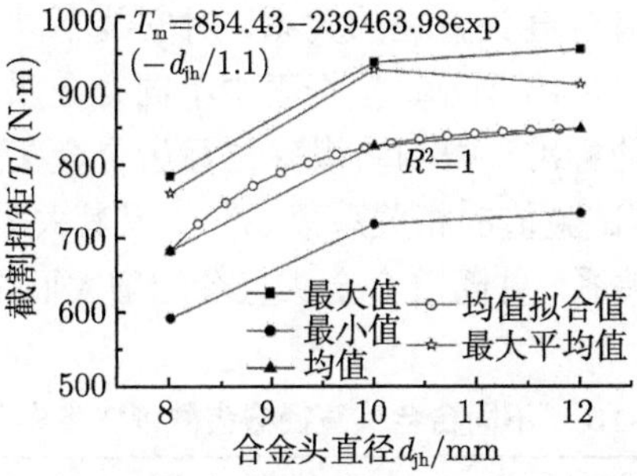

图 3-40 截割扭矩与合金头直径的关系

从图 3-40 可以看出，滚筒截割扭矩与截齿合金头直径呈指数关系；并且从表 3-13 中不同合金头直径截齿截割扭矩的标准差可以看出，随着合金头直径的减小，其标准差增大，说明截割扭矩的载荷波动特性随合金头直径的减小而增大。并且，随着合金头直径的增大，牵引速度减小，说明在其他条件不变的情况下，合金头增大使得滚筒截割阻力增大。

为研究截齿的合金头直径对滚筒截割比能耗的影响，根据表 3-14 中不同截齿截割扭矩的均值及截落煤岩的质量按照式 (3-1) 计算可得安装不同合金头直径截齿滚筒的截割比能耗，其结果如表 3-14 所示。

表 3-14 不同合金头直径截齿的截割比能耗

合金头直径 /mm	扭矩均值 /(N · m)	转速 /(r/min)	时间/s	密度 /(kg/m³)	质量 /kg	截割比能耗 /(kW · h/m³)
8	684.3757	125	10.093	1394.13	57.1549	0.6126
10	826.6725	125	10.062	1394.13	60.2431	0.6996
12	849.9017	125	10.063	1394.13	61.4752	0.7052

根据表 3-14 中数据可得截割比能耗与合金头直径的关系，如图 3-41 所示。从图中可以看出，截割比能耗与截齿合金头直径呈指数关系，并随着合金头直径的增大而增大，但增大趋势逐渐减小。

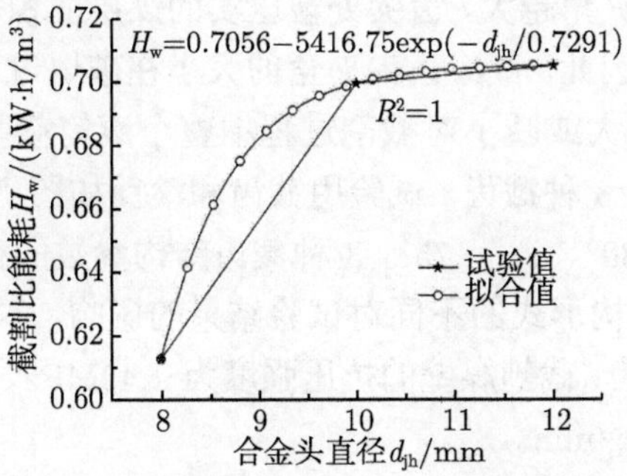

图 3-41 截割比能耗与合金头直径的关系

为研究块煤率与截齿合金头直径的关系，对安装不同合金头直径截齿所截落的煤进行粒度分级，如表 3-15 所示。根据表中不同合金头直径截齿滚筒截割块度的累积率和本书块煤率的标准，得到块煤率与截齿合金头直径的关系，如图 3-42 所示。从图中拟合曲线与试验值的相关系数 $R^2=1$ 及其关系式可以看出，块煤率与截齿合金头直径呈指数关系，并随着合金头直径的增大而增大。

表 3-15　不同合金头直径截齿截割块度累积率

合金头直径/mm	0~10mm	0~15mm	0~20mm	0~25mm	0~30mm
12	83.84	90.14	95.58	97.62	98.64
10	86.43	91.25	95.33	96.58	98.44
8	87.06	92.13	95.80	97.53	98.58

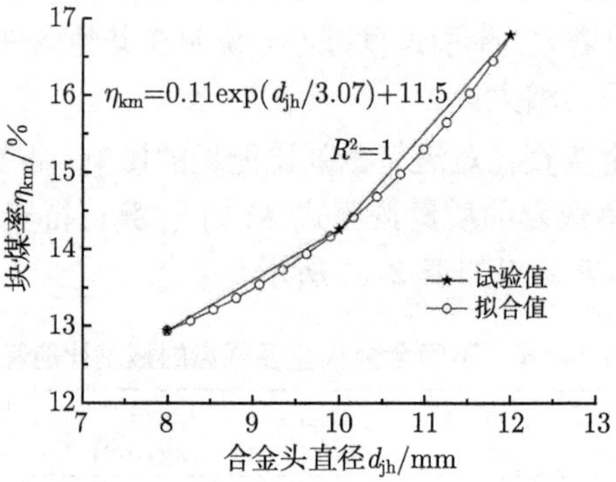

图 3-42　块煤率与截齿合金头直径的关系

3.3.2　齿尖夹角

齿尖夹角的作用主要是使截齿在破碎煤时利于截入，其大小直接影响着滚筒截煤过程粉尘量的大小。从理论上分析，齿尖夹角越大，其截割阻力越大，将使截割效率降低；并且齿尖夹角越大，齿尖处被压实的煤层面积也越大，在截割过程中造成的粉尘量也越大。因此，截齿齿尖夹角的大小在破煤过程中起着关键作用。为研究截齿齿尖夹角的增大或减小对截割过程中整个滚筒截割性能的影响，本书根据齿尖夹角不同研制了 3 种截齿，试验用截齿和滚筒如图 3-43 所示，齿尖夹角分别为 $\alpha_{jj}=90°$ 、$\alpha_{jj}=80°$、$\alpha_{jj}=75°$，3 种截齿结构参数的截齿号分别为 5、4、1。为减小由于试验滚筒结构形式的不同对试验结果的影响，本试验采用和图 3-20 中相同的滚筒。试验条件为：截割煤壁的抗压强度为 1.43MPa，滚筒转速为 125r/min，牵引速度初始值为 1.0m/min。

利用图 3-43 中的截齿分别安装在 2 头顺序式滚筒上，在煤岩截割试验台上进行试验，三种截齿截割所得滚筒截割扭矩的一组时域值变化曲线如图 3-44 所示。

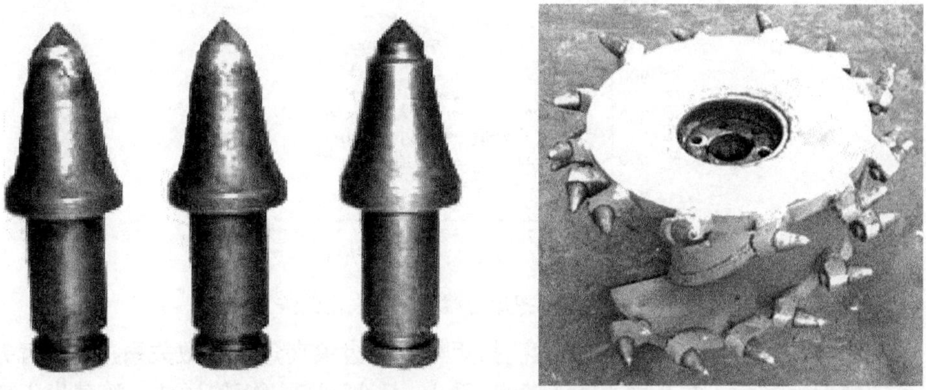

图 3-43 不同齿尖夹角截齿和试验滚筒

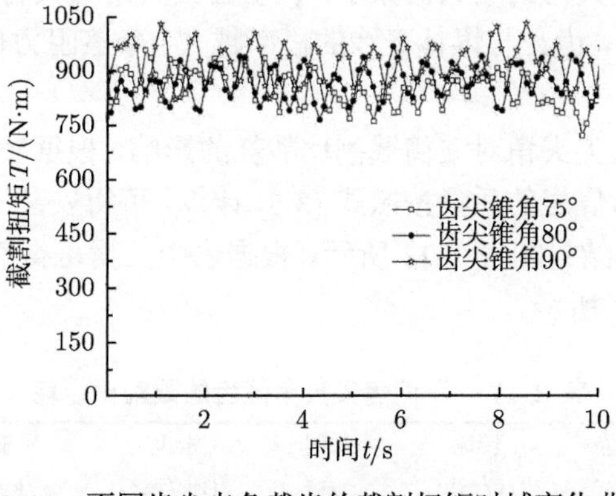

图 3-44 不同齿尖夹角截齿的截割扭矩时域变化曲线

为研究滚筒截割扭矩与截齿齿尖夹角的关系，对试验值进行统计分析，其统计结果如表 3-16 所示。根据表中各统计值得到截割扭矩与截齿齿尖夹角的拟合关系，如图 3-45 所示。

表 3-16 不同齿尖夹角截齿截割扭矩统计量

齿尖夹角/(°)	扭矩均值/(N · m)	最大值/(N · m)	最小值/(N · m)	最大平均值/(N · m)	标准差	实际牵引速度/(m/min)
75	849.9017	956.811	735.897	909.8717	43.09848	0.7056
80	865.1216	966.837	766.435	933.3522	47.32238	0.6974
90	921.5089	1032.408	822.471	1005.0331	52.45810	0.6533

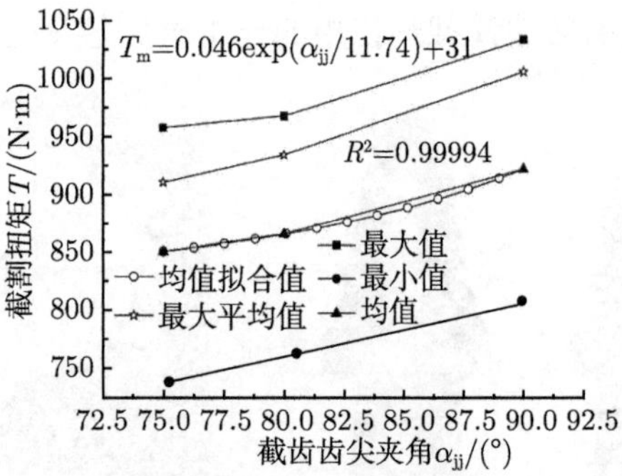

图 3-45　截割扭矩与截齿齿尖夹角的关系

从图 3-45 可以看出，滚筒的截割扭矩与截齿齿尖夹角呈指数关系，随着齿尖夹角的增大而增大；并且由表 3-16 可以看出，滚筒截割扭矩的标准差随着齿尖夹角的增大而增大，说明滚筒截割过程的载荷波动随着齿尖夹角的增大而增大；实际牵引速度也随着齿尖夹角的增大而减小，说明齿尖夹角增大将导致截割阻力增大。同时，齿尖夹角越大，齿身与煤体干涉的概率越大，摩擦阻力也将变大，从而导致截割扭矩较大。

为研究截齿的齿尖夹角对滚筒截割比能耗的影响，根据表 3-16 中不同截齿截割扭矩的均值及截落煤岩的质量按照式 (3-5) 计算，可得安装不同齿尖夹角截齿滚筒的截割比能耗，其结果如表 3-17 所示。根据表中数据可得截割比能耗与齿尖夹角的关系，如图 3-46 所示。

表 3-17　不同齿尖夹角截齿的截割比能耗

齿尖夹角 /(°)	扭矩均值 /(N · m)	转速 /(r/min)	时间 /s	密度 /(kg/m^3)	质量 /kg	截割比能耗 /(kW · h/m^3)
75	849.9017	125	10.063	1394.13	61.4752	0.7052
80	865.1216	125	10.156	1394.13	60.3871	0.7257
90	921.5089	125	10.047	1394.13	61.5129	0.7629

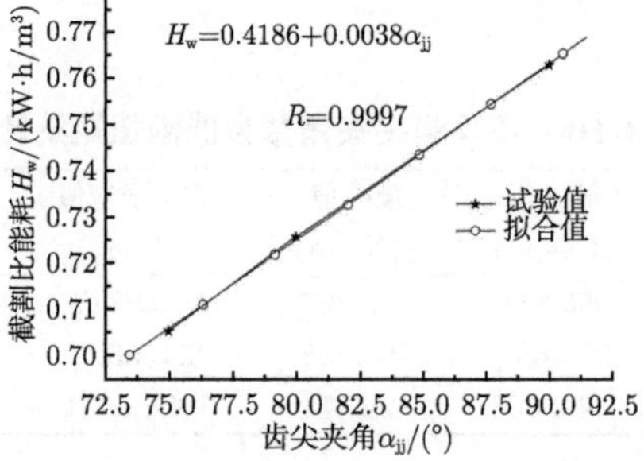

图 3-46　截割比能耗与齿尖夹角的关系

从图 3-46 可以看出，滚筒截割比能耗随着截齿齿尖夹角的变化对其影响并不大，在本书中所研究的齿尖夹角变化范围内两者呈线性关系，并且随着齿尖夹角的增大滚筒截割比能耗也增大。

为对滚筒的截割块煤率与截齿齿尖夹角的关系进行研究，对分别安装三种不同齿尖夹角截齿滚筒的截落煤岩进行粒度分级，其结果如表 3-18 所示。

表 3-18 不同齿尖夹角截齿截割块度累积率

齿尖夹角/(°)	0~10mm	0~15mm	0~20mm	0~25mm	0~30mm
75	83.84	90.14	95.58	97.62	98.64
80	84.63	91.04	96.37	98.55	99.02
90	86.47	92.37	96.42	98.13	99.14

根据本书块煤的标准以及表 3-18 中数据可得块煤率随着截齿齿尖夹角变化的趋势，如图 3-47 所示。从图中可以看出，采煤机滚筒的截割块煤率与截齿齿尖夹角呈指数关系，并随着齿尖夹角的增大而减小。虽然齿尖夹角越大，齿尖处压实面积越大，随着截齿的继续切进应有较大块度的煤体崩落，但由于牵引速度较小，滚筒转速较高，单齿的切削厚度较小，齿尖处的煤体被研磨，因此，在试验研究范围内齿尖夹角增大对于提高块煤率并不一定有利。

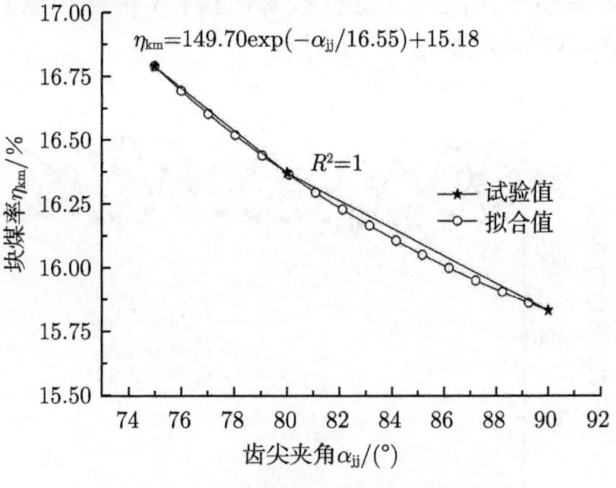

图 3-47 块煤率与齿尖夹角的关系

3.3.3 齿身锥角

齿身锥角的作用主要是便于截齿截入煤层，起到楔入作用，使得煤岩崩裂，提高破碎效率。从理论上分析，齿身锥角越大越不利于截齿齿身截入煤层，使得碎煤沿齿身崩出，并且在此种情况下，截齿的磨损比较严重；齿身锥角越小，虽然利于截齿截入煤层，但不利于煤体崩裂。为寻找合适的齿身锥角和研究滚筒的截割性能与截齿齿身锥角的关系，本书根据实际常用截齿的齿身锥角研制了 20°、25°、30° 的 3 种不同齿身锥角的截齿，截齿号分别为 6、7、8。

为减少对试验结果的影响，本节依然采用 2 头顺序式滚筒进行截割试验，试验用截齿和滚筒如图 3-48 所示。试验条件为：截割煤壁抗压强度为 1.43MPa，滚筒转速为 125r/min，牵引速度的初始值为 1.0m/min。

图 3-48　不同齿身锥角截齿及试验滚筒

为研究滚筒截割扭矩均值与截齿齿身锥角间的关系，分别将 3 种不同齿身锥角的截齿安装在 2 头顺序式滚筒上进行截割试验，3 种截齿截割煤壁时的一组滚筒截割扭矩–时间的关系曲线如图 3-49 所示。

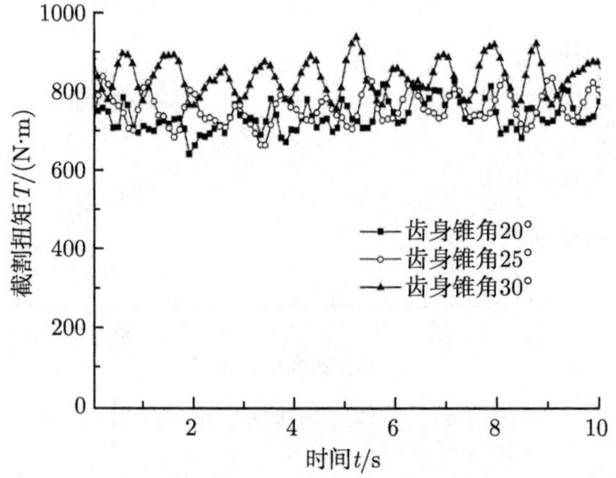

图 3-49　不同齿身锥角截齿的截割扭矩

为找到截割扭矩的各统计值与齿身锥角的关系，根据 3 种截齿的滚筒截割扭矩试验值进行统计分析，其结果如表 3-19 所示。根据表中数据可以得到截割扭矩与截齿齿身锥角的关系图，如图 3-50 所示。

表 3-19 不同齿身锥角截齿截割扭矩的统计分析

齿身锥角/(°)	扭矩均值/(N·m)	最大值/(N·m)	最小值/(N·m)	最大平均值/(N·m)	标准差	实际牵引速度/(m/min)
30	837.49627	939.34722	757.78403	908.3359	44.38646	0.7184
25	757.87757	838.95808	665.8505	819.6098	39.51199	0.7292
20	738.45203	827.14548	642.26242	805.9155	37.33272	0.7563

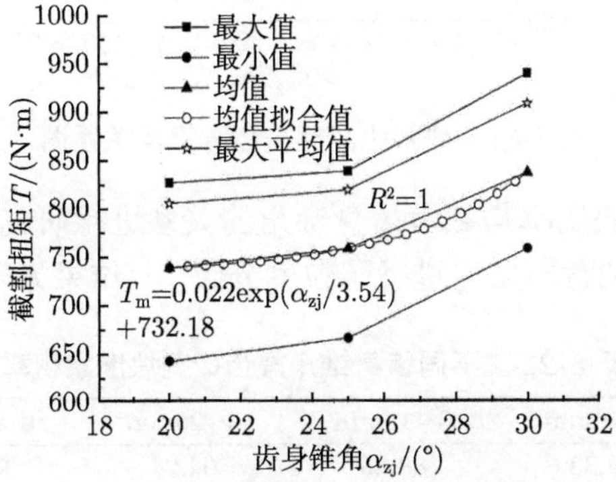

图 3-50 截割扭矩与齿身锥角的关系图

从图 3-50 中可以看出，不同齿身锥角截齿截割扭矩的最大值、最大平均值、均值和最小值与齿身锥角均呈指数关系，并在试验研究范围内随着齿身锥角的增大而增大。从表 3-19 可以看出，标准差随着齿尖夹角的增大而增大，说明截割时载荷波动随齿尖夹角的增大而增大；并且由不同截齿截割时的实际牵引速度也可以看出，随着齿身锥角的增大，截割阻力增大。

为对滚筒截割比能耗与齿身锥角的关系进行研究，根据表 3-19 中安装不同齿身锥角截齿的滚筒截割扭矩的均值及截落煤岩的质量，按照式 (3-5) 计算可得安装不同齿身锥角截齿滚筒的截割比能耗，其结果如表 3-20 所示。

表 3-20 不同齿身锥角截齿的截割比能耗

齿身锥角/(°)	扭矩均值/(N·m)	转速/(r/min)	时间/s	密度/(kg/m³)	质量/kg	截割比能耗/(kW·h/m³)
30	824.99552	125	10.062	1394.13	58.4472	0.730820
25	686.81636	125	10.063	1394.13	59.1826	0.653190
20	625.63468	125	10.103	1394.13	61.3143	0.616763

根据表中数据可得截割比能耗与截齿齿身锥角的关系，如图 3-51 所示，从图中可以看出，截割比能耗与齿身锥角呈指数关系，并在本书研究范围内随着齿身锥角的增大而增大。

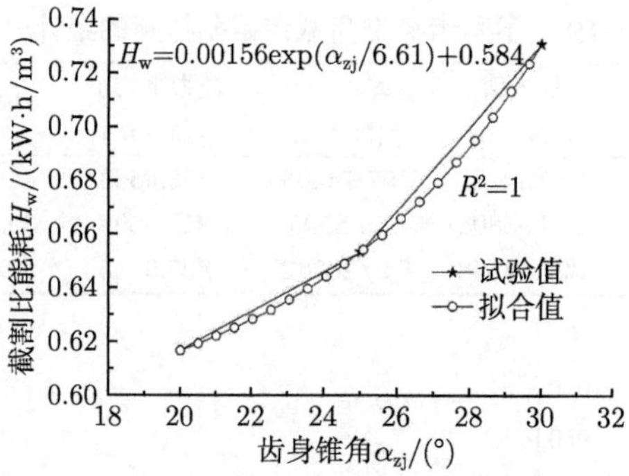

图 3-51　截割比能耗与齿身锥角关系图

为对滚筒的截割块煤率与截齿齿身锥角的关系进行研究，对分别安装 3 种不同齿身锥角截齿滚筒的截落煤岩进行了粒度分级，其结果如表 3-21 所示。

表 3-21　不同齿身锥角截齿截割块度累积率

齿身锥角/(°)	0~10mm	0~15mm	0~20mm	0~25mm	0~30mm
30	82.33	88.46	94.94	97.13	98.28
25	84.41	91.28	95.73	97.45	98.02
20	85.75	92.41	96.85	98.32	98.74

根据本书块煤的标准，得到了块煤率随着截齿齿身锥角变化的趋势，如图 3-52 所示。从图中可以看出，截割块煤率与截齿齿身锥角呈指数关系，并在试验研究范围内随着齿身锥角的增大而增大。由此可以看出，齿身锥角的增大有利于煤体的崩落，并形成较大煤块，对提高块煤率有利。

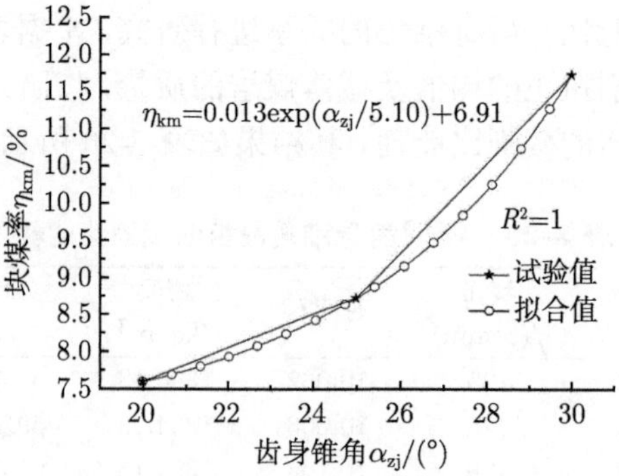

图 3-52　块煤率与齿身锥角的关系图

以上所述为截齿结构参数对滚筒整体截割性能影响的分析，从中可以看出截齿合金头直径、齿尖夹角和齿身锥角对滚筒截割性能有较大影响，并且在截割过程中截齿与煤体直接接触，为此，在选择截齿时应综合考虑滚筒截割性能的各个指标，使得所选截齿达到最佳截割效果。

3.4 截齿安装参数对滚筒截割性能的影响

截齿安装参数主要是指截齿在滚筒螺旋叶片、端盘上的安装角度，包括 3 个角度：冲击角、倾斜角和歪斜角[5]。倾斜角和歪斜角向煤壁侧倾斜为正，向采空侧倾斜为负；螺旋叶片上的截齿只有冲击角，其他两个角度为零；而端盘截齿却具有 3 个角度，倾斜角在 0° ~ 50°，歪斜角在 0° ~ 5°。

对于倾斜角和歪斜角只有端盘截齿才具有，并且其本身就是变化的；而冲击角却不同，在整个滚筒上，不管是螺旋叶片上的截齿还是端盘截齿，其冲击角均相同，并且目前国内用的采煤机滚筒上的截齿冲击角大多在 40° ~ 50° ，为此，本书只对截齿的冲击角进行试验研究，研制了截齿冲击角为 40° 、45° 和 50° 的 3 个滚筒 (j)、(e)、(f)，并且其螺旋升角为 25°，截线距为 30mm，采用顺序式截齿排列，如图 3-53 所示。试验条件为：煤壁抗压强度为 1.97MPa，滚筒转速为 125r/min，牵引速度初始值为 1.0m/min，试验截齿为 3 号。不同截齿冲击角滚筒的一组截割扭矩时域曲线如图 3-54 所示。

图 3-53 不同冲击角的滚筒

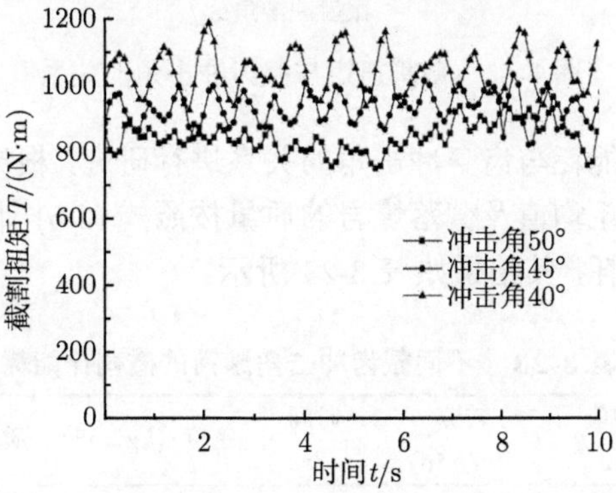

图 3-54 不同截齿冲击角滚筒的截割扭矩时域曲线

为研究截齿冲击角对滚筒截割扭矩的影响及其相互关系，对不同滚筒的截割扭矩试验值进行了统计分析，其结果如表 3-22 所示。

表 3-22 不同截齿冲击角滚筒的截割扭矩统计量

冲击角/(°)	均值/(N · m)	最大值/(N · m)	最小值/(N · m)	最大平均值/(N · m)	标准差	实际牵引速度/(m/min)
50	846.0630	963.90	752.047	934.4670	45.3140	0.6444
45	933.2117	1030.80	822.400	995.2348	47.4070	0.6103
40	1092.7517	1236.66	975.209	1202.406	64.9844	0.5847

根据表中数据可得滚筒截割扭矩各统计值与冲击角之间的关系，如图 3-55 所示。从图中可以看出，滚筒截割扭矩的均值与截齿冲击角呈指数关系，并在试验研究范围内随着截齿冲击角的增大而减小；并且截割扭矩最小值、最大值及最大平均值与冲击角的指数关系也较明显；同时从表 3-22 和图 3-55 可以看出，随着截齿冲击角的增大，滚筒截割扭矩的波动减小；并且，从实际牵引速度也可以看出，随着截齿冲击角的增大，截割阻力呈减小趋势。因此，为使在截割过程中采煤机运行平稳，减小对截割部的冲击，在设计滚筒时应选择较大冲击角。

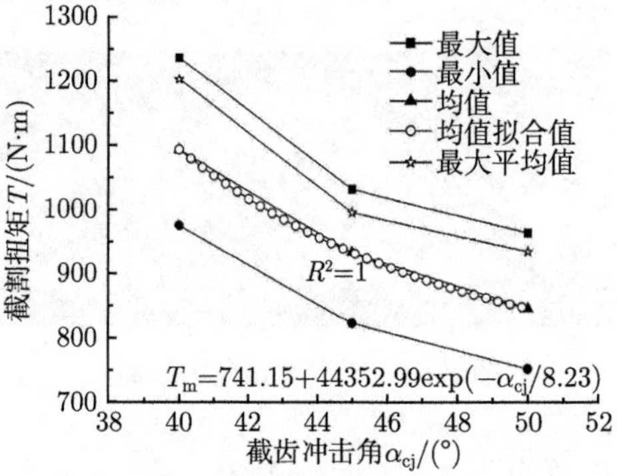

图 3-55 截割扭矩与截齿冲击角的关系

为对滚筒截割比能耗与齿身冲击角的关系进行研究，根据表 3-22 中不同截齿冲击角滚筒的截割扭矩均值及截落煤岩的质量按照式 (3-5) 计算，可得不同截齿冲击角滚筒的截割比能耗，其结果如表 3-23 所示。

表 3-23 不同截齿冲击角滚筒的截割比能耗

截齿冲击角/(°)	扭矩均值/(N · m)	转速/(r/min)	时间/s	密度/(kg/m^3)	质量/kg	截割比能耗/(kW · h/m^3)
50	846.0630	125	10.026	1418.12	50.1742	0.8717
45	933.2117	125	10.156	1418.12	52.4658	0.9314
40	1092.7517	125	10.078	1418.12	53.5364	1.0662

根据表中数据可得截割比能耗与截齿冲击角的关系，如图 3-56 所示。

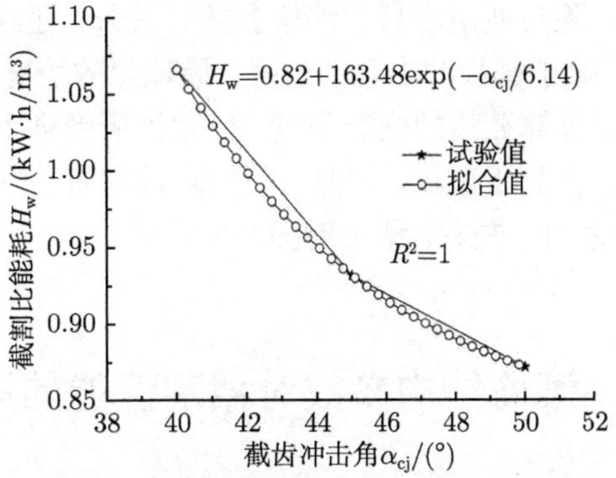

图 3-56 截割比能耗与截齿冲击角关系图

从图 3-56 可以看出，滚筒截割比能耗与截齿冲击角呈指数关系，并随着截齿冲击角的增大而减小。为对滚筒的截割块煤率与截齿冲击角的关系进行研究，对 3 种不同截齿冲击角滚筒的截落煤岩进行了粒度分级，其结果如表 3-24 所示。

表 3-24 不同截齿冲击角滚筒截割块度累积率

截齿冲击角/(°)	0~10mm	0~15mm	0~20mm	0~25mm	0~30mm
50	79.15	86.47	94.01	96.67	98.00
45	80.47	87.55	95.33	97.72	98.61
40	82.78	90.14	95.90	97.64	98.13

根据本书块煤的标准，研究了块煤率随截齿冲击角变化的趋势，如图 3-57 所示。从图中可以看出，滚筒的截割块煤率与截齿冲击角呈线性关系，并在试验范围内随着冲击角的增大而增大。

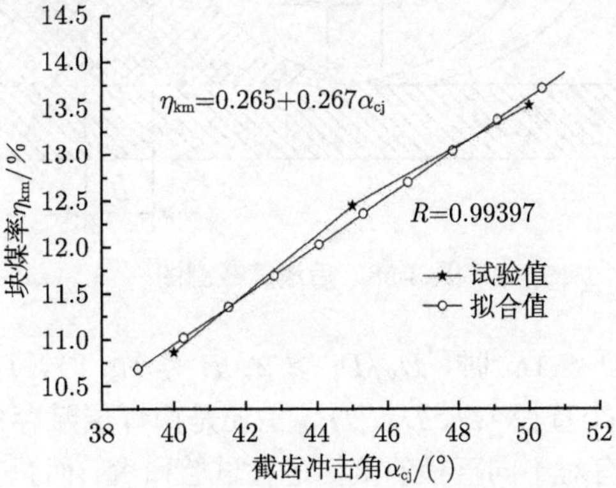

图 3-57 块煤率与截齿冲击角关系图

本书只研究了截齿冲击角不同对滚筒截割性能的影响，而实际上影响截齿冲击角选择的因素很多，除与截齿本身的结构参数有关外，还与煤岩性质 (如煤的崩落角) 有很大的关系。对于截齿冲击角的选择，最理想的情况是在截齿齿身不与煤体发生干涉的情况下，计算截齿的安装角度，使截齿所受合力与截齿轴线重合，这样截齿所受弯矩最小，并利于破煤。但是，在实际截煤时，为增大掏槽空间，端盘最外端截齿倾斜角度达 50° 左右，截齿磨损非常严重。

3.5 滚筒结构参数对截割性能的影响

滚筒结构参数主要包括滚筒直径 (D)、筒毂直径 (D_{g})、叶片直径 (D_{y})、滚筒截深 (B)、截齿布置方式、截线距 (S_{j})、螺旋叶片升角 (α_{ys})[6,7]。其中滚筒直径按截齿齿尖测量，而对于特定煤层滚筒的直径选择应根据单齿平均切削厚度最大的原则，这是由于在其他条件相同的情况下，切削厚度越大，其比能耗越小、块煤率越大，有益于提高企业的经济效益。而对于双滚筒采煤机的后滚筒，其截割高度一般小于滚筒直径，如图 3-58 所示。

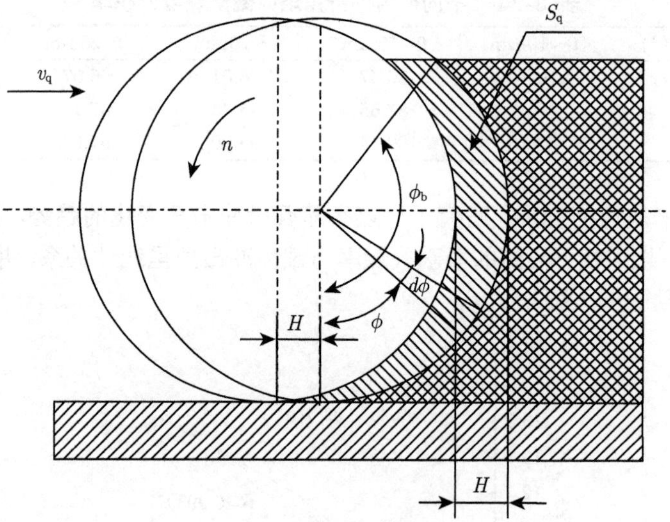

图 3-58 后滚筒截割图

对于滚筒直径 $D > 1\mathrm{m}$ 时，$D_{\mathrm{y}}/D_{\mathrm{g}} \geqslant 2$；$D \leqslant 1\mathrm{m}$ 时，$D_{\mathrm{y}}/D_{\mathrm{g}} \geqslant 2.5$[8]。由此可以看出，滚筒的三个直径 ($D$、$D_{\mathrm{g}}$、$D_{\mathrm{y}}$) 主要是由煤层赋存条件以及配合尺寸决定的，为此，本书没有对不同直径的滚筒进行试验研究，而只对滚筒其他参数进行研究。

3.5.1 截深

从理论分析可知，采深、采高越大，压酥区也越大，滚筒的截深越大，但将引起滚筒截割扭矩、截割比能耗的增大，为寻找截深与截割扭矩、截割比能耗间的关系，本书对同一滚筒在不同截深情况下进行了试验研究。试验条件为：煤壁抗压强度 1.97MPa，滚筒转速 125r/min，牵引速度的初始速度为 1.0m/min。试验滚筒与图 3-20 中相同。图 3-59 为截深分别为 210mm、270mm 和 315mm 时的滚筒截割扭矩的一组时域曲线。

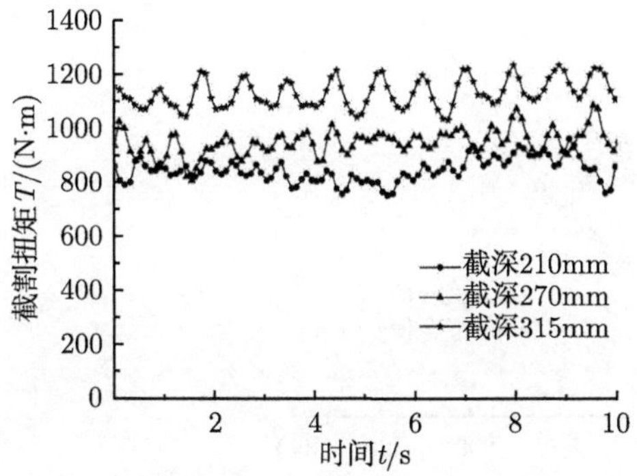

图 3-59 不同截深的截割扭矩时域曲线

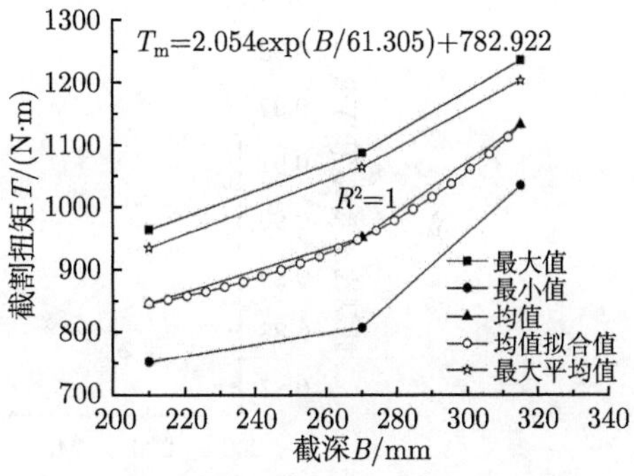

图 3-60 截割扭矩与截深的关系图

为对不同截深时滚筒的截割扭矩的变化趋势进行研究，对试验值进行了统计分析，其结果如表 3-25 所示。根据表中数值可以得到滚筒截割扭矩与截深的关系曲线，如图 3-60 所示。从图可以看出，滚筒的截割扭矩与截深呈指数关系，并随着截深的增大而增大。随着截深增大，同一时间参与截割的截齿数也将增多，从而可知随着截齿数的增大截割扭矩并不是线性地增加，这主要是由于滚筒的结构造成的。

表 3-25 不同截深滚筒的截割扭矩统计量

截深/mm	扭矩均值/(N·m)	最大值/(N·m)	最小值/(N·m)	最大平均值/(N·m)	标准差	实际牵引速度/(m/min)
210	846.0630	963.9000	752.0470	934.467	45.0902	0.6444
270	950.9409	1087.2117	806.8246	1063.810	48.6170	0.5863
315	1132.9824	1235.2459	1034.7126	1203.244	51.4459	0.5039

为对滚筒截割比能耗与截深的关系进行研究，根据表 3-25 中不同截深滚筒的截割扭矩均值及截落煤岩的质量，按照式 (3-5) 计算可得不同截深滚筒的截割比能耗，其结果如表 3-26 所示。根据表中数据可得截割比能耗与截深的关系，如图 3-61 所示。

表 3-26 不同截深滚筒的截割比能耗

截深 /mm	扭矩均值 /(N · m)	转速 /(r/min)	时间 /s	密度 /(kg/m³)	质量 /kg	截割比能耗 /(kW · h/m³)
210	846.0630	125	10.026	1418.12	50.1742	0.87170
270	950.9409	125	10.125	1418.12	55.4832	0.89476
315	1132.9824	125	10.172	1418.12	64.1874	0.94040

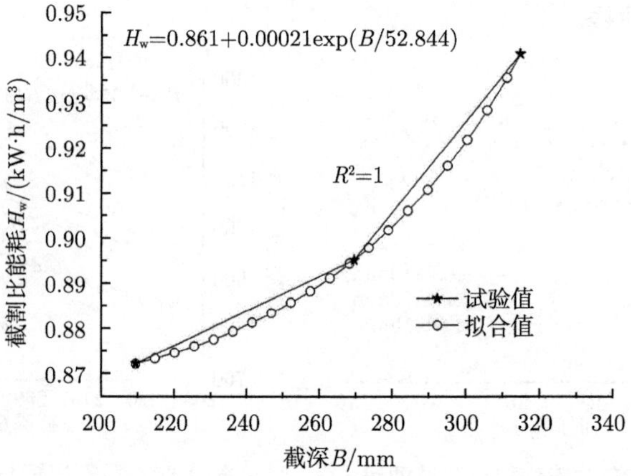

图 3-61 滚筒截割比能耗与截深关系图

从图 3-61 中可以看出，滚筒截割比能耗与截深呈指数关系，并随着截深的增大而增大。但是，截割比能耗的增幅并不大，这是由于虽然截深增加，截割扭矩增大，而截落煤岩的质量也以指数形式增大。

为对滚筒的截割块煤率与截深的关系进行研究，对滚筒不同截深时的截落煤岩进行了粒度分级，其结果如表 3-27 所示；并根据本书块煤率的标准，研究了块煤率随着截深变化的趋势，如图 3-62 所示。

表 3-27 滚筒不同截深的截割块度累积率

截深/mm	0~10mm	0~15mm	0~20mm	0~25mm	0~30mm
210	79.15	86.47	94.01	96.67	98.00
270	80.04	87.24	94.86	98.12	99.22
315	83.23	89.75	96.16	98.44	98.96

从图 3-62 可以看出，块煤率与截深的关系既不是指数关系也不是线性关系，而是在试验研究的范围内符合 S 函数关系，并且随着截深增大，滚筒的截割块煤率减小。这是由于截深越大，截落煤岩在螺旋叶片输送过程中被二次破碎的概率增大，导致其块煤率下降。

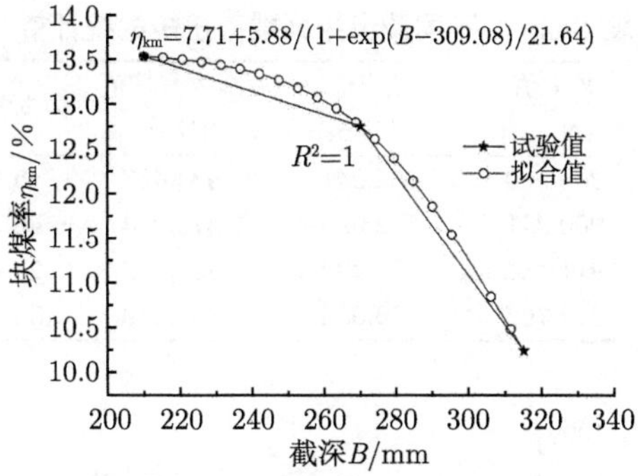

图 3-62 块煤率与截深的关系图

3.5.2 截齿排列

为寻求最佳的叶片截齿排列方式，根据不同截齿排列形式的截齿安装位置研制了 4 个试验滚筒：2 头顺序式、2 头棋盘式、3 头畸变 1 式和 3 头畸变 2 式，如图 3-63 所示，其结构参数如表 3-28 所示。4 个滚筒的端盘截齿排列均相同，试验时截深采用 210mm。试验条件为：模拟煤壁抗压强度 1.97MPa，滚筒转速 125r/min，初始牵引速度 1.0m/min，截齿为 3 号齿。试验所得的一组截割扭矩时域曲线如图 3-64 所示。根据不同截齿排列滚筒截割扭矩的试验值进行统计分析，其结果如表 3-29 所示。

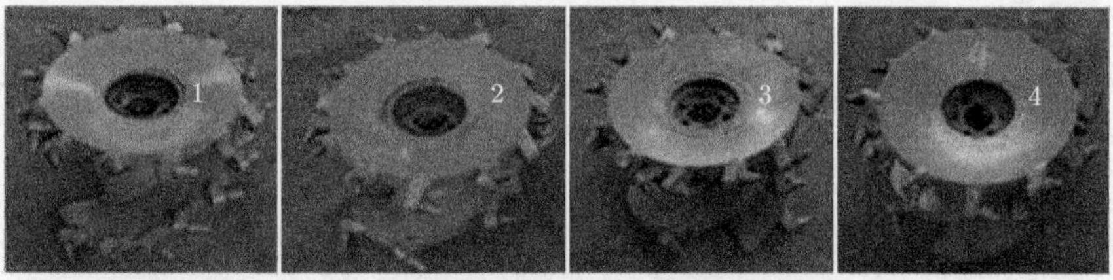

(a) 2头顺序式　(b) 2头棋盘式　(c) 3头畸变1式　(d) 3头畸变2式

图 3-63 不同截齿排列的试验滚筒

表 3-28 不同截齿排列滚筒的结构参数

滚筒号	滚筒直径/mm	截齿冲击角/(°)	螺旋叶片外升角/(°)	叶片头数	截齿排列	截深/mm	叶片平均截线距/mm
1	530	50	25	2	顺序式	330	30
2	530	50	25	2	棋盘式	330	30
3	530	50	25	3	畸变 1 式	330	30
4	530	50	25	3	畸变 2 式	330	30

表 3-29　不同截齿排列截割扭矩的统计量

滚筒类型	扭矩均值 /(N · m)	最大值 /(N · m)	最小值 /(N · m)	最大平均值 /(N · m)	标准差	实际牵引速度 /(m/min)
顺序式	846.063	963.900	752.047	934.467	45.3139	0.6444
棋盘式	795.201	900.341	692.699	876.374	40.2932	0.6516
畸变 1 式	845.557	911.434	784.992	882.542	28.8865	0.6816
畸变 2 式	829.766	912.767	739.554	882.519	34.7855	0.6534

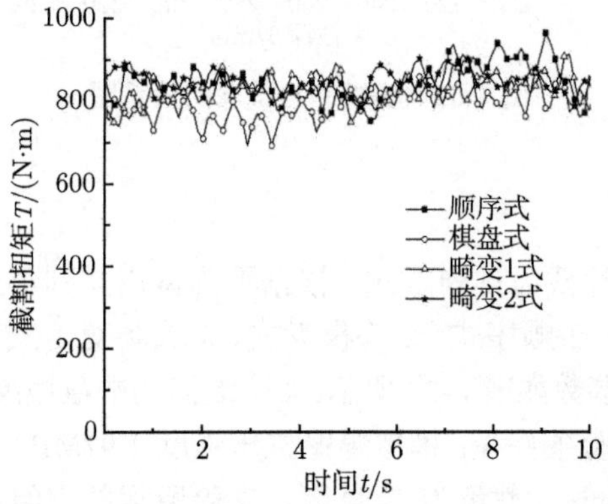

图 3-64　不同截齿排列的滚筒截割扭矩时域曲线

从表 3-29 中可以看出，顺序式滚筒的截割扭矩标准差最大，说明在截割过程中其载荷波动最大；并且，在试验研究的 4 种不同截齿排列的滚筒中，顺序式截割扭矩均值最大，因此把顺序式截齿排列对滚筒截割扭矩各统计值的影响系数定为 1，并根据其他截齿排列形式滚筒截割扭矩的统计值与顺序式的截割扭矩统计值作比较，以它们的比值作为该截齿排列形式对滚筒截割扭矩的影响系数，各排列形式的影响系数如表 3-30 所示。从表中可以看出，棋盘式的影响系数约为 0.92~0.94，畸变 1 式为 0.94~1.0，畸变 2 式为 0.94~0.98，说明畸变 1 式的截割扭矩也较大，但比较表 3-29 中的标准差，畸变 1 式的最小，即在截割过程中其运行较平稳、载荷波动较小；并由实际牵引速度可以看出，畸变 1 式的速度最大，说明其截割效率较高。

表 3-30　截齿排列形式对滚筒截割扭矩的影响系数

滚筒类型	最大值影响系数	最小值影响系数	均值影响系数	最大平均值影响系数
顺序式	1.0000	1.0000	1.0000	1.0000
棋盘式	0.9340	0.9211	0.9399	0.9378
畸变 1 式	0.9456	1.0438	0.9994	0.9444
畸变 2 式	0.9470	0.9834	0.9807	0.9444

为研究截齿排列对滚筒截割比能耗的影响，根据表 3-29 中不同截齿排列滚筒的截割扭矩均值及截落煤岩的质量按照式 (3-5) 计算可得不同截齿排列形式滚筒的截割比能耗，其结果如表 3-31 所示。从表中可以看出，畸变 2 式滚筒的截割比能耗最大，而棋盘式最小，这是因为对于畸变 1 式和畸变 2 式均为 3 头叶片滚筒，比顺序式和棋盘式多一条螺旋叶片，故其截割比能耗较高；而对于相同叶片头数的顺序式和棋盘式，由于在其截割过程中，相同条件下棋盘式切削厚度较大，故其截割比能耗较低。

表 3-31 不同截齿排列滚筒的截割比能耗

滚筒类型	扭矩均值 /(N · m)	转速 /(r/min)	时间 /s	密度 /(kg/m^3)	质量 /kg	截割比能耗 /(kW · h/m^3)
顺序式	846.063	125	10.062	1418.12	50.1742	0.8717
棋盘式	795.201	125	10.156	1418.12	48.3562	0.8611
畸变 1 式	845.557	125	10.078	1418.12	49.8735	0.8810
畸变 2 式	829.766	125	10.062	1418.12	48.6918	0.8841

为研究不同截齿排列滚筒与块煤率、块度分布的关系，对截落煤岩进行了称重和粒度分级，分级结果如表 3-32 所示。

表 3-32 不同截齿排列滚筒截割块度累积率

滚筒类型	0~10mm	0~15mm	0~20mm	0~25mm	0~30mm
顺序式	79.15	86.47	94.01	96.67	98.00
棋盘式	72.34	81.78	89.62	91.93	95.16
畸变 1 式	67.14	80.59	87.50	92.55	94.68
畸变 2 式	68.26	80.71	88.86	92.12	95.92

根据本书试验块煤的标准，从表 3-32 中可以看出，2 头棋盘式大于 15mm 的块煤率比顺序式多出约 5 个百分点，并且较大块度的煤也较多。而对于 3 头的畸变 1 式和畸变 2 式滚筒，其块煤累积率基本相同，但是，均大于顺序式和棋盘式。从理论上分析，根据单齿的理论最大切削厚度公式及表 3-32 可知，棋盘式、畸变 1 式、畸变 2 式的单齿理论最大切削厚度比顺序式大，因此，其块煤率也相对较大。

由以上对不同截齿排列滚筒的试验研究可知，畸变 1 式滚筒的截割性能相对其他滚筒较优，但其单齿受力较大。但是，在滚筒转速较低和煤岩硬度较大时进行试验，除顺序式滚筒外，其他滚筒均出现电机堵转现象，由此可以看出，顺序式滚筒的破硬煤能力比其他滚筒强。总之，在选择滚筒截齿排列时，应根据煤岩性质和企业要求进行设计，以达到截割性能最优。

3.5.3　截线距

对于镐型截齿最佳截线距的确定，目前在采煤机滚筒设计中主要是靠经验，而对其进行理论、试验研究较少。为此，本书对镐型截齿不同截线距对滚筒的截割扭矩、截割比能耗和块煤率等参数的影响进行试验研究，以期获得适合采煤机滚筒截割的最佳截线距。试验条件为：煤壁抗压强度为 1.97MPa，滚筒转速为 100r/min，牵引速度的初始值为 1.0m/min，试验滚筒螺旋升角为 20°，截齿冲击角为 45°，2 头顺序式，试验截齿为 3 号齿，截深为 210mm，截线距分别为 20mm、30mm、40mm。不同截线距滚筒的一组截割扭矩时域曲线如图 3-65 所示。

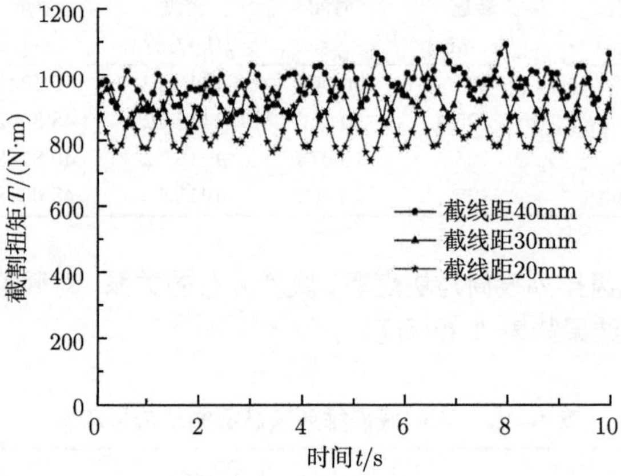

图 3-65　不同截线距滚筒的截割扭矩时域曲线

为对不同截线距时滚筒的截割扭矩的变化趋势进行研究，对试验值进行了统计分析，其结果如表 3-33 所示。根据表中数值可以得到滚筒截割扭矩与截线距的关系曲线，如图 3-66 所示。从图中可以看出，滚筒的截割扭矩与截线距呈指数关系，并随着截线距的增大而增大；从表 3-33 可以看出，随着截线距的增大，滚筒在截割过程中其载荷波动也增大；由实际牵引速度可知，对于同一型号滚筒，当加大截线距时，虽然其块煤率增大，但其截割阻力、载荷波动均将增大。

表 3-33　不同截线距滚筒的截割扭矩统计量

截线距/mm	均值/(N·m)	最大值/(N·m)	最小值/(N·m)	最大平均值/(N·m)	标准差	实际牵引速度/(m/min)
20	827.1940	925.0044	737.2267	893.1156	42.98936	0.6948
30	920.2052	997.7264	826.5264	971.6236	43.32347	0.6135
40	973.9923	1091.800	881.0000	1064.067	45.98384	0.5847

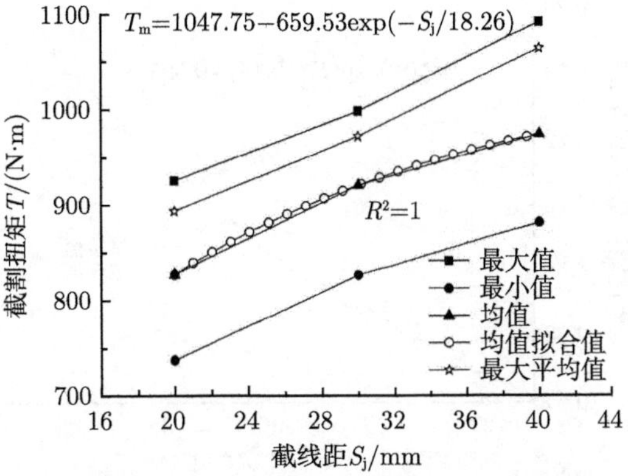

图 3-66 截割扭矩与截线距的关系图

对于截线距与截割比能耗的关系，在文献 [9] 中做了定性的分析，指出在切削厚度一定的情况下，随着截线距的增大，截割比能耗先减小后增大，即存在一个最佳截线距。这是由于截距由小变大时，截割条件由平面重复截割逐渐向封闭截割过渡，而与之对应的截割比能耗则由平面重复截割时的较大值逐渐减小到最佳截线距时的较小值，当截线距大于最佳截线距时，截割条件开始向封闭截割过渡，截割比能耗又要增大，直到截线距大于完全封闭截割时对应的截线距时，截割比能耗将趋于稳定。为研究截割比能耗与本章试验的三种截线距的关系，根据表 3-33 中不同截线距滚筒的截割扭矩均值及截落煤岩的质量按照式 (3-5) 计算可得不同截线距滚筒的截割比能耗，其结果如表 3-34 所示。

表 3-34 不同截线距滚筒的截割比能耗

截线距/mm	扭矩均值 /(N · m)	转速 /(r/min)	时间 /s	密度 /(kg/m^3)	质量 /kg	截割比能耗 /(kW · h/m^3)
20	827.1940	100	10.141	1418.12	53.3712	0.6483
30	920.2052	100	10.156	1418.12	56.2638	0.6851
40	973.9923	100	10.266	1418.12	56.7942	0.7262

根据表 3-34 中数据可得截割比能耗与截线距的关系，如图 3-67 所示。从图中可以看出，在试验研究的范围内，截割比能耗与截线距呈指数关系，并随着截线距的增大而增大。这是由于在切削厚度一定的情况下，本试验中的截线距均大于理论最优截线距：

$$t_{\text{opt}} = b + (1 \sim 1.4)\, h_{\max} \tag{3-6}$$

式中，t_{opt} 为最优截线距，mm；b 为截齿计算宽度，mm。

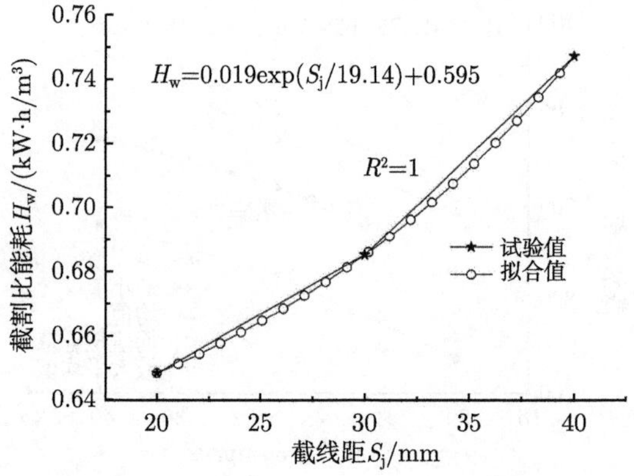

图 3-67　截割比能耗与截线距的关系

对于镐形截齿，其截齿形状如果为锥形，其计算宽度根据式 (3-6) 计算；如为阶梯形，则可按齿柄直径的一半计算。

$$\begin{cases} b_{\text{gz}} = \dfrac{0.9\sqrt{h}\sin\alpha_{\text{jb}}}{\cos(\alpha_{\text{jb}}+\beta)}\sqrt{\cos 2\alpha_{\text{jb}} + \sin 2\alpha_{\text{jb}}\cot(\beta-\alpha_{\text{jb}})} \\ b_{\text{gj}} = 0.5d_{\text{jb}} \end{cases} \tag{3-7}$$

式中，b_{gz} 为锥形齿计算宽度，mm；h 为切削厚度，mm；α_{jb} 为截齿锥角的半角，rad；β 为截齿安装角，rad；b_{gj} 为阶梯形计算宽度，mm；d_{jb} 为阶梯形齿柄直径，mm。

从式 (3-7) 可以看出，镐形齿的计算宽度取决于截齿的结构参数、切削厚度以及安装角，而切削厚度又被截割运动参数所决定，影响参数较多；对于同一个截齿，参数不同，其计算宽度不同。

在本试验中使用的截齿为阶梯形，故根据式 (3-7) 可知，截齿计算宽度为齿柄直径的一半，本书中所用截齿齿柄直径均为 20mm，所以 b=10mm。而本试验的截线距均大于理论最优截线距，故出现了本试验的结果。为验证理论最优截线距的存在性及截割比能耗与截线距的关系，本节在改变试验条件的基础上，重新进行了截割试验。试验条件为：模拟煤壁抗压强度为 0.73MPa，滚筒转速为 80r/min，牵引速度的初始值为 2.0m/min，试验滚筒、试验截齿的型号不变，截深为 210mm，对截线距分别为 20mm、30mm、40mm 的 3 个滚筒进行试验研究。根据单齿最大切削厚度的计算公式可知，本试验的最大切削厚度为 12.5mm，由式 (3-6) 可以得到最优截线距应在 22.5~27.5mm 范围内。在模拟煤壁抗压强度 0.73MPa 下，不同截线距滚筒截割扭矩的一组时域曲线如图 3-68 所示。

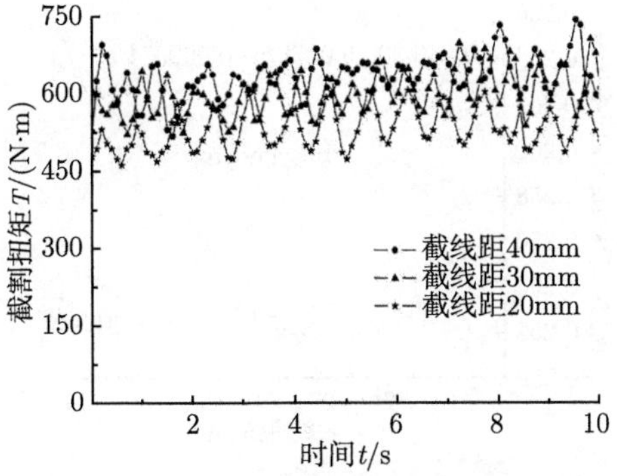

图 3-68 不同截线距的截割扭矩时域曲线

为研究其截割比能耗与截线距的关系，需计算每组试验值的均值及截落煤岩的质量，其结果如表 3-35 所示。

表 3-35 不同截线距滚筒的截割比能耗 (0.73MPa)

截线距/mm	扭矩均值 /(N · m)	转速 /(r/min)	时间 /s	密度 /(kg/m^3)	质量 /kg	截割比能耗 /(kW · h/m^3)
20	530.86366	80	10.250	1372.38	68.2843	0.2547
30	599.27147	80	10.547	1372.38	79.8673	0.2526
40	632.28565	80	10.344	1372.38	78.7319	0.2653

根据表中截割比能耗的值，可以得到在截割抗压强度为 0.73MPa 模拟煤壁时截割比能耗与截线距的关系图，如图 3-69 所示。从图中可以看出，当切削厚度一定时，确实存在使截割比能耗最小的最佳截线距，并对试验值进行拟合可得本试验中截割比能耗与截线距的关系式，如式 (3-8) 所示：

$$H_{\mathrm{w}} = 0.30 - 0.0039S_{\mathrm{j}} + 0.000074S_{\mathrm{j}}^2 \tag{3-8}$$

对式 (3-8) 中 S_{j} 求导可得

$$0.000148S_{\mathrm{j}} - 0.0039 = 0 \tag{3-9}$$

可得最佳截线距 $S_{\mathrm{jopt}} = 26.35\mathrm{mm}$。由此可以得到本试验的最佳截线距与切削厚度的比值为 $i_{\mathrm{zj}} = 26.35/12.5 = 2.108$，而根据理论最佳截线距与切削厚度的比值为 1.8~2.2，可见试验值在此范围内，为此，本书建议在设计采煤机滚筒截线距时，为使截割比能耗最小，应使截线距与切削厚度的比值在 2 左右。

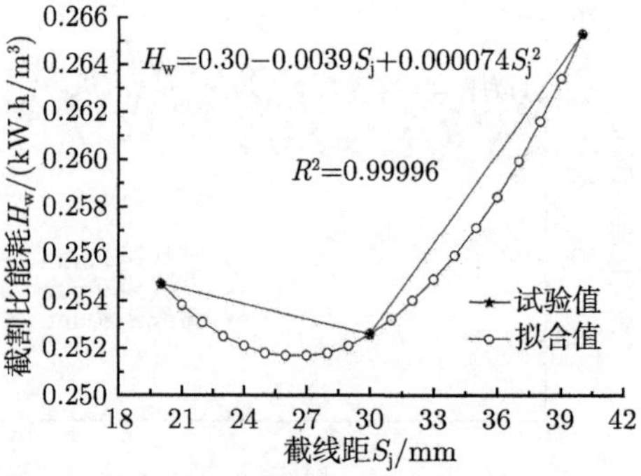

图 3-69　截割比能耗与截线距的关系图

为研究滚筒截割块煤率与截线距的关系，分别对 1.97MPa、0.73MPa 试验条件下的截落煤岩进行了粒度分级，其结果如表 3-36 和表 3-37 所示。

表 3-36　不同截线距滚筒截割块度累积率 (1.97MPa)

截线距/mm	0~10mm	0~15mm	0~20mm	0~25mm	0~30mm
20	80.22	85.27	91.30	96.91	99.04
30	76.31	80.78	87.44	93.86	97.56
40	69.96	74.55	86.72	92.28	96.60

表 3-37　不同截线距滚筒截割块度累积率 (0.73MPa)

截线距/mm	0~10mm	0~15mm	0~20mm	0~25mm	0~30mm
20	41.37	60.17	84.06	97.84	99.28
30	37.15	54.74	85.52	96.43	99.06
40	35.63	52.88	83.75	95.39	98.18

根据表中数据并按本书块煤率的标准，得到两种试验条件下滚筒截割块煤率与截线距的关系图，如图 3-70 所示。

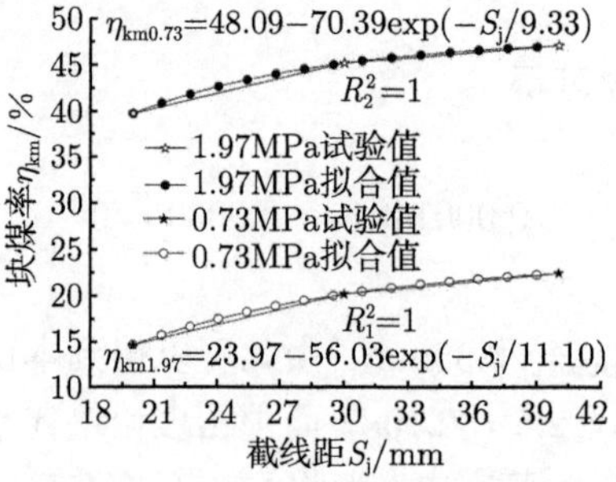

图 3-70　块煤率与截线距关系图

从图中可以看出，滚筒的截割块煤率与截线距呈指数关系，并随着截线距的增大而增大，并非在最佳截线距时其块煤率最大。同时，从表 3-36 和表 3-37 中可以看出，随着截线距的增大，较大粒度的百分比也增大。

3.5.4 螺旋升角

由分析可知，螺旋叶片的导程、螺距、包角均与叶片升角有关，并且螺旋叶片升角的大小对滚筒装煤效果影响较大，为此，本书主要对不同叶片升角对滚筒的截割性能影响进行理论分析和试验研究，所研究的螺旋升角均是指螺旋叶片的外升角，用 α 表示。为研究滚筒螺旋叶片升角对滚筒截割扭矩、截割比能耗和块煤率的影响，研制了 3 种不同螺旋升角滚筒：15°、20° 和 25°。试验条件为：煤壁抗压强度为 1.97MPa，滚筒转速为 100r/min，牵引速度的初始值为 1.0m/min，试验滚筒均为 2 头顺序式，试验截齿为 3 号齿，截深为 210mm，截线距均为 30mm。不同螺旋叶片升角滚筒截割扭矩的一组时域曲线如图 3-71 所示。

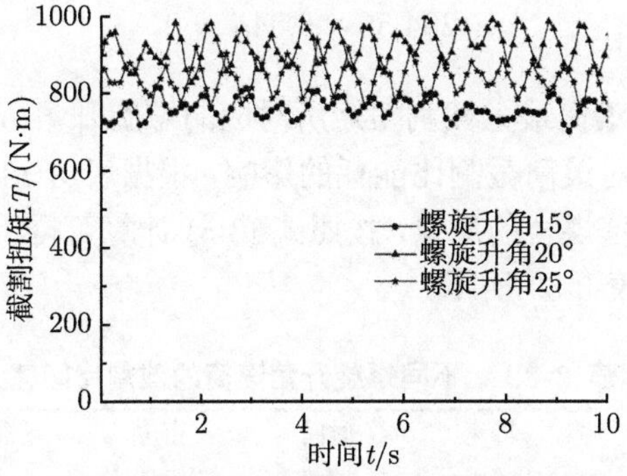

图 3-71 不同螺旋升角滚筒的截割扭矩时域曲线

为研究滚筒截割扭矩均值与螺旋升角的关系，对试验值进行统计分析，其结果如表 3-38 所示。根据表中数据可得到滚筒截割扭矩与螺旋升角的关系图，如图 3-72 所示，并对试验均值进行拟合，得到滚筒截割扭矩均值与螺旋升角的关系表达式，如式 (3-10) 所示：

$$T_{\mathrm{m}} = 204.56\alpha - 4.92\alpha^2 - 1202.68 \tag{3-10}$$

式中，α 为螺旋升角，(°)。

表 3-38 不同螺旋升角滚筒的截割扭矩统计量

螺旋升角/(°)	扭矩均值/(N · m)	最大值/(N · m)	最小值/(N · m)	最大平均值/(N · m)	标准差	实际牵引速度/(m/min)
15	758.5495	814.2213	700.6347	795.6857	25.40247	0.6270
20	920.2052	997.7264	826.5264	971.6236	43.32347	0.6135
25	835.8171	937.6146	763.6128	911.2110	39.18041	0.6390

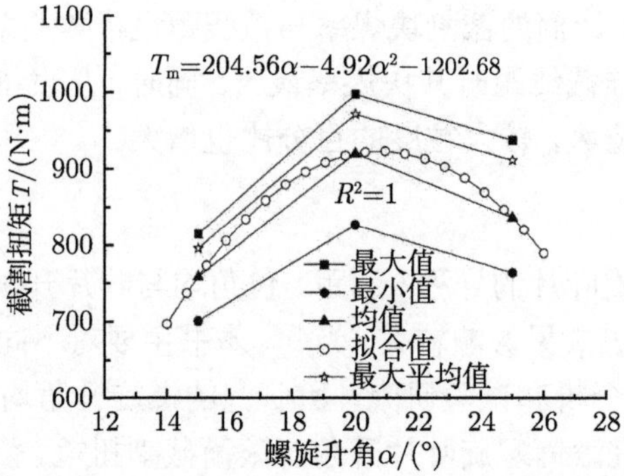

图 3-72　截割扭矩与螺旋升角关系图

从式 (3-10) 和图 3-72 可以看出，滚筒的截割扭矩均值与螺旋升角呈抛物线形式变化。为得到最大截割扭矩对应的螺旋升角，对式 (3-10) 求导可得

$$204.56 - 9.84\alpha = 0 \tag{3-11}$$

由式 (3-11) 可得滚筒最大截割扭矩所对应的螺旋升角 α 为 20.79°。

为研究螺旋升角对滚筒截割比能耗的影响，根据表 3-38 中不同螺旋升角滚筒的截割扭矩均值及截落煤岩的质量，按照式 (3-5) 计算可得不同螺旋升角滚筒的截割比能耗，其结果如表 3-39 所示。

表 3-39　不同螺旋升角滚筒的截割比能耗

螺旋升角 /(°)	扭矩均值 /(N · m)	转速 /(r/min)	时间 /s	密度 /(kg/m³)	质量 /kg	截割比能耗 /(kW · h/m³)
15	758.5495	100	10.250	1418.12	53.4684	0.5998
20	920.2052	100	10.156	1418.12	56.2638	0.6851
25	835.8171	100	10.453	1418.12	55.7120	0.6468

根据表中数据值可以得到截割比能耗与螺旋升角的关系图，如图 3-73 所示；并对试验值进行拟合得到截割比能耗与螺旋升角的关系表达式：

$$H_{\mathrm{w}} = 0.104\alpha - 0.0025\alpha^2 - 0.398 \tag{3-12}$$

从式 (3-12) 和图 3-73 中可以看出，截割比能耗与螺旋升角呈抛物线形式变化。为求得最大比能耗所对应的螺旋升角，对式 (3-12) 求导可得

$$0.104 - 0.005\alpha = 0 \tag{3-13}$$

由式 (3-13) 可得最大截割比能耗所对应的螺旋升角 α 为 20.8°。

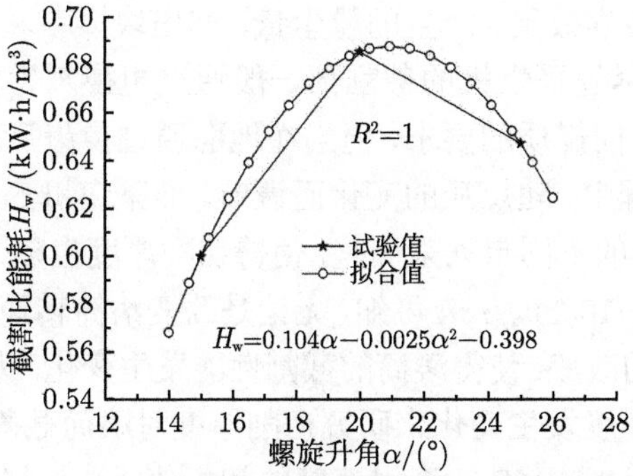

图 3-73 截割比能耗与螺旋升角的关系图

为研究滚筒截割块煤率与螺旋升角的关系，对两种试验条件下的截落煤岩均进行了粒度分级，其结果如表 3-40 所示。根据表中数据并按本书块煤的标准，得到本试验条件下滚筒截割块煤率与螺旋升角的关系图，如图 3-74 所示。从图中可以看出，块煤率与螺旋升角呈指数形式变化，并随着螺旋升角的增大而减小。

表 3-40 不同螺旋升角滚筒截割块度累积率

螺旋升角/(°)	0~10mm	0~15mm	0~20mm	0~25mm	0~30mm
15	72.58	77.12	85.33	92.40	98.04
20	76.31	80.78	87.44	93.86	97.56
25	78.64	81.94	89.74	93.58	98.14

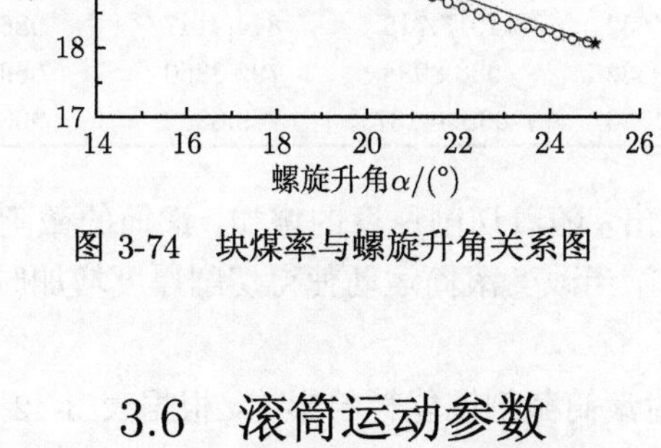

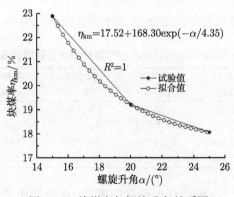

图 3-74 块煤率与螺旋升角关系图

3.6 滚筒运动参数

滚筒运动参数包括滚筒转速、牵引速度，运动参数选择合理与否，直接影响着滚筒截割的平稳性、装煤效果、产生的粉尘量、产出块煤率和截割比能耗等性能指标[10]。在实际应用中尽管采煤机的截割部一般通过更换摇臂齿轮可获得两种以上的滚筒转速，以适应不同煤质的要求，但当在地面通过换齿后，滚筒转速即为固定，不可能在井下工作过程中，随煤质的变化而调节。而采煤机的牵引速度可以在工作过程中，根据煤质状况的不同自动来调整，使得切削厚度也随之变化。但是，根据最大切削厚度公式 $h_{\max}=1000v_q/nm$ 可知，无论是改变滚筒转速，还是改变牵引速度，最终将导致切削厚度的改变，使得滚筒的截割性能发生变化。为此，本书通过改变滚筒运动参数使得切削厚度发生变化来研究切削厚度对滚筒截割性能的影响。试验条件为：煤壁抗压强度为 1.97MPa，牵引速度的初始值为 1.0m/min，试验滚筒均为 2 头顺序式，试验截齿为 3 号齿，截齿冲击角为 50°，截深为 210mm，截线距为 30mm，螺旋叶片升角为 25°，滚筒转速分别为 70r/min、80r/min、90r/min、100r/min。不同试验条件下的切削厚度如表 3-41 所示。

表 3-41 运动参数表

试验序号	滚筒转速/(r/min)	切削厚度/mm	实际牵引速度/(m/min)
1	70	5.3657	0.5012
2	80	4.6725	0.5543
3	90	4.2567	0.5862
4	100	3.7740	0.6148

在不同切削厚度下得到的滚筒截割扭矩的一组时域曲线如图 3-75 所示。为研究滚筒截割扭矩与切削厚度的关系，对试验值进行统计分析，其结果如表 3-42 所示。根据表中数据可得滚筒截割扭矩与切削厚度的关系曲线，如图 3-76 所示。

表 3-42 不同切削厚度滚筒的截割扭矩统计量

切削厚度/mm	扭矩均值/(N · m)	最大值/(N · m)	最小值/(N · m)	最大平均值/(N · m)	标准差
5.3657	940.5429	1030.606	839.4267	997.0677	45.84942
4.6725	924.4632	1015.715	844.9147	986.2187	44.73043
4.2567	896.9332	983.8938	792.8350	959.5016	43.26413
3.7740	833.1543	930.44137	759.8392	903.3852	38.57320

从图 3-76 可以看出，随着切削厚度的增加，滚筒的截割扭矩也增加，并呈现出指数形式。由此可知，当改变滚筒运动使得切削厚度增加时，滚筒截割扭矩将以指数形式增大。

为研究切削厚度对滚筒截割比能耗的影响，根据表 3-42 中不同切削厚度时滚筒的截割扭矩均值及截落煤岩的质量，按照式 (3-5) 计算可得不同切削厚度时滚筒的截割比能耗，其结果如表 3-43 所示。

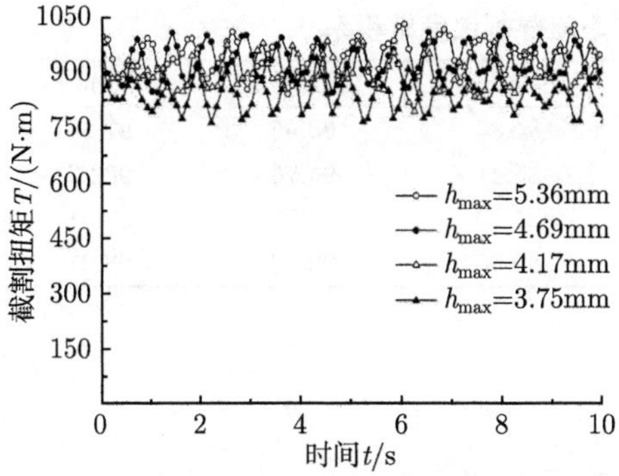

图 3-75 不同切削厚度的截割扭矩时域曲线

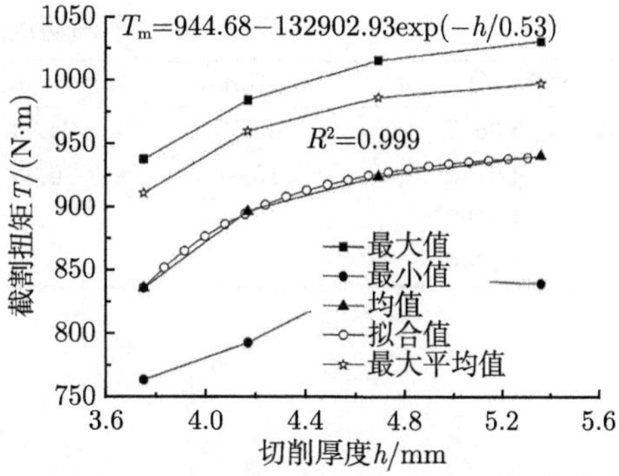

图 3-76 截割扭矩与切削厚度的关系

表 3-43 不同切削厚度滚筒的截割比能耗

切削厚度/mm	扭矩均值/(N·m)	转速/(r/min)	时间/s	密度/(kg/m³)	质量/kg	截割比能耗/(kW·h/m³)
5.3657	940.5429	70	10.465	1418.12	39.5711	0.7182
4.6725	924.4632	80	10.063	1418.12	41.9089	0.7325
4.2567	896.9332	90	10.266	1418.12	45.7176	0.7477
3.7740	833.1543	100	10.625	1418.12	46.6754	0.7823

根据表中数据可得截割比能耗与切削厚度的关系图，如图 3-77 所示。从图中可以看出，在滚筒结构参数和截齿结构参数不变的情况下，随着切削厚度的增大，截割比能耗以指数形式减小。

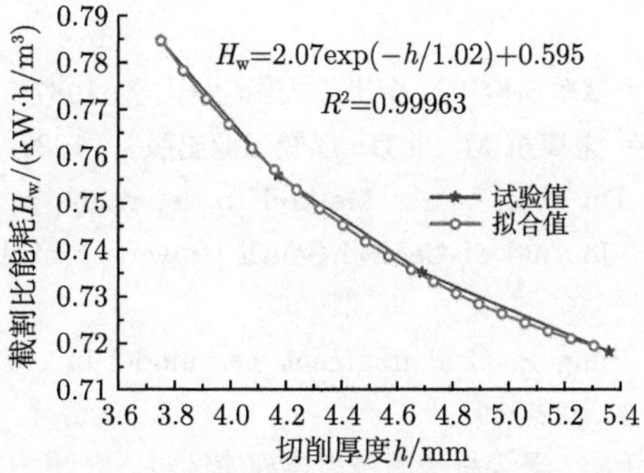

图 3-77 截割比能耗与切削厚度的关系

为研究滚筒截割块煤率与切削厚度的关系，对不同切削厚度试验条件下的截落煤岩均进行了粒度分级，其结果如表 3-44 所示。根据表中数据并按本书块煤的标准，得到不同转速下滚筒截割块煤率与切削厚度的关系图，如图 3-78 所示。从图中可以看出，块煤率与切削厚度呈指数形式变化，并随着切削厚度的增大而增大。由此可知，当牵引速度一定时，滚筒转速增大将导致块煤率减小。

表 3-44　不同切削厚度滚筒截割块度累积率

切削厚度/mm	0~10mm	0~15mm	0~20mm	0~25mm	0~30mm
5.3657	69.38	74.24	84.84	93.46	97.84
4.6725	72.41	76.33	85.41	94.76	98.26
4.2567	73.96	79.18	87.29	94.02	97.91
3.7740	77.04	82.28	89.60	93.84	98.21

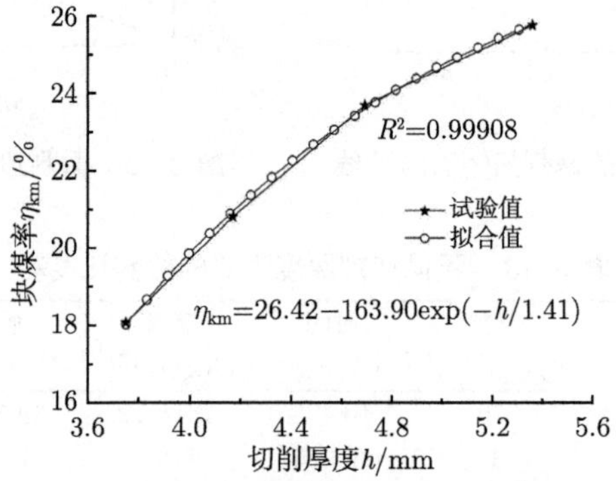

图 3-78　块煤率与切削厚度的关系图

参考文献

[1] 刘送永. 采煤机滚筒截割性能及截割系统动力学研究[D]. 徐州: 中国矿业大学, 2009.

[2] 王启广, 谢锡纯, 陈飞, 等. 露天采煤机工作装置的模拟截割试验[J]. 中国矿业大学学报, 1996, 25(4): 12-16.

[3] 陈翀. 采煤机滚筒模型试验研究[D]. 徐州: 中国矿业大学, 1987.

[4] 李昌熙, 沈立山, 高荣. 采煤机[M]. 北京: 煤炭工业出版社, 1988.

[5] Liu S Y, Cui X X, Du C L, et al. Method to determine installing angle of conical point attack pick[J]. Journal of Central South University of Technology, 2011, 18(6): 1994-2000.

[6] Liu X H, Liu S Y, Tang P. Coal fragment size model in cutting process[J]. Powder Technology, 2015, 272: 282-289.

[7] 刘送永, 杜长龙, 崔新霞. 采煤机滚筒截齿排列的试验研究[J]. 中南大学学报 (自然科学版), 2009, 40(5): 1281-1287.

[8] 刘送永, 杜长龙, 崔新霞, 等. 不同齿身锥度和合金头直径截齿的截割试验[J]. 煤炭学报, 2009, 34(9): 1276-1280.

[9] 李昌熙, 沈立山, 高荣. 采煤机[M]. 北京: 煤炭工业出版社,1988.

[10] 刘送永, 杜长龙, 崔新霞, 等. 采煤机滚筒运动参数的分析研究[J]. 煤炭科学技术, 2008, 36(8): 62-64.

第 4 章　滚筒装煤性能研究

滚筒的装煤性能是评价滚筒性能的一个重要指标，装煤性能差的滚筒不仅会增加浮煤产量，降低开采效率，还会增加滚筒载荷和粉尘产量，加剧刀具磨损。因此，本章利用不同截割性能的滚筒进行截割装煤试验，研究煤岩粒度分布对滚筒装煤性能的影响情况；进一步，用正交试验的方法研究筒毂直径、截深、叶片螺旋升角与滚筒转速、牵引速度对滚筒装煤率影响的显著性，以期获得影响滚筒装煤性能的主要因素。且由于受到试验条件限制，在试验过程中无法获得颗粒的运动特性，装煤过程中滚筒与煤颗粒间作用的机理分析以及煤颗粒与煤颗粒间作用的机理难以观察。因此，通过借助三维离散元软件 PFC3D 模拟滚筒的装煤过程，重点研究颗粒参数和墙体参数对滚筒装煤性能的影响规律，并借助试验找寻合适的滚筒参数取值，最后根据前述部分试验条件对滚筒装煤过程进行仿真，通过对比仿真和试验的宏观结果来验证仿真的准确性。

4.1　滚筒装煤性能研究方案

4.1.1　滚筒装煤试验方案设计

4.1.1.1　试验煤壁材料的配制

在滚筒装煤试验中，采用表 3-4 所示滚筒进行装煤试验研究。以本试验为例，本试验共 100 组，假设试验中不出现失败案例，结合煤壁箱尺寸进行计算，试验需使用煤粉 30 余吨，按市场价格计算花费较大，且这些煤粉使用后再次利用的价值不高，往往直接抛掉，造成资源的浪费。况且，本章节的研究对象为滚筒的装煤性能，研究的重点是滚筒结构参数和工作参数对其输送性能的影响，只要试验材料在密度、摩擦系数和松散系数方面与煤粉相似即可。为此，寻找一种廉价的试验材料替代煤粉成为滚筒装煤研究首先要解决的问题之一。

通过对目前市场上的建材原材料的分析对比发现，原煤燃烧后的煤灰 (仍含有少量煤成分) 在性质上与煤粉有很多相似之处。但是，由于煤灰是原煤成分的一部分，在密度上，煤灰密度略小于煤粉，在摩擦系数上，煤灰的自然堆积角略大于煤粉的自然堆积角。为此，试验之前分别按照煤灰/煤粉 : 水泥 : 水 =6 : 1 : 1.5、5 : 1 : 1.2 和 4 : 1 : 1 的比例配制了试样 (图 4-1)，并对其进行了单轴抗压试验、滑动摩擦系数测定和松散系数测定：利用 MTS815.02 型电液伺服试验机对所配制的 6 种试样的抗压强度进行了测量，图 4-2 为试样的应力–应变曲线；滑动摩擦系数的测定采用最为简单的测定方法，即利用高精度电子弹簧秤拉着载有砝码的铁块在配制的人工试块上对试块与铁块间的摩擦力进行测量，并通过计算得到了试块与铁块间的摩

(a) 煤粉试样　　(b) 煤灰试样

图 4-1　人工试样

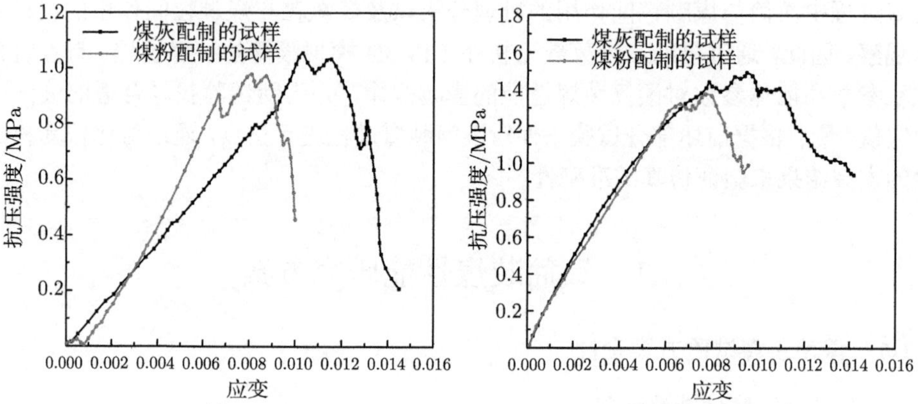

(a) 6∶1∶1.5　　(b) 5∶1∶1.2

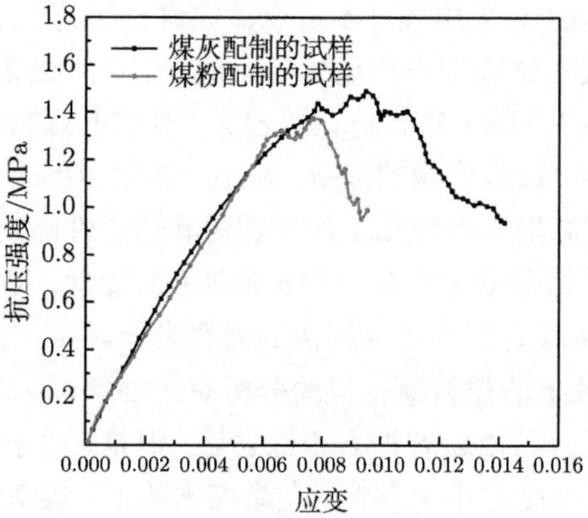

(c) 4∶1∶1

图 4-2　试样的应力–应变曲线

擦系数；利用量筒对图 4-1 试样破碎后的体积进行了测量 (最大破碎粒度小于等于 2 mm)，并通过与试样破碎前体积的比较，得到了试样的松散系数，试样材料的物理性质如表 4-1 所示。

表 4-1 试样材料的物理性质

配比材料	比例	抗压强度/MPa	弹性模量/MPa	密度/(kg/m^3)	松散系数	滑动摩擦系数
煤粉：水泥：水	6:1:1.5	0.97	110.67	1307.3	1.33	0.54
煤灰：水泥：水	6:1:1.5	1.06	102.40	1204.4	1.27	0.58
煤粉：水泥：水	5:1:1.2	1.38	180.61	1366.2	1.35	0.52
煤灰：水泥：水	5:1:1.2	1.49	157.98	1241.9	1.30	0.55
煤粉：水泥：水	4:1:1	1.84	303.43	1392.7	1.39	0.51
煤灰：水泥：水	4:1:1	2.06	254.66	1282.8	1.32	0.53

从以上数据可以看出，利用两种材料同比例配制的试样在其基本物理性质上十分接近，煤粉配制的试样的抗压强度、滑动摩擦系数略小于煤灰配制的试样，弹性模量、密度、松散系数略大于煤灰配制的试样。由此可见，煤灰可以作为一种替代材料配制人工煤壁，本章所有试验皆采用按照煤灰：水泥：水 =6:1:1.5 所配制的人工煤壁。

4.1.1.2 试验方法的确定

本章试验主要用于研究滚筒结构参数对滚筒装煤性能影响的规律，因此，装煤率的统计尤为关键。本章试验台采用图 3-6 所示煤岩截割试验台，由于该试验台与采煤机滚筒实际工作的环境有很大区别，截落煤被装运后的分布情况无法按照真实采煤情况进行统计。经过系统的分析，为减小试验误差，特对试验中有效装煤量的统计区域进行了划分，在牵引方向上，有效装煤区域从轴承座的滚筒截煤侧开始，在滚筒轴向上，有效装煤区域从煤壁边缘开始，如图 4-3 所示。该划分方法与实际情况的区别在于忽略了出煤口到刮板机中部槽的距离，但好处在于降低了因出煤口煤体堆积不同导致的统计误差。另外，该划分方法还忽略了从滚筒后半侧和从滚筒后侧浮煤区落到滚筒截深外的煤量。本试验所采用的采煤机滚筒直径较小、摇臂厚度相对较大，在前滚筒截割输煤过程中从滚筒后半侧输出的煤和滚筒后侧的浮煤由于受到摇臂的阻挡无法进入刮板输送机内，因此，按照本划分方法获得的试验结果与采煤机前滚筒的工作情况更为相近。又由于该采煤机的前滚筒截割相当于采高 80%左右的煤岩，利用所提出的划分方式更有利于指导真实采煤机滚筒的结构设计和工作参数选择。除此之外，该试验台可实现滚筒的左、右进刀，使得该试验台可以分别研究抛射装煤和推挤装煤对装煤性能的影响，具体实施情况如图 4-4 所示。

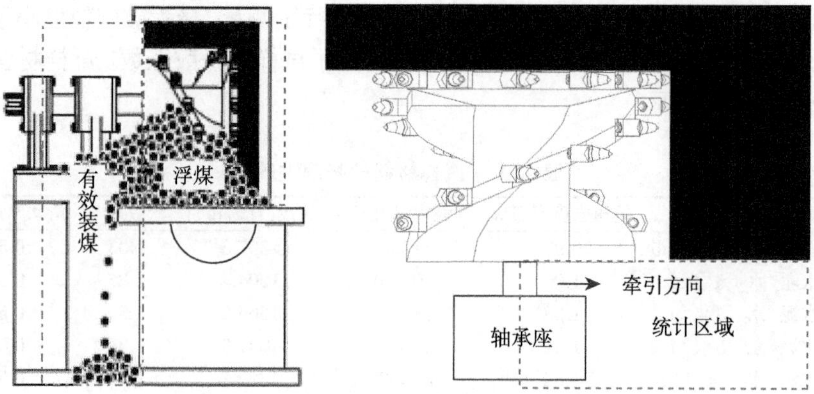

(a) 主视图 (b) 俯视图

图 4-3 有效装煤区域示意图

(a) 推挤装煤 (b) 抛射装煤

图 4-4 两种装煤方式

4.1.1.3 牵引速度的控制

由于本试验台采用的电机为恒扭矩电机，使用变频调速时，能够保证扭矩恒定和转速恒定，转速的控制能够完全达到试验要求。但由于该试验台的牵引系统采用恒功率调速控制，不同条件下滚筒切削产生的进给阻力不同，将会使煤壁的牵引速度有很大变化，从而影响试验结果。在文献 [2,3] 的研究中可以看出，在设定空载速度为 1m/min 进行切削试验时，煤壁的实际负载牵引速度要小于该值，图 4-5 为文献 [4] 中截割扭矩和牵引速度的统计量。从图 4-5 可以看出，滚筒截割扭矩与牵引速度虽然有一定的线性关系，但方差较大，这主要是由于截齿结构参数、安装参数和滚筒结构参数的不同导致其在牵引方向上的截割力分量有很大区别。又由于本次试验所使用的煤壁性质与文献 [4] 的煤壁性质也有区别，截割扭矩的变化情况也会有很大不同且无法预测，因此，本书通过试割的方法来保证所需的牵引速度，以此来降低因牵引速度误差导致的装煤率统计误差。

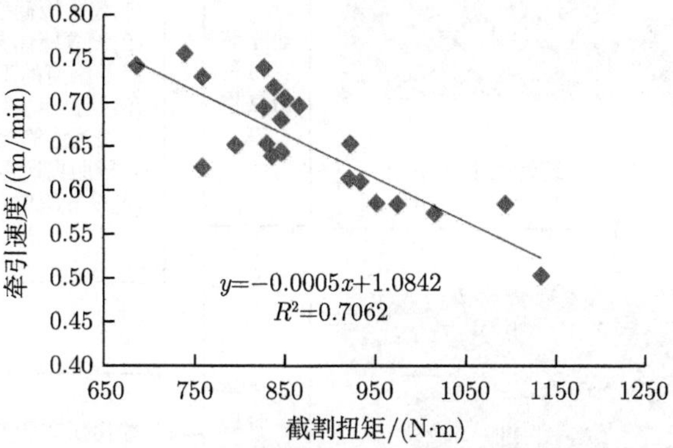

图 4-5 截割扭矩与牵引速度的统计量

4.1.2 滚筒装煤仿真模型

尽管 PFC3D 与 CAD 软件相结合能够构建与真实滚筒几何结构相同的墙体模型，但是该方法要求大量的墙体数量以描述滚筒的结构，从而造成运算量的急剧增大。为此，本章对滚筒的结构进行了简化，利用 PFC3D 中自带的墙体形式来描述滚筒的结构，图 4-6 是滚筒简化模型。模型中筒毂由圆柱面构成，叶片由螺旋面构成，截齿由圆锥面和圆柱面组合构成，端盘由圆锥面构成。

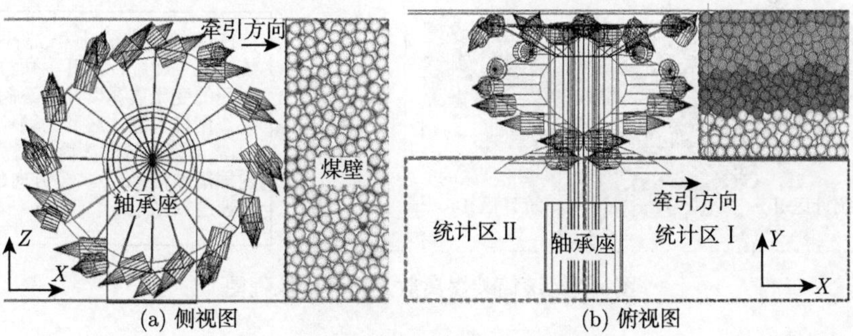

图 4-6 滚筒和煤壁的组合仿真模型

在滚筒装煤性能的试验研究中，试验是在滚筒至少开出半个滚筒直径的豁口后才正式开始进行，此时滚筒后方和轴承座左侧都会堆积一定量的煤，这些堆积的煤对滚筒的装煤性能会造成影响。本章研究的主要内容是离散元模拟方法用于滚筒装煤过程模拟的可行性和准确性，因此验证性的仿真模型和仿真过程应尽量与试验的实际情况相一致。为此，滚筒装煤的验证性仿真按照图 4-7 所示的流程完成。

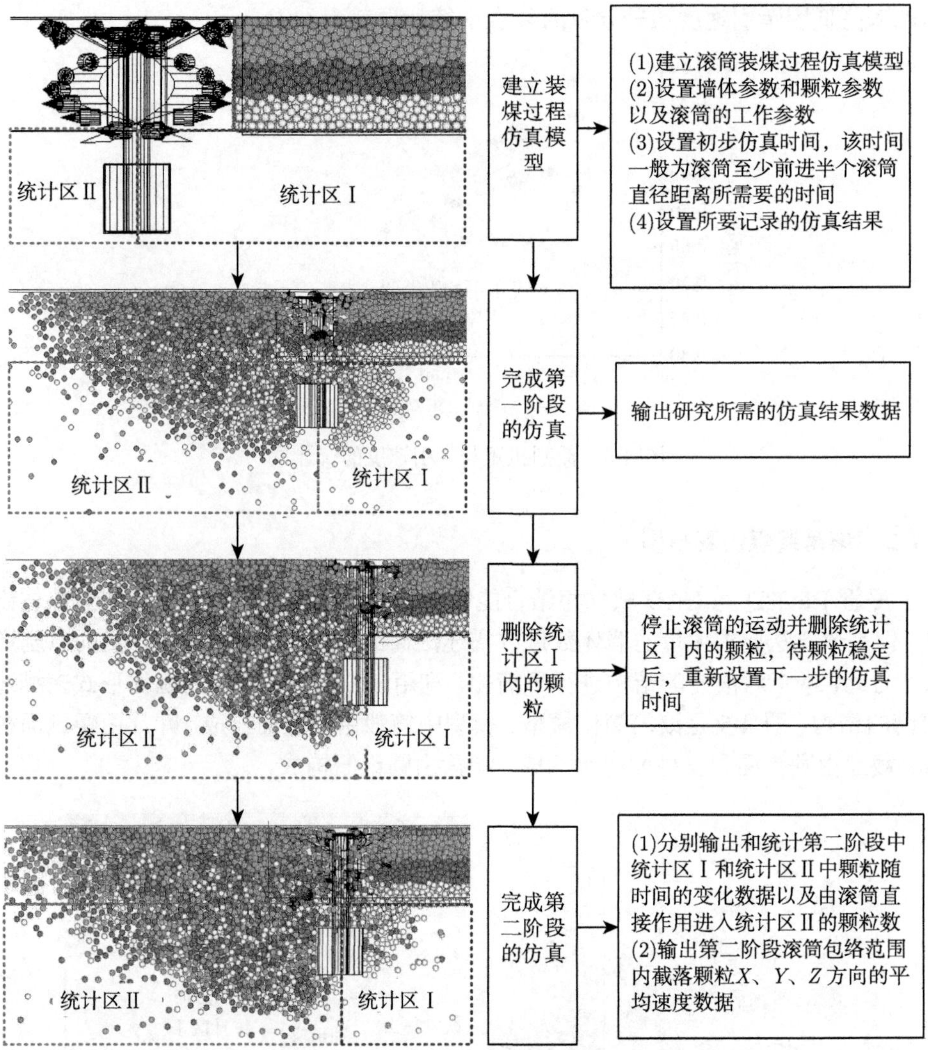

图 4-7　滚筒装煤离散元仿真的流程图

从图 4-7 可以看出滚筒装煤过程的仿真将抛出的颗粒统计区化分成两部分，统计区 I 和统计区 II。滚筒装煤性能试验所涉及煤体质量的统计范围是统计区 I，而在滚筒的实际装煤过程中会有一定数量的煤运动到统计区 II 中，这部分煤有的来自滚筒的装运作用，有的来自滚筒后侧浮煤的堆积垮落。装煤性能仿真所要统计的主要参数包括进入统计区 I 和统计区 II 的颗粒累积质量、由滚筒直接作用进入统计区 II 的颗粒累积质量、滚筒包络范围内截落颗粒 X、Y、Z 方向的平均速度。颗粒累积质量的统计主要用来研究不同滚筒的输送性能和颗粒在滚筒作用下的分布情况。滚筒包络范围内截落颗粒 X、Y、Z 方向的平均速度主要用来研究颗粒在滚筒作用下切向速度和轴向速度的变化，探究不同装煤方式下颗粒速度与装煤机理间的关系。

4.2 滚筒装煤性能的三因素正交试验研究

由于滚筒的结构参数和运动参数间存在交互影响的现象，仅使用单一因素试验法无法反映各因素间的交互影响，而利用全面试验法工作量较大、投入较高。正交试验法能够在将影响因素包含在内的前提下降低试验的次数，得到各因素影响的显著性特征，为此，本书将在已有的条件下利用正交试验的方法开展进一步试验研究。本节利用三因素三水平正交试验的方法分别研究筒毂直径、截深和叶片螺旋升角与滚筒转速、牵引速度对装煤率的交互影响。根据前面的分析可知，该试验台的牵引速度采用恒功率控制，牵引速度无法达到恒定，为了降低牵引速度误差导致的影响，在正交试验中，滚筒的实际牵引速度与名义牵引速度的误差将控制在 5%以内。

4.2.1 筒毂直径、牵引速度、滚筒转速

本试验所使用的滚筒如图 4-8 所示，筒毂直径分别为 150mm、180mm、210mm，试验中采用的截深仍为 0.45m，人工煤壁抗压强度为 1.06MPa(煤灰:水泥:水 = 6:1:1.5)。表 4-2 为抛射装煤条件下，筒毂直径、牵引速度和滚筒转速对滚筒装煤性能影响的正交试验结果，表 4-3 为三因素对滚筒抛射装煤影响的显著性分析结果。

(a) 150mm　　(b) 180mm　　(c) 210mm

图 4-8　三种不同筒毂直径的试验滚筒

由表 4-3 可以看出，在本试验条件下，滚筒抛射装煤率主要受滚筒的转速和牵引速度的影响，筒毂直径对滚筒装煤率的影响不显著。滚筒的转速主要影响煤流的切向速度和轴向速度，牵引速度和滚筒转速匹配主要影响单位时间落煤量和滚筒内煤体的填充情况，筒毂直径主要影响滚筒容积，滚筒转速、牵引速度和筒毂直径共同决定滚筒内是否会出现堵煤情况。从 4.1 节筒毂直径对滚筒装煤性能影响的

试验分析可知，滚筒堵煤对滚筒装煤率有很大影响，根据本次的试验条件和滚筒最小转速的计算方法可知，在第 7 组试验滚筒将出现堵煤现象，这是其试验装煤率较低的主要原因。由表 4-2 还可发现，第 6 组试验装煤率远远低于第 7 组试验装煤率，这主要是由于煤体在滚筒叶片作用下离心力产生的影响。根据叶片螺旋升角对滚筒装煤性能影响的试验分析可知，煤体受到的离心力是影响滚筒装煤率的一个重要因素，当滚筒内煤的填充量较小时滚筒装煤率会大幅度下降。第 6 组试验的牵引速度较低、转速较高，煤体在离心力的作用下径向运动剧烈，从而严重影响了滚筒的装煤率，该组试验再次表明了滚筒装煤过程中避免离心力作用的重要意义。筒毂直径影响的非显著性说明因筒毂直径较大而导致的筒毂单转容积不足可通过改变滚筒转速和牵引速度的匹配关系来调节。

表 4-2　筒毂直径、牵引速度和滚筒转速对滚筒装煤性能影响的正交试验结果 (抛射装煤)

序号	筒毂直径/mm	转速/(r/min)	牵引速度/ (m/min)	装煤率/%
1	150	45	0.5	58.5
2	150	70	1.0	62.8
3	150	105	1.5	52.1
4	180	45	1.0	68.5
5	180	70	1.5	64.7
6	180	105	0.5	38.3
7	210	45	1.5	48.9
8	210	70	0.5	54.4
9	210	105	1.0	57.3

表 4-3　三因素对滚筒抛射装煤影响的显著性分析结果 (筒毂直径、牵引速度和滚筒转速)

方差来源	筒毂直径	转速	牵引速度	误差 E	总和 T
离差平方和	31.81	222.32	237.05	176.17	667.34
自由度	2.00	2.00	2.00	2.00	8.00
均方 (MS)	15.90	111.16	118.52	88.08	
F 值	0.18	1.26	1.35		

表 4-4 是推挤装煤条件下，筒毂直径、牵引速度和滚筒转速对滚筒装煤性能影响的正交试验结果，表 4-5 为三因素对滚筒推挤装煤影响的显著性分析结果。

由表 4-5 可以看出，在本试验条件下，滚筒推挤装煤率主要受牵引速度的影响最为严重，滚筒转速次之，筒毂直径对滚筒装煤率的影响最不显著。根据单因素影响的分析可知，推挤装煤下，滚筒叶片下煤体的堆积情况是影响滚筒装煤率的主要原因，叶片下煤体的堆积情况主要由牵引速度和滚筒转速决定。图 4-9 是牵引速度与滚筒转速的比值与滚筒装煤率的关系曲线。从该图可以看出，牵引速度与滚筒转速的比值与滚筒装煤率间具有较好的线性关系，且滚筒装煤率随牵引速度与滚筒转

表 4-4　筒毂直径、牵引速度和滚筒转速对滚筒装煤性能影响的正交试验结果 (推挤装煤)

序号	筒毂直径/mm	转速/(r/min)	牵引速度/(m/min)	装煤率/%
1	150	45	0.5	33.3
2	150	70	1.0	44.6
3	150	105	1.5	42.2
4	180	45	1.0	48.7
5	180	70	1.5	56.3
6	180	105	0.5	27.1
7	210	45	1.5	62.8
8	210	70	0.5	30.4
9	210	105	1.0	38.4

表 4-5　三因素对滚筒推挤装煤影响的显著性分析结果 (筒毂直径、滚筒转速和牵引速度)

方差来源	筒毂直径	转速	牵引速度	误差 E	总和 T
离差平方和	30.72	235.07	835.47	29.04	1130.30
自由度	2.00	2.00	2.00	2.00	8.00
均方 (MS)	15.36	117.53	417.73	14.52	
F 值	1.06	8.09	28.77		

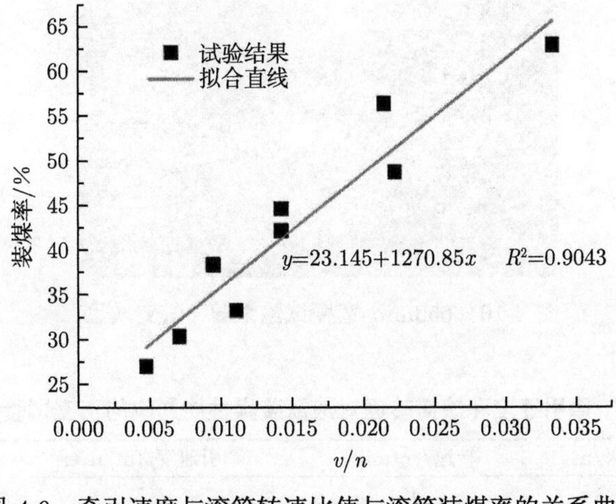

图 4-9　牵引速度与滚筒转速比值与滚筒装煤率的关系曲线

速比值的增大而增大，再次验证了推挤装煤条件下叶片下煤体的堆积高度是影响滚筒装煤率的主要因素这一推论的正确性。从表 4-5 可以看出，牵引速度对滚筒装煤率的影响明显强于滚筒转速对滚筒装煤率的影响，其主要原因是：滚筒转速一定的情况下，滚筒牵引速度的增加不仅能够提高单位时间落煤量，滚筒筒毂和叶片还能在牵引方向上给予煤体较大的侧应力，而该侧应力不仅能够减小煤体从筒毂下自行滑落的数量，还有助于缩短叶片推力在煤体内部的传递速度，从而提高煤体轴向运动的概率、增加滚筒装煤率。因此，在进行推挤装煤滚筒参数选择时，在允许的范围应尽量增加滚筒的牵引速度。

根据两次的正交试验结果可知，筒毂直径对滚筒的装煤效果影响不显著，但该结论仅仅是建立在本次试验的条件下，试验中所采用的滚筒虽然筒毂直径不同，但每个滚筒都具有了足够的叶片深度，结合筒毂直径对滚筒装煤性能影响的试验分析结果可知，当叶片深度继续减小，滚筒将会因堵煤等原因使其抛射装煤率降低。因此，在进行滚筒结构设计和工作参数选择时应首先考虑滚筒的容煤体积。

4.2.2　滚筒截深、牵引速度、滚筒转速

本试验所使用的滚筒如图 4-10 所示，滚筒宽度为 650mm，试验中所使用的人工煤壁抗压强度为 1.06MPa(煤灰∶水泥∶水 =6∶1∶1.5)。表 4-6 为抛射装煤条件下，滚筒截深、牵引速度和滚筒转速对滚筒装煤性能影响的正交试验结果，表 4-7 为三因素对滚筒抛射装煤影响的显著性分析结果。

图 4-10　650mm 宽度试验滚筒 (正交试验)

表 4-6　滚筒截深、牵引速度和滚筒转速对滚筒装煤性能影响的正交试验结果 (抛射装煤)

序号	截深/m	转速/(r/min)	牵引速度/(m/min)	装煤率/%
1	0.3	45	0.5	71.4
2	0.3	70	1.0	76.2
3	0.3	105	1.5	64.8
4	0.4	45	1.0	64.7
5	0.4	70	1.5	73.8
6	0.4	105	0.5	36.6
7	0.5	45	1.5	46.1
8	0.5	70	0.5	42.4
9	0.5	105	1.0	49.2

表 4-7 三因素对滚筒抛射装煤影响的显著性分析结果 (滚筒截深、牵引速度和滚筒转速)

方差来源	截深	转速	牵引速度	误差 E	总和 T
离差平方和	1225.53	814.16	404.33	188.17	2632.18
自由度	2.00	2.00	2.00	2.00	8.00
均方 (MS)	612.76	407.08	202.16	94.08	
F 值	6.51	4.33	2.15		

从表 4-6 可以看出，滚筒的截深对滚筒抛射装煤率的影响最为显著，滚筒转速次之，牵引速度的影响最小。由理论最大截深的计算公式可知，由于该滚筒的叶片螺旋升角较大导致其理论最大截深在 0.418m 左右，同时，根据 4.2.1 节试验结果分析可知该滚筒的实际最大允许截深可能低于 0.4m，因此，在本试验条件下，随着截深的增加煤体越过筒毂被抛到采空区的概率显著加大，这是截深对滚筒装煤率影响最为显著的主要原因。由于截深的影响，煤体在未到达滚筒出煤口时已经被抛到滚筒后侧，当滚筒转速较小时，煤体有足够的时间依靠自身的重力在滚筒上产生向下相对滑动，从而有利于装煤率的增加；当滚筒转速较大时，煤体依靠自身重力产生相对滑动的效果明显下降，其运动主要受到叶片切向速度和轴向速度的影响，根据螺旋升角为 21° 时煤体切向速度与轴向速度随转速的变化曲线可知，切向速度的增加幅度明显高于轴向速度，这是滚筒转速影响仅次于截深的主要原因。结合截深对滚筒抛射装煤性能影响的试验分析可以看出，当采用较大截深滚筒时，应尽量采用小升角滚筒，同时适当降低滚筒转速和牵引速度，以保证煤体在叶片上的滑动和滚筒内的煤体填充量。

表 4-8 为推挤装煤条件下，滚筒截深、牵引速度和滚筒转速对滚筒装煤性能影响的正交试验结果，表 4-9 为三因素对滚筒推挤装煤影响的显著性分析结果。在本试验中，由于采用大牵引速度小滚筒转速时，滚筒出现了卡转现象，扭矩传感器的显示数值超过了电机的最大扭矩，为了保证试验的正常进行和因素间的对应关系，将牵引速度由原来的 0.5m/min、1m/min、1.5m/min 变为 0.5m/min、0.75m/min、1m/min。

从表 4-9 可以看出，推挤装煤条件下，滚筒截深对装煤率的影响仍然较为显著；从其 F 值与滚筒转速和牵引速度对应的 F 值可以看出，截深对推挤装煤率的影响要大于其对抛射装煤率的影响；滚筒转速对装煤率影响的显著性仍大于牵引速度，其主要原因可能是由于本次试验所采用的牵引速度取值区间较小，在该取值范围内落煤量很难达到滚筒内填充量的要求。

结合截深对滚筒装煤率影响的单因素试验分析可以看出，当滚筒截深较大时，抛射装煤率要好于推挤装煤率。由于采煤机滚筒截深较大，在设计时其直径一般为采高的 0.7~0.85 左右，且由于前滚筒截煤量占绝大部分，为此建议采煤机前滚筒采用抛射装煤方式。

表 4-8　滚筒截深、牵引速度和滚筒转速对滚筒装煤性能影响的正交试验结果 (推挤装煤)

序号	筒毂直径/mm	转速/(r/min)	牵引速度/(m/min)	装煤率/%
1	0.3	45	0.50	62.9
2	0.3	70	0.75	62.3
3	0.3	105	1.00	58.4
4	0.4	45	0.75	55.3
5	0.4	70	1.00	57.7
6	0.4	105	0.50	34.5
7	0.5	45	1.00	45.6
8	0.5	70	0.50	31.1
9	0.5	105	0.75	26.3

表 4-9　三因素对滚筒推挤装煤影响的显著性分析结果 (滚筒截深、牵引速度和滚筒转速)

方差来源	截深	转速	牵引速度	误差 E	总和 T
离差平方和	1086.65	352.01	184.03	3.38	1626.06
自由度	2.00	2.00	2.00	2.00	8.00
均方 (MS)	543.32	176.00	92.01	1.69	
F 值	321.49	104.14	54.45		

4.2.3　叶片螺旋升角、牵引速度、滚筒转速

本试验所使用的滚筒如图 4-11 所示，滚筒宽度 330mm，试验截深 300mm，试验中所使用人工煤壁抗压强度为 1.06MPa(煤灰 : 水泥 : 水 =6 : 1 : 1.5)。表 4-10 为抛射装煤条件下，滚筒叶片螺旋升角、牵引速度和滚筒转速对滚筒装煤性能影响的正交试验结果，表 4-11 为三因素对滚筒抛射装煤影响的显著性分析结果。

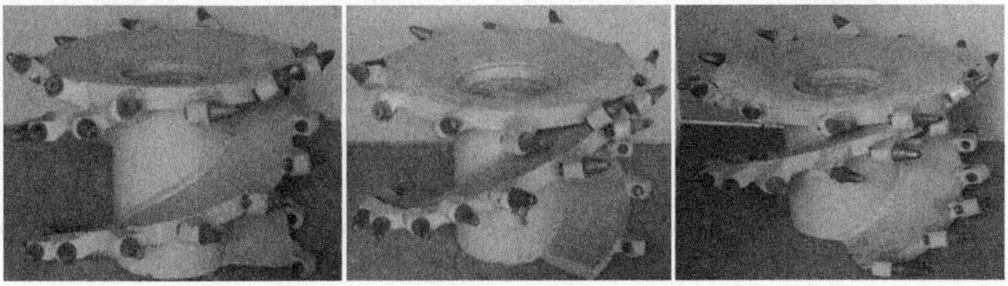

(a) $\alpha_{cp}=15°$　(b) $\alpha_{cp}=18°$　(c) $\alpha_{cp}=21°$

图 4-11　三种不同叶片螺旋升角的试验滚筒

表 4-10 叶片螺旋升角、牵引速度和滚筒转速对滚筒装煤性能影响的正交试验结果 (抛射装煤)

序号	螺旋升角/(°)	转速/(r/min)	牵引速度/(m/min)	装煤率/%
1	15	45	0.5	74.1
2	15	70	1.0	81.6
3	15	105	1.5	71.7
4	18	45	1.0	77.4
5	18	70	1.5	78.9
6	18	105	0.5	64.3
7	21	45	1.5	76.3
8	21	70	0.5	69.2
9	21	105	1.0	63.1

表 4-11 三因素对滚筒抛射装煤影响显著性分析结果

(叶片螺旋升角、牵引速度和滚筒转速)

方差来源	螺旋升角	转速	牵引速度	误差 E	总和 T
离差平方和	60.41	195.96	67.31	6.36	330.04
自由度	2.00	2.00	2.00	2.00	8.00
均方 (MS)	30.20	97.98	33.65	3.18	
F 值	9.49	30.80	10.58		

从表 4-11 可以看出，抛射装煤条件下，滚筒的装煤性能受转速的影响较为显著，牵引速度和螺旋升角的影响次之。这主要是由于本次试验所选择的滚筒截深较小，不存在堵煤和滚筒截深小于理论最大截深的问题，因此，煤体在叶片作用下的运动路径成为影响滚筒装煤率的关键。根据 4.1 节中有效装煤区的划分可知，当滚筒转速较大时，煤体将被抛到轴承座后侧成为浮煤，从而使其装煤率下降，这是转速为 105r/min 时滚筒装煤率普遍低于其他转速装煤率的主要原因。根据螺旋升角和牵引速度的 F 值可知，该试验条件下，牵引速度和叶片螺旋升角对滚筒装煤率的影响相当。根据单因素装煤性能研究可知，叶片螺旋升角小于 18° 时煤体获得的轴向速度大于切向速度，随着滚筒转速的增加煤体轴向速度与切向速度的差值越来越大，这是第 3 组试验结果与其他组试验结果比较仍具有较高装煤率的主要原因。由此可推断，增加滚筒转速并减小叶片螺旋升角是在保证滚筒装煤率前提下提高煤体轴向输出速度的有效方式之一。

表 4-12 为推挤装煤条件下，滚筒叶片螺旋升角、牵引速度和滚筒转速对滚筒装煤性能影响的正交试验结果，表 4-13 为三因素对滚筒推挤装煤影响的显著性分析结果。

表 4-12 叶片螺旋升角、牵引速度和滚筒转速对滚筒装煤性能影响的正交试验结果 (推挤装煤)

序号	螺旋升角/(°)	转速/(r/min)	牵引速度/(m/min)	装煤率/%	牵引速度与转速比值
1	15	45	0.5	59.50	0.0111
2	15	70	1.0	69.70	0.0143
3	15	105	1.5	68.19	0.0143
4	18	45	1.0	69.16	0.0222
5	18	70	1.5	63.22	0.0214
6	18	105	0.5	48.33	0.0048
7	21	45	1.5	61.29	0.0333
8	21	70	0.5	46.62	0.0071
9	21	105	1.0	56.69	0.0095

表 4-13 三因素对滚筒推挤装煤影响的显著性分析 (叶片螺旋升角、牵引速度和滚筒转速)

方差来源	螺旋升角	转速	牵引速度	误差 E	总和 T
离差平方和	179.22	47.63	351.15	4.71	582.71
自由度	2.00	2.00	2.00	2.00	8.00
均方 (MS)	89.61	23.81	175.58	2.36	
F 值	38.02	10.10	74.50		

由表 4-13 可以看出，推挤装煤条件下，滚筒的牵引速度对装煤率的影响最为显著，螺旋升角次之，滚筒转速影响最小。导致牵引速度影响最为显著的理由与前面滚筒筒毂直径、牵引速度和滚筒转速正交试验中牵引速度影响显著的理由相似，都是由于叶片煤体的堆积情况导致。但不同的是本试验中螺旋升角对推挤装煤率的影响比滚筒转速的影响显著，其主要原因是因为叶片螺旋升角的不同导致叶片对煤流产生的推挤力方向不同，从而导致应力在煤流内的传播方向不同，应力的传播方向决定着煤流的运动方向。叶片螺旋升角越小，叶片推力方向越偏向轴向方向，即煤流沿轴向方向运动的可能性较大，即滚筒装煤率越高。从表 4-12 还可以看出，当滚筒叶片螺旋升角为 15° 时，即使单转切削量较小，叶片下煤体堆积量不足，滚筒也能获得较好的装煤率，由此可以看出，滚筒选择较小的叶片螺旋升角对滚筒装煤率的提高具有重要的意义。

4.3 煤岩性质对滚筒装煤效果的仿真研究

由于本章节所采用的接触模型为接触刚度模型，颗粒参数主要包括颗粒半径、颗粒密度、颗粒摩擦系数、颗粒法向刚度、颗粒切向刚度，墙体参数主要包括墙体切向刚度、墙体法向刚度和摩擦系数。这些参数可能会对滚筒的装煤性能产生影响，为此，为了得到各参数对滚筒装煤性能的影响规律、获得较为合适的颗粒参数，本书以 4.2 节中宽度为 330mm，叶片螺旋升角为 15°、18°、21° 和 24°，滚筒在转速 70r/min、牵引速度 1m/min 时抛射装煤和推挤装煤的试验结果为验证标准，研究颗粒参数和墙体参数的取值对滚筒装煤的影响。

4.3.1 仿真准确性的验证

为了进一步证明三维离散元方法用于滚筒装煤性能仿真研究的可行性和准确性，随机选择了一些试验与其对应条件的仿真结果进行对比，表 4-14 为不同试验条件下仿真结果与试验结果的对比。仿真中颗粒法向刚度和切向刚度为 1×10^4N/m、墙体法向刚度和切向刚度为 1×10^7N/m、颗粒密度为 1204.4kg/m^3、颗粒直径为 30mm、颗粒摩擦系数为 0.8、墙体摩擦系数为 0.58，滚筒转速与试验转速一致，表中第 9 组和第 12 组的仿真牵引速度为 1.27m/min，其他组牵引速度为试验牵引速度与松散系数 1.27 的乘积。

表 4-14 不同试验条件下仿真结果与试验结果的对比

序号	装煤方式	滚筒型号	截深/m	试验转速/(r/min)	试验牵引速度/(m/min)	试验装煤率/%	仿真装运率/%	相对误差/%
1	抛射装煤	(b)	0.45	45	1.01	60.60	64.78	6.90
2	抛射装煤	(c)	0.45	45	1.00	68.50	71.07	3.75
3	抛射装煤	(d)	0.45	45	0.99	74.30	77.13	3.81
4	推挤装煤	(a)	0.30	75	0.90	65.20	60.44	−7.30
5	推挤装煤	(a)	0.40	75	1.03	57.30	54.21	−5.39
6	推挤装煤	(a)	0.50	75	1.00	39.60	36.26	−8.43
7	抛射装煤	(g)	0.30	45	0.98	77.60	82.57	6.40
8	抛射装煤	(g)	0.30	70	0.98	78.60	81.89	4.19
9	抛射装煤	(g)	0.30	105	0.98	68.10	71.33	4.74
10	推挤装煤	(g)	0.30	45	0.95	66.77	62.19	−6.86
11	推挤装煤	(g)	0.30	70	0.99	61.83	57.59	−6.86
12	推挤装煤	(g)	0.30	105	1.01	56.69	40.28	−28.95
13	抛射装煤	(c)	0.45	45	0.79	73.50	80.20	9.12
14	抛射装煤	(c)	0.45	45	1.00	68.50	75.27	9.88
15	抛射装煤	(c)	0.45	45	1.32	61.20	59.32	−3.07

从表 4-14 可以看出除了第 12 组，其他所有仿真结果与试验结果的误差都能控制在 ±10%以内。在第 12 组对比仿真试验中，由于滚筒的转速较大，力在颗粒间的传递时间受到了很大限制，再加上仿真中所选用的颗粒粒径较大，颗粒推挤力的轴向传递效果差，使得颗粒非常容易被带到滚筒后侧，从而使仿真结果与试验结果相差较大。从第 12 组仿真试验和第 9 组仿真试验的对比情况来看，滚筒抛射装煤离散元仿真受到滚筒转速的影响较小，当滚筒转速较大时，推挤装煤仿真的准确性会明显下降。从表 4-14 第 15 组仿真结果可以看出，当滚筒牵引速度较大时，滚

筒装煤率的仿真结果会明显下降且下降的幅度高于试验装煤率的下降幅度，这说明滚筒装煤率仿真结果对滚筒堵塞的敏感程度大于试验的敏感程度。根据上述研究结果可以看出，在低转速条件下或者高转速滚筒抛射装煤条件下，利用三维离散元软件 PFC3D进行滚筒装煤过程的仿真是可行的。

4.3.2 颗粒直径

颗粒直径不仅影响单个颗粒本身的质量，还对仿真过程中整个颗粒群的接触有所影响。当颗粒直径较小时，充满单位体积所需要的颗粒数增加，滚筒装煤时与叶片的接触颗粒数增加，使叶片表面的接触更加均匀，但同时还会带来一些不利的影响。当颗粒直径减小时，颗粒的数量会成倍增加，仿真中颗粒的接触次数也会成倍增加，仿真所需要的时间会大幅度增加，因此选择合适的颗粒粒度对提高仿真准确性和仿真效率都具有重要意义。为此，本书仍以宽度为 330mm，叶片螺旋升角为 15°、18°、21° 和 24°，滚筒在转速 70r/min、牵引速度 1m/min 时的抛射装煤和推挤装煤的试验结果为验证标准，利用离散元软件仿真的方法对颗粒粒径对滚筒装煤过程的影响规律进行了研究。研究中，颗粒的摩擦系数为 0.8，墙体摩擦系数为 0.58，颗粒的法向刚度和切向刚度为 5×10^5N/m，墙体的法向刚度和切向刚度为 1×10^7N/m，颗粒密度为 1204.4kg/m^3，颗粒的直径分别取值 20mm、25mm 和 30mm，牵引速度为 1.27m/min，第二阶段的仿真时间仍为 10s。表 4-15 为颗粒直径对颗粒装运率影响的统计结果。

表 4-15 颗粒直径对颗粒装运率影响的统计结果

叶片螺旋升角	颗粒直径/mm	抛射装煤		推挤装煤	
		颗粒累积质量/kg	装运率/%	颗粒累积质量/kg	装运率/%
15°	20	25.77	82.09	19.44	61.38
	25	25.93	87.22	17.37	58.43
	30	22.49	90.94	15.71	56.52
18°	20	24.84	79.47	19.05	60.15
	25	24.91	84.16	16.88	56.79
	30	21.54	87.51	15.33	55.17
21°	20	24.54	78.65	18.72	59.10
	25	24.28	82.31	16.72	56.23
	30	21.06	85.80	15.02	54.07
24°	20	22.56	73.09	18.32	56.42
	25	24.28	77.34	15.92	53.55
	30	19.43	79.93	14.20	51.12

从表 4-15 可以看出：抛射装煤条件下颗粒的装运率随颗粒直径的增加而增加，且增加幅度越来越小；推挤装煤条件下颗粒的装运率随颗粒直径的增加而减小，且

减小的幅度越来越小。这主要是由于颗粒直径的增加导致颗粒质量和体积的增加，颗粒体积的增加使颗粒与叶片的接触点减小，叶片与颗粒间的摩擦减小。在抛射装煤条件下，叶片与颗粒间的摩擦减小再加上颗粒本身质量的增大使得颗粒与叶片相对滑动较为容易，又由于抛射装煤条件下颗粒间的作用力较小，从而使颗粒的装运率增加。在推挤装煤条件下，颗粒与叶片接触面积的减小使得叶片的作用力在颗粒上的分布不均匀，不利于叶片作用力的定向传播，除此之外，由于颗粒直径的增大，颗粒间的摩擦较小，颗粒的堆积高度较小，被截齿截落的颗粒容易直接滑落到滚筒后侧，从而使颗粒的装运率降低。图 4-12 是滚筒试验装煤率与不同颗粒直径下颗粒装运率的比较。从该图可以看出颗粒粒径对滚筒装煤性能的影响仍不能改变滚筒装煤性能随叶片螺旋升角增大而减小的趋势，减小颗粒粒径同时还能够提高滚筒装煤仿真结果与试验结果符合程度，有利于提高仿真的准确性，但需要花费较长的仿真时间。以本仿真为例，计算机同配置条件下，利用直径 30mm 的颗粒仿真 10s 的抛射装煤过程所需要的时间为 4h 左右，而利用直径 25mm 的颗粒仿真 10s 的抛射装煤过程则需要 11h，利用直径 20mm 的颗粒所需要的仿真时间达到了 35h，因此，颗粒粒径的选择要根据仿真需要来选择。除此之外，根据表 4-15 中不同颗粒直径的累积质量变化情况可以看出，直径较小的颗粒累积质量虽然大于直径较大颗粒的累积质量，但其装运率却小于直径较大的颗粒，这主要是不同直径的颗粒在等体积容积内的填充率不同所导致，即本仿真条件下小直径颗粒的填充率大于大直径颗粒的填充率所导致。

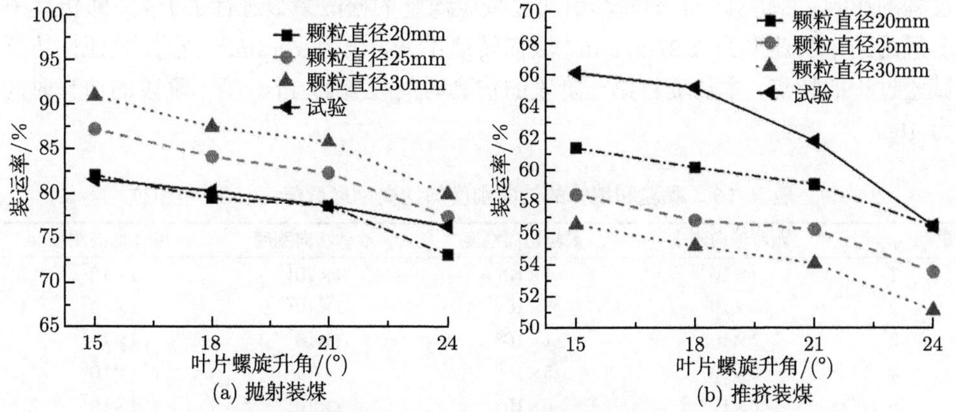

(a) 抛射装煤　(b) 推挤装煤

图 4-12　滚筒试验装煤率与不同颗粒直径下颗粒装运率的比较

4.3.3　颗粒刚度和墙体刚度

颗粒刚度包括颗粒法向刚度和颗粒切向刚度，墙体刚度包括墙体法向刚度和墙体切向刚度。颗粒和墙体的法向刚度和切向刚度不仅影响接触间的法向力和切向力，还对颗粒与颗粒间的滑移、颗粒与墙体间的滑移有影响，因此确定颗粒和墙体的法向刚度和切向刚度对滚筒的装煤性能研究尤为重要。根据已有散体物料输送离散元仿真中颗粒和墙体的切向刚度和法向刚度取值可知，颗粒和墙体的法向刚度和切向刚度一般取相同值，但其具体的取值方法到目前为止尚无定论，一些学者采用对圆筒内散体物料进行反复挤压，通过测量压力的变化来确定刚度，更多学者采用的是通过将不同取值下的仿真结果与实际结果进行对比来确定刚度。为此，根据 4.1.2 节所建立的滚筒装煤离散元模型，研究颗粒及壁面的法向刚度与切向刚度对滚筒装煤效果的影响。

根据滚筒装煤试验研究的过程可知，煤壁材料的密度为 1204.4kg/m^3，煤壁材料与钢的摩擦系数为 0.58。因此，颗粒和墙体刚度对滚筒装煤仿真结果的研究中所采用的颗粒密度为 1204.4kg/m^3，墙体摩擦系数为 0.58。颗粒的摩擦系数近似等于材料堆积休止角的正切值，为此，利用坡度仪对滚筒截落的煤壁材料的堆积角进行了测量，测量结果显示煤壁材料的堆积角为 38°~41°，即摩擦系数为 0.78~0.87，本仿真中暂且将颗粒摩擦系数取为 0.8。根据对散体物料的已有研究可知，输送同体积物料所需的仿真时间随着仿真颗粒粒度的增加呈幂指数形式增加，又根据 4.2 节及 4.3.2 节试验中截落颗粒的块度分布可知，截落后的颗粒粒度主要在 0~30mm，为了减少仿真时间，本仿真中选取的颗粒直径为 30mm，且采用的所有颗粒直径相同。仿真中颗粒和墙体的法向刚度和切向刚度取值如表 4-16 所示。由于仿真中煤壁截落后不会出现试验中的体积膨胀 (松散系数)，为了减小这一现象对滚筒装煤过程的影响，将仿真中的滚筒牵引速度按照煤壁的松散系数进行了扩大，即仿真中所采用的牵引速度为 1.27m/min，滚筒转速不变，仍为 70r/min。根据验证性仿真试验过程的特点，本仿真将第一阶段的仿真时间设置为 14s，第二阶段的仿真时间为 10s。

表 4-16　颗粒和墙体的法向刚度与切向刚度取值　　(单位：N/m)

代号	颗粒法向刚度	颗粒切向刚度	墙体法向刚度	墙体切向刚度
1	1×10^5	1×10^5	1×10^7	1×10^7
2	5×10^5	5×10^5	1×10^7	1×10^7
3	1×10^6	1×10^6	1×10^7	1×10^7
4	5×10^5	5×10^5	1×10^6	1×10^6
5	5×10^5	5×10^5	1×10^7	1×10^7
6	5×10^5	5×10^5	1×10^8	1×10^8

图 4-13 为仿真第二阶段进入统计区 I 中的颗粒累积质量随时间的变化曲线。从图可以看出，同种条件下，同一时刻抛射装煤的颗粒累积质量大于推挤装煤的颗粒累积质量，且抛射装煤颗粒累积质量随时间的变化大致呈线性增长趋势，推挤装煤颗粒累积质量随时间的变化呈非线性的增长趋势，颗粒累积质量增长率随着时

间的变化逐渐减小。这主要是由于抛射装煤条件下，颗粒的出口位置较高，统计区Ⅰ内堆积的颗粒对抛射装煤输出的颗粒影响较小；推挤装煤条件下，颗粒从滚筒下方被滚筒推出，统计区Ⅰ内堆积的颗粒会对推挤出的颗粒造成阻碍，随着统计区Ⅰ内颗粒的增加，颗粒被滚筒推挤到统计区Ⅰ的难度随之增加。从颗粒累积质量随时间的变化情况可以看出，颗粒的累积质量并非随时间一直增加，局部出现短暂的下降，这主要是由于进入统计区Ⅰ内的颗粒还有可能再次进入统计区Ⅱ，当进入统计区Ⅰ的颗粒数小于从统计区Ⅰ进入统计区Ⅱ的颗粒时累积质量将出现短暂的下降。

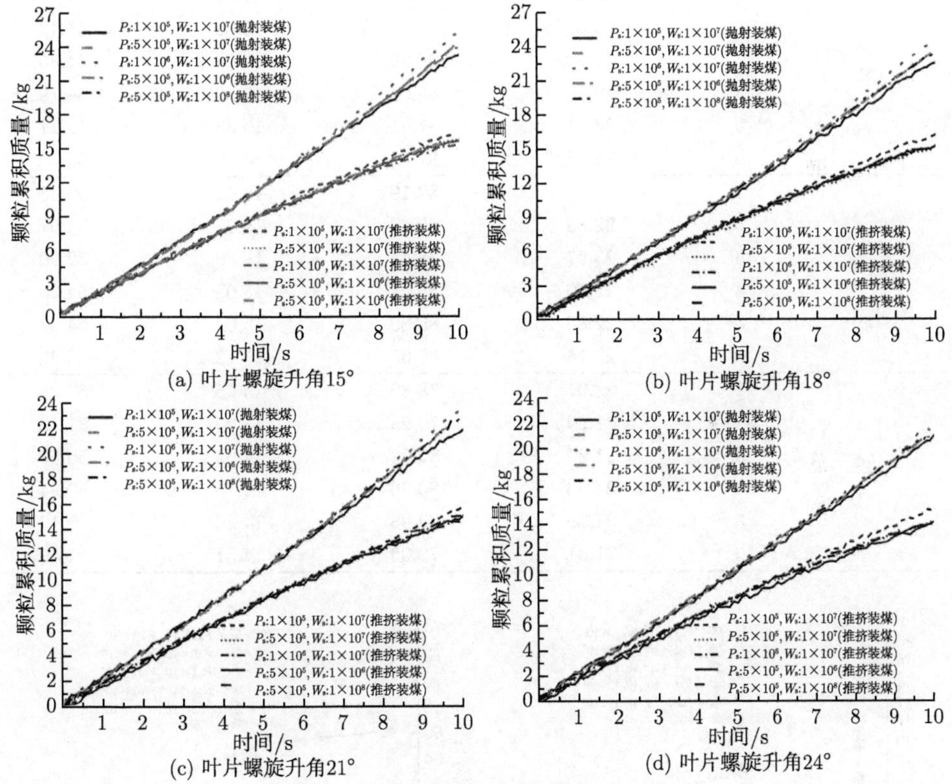

(a) 叶片螺旋升角15°　(b) 叶片螺旋升角18°

(c) 叶片螺旋升角21°　(d) 叶片螺旋升角24°

图 4-13　颗粒累积质量随时间的变化曲线

P_{s} 为颗粒刚度，W_{s} 为墙体刚度，单位：N/m

表 4-17 为颗粒和墙体刚度对滚筒输送效果影响的统计结果，表中装运率是指仿真第二阶段输入到统计区Ⅰ中的颗粒质量与截落颗粒质量的比值。图 4-14 是滚筒试验装煤率与不同颗粒和墙体刚度下颗粒装运率的比较。从图 4-14 可以看出滚筒抛射装煤颗粒装运率随颗粒刚度的增加而增加，滚筒推挤装煤颗粒装运率随颗粒刚度的增加而减小，墙体的刚度对颗粒装运率影响很小。从图 4-14 可以看出：本

表 4-17　颗粒和墙体刚度对滚筒输送效果影响的统计结果

叶片螺旋升角	代号	抛射装煤		推挤装煤	
		颗粒累积质量/kg	装运率/%	颗粒累积质量/kg	装运率/%
15°	1	23.26	87.31	16.21	58.35
	2	24.22	90.94	15.71	56.52
	3	25.15	94.43	15.30	55.06
	4	23.94	89.86	15.66	56.35
	5	24.22	90.94	15.71	56.52
	6	23.89	89.70	15.79	56.81
18°	1	22.54	84.63	16.20	57.61
	2	23.31	87.51	15.33	55.17
	3	24.32	91.29	15.24	54.85
	4	23.44	88.01	15.22	54.79
	5	23.31	87.51	15.33	55.17
	6	23.37	87.74	15.39	55.40
21°	1	21.89	82.19	15.62	55.83
	2	22.85	85.80	15.02	54.07
	3	23.57	88.47	14.70	52.90
	4	22.70	85.22	15.08	54.26
	5	22.85	85.80	15.02	54.07
	6	22.74	85.35	15.12	54.42
24°	1	21.01	78.89	15.25	52.88
	2	21.29	79.93	14.20	51.12
	3	21.85	82.02	14.05	50.56
	4	21.36	80.20	14.15	50.94
	5	21.29	79.93	14.20	51.12
	6	21.31	79.99	14.31	51.50

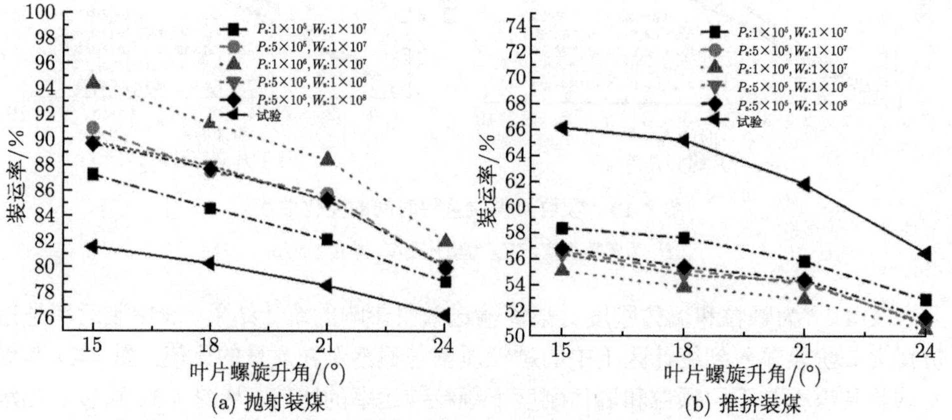

图 4-14　滚筒试验装煤率与不同颗粒和墙体刚度下颗粒装运率的比较

P_s 为颗粒刚度，W_s 为墙体刚度，单位：N/m

仿真条件下，抛射装煤的颗粒装运率大于试验值，推挤装煤的颗粒装运率小于试验值，且滚筒推挤装运率与试验装运率差值较大；从滚筒仿真装运率和试验装运率的变化趋势可以看出，仿真装运率和试验装运率类似，都随叶片螺旋升角的增大而减小，抛射装煤装运率仿真结果减小的幅度略大于试验值，而推挤装煤装运率仿真结果减小的幅度小于试验值。从上述仿真结果和试验结果的对比可以看出，当利用离散元方法进行滚筒装煤时，颗粒的法向刚度和切向刚度应选择较小值，这不仅有利于提高仿真结果的精度，还有利于减少仿真所需要的时间。

4.3.4 颗粒摩擦系数和墙体摩擦系数

摩擦系数主要影响接触物体间的相对滑移，而滚筒装煤过程中煤体的输送从本质来说就是煤体在叶片作用下产生与叶片的相对滑移。因此，研究颗粒摩擦系数和墙体摩擦系数对滚筒装煤过程的影响规律，对明确仿真中颗粒和墙体的参数取值范围具有重要的意义。由于煤灰的摩擦系数在 0.8 左右，叶片与煤灰的摩擦系数为 0.58，为此，本仿真中颗粒摩擦系数的取值为 0.7、0.8、0.9，墙体摩擦系数分别为 0.48、0.58、0.68，颗粒的法向刚度和切向刚度为 5×10^5N/m，墙体的法向刚度和切向刚度为 1×10^7N/m，其他参数与 4.3.3 节相同。表 4-18 是颗粒摩擦系数和墙体摩擦系数对滚筒输送效果影响的统计结果。

从表 4-18 可以看出：颗粒摩擦系数对滚筒抛射装煤颗粒装运率无明显影响，滚筒推挤装煤条件下颗粒装运率随颗粒摩擦系数的增大而减小，但减小的幅度较小；墙体摩擦系数对两种装煤方式下颗粒的装运率均有相对较为明显的影响，且颗粒装运率均随墙体摩擦系数的增大而减小。这主要是由于：抛射装煤条件下，颗粒的相互作用力较小，从而使彼此间的摩擦力较小，因此导致颗粒摩擦系数对滚筒抛射装煤率的影响不明显；推挤装煤条件下，颗粒的运动主要是由叶片作用力在颗粒间的传递产生，因此颗粒间的作用力相对较大，颗粒间的摩擦行为较为严重，从而使颗粒摩擦系数对颗粒装运率有所影响，又由于颗粒摩擦系数的增加会导致颗粒间的摩擦力增大，颗粒的相对运动受到限制，从而使颗粒的装运率有所减小；颗粒是在墙体作用下运动，因此墙体摩擦系数必定会对颗粒的运动产生影响，当墙体摩擦系数增大时，墙体与颗粒间的摩擦力增大，颗粒与墙体的相对运动受到阻碍，从而使颗粒的装运率下降。图 4-15 是滚筒试验装煤率与不同颗粒摩擦系数和墙体摩擦系数下颗粒装运率的比较。从图中可以看出，颗粒摩擦系数和墙体摩擦系数对滚筒的抛射装煤装运率和推挤装煤装运率都有影响，但是装运率随着叶片螺旋升角的变化规律仍然没有改变且变化的趋势基本相同。由该图可知，为了使推挤装煤装运率更接近试验值，在进行推挤装煤仿真时可通过减小墙体摩擦系数的方法来缩小仿真值与试验值之间的差距，而抛射装煤则需要增加墙体摩擦系数来提高仿真精度。

表 4-18　颗粒摩擦系数和墙体摩擦系数对滚筒输送效果影响的统计结果

叶片螺旋升角/(°)	颗粒摩擦系数	墙体摩擦系数	抛射装煤		推挤装煤	
			颗粒累积质量/kg	装运率/%	颗粒累积质量/kg	装运率/%
15	0.7	0.58	24.02	90.16	15.76	56.73
	0.8	0.58	24.22	90.94	15.71	56.52
	0.9	0.58	24.14	90.63	15.44	55.57
	0.8	0.48	24.79	93.07	16.30	58.66
	0.8	0.58	24.22	90.94	15.71	56.52
	0.8	0.68	23.60	88.59	15.06	54.21
18	0.7	0.58	23.34	87.63	15.47	55.69
	0.8	0.58	23.31	87.51	15.33	55.17
	0.9	0.58	23.28	87.39	15.22	54.78
	0.8	0.48	23.90	89.72	15.97	57.46
	0.8	0.58	23.31	87.51	15.33	55.17
	0.8	0.68	22.74	85.38	14.80	53.27
21	0.7	0.58	22.59	84.79	15.31	55.11
	0.8	0.58	22.85	85.8	15.02	54.07
	0.9	0.58	22.60	84.84	14.83	53.39
	0.8	0.48	23.10	86.71	15.61	56.18
	0.8	0.58	22.85	85.8	15.02	54.07
	0.8	0.68	22.15	83.15	14.56	52.39
24	0.7	0.58	21.41	80.36	14.55	52.38
	0.8	0.58	21.29	79.93	14.34	51.62
	0.9	0.58	21.28	79.89	14.22	51.16
	0.8	0.48	22.04	82.74	14.80	53.26
	0.8	0.58	21.29	79.93	14.20	51.12
	0.8	0.68	20.73	77.81	13.69	49.27

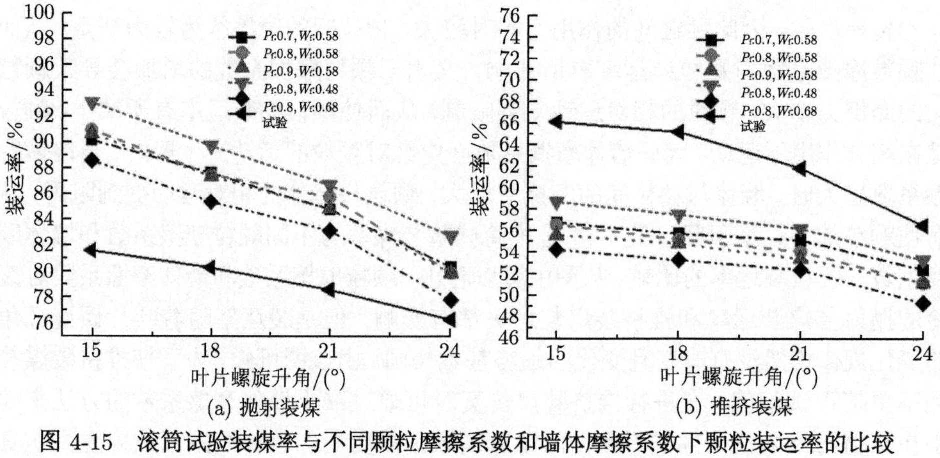

图 4-15　滚筒试验装煤率与不同颗粒摩擦系数和墙体摩擦系数下颗粒装运率的比较

P_f 为颗粒摩擦系数，W_f 为墙体摩擦系数

4.4 工作面角度对滚筒装煤效果的仿真研究

在煤矿开采中，由于成煤过程和地壳运动等因素的影响，实际工作面与水平面会存在一定角度。由于该角度的存在，导致滚筒装煤过程中煤体受到的重力方向并非垂直于采煤机的牵引方向，煤体在滚筒作用下的运动形式受到影响，从而使同一结构、同一工作参数滚筒的装煤性能不同，即滚筒装煤率不同。研究工作面与水平面夹角 (工作面角度) 对滚筒装煤性能的影响对改进滚筒结构、提高滚筒装煤性能具有重要意义。由于受到试验条件的限制，工作面角度对滚筒装煤性能的影响很难利用试验的方式完成。为此，本节根据煤层开采工作面的特点，利用离散元仿真软件 PFC3D 模拟了不同工作面角度下滚筒的装煤过程，以求获得工作面角度对滚筒装煤性能的影响规律，并结合前述章节的研究成果，提出改进方案，为采煤机滚筒的结构设计和现场使用提供指导。

4.4.1 走向倾角

4.4.1.1 推挤装煤

图 4-16 是滚筒推挤装煤作用下不同截深处颗粒在滚筒作用下的分布。从该图可以明显看出不同走向倾角下，颗粒的流动情况差别很大，这主要是由于走向倾角的不同导致采煤机滚筒沿其轴向方向倾斜程度不同。当走向倾角为正值时，被截落的颗粒能够沿着倾斜面，向刮板机方向流动，从而增加了颗粒的输出量；反之，颗粒则向煤壁侧流动。从颗粒的颜色分布上来看，越靠近里层的颗粒越难被输出，走向倾角呈正角度时，最内侧的颗粒能够被输出，走向倾角为负值时，颗粒都堆积于采空区内。从被输出颗粒在台阶下侧的分布情况来看，虽然较大的走向倾角所输出的颗粒较多，但由于受到重力作用，其堆积角并未增大，颗粒更倾向于沿滚筒轴线方向散布。以上现象主要是由重力作用造成的。一方面，当重力方向偏向采空区时 (走向倾角大于 0°)，颗粒在滚筒作用下获得指向 Y 轴负方向的推力，还获得了本身重力在 Y 轴负方向的分力，从而使颗粒的抛出速度和抛出范围更广；另一方面，由于重力方向的不同，颗粒在重力作用下产生的堆积情况也有很大区别，当重力存在沿 Y 轴负方向的分量时，颗粒容易沿着 Y 轴移动，从而使颗粒的散布范围更广。

图 4-17 为推挤装煤不同走向倾角下颗粒在滚筒作用下的速度分布，每组图中左侧的是 Y 方向视图，右侧的是 X 方向视图；箭头的指向表示颗粒的运动方向，箭头的长度表示运动速度的大小。从图 4-17 可以看出颗粒在滚筒内部的运动十分复杂，从不同走向倾角下颗粒速度的分布情况可以看出，走向倾角越大，滚筒内部的速度场颜色越深，说明颗粒在滚筒作用下的运动速度更大，颗粒的运动能力越强。

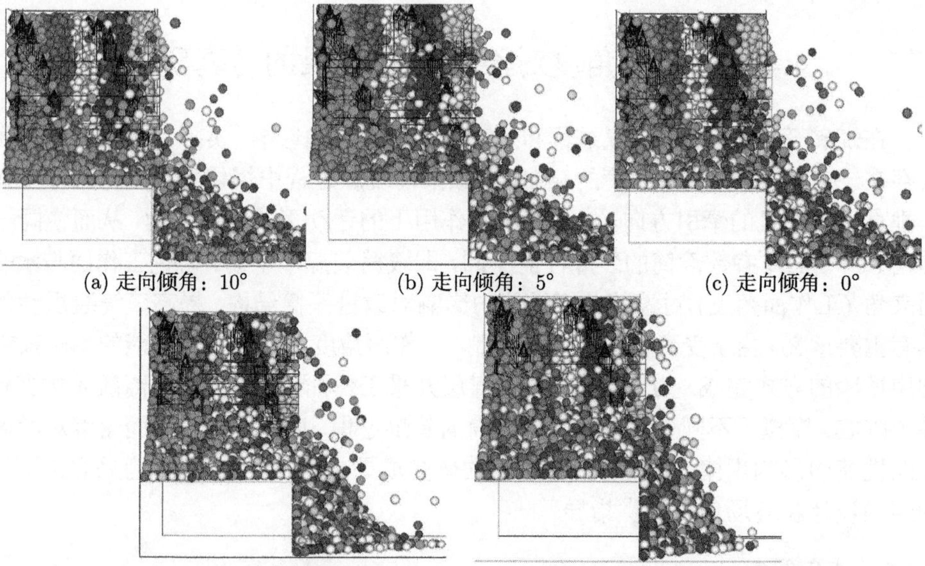

(a) 走向倾角：10° (b) 走向倾角：5° (c) 走向倾角：0°

(d) 走向倾角：−5° (e) 走向倾角：−10°

图 4-16 滚筒推挤装煤作用下不同截深处颗粒在滚筒作用下的分布 (不同走向倾角)

当走向倾角为负值时，由于重力方向在滚筒轴向上的分量，使得颗粒不易沿轴向方向排出而在滚筒后侧推挤，该堆积作用增加了颗粒间的相互作用概率，减小了颗粒的运动能力；相反，当走向倾角为正值时，重力作用促进了颗粒沿滚筒轴线运动，使得颗粒运动的方向性更强，速度场分布规律性较高。

除此之外，从滚筒后侧颗粒的速度分布情况可以看出，这些颗粒有一部分被叶片抛起，抛到更远采空处，还有一部分颗粒被叶片带到滚筒前端形成循环煤。从颗粒的轴向速度分布情况可以看出，走向倾角越大，颗粒的轴向输出速度越大，即具有更大的 Y 方向速度。从颗粒在滚筒后侧的堆积情况可以看出，随着走向倾角的增大，滚筒后侧颗粒的堆积高度越高，接料板上颗粒的数量越少，表明了滚筒输出能力的增强。

图 4-18 是颗粒累积质量随时间的变化曲线，图 4-19 ~ 图 4-21 分别为颗粒 X、Y、Z 方向速度 (速度绝对值) 随时间的变化曲线。从图 4-18 ~ 图 4-21 可以看出，五种走向倾角下颗粒的累积质量有很大区别，同一时刻，走向倾角越大，有效输出颗粒的累积质量越大；走向倾角对颗粒的 X、Z 方向速度的影响不是很大，对 Y 方向速度的影响十分明显。表 4-19 为仿真结果的统计情况，其中颗粒 X、Y、Z 方向速度为 5s 以后的截落颗粒平均速度，装运率为 5s 以后的装运率。从表 4-19 可以看出颗粒 X、Y、Z 方向的平均速度随走向倾角的减小基本呈减小趋势，X、Z 方向速度的减小量不明显，Y 方向速度的减小量十分明显。其主要原因是随着走向

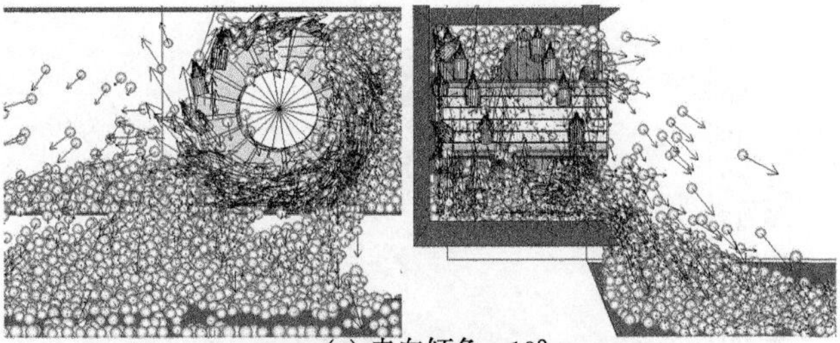

(a) 走向倾角：10°

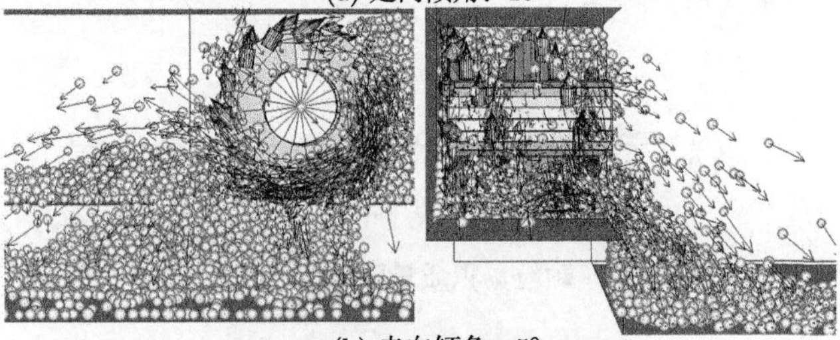

(b) 走向倾角：5°

(c) 走向倾角：0°

(d) 走向倾角：−5°

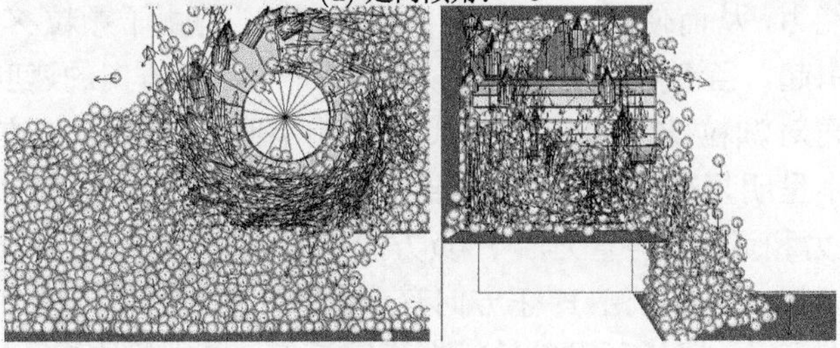

(e) 走向倾角：−10°

图 4-17 推挤装煤不同走向倾角下颗粒在滚筒作用下的速度分布

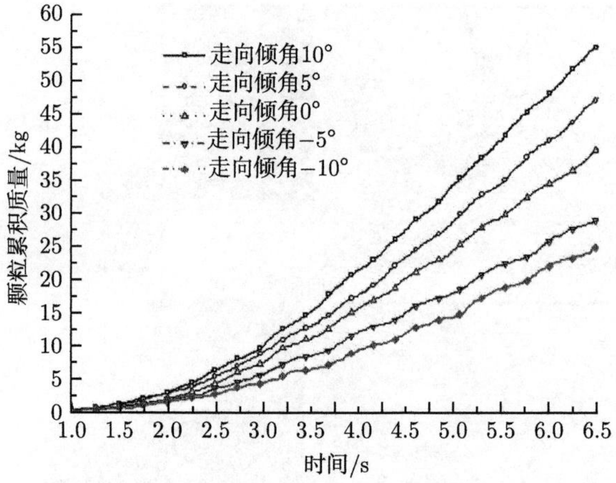

图 4-18　颗粒累积质量随时间的变化曲线

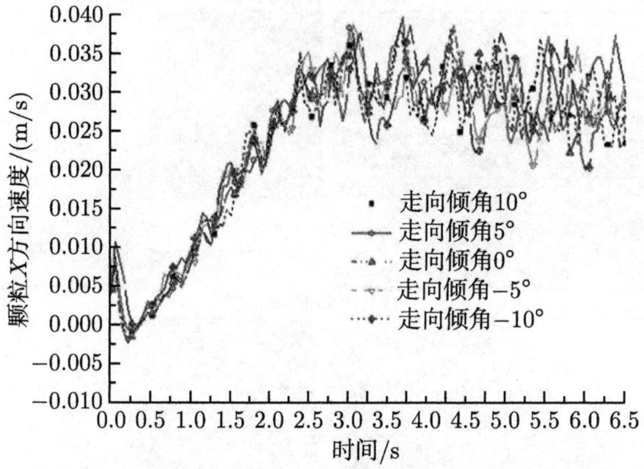

图 4-19　颗粒 X 方向速度随时间的变化曲线

倾角的减小，颗粒输出能力减弱，颗粒在滚筒后侧的堆积影响颗粒被滚筒推到滚筒后侧并抛起的能力，从而使颗粒的 X 方向速度减小，但由于颗粒 X 方向速度由滚筒叶片的作用引起，当滚筒转速一定时，颗粒获得沿 X 方向的速度差别不大，从而导致走向倾角对颗粒 X 方向平均速度的影响不明显。颗粒 Y 方向的平均速度随走向倾角减小呈明显减小趋势，其主要是由于重力在 Y 方向的分量影响了颗粒在 Y 方向的受力和运动；当重力沿 Y 负方向有分量时，颗粒容易排出且能够获得较广阔的运动空间；当重力沿 Y 正方向有分量时，滚筒的轴向推力作用和重力分量共同影响颗粒运动，降低了颗粒的轴向运动速度，以上原因导致颗粒 Y 方向速度受走向倾角的影响十分明显。颗粒 Z 方向平均速度随走向倾角的减小呈减小趋势，其主要原因是随着走向倾角的减小，颗粒输出量减小，在接料板上方获得足够空间沉降颗粒的数量减小，从而导致颗粒 Z 方向平均速度减小，但由于颗粒在 Z 方向的加速空间有限，导致走向倾角对颗粒 Z 方向速度影响不明显。

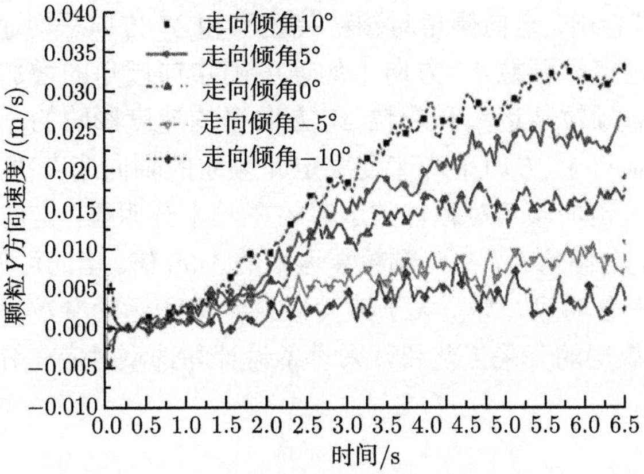

图 4-20 颗粒 Y 方向速度随时间的变化曲线

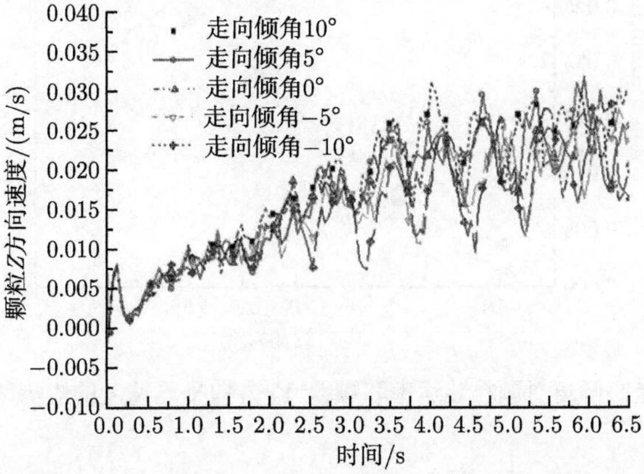

图 4-21 颗粒 Z 方向速度随时间的变化曲线

表 4-19 不同走向倾角下仿真结果统计 (推挤装煤)

走向倾角/(°)	颗粒 X 方向平均速度/(m/s)	颗粒 Y 方向平均速度/(m/s)	颗粒 Z 方向平均速度/(m/s)	颗粒累积质量/kg	装运率/%
10	0.0296	0.0321	0.0265	55.4	72.4
5	0.0289	0.0238	0.0249	47.2	64.2
0	0.0283	0.0163	0.0236	39.2	53.5
−5	0.258	0.0086	0.0234	28.8	44.2
−10	0.264	0.0039	0.0227	24.6	36.6

根据表 4-19 还可以看出有效输出颗粒的累积质量和装运率随走向倾角的减小呈明显减小趋势。产生这种状况的主要原因和走向倾角对颗粒 Y 方向速度的影响基本相同。图 4-22 为走向倾角对颗粒装运率和颗粒 Y 方向平均速度的影响曲线。从该图可以看出，走向倾角对颗粒装运率和 Y 方向平均速度的影响规律十分相近，颗粒装运率和颗粒 Y 方向平均速度随走向倾角的增加基本呈线性增加趋势。走向倾角对颗粒装运率和颗粒 Y 方向平均速度影响的一致性说明颗粒的装运率主要由颗粒的 Y 方向平均速度决定即颗粒的轴向速度决定。从表 4-19 和图 4-22 可以看出，走向倾角对颗粒装运率的影响十分明显，走向倾角为 10° 条件下颗粒装运率是走向倾角为 −10° 颗粒装运率的 1.98 倍。由此可见，走向倾角对滚筒装煤率的影响十分明显，甚至大于滚筒结构参数和运动参数对滚筒装煤率的影响，因此，在倾斜煤层的开采工艺和开采设备设计与选型时应充分考虑这一因素的影响。

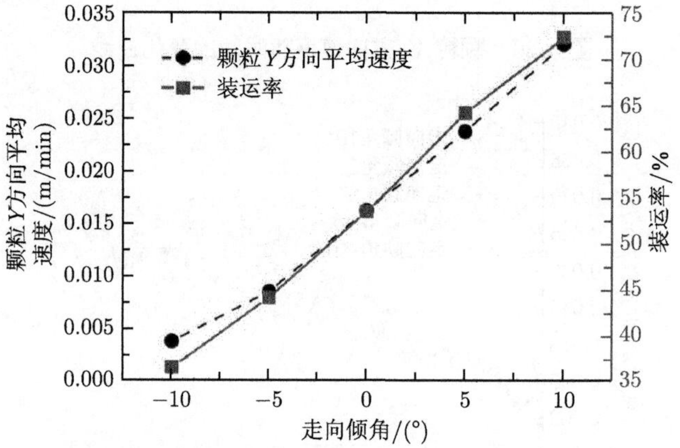

图 4-22 走向倾角对颗粒装运率和颗粒 Y 方向平均速度的影响 (推挤装煤)

4.4.1.2 抛射装煤

图 4-23 为滚筒在不同走向倾角下抛射装煤不同截深处颗粒在滚筒作用下的分布。从该图可以明显看出，颗粒的分布与滚筒在不同走向倾角下推挤装煤的分布有一定的相似性，走向倾角越大，滚筒的输出能力越强，输出颗粒的分布范围和大截深处颗粒的输出量越大。从该图还可以看出，当走向倾角为 10° 时，颗粒在出煤口处无明显堆积，颗粒在滚筒轴向上的散布较为均匀，随着走向倾角的减小，颗粒在滚筒出煤口下方的堆积越发严重。在实际生产中，由于煤壁与刮板机中部槽存在一定距离，颗粒在出煤口位于该区域内的堆积将不利于煤的装运和输出。

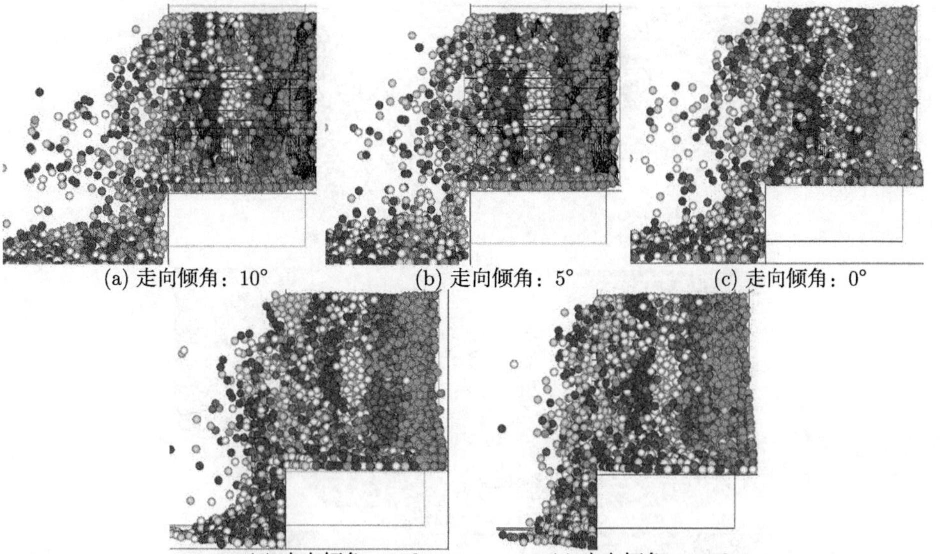

(a) 走向倾角：10°　(b) 走向倾角：5°　(c) 走向倾角：0°

(d) 走向倾角：−5°　(e) 走向倾角：−10°

图 4-23 滚筒在不同走向倾角下抛射装煤不同截深处颗粒在滚筒作用下的分布

图 4-24 为抛射装煤不同走向倾角颗粒在滚筒作用下的速度分布，每组图中左侧的是 Y 方向视图，右侧的是 $-X$ 方向视图。五组图相比较可以看出，颗粒在五组图中 Y 方向视图内的速度大小和方向没有明显区别，而颗粒在五组图中 $-X$ 方向视图内速度大小和方向有很大区别。颗粒在 $-X$ 方向视图内的速度随走向倾角的减小而减小，速度方向随走向倾角的减小而逐渐偏向滚筒后侧。从该图中颗粒在滚筒后侧的堆积情况可以看出，颗粒的堆积高度小于推挤装煤颗粒的堆积高度，颗粒的高度仍随走向倾角的增大而增大，其主要原因是该图中的滚筒采用抛射装煤，颗粒被抛到滚筒后侧较远的位置，使得颗粒的分布范围增大，颗粒堆积高度减小，但由于重力在 Y 方向上分量的变化导致滚筒装煤率随走向倾角的减小而降低，颗粒在滚筒后侧的堆积量随走向倾角的降低而增加。

图 4-25 是不同走向倾角下滚筒抛射装煤颗粒累积质量随时间的变化曲线，图 4-26～ 图 4-28 分别为该情况下颗粒 X、Y、Z 方向速度 (速度绝对值) 随时间的变化曲线。从图 4-25 可以看出颗粒累积质量随走向倾角的增大而增大。从图 4-26 可以看出不同走向倾角下颗粒 X 方向的速度相差不大，从图 4-27 可以看出颗粒 Y 方向的速度随走向倾角的增大而增大，从图 4-28 可以看出颗粒 Z 方向的速度随走向倾角的增大而增大但增大幅度不大。产生这些现象的原因与走向倾角对推挤装煤的影响基本相同，都是重力在 Y 方向的改变所致。

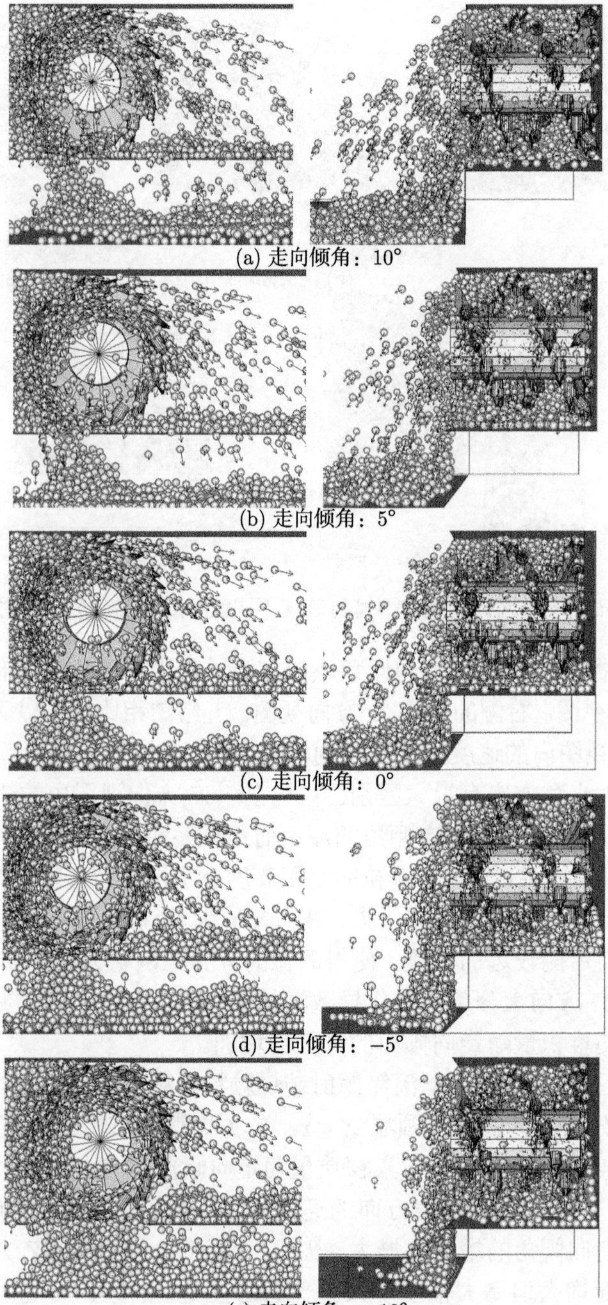

(a) 走向倾角：10°

(b) 走向倾角：5°

(c) 走向倾角：0°

(d) 走向倾角：−5°

(e) 走向倾角：−10°

图 4-24　抛射装煤不同走向倾角颗粒在滚筒作用下的速度分布

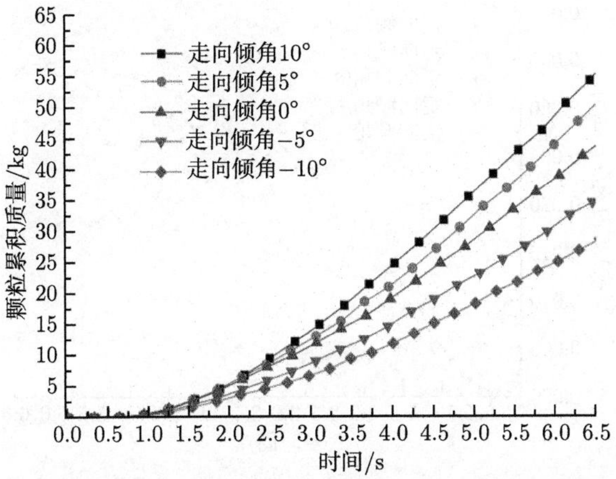

图 4-25 不同走向倾角下滚筒抛射装煤颗粒累积质量随时间的变化曲线

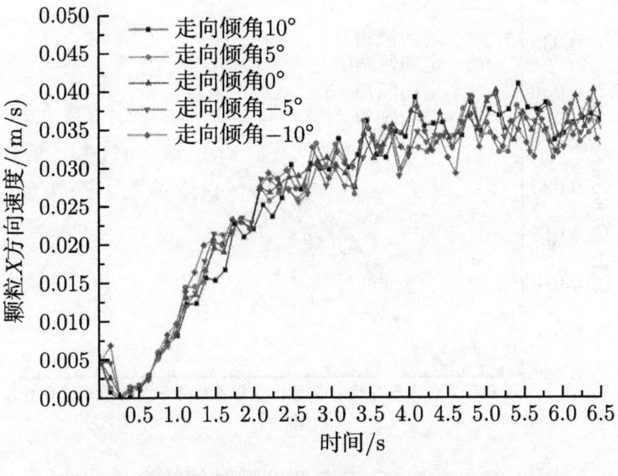

图 4-26 颗粒 X 方向速度随时间的变化曲线

表 4-20 为不同走向倾角下抛射装煤仿真结果的统计，其中颗粒 X、Y、Z 方向速度仍为 5s 以后的截落颗粒平均速度，装运率仍为 5s 以后的装运率。从该表可以看出颗粒 Y 方向和 Z 方向的平均速度、颗粒累积质量、颗粒装运率都随走向倾角的减小而减小，颗粒 Y 方向的平均速度较颗粒 Z 方向的平均速度减小的幅度更大，该滚筒在走向倾角为 10° 时的装运率是走向倾角为 −10° 时装运率的 1.94 倍，与这两情况下推挤装煤装运率的比值十分相近。对比表 4-19 与表 4-20 可以看出，同样条件下，抛射装煤装运率仍大于推挤装煤装运率，从两表颗粒在 X、Y、Z 方向的平均速度值可以看出，抛射装煤颗粒的三方向平均速度都大于推挤装煤三方向的平均速度，说明抛射装煤条件下颗粒的运动较推挤装煤颗粒的运动剧烈。

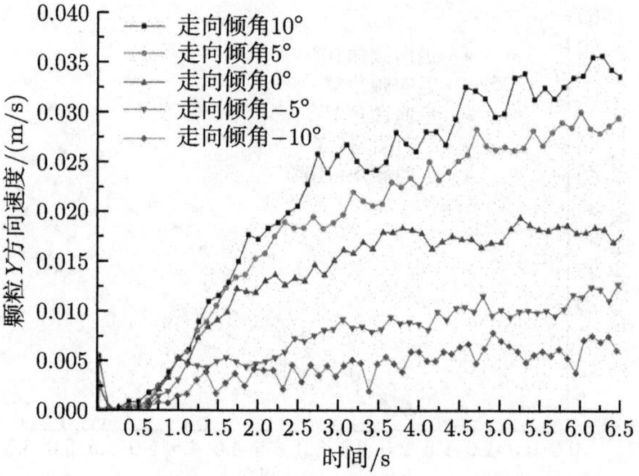

图 4-27 颗粒 Y 方向速度随时间的变化曲线

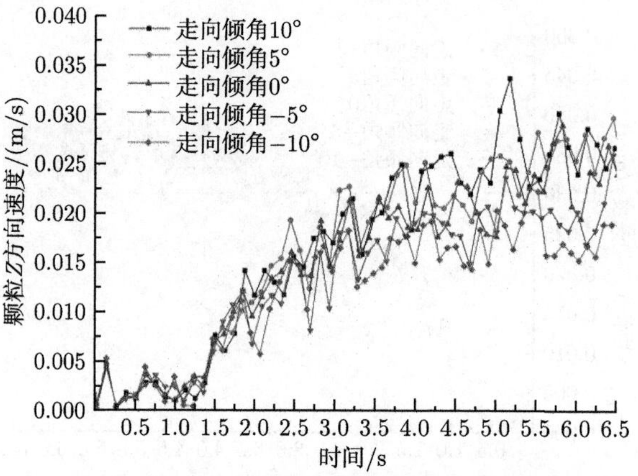

图 4-28 颗粒 Z 方向速度随时间的变化曲线

表 4-20 不同走向倾角下抛射装煤仿真结果统计

走向倾角/(°)	颗粒 X 方向平均速度/(m/s)	颗粒 Y 方向平均速度/(m/s)	颗粒 Z 方向平均速度/(m/s)	颗粒累积质量/kg	装运率/%
10	0.0367	0.0337	0.0270	55.72	78.53
5	0.0349	0.0277	0.0258	50.10	70.98
0	0.0369	0.0184	0.0232	43.26	59.49
−5	0.0356	0.0110	0.0203	35.01	50.29
−10	0.0348	0.0063	0.0181	28.25	40.43

图 4-29 是走向倾角对抛射装煤装运率和颗粒 Y 方向平均速度的影响曲线。从该图可以看出，抛射装煤颗粒装运率与颗粒 Y 方向平均速度随走向倾角的增大呈

线性增加，且两者受走向倾角的影响具有较好的一致性，再次证明了颗粒装运率由颗粒 Y 方向平均速度决定。由此可见，当走向倾角值较小时，增加颗粒轴向速度对提高滚筒装煤率具有重要的意义。

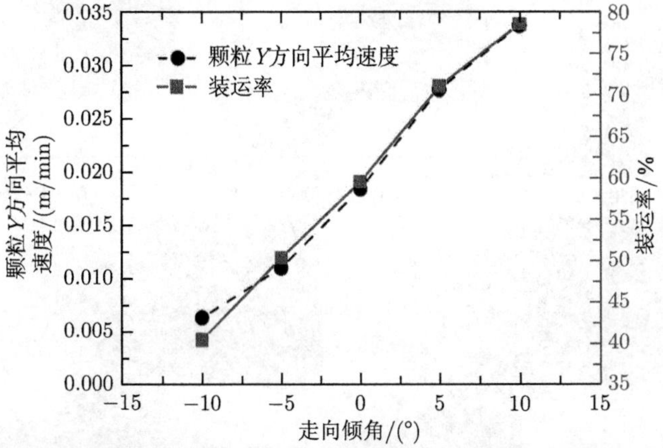

图 4-29 走向倾角对抛射装煤装运率和颗粒 Y 方向平均速度的影响曲线

4.4.2 工作倾角

4.4.2.1 推挤装煤

图 4-30 是不同工作倾角下滚筒推挤装煤不同截深处颗粒在滚筒作用下的分布，每组图中左侧的是 Y 方向视图，右侧的是 X 方向视图。从该图可以明显看出不同工作倾角下，颗粒的输出量有很大区别，颗粒的输出量随工作倾角的减小而增大。其主要原因是工作倾角不同导致重力在 X 方向上的分量不同，当 X 方向的重力分量指向滚筒后侧时，颗粒容易从滚筒下方运动到滚筒后侧形成浮煤，当 X 方向的重力分量指向滚筒前侧时，该重力分量有利于减小颗粒在叶片作用下的切向速度，增加了叶片对煤体的作用时间，从而使颗粒的装运率得到了提高。从该图输出颗粒的颜色情况可以看出，颗粒输出量越多，大截深处颗粒的输出量也越多。

图 4-31 为推挤装煤不同工作倾角颗粒在滚筒作用下的速度分布。从该图可以看出在不同的工作倾角下，滚筒后半侧颗粒在滚筒作用下的速度方向有很大区别。当工作倾角较大时，滚筒后半侧的颗粒在叶片的抛射作用下，飞向滚筒后侧更远的位置，只有少部分被带到滚筒前侧，形成循环煤。随着工作倾角的减小，滚筒后半侧颗粒的速度方向逐渐转向滚筒前方。当工作倾角为 $-20°$ 时，从滚筒包络区域内的颗粒速度分布可以看出，有相当一部分颗粒被带到滚筒前侧，形成循环煤。从该图滚筒后侧颗粒的堆积高度可以看出，不同工作倾角下，颗粒的堆积高度基本一致，但颗粒的分布范围不同，工作倾角越大，颗粒的分布范围越广，这主要还是重

力在 X 方向分量和滚筒抛射力共同作用的结果。

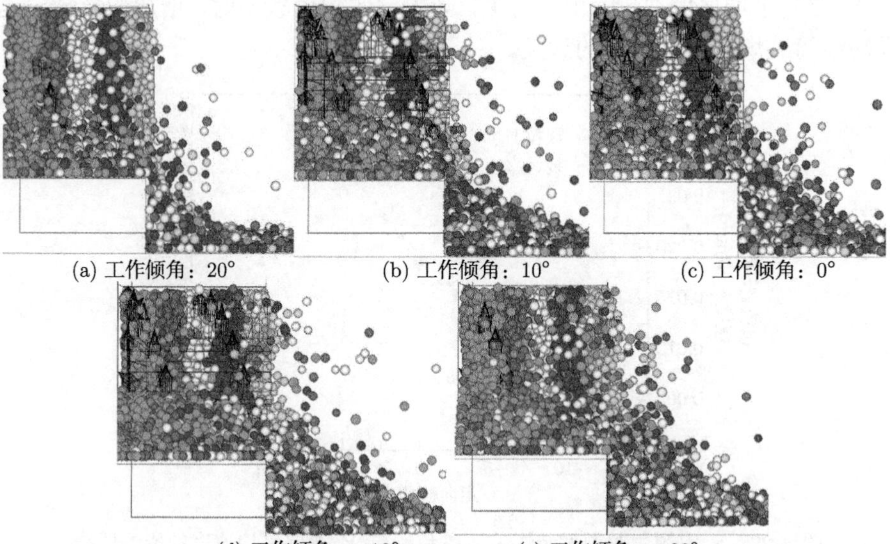

(a) 工作倾角：20°　(b) 工作倾角：10°　(c) 工作倾角：0°

(d) 工作倾角：−10°　(e) 工作倾角：−20°

图 4-30　不同工作倾角下滚筒推挤装煤不同截深处颗粒在滚筒作用下的分布

从图 4-31 中接料板颗粒的堆积情况可以看出，颗粒主要堆积于滚筒出煤口下方，这在滚筒的实际使用中是不利的，其主要原因在上文中已有阐述。

图 4-32 是不同工作倾角下滚筒推挤装煤颗粒累积质量随时间的变化曲线，图 4-33 ~ 图 4-35 分别为该情况下颗粒 X、Y、Z 方向速度 (速度绝对值) 随时间的变化曲线。从图 4-32 可以看出颗粒累积质量随工作倾角的增大而减小。从图 4-33 可以看出颗粒 X 方向速度随工作倾角的增大而增大。从该图中颗粒 X 方向速度变化曲线可以看出，当工作倾角为负值时，颗粒 X 方向速度随时间先增大后减小，在 5s 以后趋于稳定，产生这种现象的主要原因有三个方面：一是统计方法的影响，二是推挤装煤颗粒在滚筒后侧堆积的影响，三是重力在 X 方向的分量影响。本节所统计的颗粒速度是滚筒牵引范围内颗粒的平均速度，当滚筒未行走半个滚筒直径时，统计的速度是截落颗粒总速度与该牵引范围内截落颗粒数和未截落颗粒数和的比值，因此按照这种推断，速度曲线在 5s 之前都应呈现增加趋势，但由于颗粒在滚筒后侧的堆积，导致被剥落颗粒在滚筒叶片作用下沿 X 负方向的运动受阻，颗粒 X 方向速度提前产生稳定，这点还可从抛射装煤和推挤装煤颗粒 X 方向速度稳定所需时间的对比看出。由于颗粒在滚筒后侧的堆积除了受到滚筒叶片作用，更重要的是重力作用。当重力分量方向偏向滚筒前端时，颗粒受到的重力分量方向与颗粒切向速度方向相反，颗粒能够很快停止运动在滚筒后侧堆积，该堆积阻碍了后输出颗粒沿 X 负方向的运动，从而使颗粒 X 方向速度减小。除此之外，结合

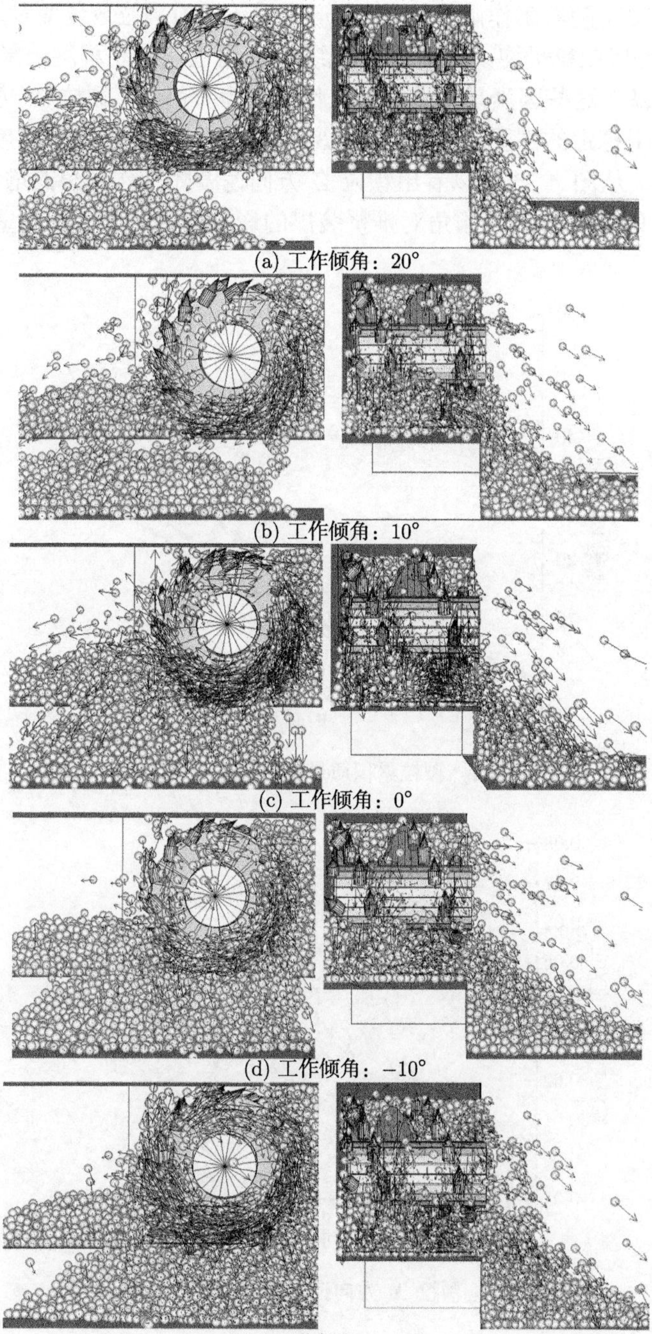

(a) 工作倾角：20°

(b) 工作倾角：10°

(c) 工作倾角：0°

(d) 工作倾角：−10°

(e) 工作倾角：−20°

图 4-31 推挤装煤不同工作倾角颗粒在滚筒作用下的速度分布

图 4-33 可以看出，随着工作倾角的增大，形成循环煤的颗粒数量增多，而该部分颗粒 X 速度方向与颗粒平均 X 速度方向相反，从而也在一定程度上降低了颗粒 X 方向的速度。以上这些因素是导致滚筒工作倾角为负值时，颗粒 X 方向速度先增大后减小再趋于稳定的主要原因。从图 4-34 可以看出颗粒 Y 方向速度随工作倾角的增大而减小。从图 4-35 可以看出颗粒 Z 方向速度随工作倾角的增大变化不大。产生这些现象的原因与走向倾角对推挤装煤的影响原因类似，都是重力方向的改变所致。

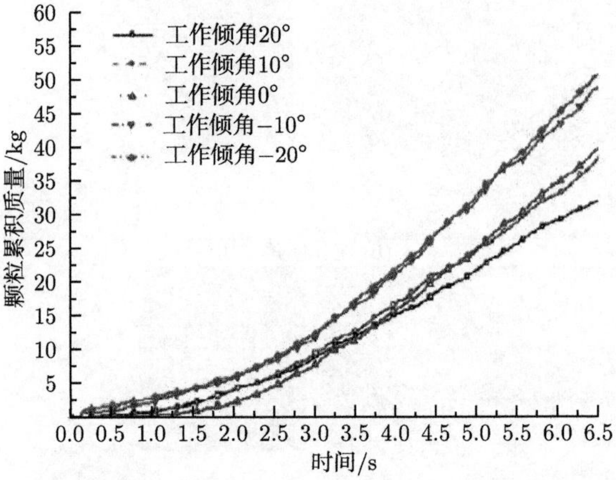

图 4-32　颗粒累积质量随时间的变化曲线

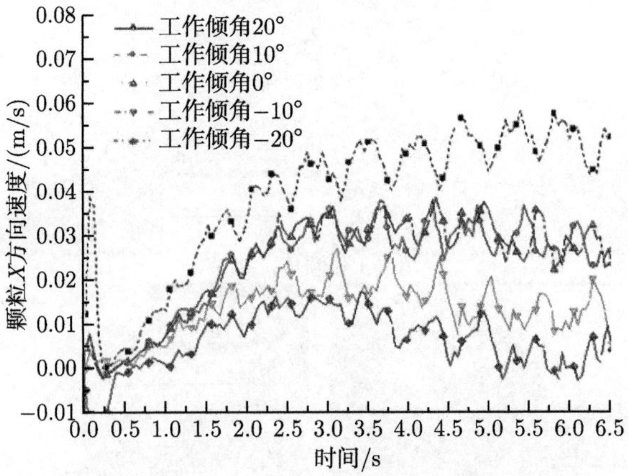

图 4-33　颗粒 X 方向速度随时间的变化曲线

表 4-21 是不同工作倾角下推挤装煤仿真结果统计结果 (5s 以后平均值)。从该表可以看出颗粒 X 方向平均速度随工作倾角的减小而减小，颗粒 Y 方向平均速

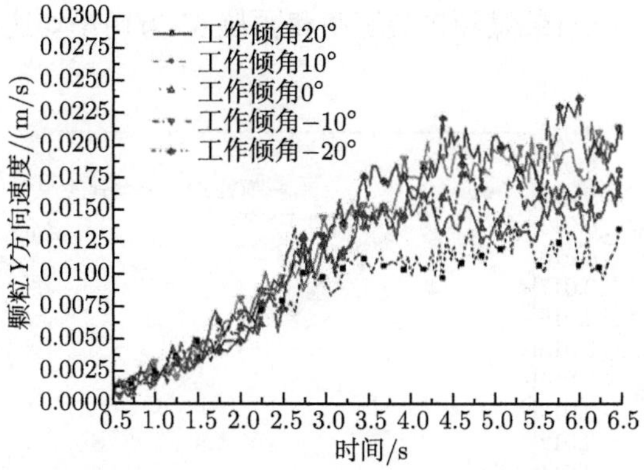

图 4-34 颗粒 Y 方向速度随时间的变化曲线

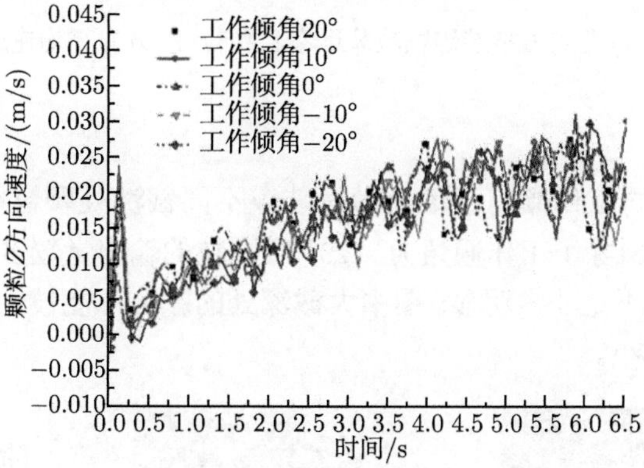

图 4-35 颗粒 Z 方向速度随时间的变化曲线

表 4-21 不同工作倾角下推挤装煤仿真结果统计

工作倾角/(°)	颗粒 X 方向平均速度/(m/s)	颗粒 Y 方向平均速度/(m/s)	颗粒 Z 方向平均速度/(m/s)	颗粒累积质量/kg	装运率/%
20	0.0523	0.0119	0.0202	32.10	38.06
10	0.0286	0.0148	0.0218	38.24	47.78
0	0.0283	0.0163	0.0236	39.20	53.50
−10	0.0124	0.0187	0.0204	48.73	62.28
−20	0.0021	0.0201	0.0241	50.09	66.32

度随工作倾角的增大而增大，工作倾角与颗粒 Z 方向平均速度间无明显的规律性关系，颗粒累积质量和装运率都随工作倾角的减小而减小。从该表可以看出，工作倾角对滚筒推挤装煤装运率的影响要小于走向倾角对滚筒推挤装煤装运率的影响。图 4-36 为工作倾角对推挤装煤颗粒装运率和颗粒 Y 方向平均速度的影响曲线，从该曲线可以看出工作倾角对推挤装煤颗粒装运率和颗粒 Y 方向平均速度的影响也

具有较好的一致性，推挤装煤颗粒装运率和颗粒 Y 方向平均速度都随工作倾角的增大而增加。

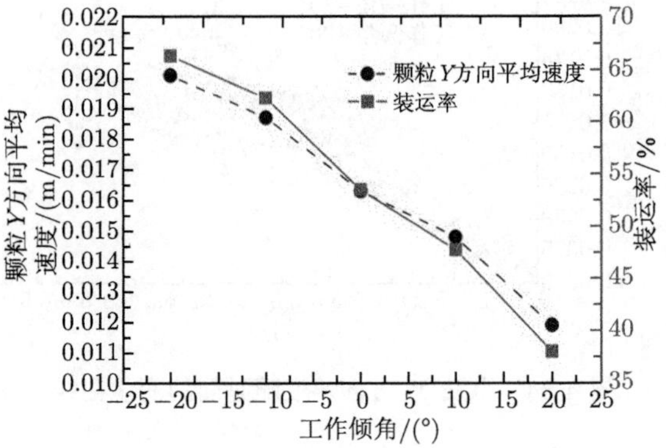

图 4-36　工作倾角对推挤装煤颗粒装运率和颗粒 Y 方向平均速度的影响曲线

4.4.2.2　**抛射装煤**

图 4-37 是不同工作倾角下滚筒抛射装煤不同截深处颗粒在滚筒作用下的分布。从该图可以看出除了工作倾角为 $-20°$ 时颗粒的输出量较多，其余工作倾角下颗粒的输出量差别不是非常明显。图中大截深处的颗粒都能被输出，但输出量随工作倾角的增大而减小。

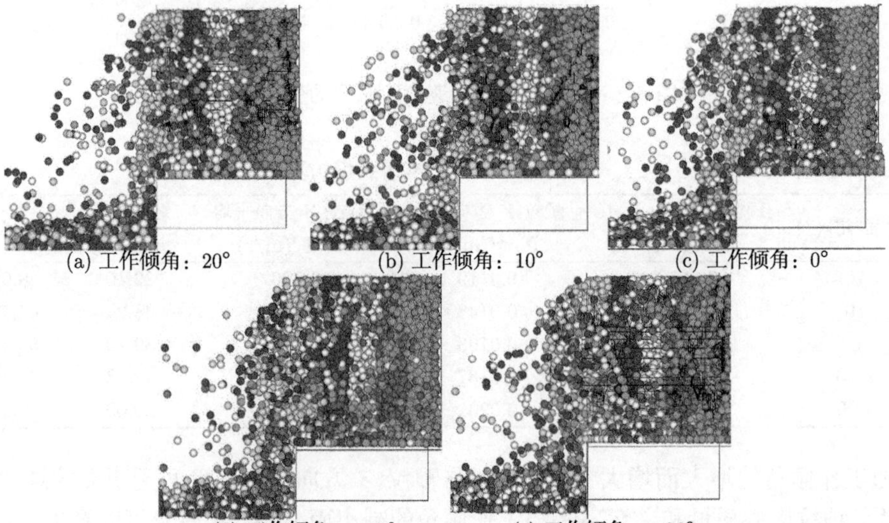

(a) 工作倾角：20°　(b) 工作倾角：10°　(c) 工作倾角：0°

(d) 工作倾角：−10°　(e) 工作倾角：−20°

图 4-37　不同工作倾角下滚筒抛射装煤不同截深处颗粒在滚筒作用下的分布

图 4-38 为抛射装煤不同工作倾角颗粒在滚筒作用下的速度分布，每组图中左

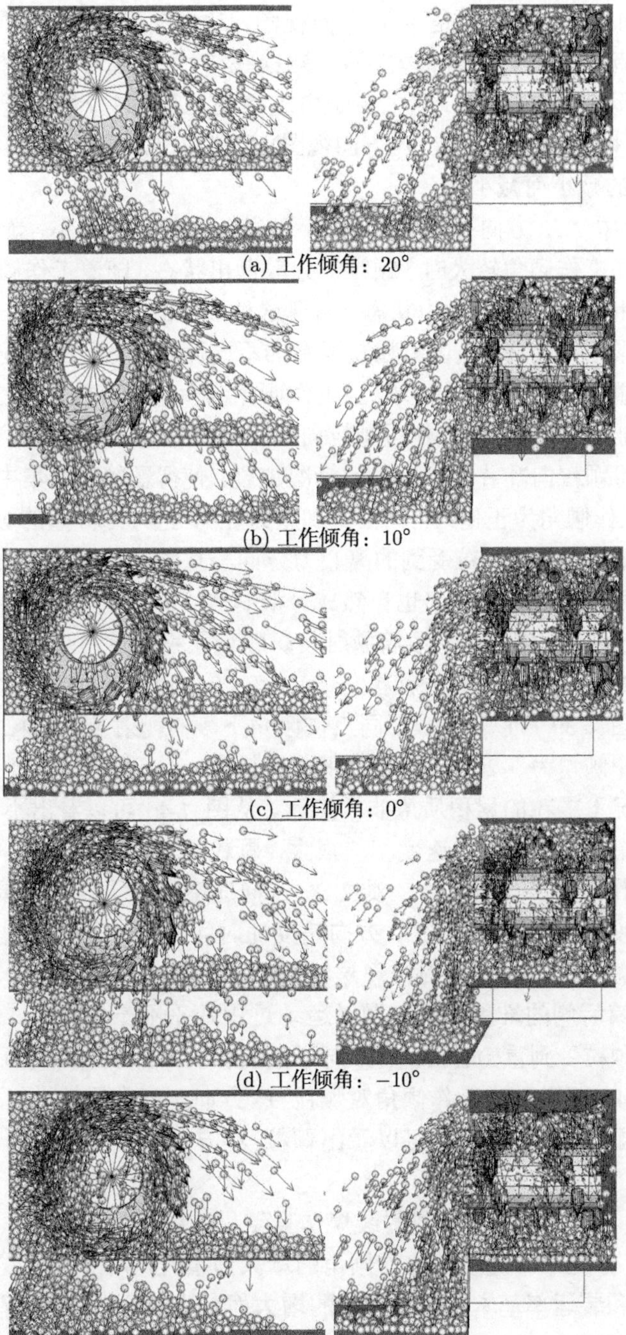

(a) 工作倾角：20°

(b) 工作倾角：10°

(c) 工作倾角：0°

(d) 工作倾角：−10°

(e) 工作倾角：−20°

图 4-38 抛射装煤不同工作倾角颗粒在滚筒作用下的速度分布

侧的是 Y 方向视图，右侧的是 $-X$ 方向视图。从该图可以看出不同工作倾角下，颗粒被滚筒抛起的速度方向有很大区别，颗粒在 Y 方向视图中的速度方向随工作倾角的减小而逐渐转向下方，这主要是由重力在 X 方向分量的变化导致的。从图 4-38 中颗粒被滚筒抛起情况 (Y 方向视图) 可以看出，被滚筒明显抛起的颗粒数随着工作倾角的减小而减小。

从图 4-38 中 $-X$ 方向视图可以看出，随着工作倾角的减小，颗粒输出的形态有很大差别，当工作倾角较大时，颗粒呈分散抛出状态，随着工作倾角的减小，颗粒由分散抛出状态变为团簇抛出状态，出现这种情况的主要原因是：一方面，工作倾角对颗粒的装运率有影响，因颗粒装运率的不同而导致颗粒的抛出状态不同；另一方面，由于重力和离心力的影响，当工作倾角为负值时，重力在 X 方向的分量指向 X 负方向，即滚筒前侧，使得颗粒向叶片边缘运动，再加上颗粒随叶片旋转的离心力，使得颗粒向叶片边缘运动的情况加剧，使得颗粒非常集中，呈现团簇状输出，反之，工作倾角为正值时，颗粒受到重力在 X 正方向分量的影响，向筒毂位置运动，又由于某些位置颗粒受到的离心力方向与重力分量方向相反，使得颗粒在叶片径向方向散布，颗粒的输出也自然成分散状。

图 4-39 是不同工作倾角下滚筒抛射装煤颗粒累积质量随时间的变化曲线，图 4-40 ~ 图 4-42 分别为该情况下颗粒 X、Y、Z 方向速度 (速度绝对值) 随时间的变化曲线。由图 4-39 可以看出，不同工作倾角下滚筒抛射装煤颗粒累积质量相差不是很大，工作倾角为 $-20°$ 时颗粒累积质量最大，工作倾角为 $-10°$ 的累积质量次之，其他情况下颗粒的累积质量非常接近。从图 4-40 可以看出不同工作倾角下滚筒抛射装煤颗粒 X 方向的速度相差很大，颗粒 X 方向速度随工作倾角的增大而增大。当工作倾角为 $-20°$ 时，颗粒 X 方向速度出现了与推挤装煤颗粒 X 方向速度相同的变化规律，即颗粒 X 方向速度随时间的增大呈先增大后减小最后相对稳定的变化规律。根据前面对出现这种现象原因的分析，结合本次试验条件可知，颗粒在滚筒后侧的堆积对颗粒抛射运动过程几乎不产生影响，但随着堆积量的增加，堆积颗粒受到重力在 X 负方向分量的影响，部分颗粒倒流，从而使速度下降。从图 4-41 可以看出工作倾角对颗粒 Y 方向速度有影响，但影响效果不如推挤装煤影响显著。从图 4-42 可以看出颗粒 Z 方向速度随工作倾角的变化也不明显。

表 4-22 是不同工作倾角下抛射装煤仿真结果的统计 (5s 以后平均值)。从该表中可以看出 X 方向平均速度随工作倾角的增大而增大，颗粒的 Y 方向平均速度、颗粒累积质量和装运率基本随工作倾角的增大而减小，走向倾角对颗粒 Z 方向平均速度的影响无明显规律。图 4-43 是工作倾角对抛射装煤颗粒装运率和颗粒 Y 方向平均速度的影响曲线，从该曲线可以看出工作倾角对抛射装煤颗粒装运率和颗粒 Y 方向平均速度的影响也具有较好的一致性，抛射装煤颗粒装运率和颗粒 Y 方

向平均速度都随工作倾角的增大呈双曲线形式减小。其主要原因是：抛射装煤下，当走向倾角值较大时，重力分量方向虽然指向滚筒后方，但叶片阻碍了颗粒向滚筒后方的运动，从而使颗粒的装运率降低量非常小；随着走向倾角变为负值，重力分量方向指向滚筒前端，被叶片抛到滚筒后侧的颗粒在重力的作用下又有一部分回到滚筒内，再次被滚筒装运，从而使颗粒的装运率增加。从表 4-22 的仿真结果可以看出，由于滚筒采煤机一般采用往返双向采煤，当采煤机滚筒采用抛射装煤形式时，工作倾角的存在不仅不会降低滚筒装煤率，还会在一定程度上增加滚筒的装煤效果。

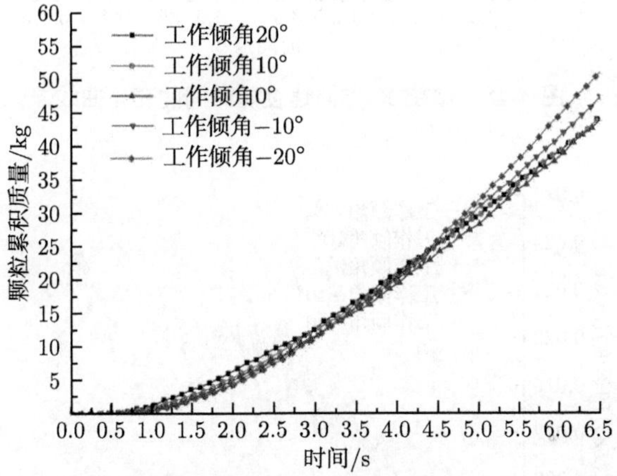

图 4-39　不同工作倾角下滚筒抛射装煤颗粒累积质量随时间的变化曲线

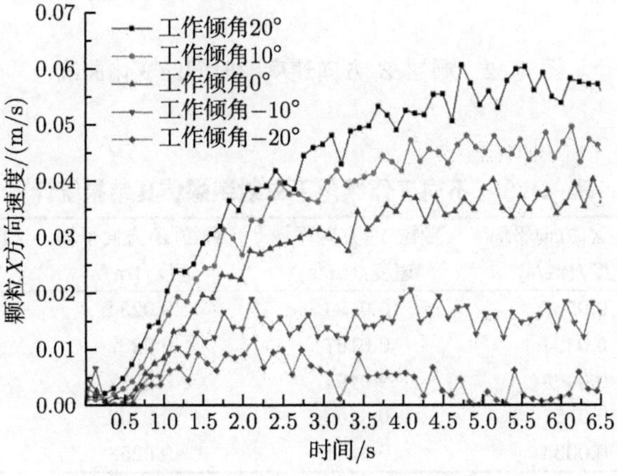

图 4-40　颗粒 X 方向速度随时间的变化曲线

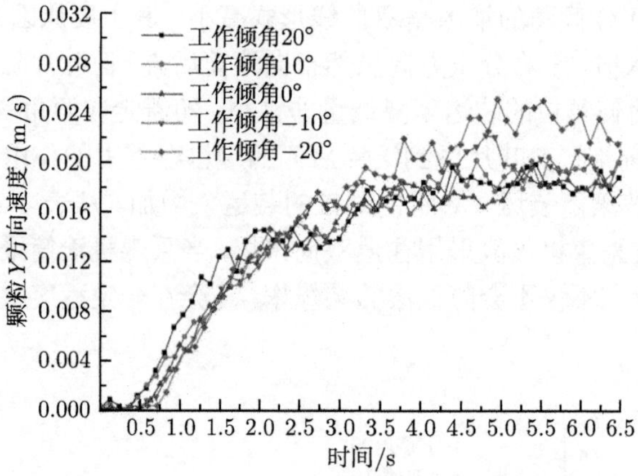

图 4-41　颗粒 Y 方向速度随时间的变化曲线

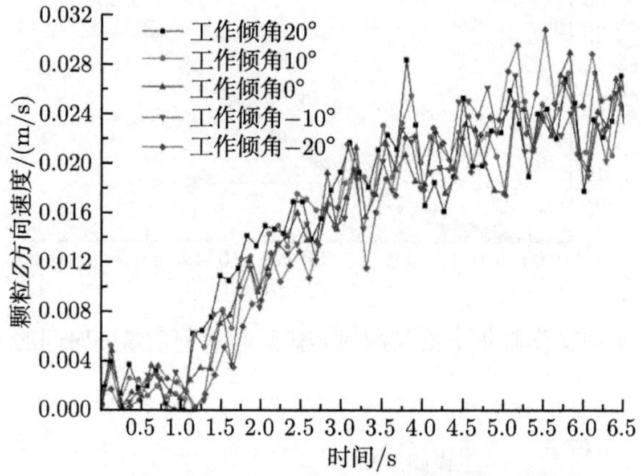

图 4-42　颗粒 Z 方向速度随时间的变化曲线

表 4-22　不同工作倾角下抛射装煤仿真结果统计

工作倾角/(°)	颗粒 X 方向平均速度/(m/s)	颗粒 Y 方向平均速度/(m/s)	颗粒 Z 方向平均速度/(m/s)	颗粒累积质量/kg	装运率/%
20	0.0567	0.0184	0.0234	43.24	56.69
10	0.0464	0.0187	0.0232	43.27	58.30
0	0.0369	0.0191	0.0232	43.26	59.49
−10	0.0153	0.0202	0.0232	47.52	65.46
−20	0.0033	0.0230	0.0258	51.02	76.23

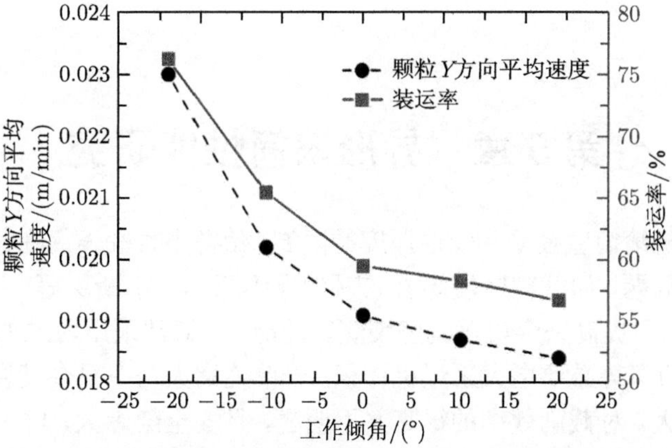

图 4-43 工作倾角对抛射装煤颗粒装运率和颗粒 Y 方向平均速度的影响曲线

参 考 文 献

[1] 陈汝超, 陈晓平, 蔡佳莹, 等. 粒煤螺旋输送特性实验研究[J]. 煤炭学报, 2012, 37(1): 154-157.

[2] 陆增亮. 采煤机滚筒装煤问题研究 (下)[J]. 煤矿机械与电气, 1981, (4): 1-8.

[3] 陆曾亮. 采煤机滚筒装煤问题研究 (上)[J]. 煤矿机械与电气, 1981, (3): 1-4.

[4] 刘送永. 采煤机滚筒截割性能及截割系统动力学研究[D]. 徐州: 中国矿业大学, 2009.

[5] 刘春生. 滚筒式采煤机理论设计基础[M]. 徐州：中国矿业大学出版社, 2003.

[6] Gao K D, Du C L, Liu S Y, et al. Model test of helical angle effect on coal loading performance of shear drum[J]. International Journal of Mining Science and Technology, 2012, 22(2): 165-168.

[7] 刘送永, 杜长龙, 崔新霞, 等. 采煤机滚筒螺旋叶片结构参数研究[J]. 工程设计学报, 2008, 15(4): 290-294.

[8] 高魁东. 薄煤层滚筒采煤机装煤性能研究[D]. 徐州: 中国矿业大学, 2014.

第 5 章　异形滚筒性能研究

由于采煤机滚筒直径受到煤层厚度的限制，使得小直径滚筒在截煤、装煤过程中仍存在很多问题，如截割坚硬煤岩 (夹矸、硬包裹体、小断层等) 割不动、装煤效果差等。通常为了提高采煤机截割坚硬煤岩的能力，通常采用通过加大截割功率的方法，但加大功率势必要增大采煤机体积，若单纯增大功率只会使得磨损加剧、工作面粉尘量增大，对截割效率的提高并不明显，且安全隐患大，增大采煤机体积与有限开采空间相违背。因此，为了减小采煤机的体积和质量，使其能够更好地截割坚硬煤岩，且具有较好的截割能力和装煤效果，结合以往经验研发新型滚筒并进行异形滚筒性能研究，以期解决坚硬煤岩难以截割、装煤效果差等问题，提高综采机械化程度，实现煤炭资源的高效开采。

5.1　异形滚筒结构设计

5.1.1　阶梯形滚筒结构设计

考虑到煤层的压酥效应，针对普通形滚筒无法有效截割硬岩问题设计了阶梯形滚筒[1]，其结构形式如图 5-1 所示。

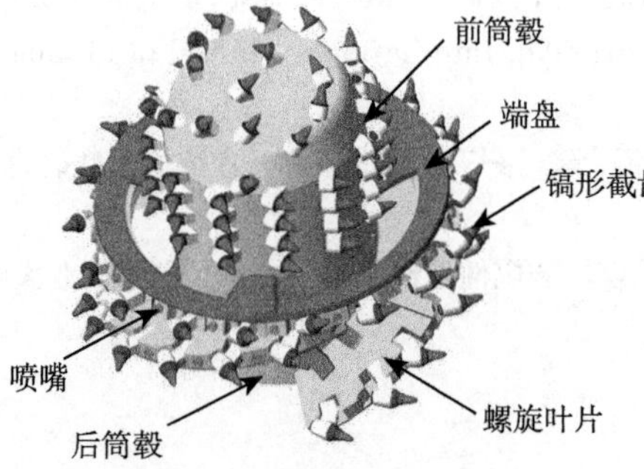

图 5-1　阶梯形滚筒结构图

阶梯形滚筒包括后筒毂、连接在后筒毂上的前筒毂，后筒毂与前筒毂连接处设有端盘，后筒毂上布置有螺旋叶片与端盘相连接，螺旋叶片和端盘的外缘上间隔布有多个凹槽，凹槽内和两凹槽之间分别固定镐形截齿和喷嘴，前筒毂上有呈螺旋状排列的镐形截齿，并且端盘上开有呈 120° 分布的端盘窗口用于过煤。阶梯形滚筒的叶片截齿顺序式排列在 4 条截线上，两个叶片上截齿周向均匀布置，端盘上的截齿分为三组，每组 4 个 (A_{jz}、B_{jz}、C_{jz}、D_{jz})，筒齿布置在 2 条截线上，顶端齿分为两组，布置在 4 条截线上 (E_{jz}、F_{jz}、G_{jz}、H_{jz})。

采煤机滚筒的采深、采高越大，对应的压酥区宽度也越大。一般通过增大滚筒截深的方法来提高滚筒对煤岩的截割效率，但这将引起滚筒截割扭矩、牵引阻力及截割比能耗的增大。为使阶梯形滚筒能够充分利用煤岩的压酥效应，将后筒毂上的螺旋叶片宽度减小为原滚筒的一半。即当采煤机滚筒恒扭矩截割时，由于阶梯形滚筒前筒毂直径变小，其截割力增大，使得处于封闭截割状态下截齿的截割效率增加；而对于后筒毂上所对应的滚筒部分，由于其截割宽度与普通形滚筒相比有所减小，从理论分析可知该部分滚筒可以更好地利用煤岩的压酥效应截割煤岩，即滚筒截割硬岩的能力增强。

阶梯形滚筒与普通形滚筒均采用双螺旋线布齿，表 5-1、表 5-2 分别为阶梯形滚筒截齿齿尖定位表和普通形滚筒截齿齿尖定位表。

表 5-1 阶梯形滚筒截齿齿尖定位表

截齿位置	截线	高度/mm	直径/mm	圆周角/(°)	冲击角/(°)	倾斜角/(°)
顶端齿	H_{jz} 截线	355	330	287	40	45
	G_{jz} 截线	340	330	265	40	30
	F_{jz} 截线	325	330	243	40	23
	E_{jz} 截线	310	330	221	40	12
筒齿	截线 6	285	330	206	40	0
	截线 5	247	330	184	40	0
端盘齿	D_{jz} 截线	205	530	169	40	45
	C_{jz} 截线	190	530	147	40	30
	B_{jz} 截线	175	530	125	40	23
	A_{jz} 截线	165	530	103	40	12
叶片齿	截线 4	155	530	88	40	0
	截线 3	120	530	66	40	0
	截线 2	85	530	44	40	0
	截线 1	50	530	22	40	0

在进行阶梯形滚筒截煤性能研究之前，有必要从理论上对阶梯形滚筒的截煤能力进行计算来验证滚筒设计的合理性。滚筒截煤过程中所受的主要载荷包括截割扭矩和牵引阻力，鉴于截割扭矩和牵引阻力之间存在着一定的比例关系，且二者具有一定的相关性，此处仅通过研究阶梯形滚筒截煤过程中所受的扭矩来衡量其截割性能的优劣。由滚筒截煤理论分析可知：

$$\begin{aligned} M_x &= 0.5D_{\mathrm{c}}\sum_{i=1}^{n}(z_i)\times 10^3 \\ &= 0.5D_{\mathrm{c}}\sum_{i=1}^{n}\left(\overline{A}h_i t_i\frac{0.35b_{\mathrm{p}}+0.3}{b_{\mathrm{p}}+h_i\tan\varphi_i}\cdot\frac{k_{\mathrm{y}}k_{\mathrm{m}}k_{\alpha}k_{\mathrm{f}}k_{\mathrm{p}}}{k_{\varphi}}\cdot\frac{1}{\cos\beta}\right)\times 10^3 \end{aligned} \tag{5-1}$$

表 5-2 普通形滚筒截齿齿尖定位表

截齿位置	截线	高度/mm	直径/mm	圆周角/(°)	冲击角/(°)	倾斜角/(°)
端盘齿	D_{jz} 截线	355	530	249	40	45
	C_{jz} 截线	340	530	227	40	30
	B_{jz} 截线	325	530	205	40	23
	A_{jz} 截线	310	530	183	40	12
叶片齿	截线 8	295	530	168	40	0
	截线 7	260	530	142	40	0
	截线 6	225	530	116	40	0
	截线 5	190	530	94	40	0
	截线 4	155	530	72	40	0
	截线 3	120	530	54	40	0
	截线 2	85	530	36	40	0
	截线 1	295	530	168	40	0

式中，$\overline{A}$ 为煤的平均截割阻抗，N/mm；k_{y} 为煤的压涨系数，$k_{\mathrm{y}}=k_{\mathrm{y0}}+\dfrac{B-0.1H}{B+H}$；$k_{\mathrm{y0}}$ 为煤的表面钻涨系数，$k_{\mathrm{y0}}\approx 0.2\sim 0.5$，脆性煤取小值，韧性煤取大值，此处取 0.35；$k_{\mathrm{m}}$ 为煤体的裸露系数，当 $h_i \leqslant 10\mathrm{mm}$ 时，$k_{\mathrm{m}}=0.32+0.2/(0.1h)$，当 $h_i>10\mathrm{mm}$ 时，$k_{\mathrm{m}}=0.25+0.66/(0.1h_i+1.3)$；$k_\alpha$ 为截角的影响系数，一般取 75°，经插值得 $k_\alpha\approx 1.09$；k_{f} 为截齿前刃面影响系数，取 0.9；k_{p} 为截齿配置系数，顺序式排列 $k_{\mathrm{p}}=1$，棋盘式排列 $k_{\mathrm{p}}=1.25$；k_φ 为崩落角影响系数，韧性煤 $k_\varphi=0.85$，脆性煤 $k_\varphi=1$；b_{p} 为截齿计算宽度，mm，$b_{\mathrm{p}}=\dfrac{0.9\sqrt{h_i}\sin\alpha}{\sin(\alpha+\beta)}\cdot\sqrt{\cos 2\alpha+\sin 2\alpha\cdot\cot(\beta-\alpha)}$。

阶梯形滚筒的前筒毂与后筒毂的直径相同，前筒毂上截齿外缘直径为 330mm，后筒毂上螺旋叶片截齿的外缘直径为 530mm，前筒毂与后筒毂的长度相同，其值为普通形滚筒筒毂长度的 1/2。普通形滚筒螺旋叶片截齿的外缘直径为 530mm。因此，可通过计算求得

$$M_{\text{阶梯形滚筒}}=0.86123M_{\text{普通形滚筒}} \tag{5-2}$$

表明阶梯形滚筒在截煤过程时所受的扭矩比普通形滚筒小 13.877%，其截割硬煤能力明显高于普通形滚筒。

5.1.2 鼓形滚筒结构设计

随着采煤机滚筒功率的增大，特别是中厚煤层开采的大功率中小直径滚筒采煤机，往往由于装煤问题影响整机生产率的提高。现有滚筒在装煤方面存在的主要问题是卸载端煤流拥挤。其原因是虽然沿滚筒轴线的落煤量是均匀的，但通过各断面的煤流量却随其离卸载端的距离减小而线性增大，结果给输煤带来不利，严

重时甚至发生堵塞现象，影响采煤机的正常工作。为了有效解决这个问题，考虑到滚筒装煤过程，对滚筒的筒毂结构加以改进。研究的新型鼓形滚筒[2] 结构如图 5-2 所示。

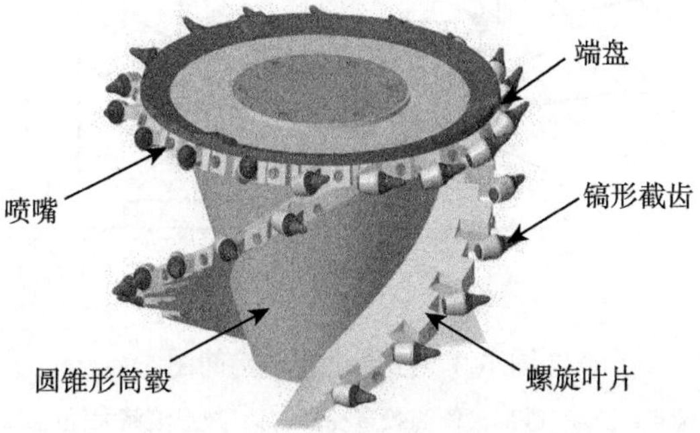

图 5-2 鼓形滚筒结构图

鼓形滚筒的结构特点是从采煤面到采空面，滚筒叶片深度沿着滚筒剖面线性增大，并在排放处达到最大值，这与煤流的变化规律相适应，有效解决了煤流拥挤问题，可提高滚筒的装煤效率、减少煤的重复破碎、增大煤的块度。鼓形滚筒叶片截齿顺序式排列在 8 条截线上，两个叶片上的截齿周向对称布置，端盘上的截齿分为三组，每组 4 个 (A_{jz}、B_{jz}、C_{jz}、D_{jz})，布置在 4 条截线上，叶片截齿的倾斜角为 0°，端盘截齿的倾斜角因截线不同而不同，鼓形滚筒采用双螺旋线布齿，鼓形滚筒的截齿齿尖定位如表 5-3 所示，普通形滚筒的截齿齿尖定位表见表 5-2。

表 5-3 鼓形滚筒截齿齿尖定位表

		高度/mm	直径/mm	圆周角/(°)	冲击角/(°)	倾斜角/(°)
端盘齿	D_{jz} 截线	355	530	249	40	45
	C_{jz} 截线	340	530	227	40	30
	B_{jz} 截线	325	530	205	40	23
	A_{jz} 截线	310	530	183	40	12
叶片齿	截线 8	295	530	168	40	0
	截线 7	260	530	142	40	0
	截线 6	225	530	116	40	0
	截线 5	190	530	94	40	0
	截线 4	155	530	72	40	0
	截线 3	120	530	54	40	0
	截线 2	85	530	36	40	0
	截线 1	50	530	168	40	0

为了对鼓形滚筒的理论装煤能力进行评估，需对鼓形滚筒进行简化，简化后的

鼓形滚筒如图 5-3 所示。

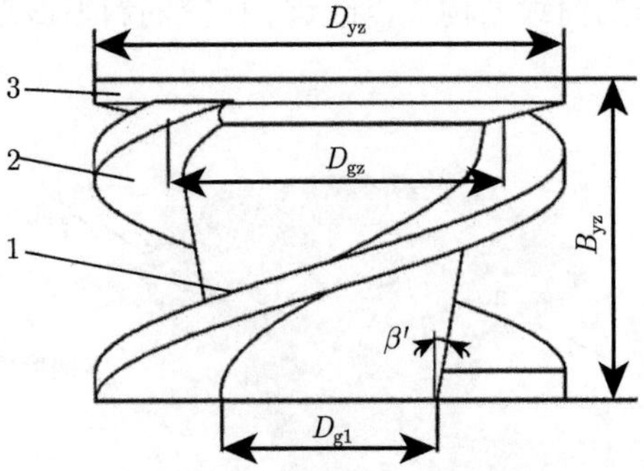

图 5-3　鼓形滚筒结构简图

1. 轮毂；2. 叶片；3. 端盘；D_{yz}. 鼓形滚筒筒毂直径；D_{gz}. 鼓形滚筒大径；β'. 鼓形滚筒螺旋倾斜升角；D_{g1}. 鼓形滚筒小径；B_{yz}. 鼓形滚筒螺距

装煤生产率是表征滚筒装煤性能的重要指标，其定义是单位时间内采煤机螺旋滚筒将破落的碎煤从装煤空间运出的煤量，其大小取决于煤流的轴向速度 v_1^* 和煤流的实际断面面积 F_1，即

$$Q_z = v_1^* F_1 \tag{5-3}$$

5.1.2.1　煤流的轴向速度

如图 5-4 所示，设煤块在滚筒中以转速 n^* 旋转，它在叶片推动下获得圆周速度 v_1^* 和沿叶片相对滑动速度 $v_{21}'^*$，但由于煤块与叶片间的摩擦力使 $v_{21}'^*$ 减小为 v_{21}^*，这时其绝对速度为 $v_n^* = v_1^* + v_2^*$，且偏离法向一个摩擦角 φ^*。

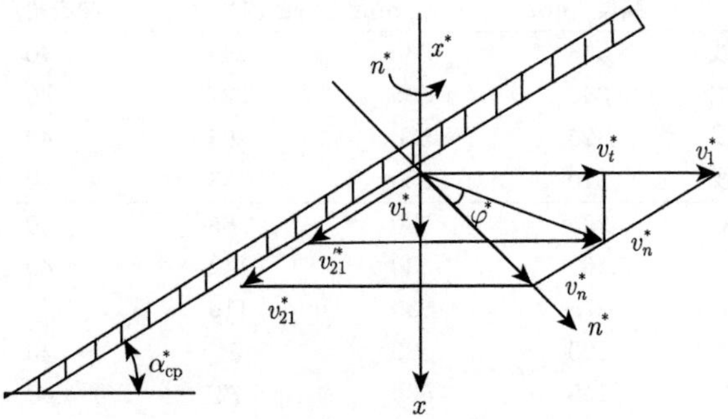

图 5-4　煤块在叶片上的运动分析

若螺旋叶片的升角为 α_z，根据速度投影定理 $v_n\cos\varphi_z = v_1\sin\alpha_z$，即 $v_n = v_1\dfrac{\sin\alpha_z}{\cos\varphi_z}$($v_1 = \pi n_z D^*$，$D^*$ 是煤块所在叶片作用处的回转直径)。由此叶片平均直

径处煤块的绝对速度为

$$v_{\mathrm{np}} = \pi n_{\mathrm{z}} D^{*} \frac{\sin\alpha_{\mathrm{cp}}}{\cos j_{\mathrm{z}}} = n S^{*} \frac{\cos\alpha_{\mathrm{cp}}}{\cos j_{\mathrm{z}}} \tag{5-4}$$

式中，S^{*} 为螺旋叶片导程，$S^{*} = \pi D^{*}\tan\alpha_{\mathrm{cp}}$；$\alpha_{\mathrm{cp}}$ 为叶片螺旋升角。

将 v_{np} 沿滚筒轴向分解即得煤流轴向速度：

$$v_{1} = v_{\mathrm{np}}\cos(\alpha_{\mathrm{cp}} + j_{\mathrm{z}}) = \frac{n_{\mathrm{z}} S^{*}\cos\alpha_{\mathrm{cp}}\cos(\alpha_{\mathrm{cp}} + \varphi_{\mathrm{z}})}{\cos\varphi_{\mathrm{z}}} \tag{5-5}$$

5.1.2.2 螺旋滚筒煤流实际断面积

螺旋叶片是由半径不相同的无数条螺旋线构成的曲面。与圆柱滚筒不同的是这种新型滚筒叶片的内螺旋线为圆锥螺旋线，如图 5-5 所示。图中叶片螺旋面的外螺旋线方程为

$$\begin{cases} x = R_{\mathrm{y}}\cos\theta_{\mathrm{z}} \\ y = R_{\mathrm{y}}\sin\theta_{\mathrm{z}} \\ z = R_{\mathrm{y}}\theta_{\mathrm{z}}\tan\alpha_{\mathrm{y}} = \dfrac{S\theta_{\mathrm{z}}}{2\pi} \end{cases} \tag{5-6}$$

式中，R_{y} 为螺旋叶片外半径，R_{y}=$0.5D_{\mathrm{y}}$；α_{y} 为螺旋叶片外升角，(°)；θ_{z} 为极坐标转角，$0 < \theta_{\mathrm{z}} < 2\pi$，与叶片头数有关。

螺旋面的内螺旋线方程为

$$\begin{cases} x = \left(R_{\mathrm{gd}} - \dfrac{S\theta}{2\pi}\tan\beta'\right)\cos\theta_{\mathrm{z}} \\ y = \left(R_{\mathrm{gd}} - \dfrac{S\theta}{2\pi}\tan\beta'\right)\sin\theta_{\mathrm{z}} \\ z = \dfrac{S\theta_{\mathrm{z}}}{2\pi} \end{cases} \tag{5-7}$$

式 (5-6)、式 (5-7) 分别为叶片厚度 δ_{z} 的上螺旋面的外螺旋线方程和内螺旋线方程。与前面两条螺旋线方程相似，只是在 z 轴方向上增大了 $\delta_{\mathrm{z}}/\cos\alpha_{\mathrm{z}}$。

$$\begin{cases} x = R_{\mathrm{y}}\cos\theta_{\mathrm{z}} \\ y = R_{\mathrm{y}}\sin\theta_{\mathrm{z}} \\ z = \dfrac{S\theta_{\mathrm{z}}}{2\pi} + \dfrac{\delta_{\mathrm{z}}}{\cos\alpha_{\mathrm{z}}} \end{cases} \tag{5-8}$$

$$\begin{cases} x = \left(R_{\mathrm{gd}} - \dfrac{S\theta_{\mathrm{z}}}{2\pi}\tan\beta'\right)\cos\theta_{\mathrm{z}} \\ y = \left(R_{\mathrm{gd}} - \dfrac{S\theta_{\mathrm{z}}}{2\pi}\tan\beta'\right)\sin\theta_{\mathrm{z}} \\ z = \dfrac{S\theta_{\mathrm{z}}}{2\pi} + \dfrac{\delta_{\mathrm{z}}}{\cos\theta_{\mathrm{z}}} \end{cases} \tag{5-9}$$

式中，β' 为鼓形滚筒轮毂锥顶半角；R_{gd} 为螺旋叶片大端内直径，$R_{\mathrm{gd}} = D_{\mathrm{gd}}/2$。

5.1.2.3　单头螺旋叶片的横截面积的计算

用 $z=z_1$ 的平面 $E-E$ 去截螺旋叶片，如图 5-5 所示。它与螺旋面的内外螺旋线分别相交于 1、2、3、4 点。由式 (5-5) 可知，截线 cd 的平均转角 $\theta_x=\dfrac{2\pi z}{S}$；由式 (5-7) 可得截线 ab 的平均转角为 $\theta_x=\dfrac{2\pi\left(z_1-\dfrac{\delta_z}{\cos\alpha_{cp}}\right)}{S_z}$。则 cd 和 ab 之间的夹角，即叶片厚度所占的夹角 $\Delta\theta_x=\theta-\theta_x=\dfrac{2\pi\delta}{S\cos\alpha_{cp}}$。显然，当考虑叶片厚度 δ_z 时，单头螺旋叶片滚筒的最大可能煤流断面积：

$$F_{\max}=\frac{\pi}{4}(D_y^2-D_g^2)\left(1-\frac{\Delta\theta_x}{2\pi}\right)=\frac{\pi}{4}(D_y^2-D_g^2)\left(1-\frac{\delta_z}{S\cos\alpha_{cp}}\right) \tag{5-10}$$

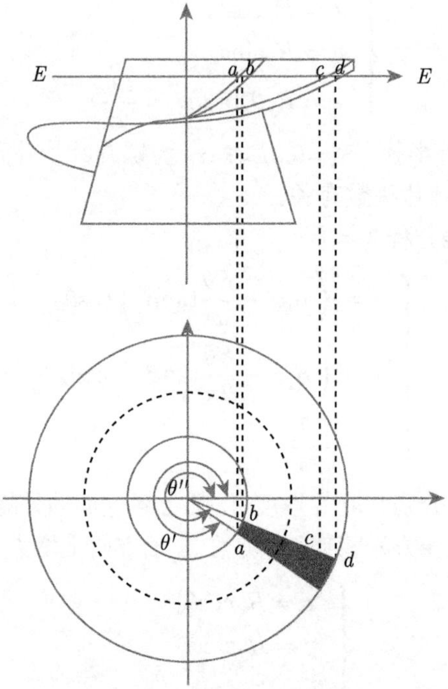

图 5-5　单头螺旋鼓形滚筒

对于鼓形滚筒而言，任意滚筒轮毂直径 D_g 是变化的，为了进一步求得 D_g 随 θ_z 的变化关系，将式 (5-6) 变换整理得

$$x^2+y^2=\left(r_i-\frac{L_z\theta_z}{2\pi}\tan\beta'\right) \tag{5-11}$$

式中，β' 为鼓形滚筒锥顶半角。若令 $\rho_z^2=x^2+y^2$、$K_z=\dfrac{L_z}{2\pi}\tan\beta'$，并注意到

$D_g = 2\rho_z$，$D_i = 2r_i$，则

$$D_g = D_i - 2K_z\theta_z \tag{5-12}$$

将式 (5-12) 代入式 (5-10) 可得鼓形滚筒的单头螺旋叶片在任一截面处煤流断面面积为

$$F_{max} = \frac{\pi}{4}[D_y^2 - (D_i - 2K_z\theta_z)^2]\left(1 - \frac{\delta_z}{L_z\cos\alpha_{cp}}\right) \tag{5-13}$$

5.1.2.4 鼓形滚筒装煤生产率的计算

对于具有 2 头螺旋叶片的滚筒，利用式 (5-13) 可得最大可能煤流断面积：

$$F_{max} = \frac{\pi}{4}[D_y^2 - (D_i - 2K_z\theta_z)^2]\left(1 - \frac{Z\delta_z}{L_z\cos\alpha_{cp}}\right) \tag{5-14}$$

假设煤流的充满系数为 ψ_z，根据充满系数的定义，煤流实际断面面积 $F = \psi_z F_{max}$，将式 (5-14) 代入该式且将该式代入式 (5-2) 可得鼓形滚筒的装煤能力为

$$Q_z = \frac{\pi}{4}[D_y^2 - (D_i - 2K_z\theta_z)^2]\psi_z n_z L_z\left(1 - \frac{Z\delta_z}{L_z\cos\alpha_{cp}}\right)\cdot\frac{\cos\alpha_{cp}\cos(\alpha_{cp}+\varphi_z)}{\cos\varphi_z} \tag{5-15}$$

显然，θ_z 值随鼓形滚筒上位置变化而发生变化，当且仅当 $\theta_z = \theta_{max}$，即在采空面时 Q_z 为最大，这与煤流的变化规律相适应，对装煤十分有利，θ_{max} 与滚筒结构参数有关。

5.1.2.5 对比分析

已知普通形滚筒的 D_y=500mm，D_g=200mm，L_z=1000mm，Z_z=2，$\delta_z = 30$mm，n_z=80r/min，$\psi_z = 0.4$，鼓形滚筒的锥顶半角为 $\beta' = 10°$，利用式 (5-15) 计算得

$$Q_{鼓形滚筒} = 1.45Q_{普通形滚筒} \tag{5-16}$$

表明鼓形滚筒的装煤能力较普通形滚筒提高 45%。

5.1.3 旋挖式滚筒结构设计

如图 5-6 所示为新型旋挖式采煤机示意图，所述的旋挖式滚筒[3] 特别适用于隧道和渠道的挖掘，也适用于采矿行业的开采，这种开采机械在掘进方面至少有一个运行的轮廓截割装置，使得挖掘各种不同于圆形的其他类型的剖面成为可能。通过对旋挖式截割头后部齿轮箱进行设计，模拟仿真旋挖式截割头铣槽装置的截齿运动轨迹，使得截割后的剖面为方形成为可能，并对其主体结构的截煤装煤性能进行研究。

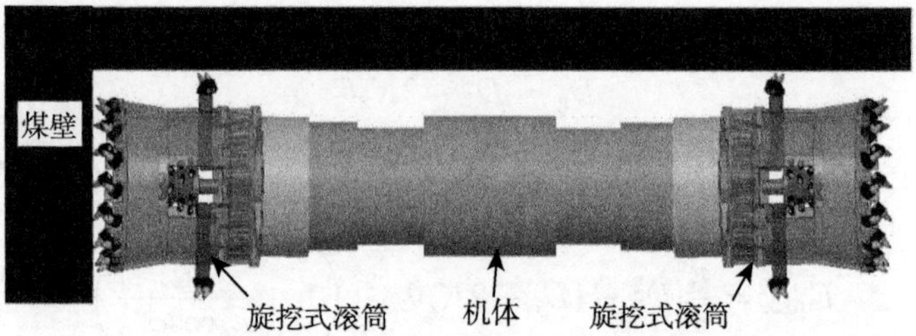

图 5-6 新型旋挖式采煤机示意图

如图 5-7 所示为旋挖式滚筒示意图，旋挖式滚筒的破岩装置主要包括三部分，钻孔套、破岩芯钻头、铣槽装置。其工作原理为：钻孔套在工作面上钻出一个圆柱形的岩芯，钻孔套上集成的铣槽装置承担截割工作面偏离圆形截面的部分，而且，由钻孔套削成的岩芯会被破岩芯钻头打成粗块并通过相应的出口排出。根据旋挖式滚筒的结构特点，可以根据后部齿轮减速箱的不同设计或者使用多个铣槽装置，来实现获得不同剖面形状的功能。该结构整体机构简单紧凑，可根据要求使截割剖面呈椭圆状，同时使块煤率增加，减少粉尘。

图 5-7 旋挖式滚筒示意图

5.2 异形滚筒性能仿真分析

5.1 节对异形滚筒结构设计进行概述，但所选用的参数并不一定最为合适。采用试验的方法进行异形滚筒性能分析虽然得到的结果更为直观、真实，但存在周期长、资金投入大且占用大量试验场地等问题。因此本节利用有限元 ANSYS/LS-DYNA 数值方法模拟分析滚筒的截煤过程、利用 EDEM 数值模拟方法模拟滚筒的装煤过程对比研究异形滚筒的性能。

5.2.1 阶梯形滚筒截煤性能仿真分析

5.2.1.1 材料属性定义

根据采煤机滚筒截割煤岩的实际工况，将阶梯形滚筒和普通形滚筒上的截齿、齿座、端盘、筒毂和叶片等均视为刚性体，选用 RIGIC 刚体模型来描述阶梯形滚筒和普通形滚筒，该刚体模型的物理及力学参数为：密度 7800kg/m^3，弹性模量 600GPa，泊松比 0.22。

煤壁是采煤机滚筒的截割对象，煤壁和混凝土的材料特性有诸多相似之处，比如，两者都是脆性材料，其变形破坏的过程均包含压实、线弹性、塑性软化等阶段；二者的拉伸断裂机制也极为相似等。因此，阶梯形滚筒截煤仿真分析中选用一种混凝土材料模型 (HJC 材料本构模型) 来描述煤壁材料。

煤壁仿真模型的具体参数见表 5-4。

表 5-4 煤壁仿真模型参数

模型参数	值	模型参数	值
密度 ρ_c	1520 kg/m^3	抗拉强度 σ_t	0.92 MPa
剪切模量 G	1223 MPa	破坏压力 P_{crush}	3.71 MPa
静态抗压强度 f'_c	1.26 MPa	破碎应变体积 μ_{crush}	0.0012
标准化内聚力强度 A_c	0.796	锁定压力 P_{lock}	54 MPa
标准化压力硬化系数 B_c	1.508	锁定应变体积 μ_{lock}	0.099
应变率系数 C_c	0.005	压力常数 K_{c1}	85000 MPa
加压硬化指数 N_c	0.418	压力常数 K_{c2}	−171500 MPa
最大标准化等效应力 S_{max}	7.0	压力常数 K_{c3}	208000 MPa
损伤常数 D_{c1}	0.041	参考应变率 ε_0	60 s^{-1}
损伤常数 D_{c2}	1.0	失效应变 f_s	0.04
塑性变形最大值 ε_{fmin}	0.01		

仿真模型中，采用自由网格和映射网格相结合的方法对模型进行划分。因此，为了兼顾仿真计算的精度和速度，对于直接参与煤岩截割的截齿进行精细划分，对于滚筒上不参与截割的齿座、叶片、端盘、筋板等零部件则尽可能划分较大的网格，如图 5-8 所示。

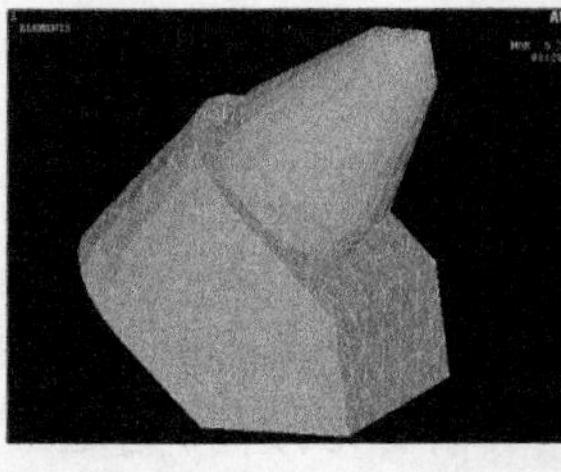

图 5-8 镐形截齿 + 齿座划分网格图

由于阶梯形滚筒在截割煤岩第一刀时尚不存在自由面，属于一个特殊工况，且第二刀之后阶梯形滚筒截煤均是在前一刀产生的前筒毂截割槽的基础上进行截割，在不考虑截齿磨损、煤岩性质发生变化的条件下，为对比研究阶梯形滚筒和普通形滚筒的截煤性能，可进行以下三组 LS-DYNA 仿真模拟：① 普通形滚筒截割煤岩仿真；② 阶梯形滚筒截割煤岩第一刀仿真；③ 阶梯形滚筒截割煤岩第二刀仿真。

如图 5-9(a)、(b)、(c) 所示分别为普通形滚筒截煤仿真示意图、阶梯形滚筒截割煤岩第一刀仿真示意图和阶梯形滚筒截割煤岩第二刀仿真示意图。由于在实际工况条件下滚筒截割的煤壁可近似看成无限大，所以对煤壁模型的外表面添加全自由度的约束及无反射边界条件，并且滚筒上的截齿与煤壁之间的接触方式均为面对面的侵蚀接触，以此来保证与滚筒截齿接触的煤块单元在失效消失后，后续的单元能立即与滚筒形成接触状态；在煤壁底部、上部以及后面施加固定约束，限制其所有方向的自由度，并且对除了滚筒与煤壁接触的面，其余面施加无反射边界条件来降低煤壁的尺寸效应对仿真结果的影响。同时为了减少模型沙漏和网格的畸变，对模型采取自适应的网格控制。

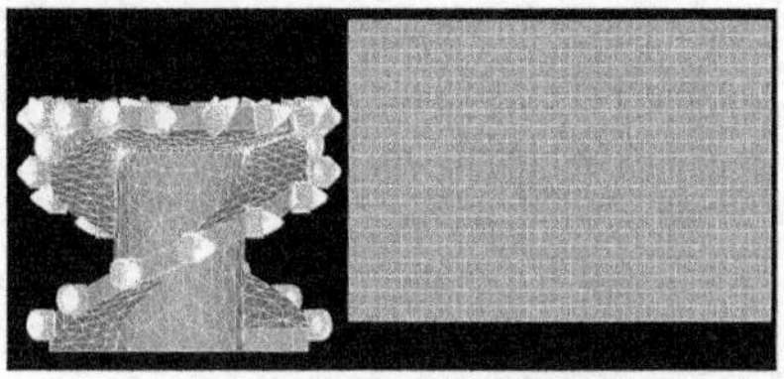

(a) 普通形滚筒截煤仿真示意图

(b) 阶梯形滚筒截割煤岩第一刀仿真示意图

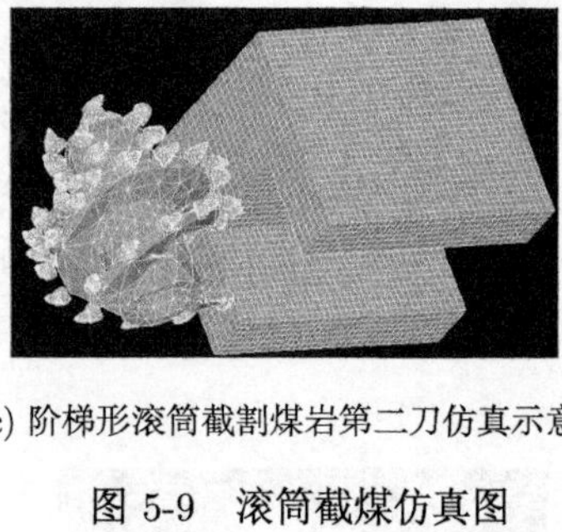

(c) 阶梯形滚筒截割煤岩第二刀仿真示意图

图 5-9　滚筒截煤仿真图

5.2.1.2　无围压作用下截割性能分析

为使阶梯形滚筒、普通形滚筒截煤仿真过程能够实现并且缩短仿真时间，采用等比缩放滚筒运动参数的方法，将阶梯形滚筒、普通形滚筒的平移速度和转速进行等比例放大。

在对比分析阶梯形滚筒与普通形滚筒截割煤岩性能之前，有必要考虑两个滚筒的截割效率，以保证一定的经济效益。因为仿真模型中煤壁的长度相同，且滚筒仿真的运动参数也相同，因此可以通过测量两滚筒在截割前后沿开采方向上的截割面积 (截后面积与开槽面积之差) 来间接衡量两者之间的截割效率。各滚筒煤岩截割前后的面积分布见表 5-5，可以认为该仿真条件下的阶梯形滚筒第二刀截煤和普通形滚筒截煤具有相同的截割效率。

表 5-5 滚筒煤岩截割前后面积分布

断面面积	阶梯形滚筒第二刀截煤	普通形滚筒截煤
开槽面积/mm^2	49750	0
截后面积/mm^2	139520	90168
截割面积/mm^2	89770	90168

如图 5-10(a)、(b)、(c) 所示分别为普通形滚筒截煤等效应力云图、阶梯形滚筒

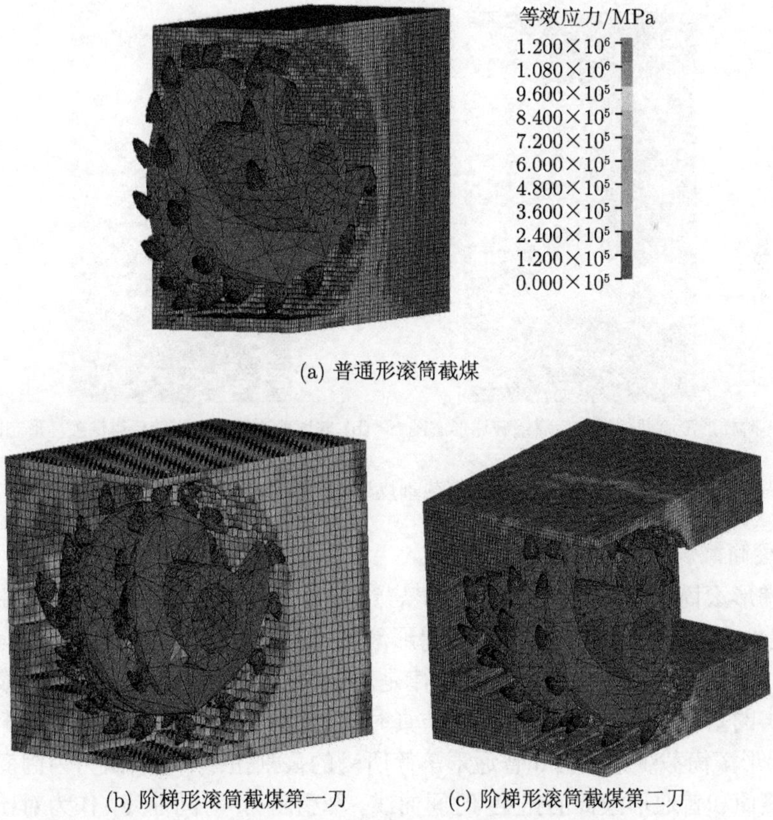

(a) 普通形滚筒截煤

(b) 阶梯形滚筒截煤第一刀　(c) 阶梯形滚筒截煤第二刀

图 5-10 滚筒截煤等效应力云图

截煤第一刀等效应力云图和阶梯形滚筒截煤第二刀等效应力云图。可见由于阶梯形滚筒截煤第一刀属于特殊工况，煤壁上不存在自由面，其等效应力远大于普通形滚筒截煤和阶梯形滚筒截煤第二刀。阶梯形滚筒截煤第二刀等效应力小于普通形滚筒截煤的等效应力，这主要是因为阶梯形滚筒在第二刀之后都是在第一刀前筒毂形成的预截割槽的基础上进行截割的。

1) 煤壁破坏形态

如图 5-11(a)、(b) 所示分别为阶梯形滚筒截割煤壁后煤壁的破碎形态和普通形滚筒截割煤壁后煤壁的破碎形态。从图中可以看出，阶梯形滚筒截割煤壁后煤壁的破碎形态呈阶梯状，这是由于阶梯形滚筒前后筒毂同时参与截煤，前筒毂上截齿齿尖所在圆的直径是后筒毂螺旋叶片上截齿齿尖所在圆直径的一半；普通形滚筒截割煤壁后煤壁的破碎形态为矩形，这是由于普通形滚筒螺旋叶片上最外圈截齿齿尖所在圆的直径相同且与阶梯形滚筒后筒毂螺旋叶片上最外圈截齿齿尖所在圆的直径相同。

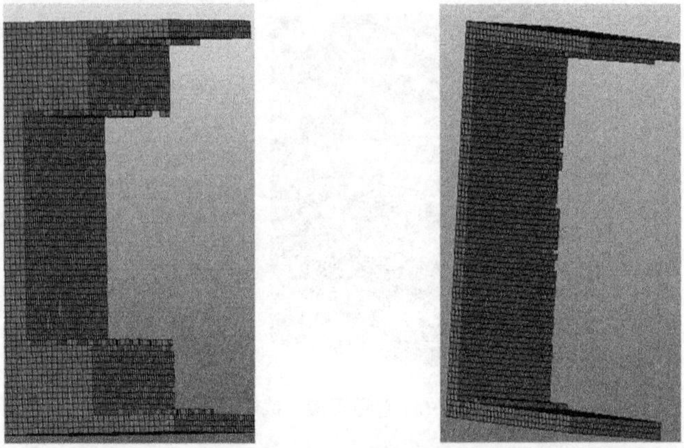

(a) 阶梯形滚筒截割煤壁后煤壁破坏形态图　　(b) 普通形滚筒截割煤壁后煤壁破坏形态图

图 5-11　滚筒截割煤壁破碎形态效果图

2) 滚筒截煤载荷曲线

阶梯形滚筒、普通形滚筒在截割煤岩过程中，截割扭矩、牵引阻力、截割长度等均随着时间变化，其变化规律与阶梯形滚筒、普通形滚筒截割煤岩过程有着密切的联系，统计分析这些参数的变化规律是对比分析阶梯形滚筒与普通形滚筒截割性能优劣的基础。因此，在仿真时将仿真时间作为自变量，而阶梯形滚筒截煤第一刀、阶梯形滚筒截煤第二刀和普通形滚筒所受的截割扭矩、牵引阻力为因变量求出阶梯形滚筒和普通形滚筒的扭矩–时间曲线、牵引阻力–时间曲线，作为对比分析截煤性能的主要指标。

如图 5-12(a)、(b) 所示为仿真所得滚筒截割扭矩–时间曲线和牵引阻力–时间曲线。从图中可以看出，阶梯形滚筒截煤第一刀、阶梯形滚筒截煤第二刀和普通形滚筒截煤时，所受载荷曲线的变化趋势基本一致，均包含载荷快速增大阶段和围绕一均值上下波动的相对稳定阶段。这主要是因为随着滚筒开始截割煤壁，参与截割的截齿逐渐增多，在这一阶段滚筒所受的扭矩及牵引阻力快速增大，当滚筒完全截割进入煤壁后，参与截割煤岩的截齿稳定在滚筒总截齿数的半数左右，所以处于相对稳定阶段，载荷曲线的上下波动是由于煤岩本身的崩落特性，且模型划分单元网格为块状，所以煤块在脱落煤壁前迅速增大成波峰，脱落时迅速减小成波谷，导致了滚筒载荷的上下波动，此现象在整个截割过程中循环出现。阶梯形滚筒截割煤岩第一刀和阶梯形滚筒截割煤岩第二刀在载荷快速增大阶段有一个短暂的相对稳定阶段，这是由于阶梯形滚筒在进行煤岩截割时，后筒毂上的截齿先参与截割并稳定在半数左右，这使得滚筒所受载荷在短时间内稳定在一值上下波动。随着前筒毂上截齿逐渐参与煤岩截割，阶梯形滚筒所受载荷继续增大并最终围绕一均值上下波动。

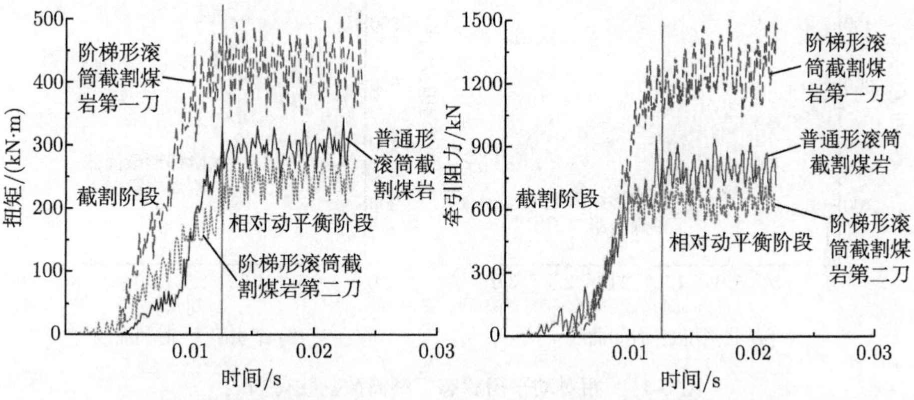

(a) 截割扭矩–时间曲线　　(b) 牵引阻力–时间曲线

图 5-12 滚筒截割载荷曲线

3) 相对动平衡状态下滚筒载荷

由于阶梯形滚筒截煤第一刀时尚不存在自由面，属于一个特殊工况，因此，在研究相对动平衡状态下滚筒载荷时，阶梯形滚筒第一刀截煤情况不作考虑。如图 5-13 所示为相对动平衡状态下仿真模型的网格划分情况，在此时状态下，可近似看成滚筒完全截割进入煤壁。

对阶梯形滚筒、普通形滚筒在相对动平衡状态下进行截煤仿真研究，仿真时间为 3s，得到的仿真截割扭矩、牵引阻力结果如图 5-14 所示。

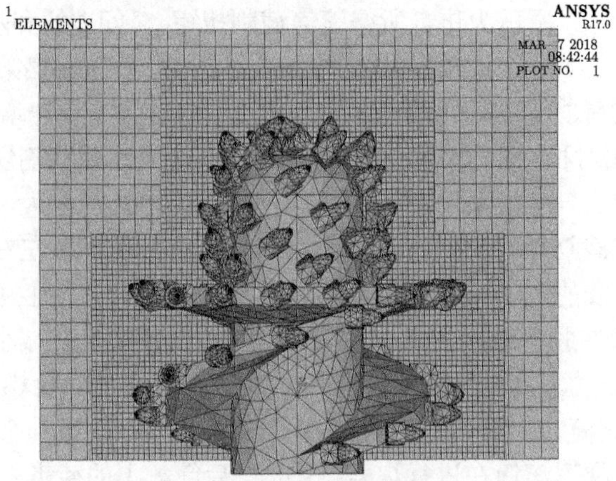

图 5-13　相对动平衡状态下仿真模型的网格划分

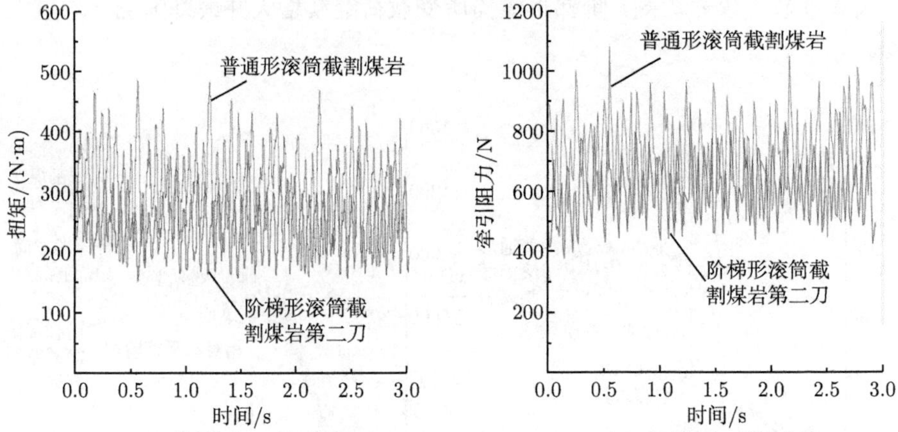

(a) 截割扭矩-时间曲线　　(b) 牵引阻力-时间曲线

图 5-14　相对动平衡状态下滚筒截割载荷曲线

从图 5-14 可以看出，阶梯形滚筒第二刀截煤在相对动平衡状态下所受扭矩、牵引阻力平均值为 238N·m、596N，普通形滚筒截煤在相对动平衡状态下所受扭矩、牵引阻力平均值为 312N·m、760N。阶梯形滚筒第二刀截割煤岩所受载荷均要小于普通形滚筒截割煤岩所受载荷，这是因为阶梯形滚筒在正常工况下截煤是在截割前一刀产生的前筒毂截割槽的基础上进行的，由于自由面的存在，煤岩更容易崩落，实现了良好的截煤效果。

5.2.1.3　围压作用下截煤性能分析

在滚筒的结构参数和运动参数恒定不变的情况下，滚筒的截割性能主要与其截割煤层的力学特性有关，煤层埋深和所处环境的地质构造条件不同，煤层所受围压的大小也不同。当煤层存在围压作用时，其某些力学特性受到一定程度的影响，从而滚筒的截割性能也受到影响。研究围压对煤层力学特性的影响，可以为围压下滚筒截割性能的数值模拟提供理论依据。

1) 围压下滚筒截煤有限元模型建立

围压下滚筒截煤有限元模型如图 5-15 所示，滚筒和煤壁尺寸与 5.2.1.2 节无围压下滚筒截煤模型的相同，采用自由网格和映射网格对其进行网格划分。基于滚筒截煤实际工况，假定煤层承受的围压均匀，垂直方向上的围压为 σ_0。因此，煤壁所受边界条件为：在煤壁的上下左右四个面施加无反射边界条件和在上下面施加围压 σ_0；在煤壁的背面施加无反射边界条件和 X 向位移边界条件。滚筒的旋转速度为 80r/min，牵引速度为 1m/min。

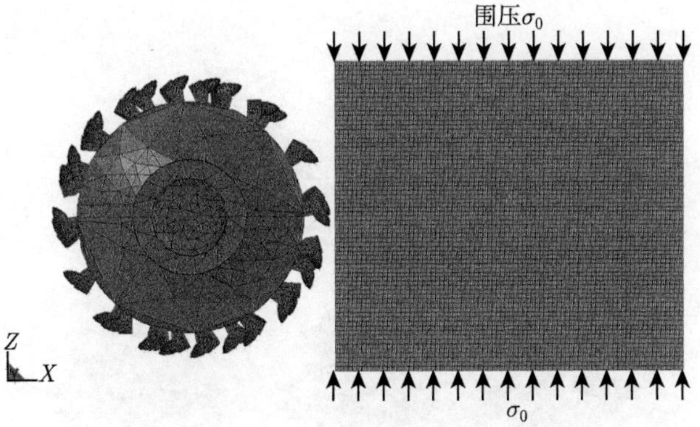

图 5-15 围压下滚筒截煤有限元模型

2) 围压对截煤性能影响结果

图 5-16 为围压对滚筒截割载荷的影响。整体而言，滚筒所受截割扭矩和牵引阻力随着围压的增大而增大，但当围压较小时截割扭矩和牵引阻力缓慢增大，围压较大时截割扭矩和牵引阻力快速增大。例如，当围压从 0MPa 增大到 2.5MPa 和 5MPa 时，其截割扭矩仅分别增加了 2.9%和 7.6%，牵引阻力增加了 1.7%和 5.3%；而当围压从 0MPa 增大到 10MPa 和 20MPa 时，其截割扭矩分别增大了 19.3%和 42.8%，牵引阻力分别增加了 15.8%和 38.4%。表明对比分析围压下，阶梯形滚筒仍具有降低截割扭矩等优点。

5.2.1.4 不同滚筒结构下截割性能分析

滚筒的结构对滚筒截煤性能的影响很大，由仿真可知，正常工况下，阶梯形滚筒的截煤性能要好于普通形滚筒。滚筒结构对截割性能影响较大，通过对不同筒毂直径下的滚筒结构进行研究，获得最佳滚筒结构参数。以 50mm 为一个增减量来进行前筒毂的优化，改进后阶梯形滚筒的结构如图 5-17 所示。

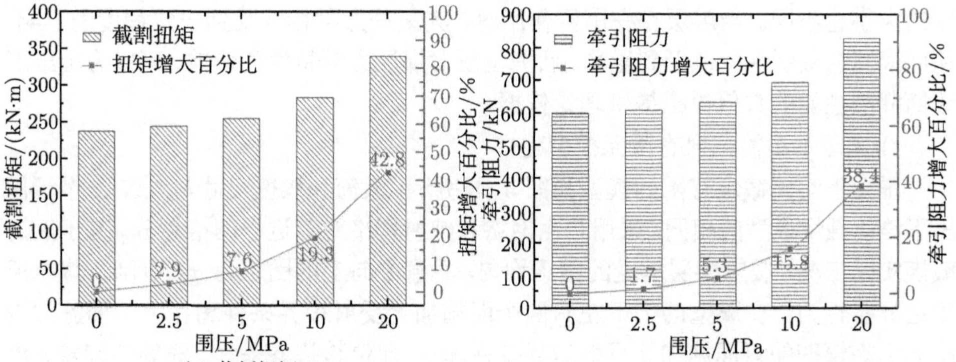

(a) 截割扭矩　　(b) 牵引阻力

图 5-16　围压对滚筒截割载荷的影响

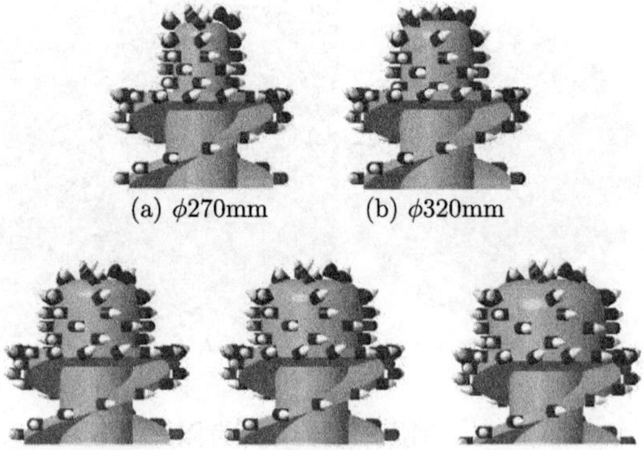

(a) ϕ270mm　(b) ϕ320mm

(c) ϕ370mm　(d) ϕ420mm　(e) ϕ470mm

图 5-17　改进后阶梯形滚筒结构图

由于阶梯形滚筒在截割第一刀时煤岩尚不存在自由面，属于一个特殊工况，且第二刀以后的煤岩截割均是在截割前一刀产生的前筒毂截割槽的基础上进行的，在不考虑煤岩性质变化、截齿磨损等条件下，可视为第二刀煤岩截割的简单重复。

为了减少工作量，节省计算时间，阶梯形滚筒结构优化截煤仿真中使用预先开设一个前筒毂截槽的煤岩来代替阶梯形滚筒截割第一刀过后的煤岩，又因放大滚筒运动参数仅使得滚筒在各个方向上的受力增大一个相同的倍数，而其数值的相对大小不变，因此对阶梯形滚筒优化仿真滚筒的工作参数 (转速、平移速度) 进行等比放大，仿真中需要保证所有滚筒仿真参数完全一致。几种阶梯形滚筒在截煤情况下截割扭矩对比图及牵引阻力对比图分别如图 5-18(a)、(b) 所示。

从图 5-18(a)、(b) 中可以看出，在截割工况下，改进后滚筒截割扭矩及牵引阻力曲线变化趋势基本一致。随着阶梯形滚筒前筒毂直径逐渐增大，阶梯形滚筒所受的截割扭矩、牵引阻力均值均呈现先减小并快速增大的现象，并且振动幅度也越来越大，由于几种滚筒截割煤岩体积相同，因此在相对动平衡状态下，滚筒截割比能耗也逐渐增大。

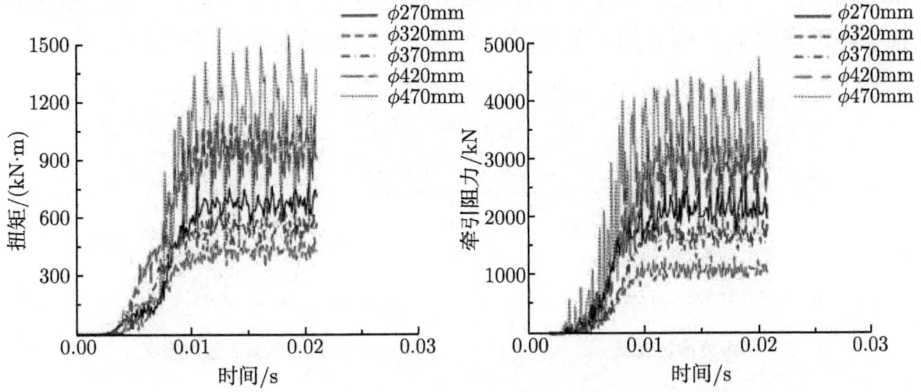

(a) 截割扭矩对比图　　(b) 牵引阻力对比图

图 5-18　改进后滚筒载荷曲线图

从表 5-6 中可以看出，当阶梯形滚筒的前筒毂直径与后筒毂直径相同时，在滚筒运动参数等比放大之后，滚筒所受截割扭矩、牵引阻力均值达到最小，且标准差值小，表明此种情况下滚筒所受载荷波动小，采煤机稳定性越好。由于几种滚筒截割煤岩体积相同，在相对动平衡状态下，前筒毂与后筒毂直径相同条件下，滚筒截割比能耗最小为 1501kW·h/m^3。

表 5-6　滚筒截割工况下计算参数对比

前筒毂直径/mm	扭矩平均值/(N·m)	扭矩标准差	牵引阻力平均值/N	牵引阻力标准差	截割比能耗/(kW·h/m^3)
270	632858	20652	1737843	18586	2212
320	429375	16227	1041750	14767	1501
370	490865	22865	1397645	21808	1716
420	901143	29504	2189767	26849	3151
470	1119204	40568	2719656	36917	4013

5.2.2 鼓形滚筒装煤性能仿真分析

5.2.2.1 鼓形滚筒截割仿真模型建立

鼓形滚筒和普通形滚筒装煤的仿真模型主要由滚筒和煤壁两个部分组成，由于鼓形滚筒和普通形滚筒的结构比较复杂，在 EDEM 界面里建立模型以及安装定位截齿比较困难，因此可以通过在三维软件 CREO 中画出鼓形滚筒和普通形滚筒的三维模型。在后面使用煤岩旋转截割试验台进行截割煤岩时煤壁底面基本与推进平台的上表面相平，为了与后面的试验相对应，因此仿真中，模拟煤壁和轴承座放置于同一水平面的上方，所创建的几何模型如图 5-19 所示。为了使仿真和后续的试验相对应，需对滚筒装煤的有效区域进行划分。在牵引方向上，有效装煤区域从轴承座的滚筒截煤侧开始，在滚筒轴向上，有效装煤区域从煤壁边缘开始。

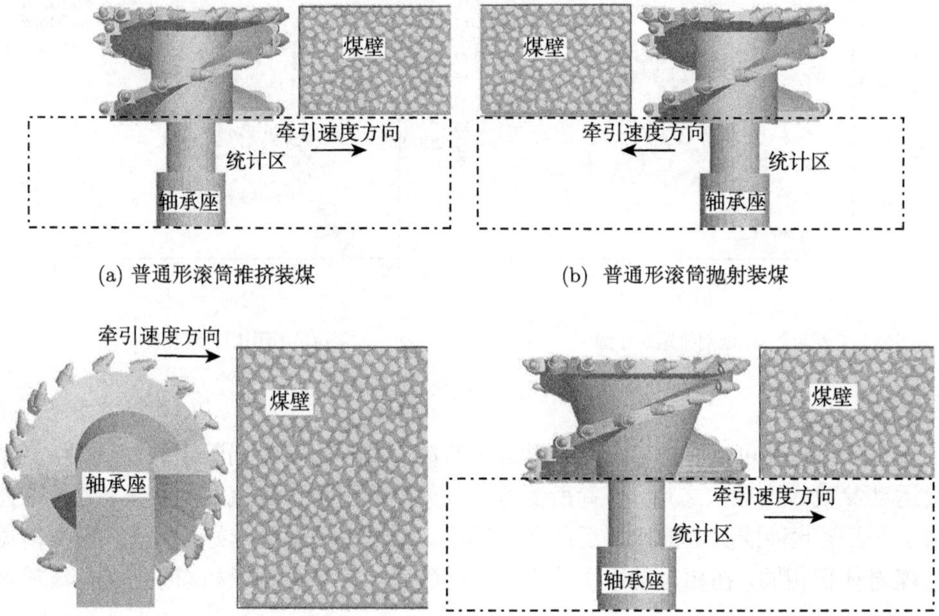

(a) 普通形滚筒推挤装煤　　(b) 普通形滚筒抛射装煤

(c) 鼓形滚筒装煤侧视图　　(d) 鼓形滚筒装煤俯视图

图 5-19　滚筒煤壁的组合仿真模型

仿真所用参数主要包括材料参数和接触模型参数，其中材料参数又分为材料自身的参数和材料间的作用参数，仿真研究中所采用的颗粒密度为 1520kg/m^3，墙体的摩擦系数为 0.5。颗粒的摩擦系数近似等于材料堆积休止角的正切值，为此，利用坡度仪对滚筒截落的煤壁材料的堆积角进行测量，测量结果显示煤壁材料的堆积角为 28°~31°，即摩擦系数为 0.53~0.61，因此仿真中将颗粒摩擦系数取为 0.6。滚筒装煤仿真中颗粒与几何模型的接触本构模型选择 Hertz-Mindlin (no slip) built in 模型，该模型在计算方面准确高效，且不需要设置参数；颗粒间的接触模型选 Hertz-Mindlin with bonding，该接触模型适用于颗粒的破碎仿真，非常适用于煤岩破碎，该接触模型包含五个参数，其设置如表 5-7 所示。

表 5-7　颗粒间接触模型参数

单位面积法向刚度/Pa	单位面积剪切刚度/Pa	法向刚度/Pa	切向刚度/Pa	半径/mm
1.437×10^7	5.06×10^6	5×10^5	5×10^5	15

滚筒装煤仿真中的煤壁由等直径颗粒填充而成且采用接触黏结模型建立颗粒间的黏结，煤块颗粒黏结的好坏是仿真成败的关键，黏结模型中的法向黏结强度、切向黏结强度应合理取值，若取值过小，容易出现某些地方的煤颗粒与周围颗粒没有黏结的情况，导致煤块内部强度不均匀或强度不够，这将导致煤壁在被截齿截割之前发生崩塌；由于仿真的重点是对比研究鼓形滚筒和普通形滚筒的装煤性能，而滚筒所受的力矩、力不在研究的范围之内，因此只要保证颗粒在被截齿截割之前不发生崩塌即可。

根据对散体物料的已有研究可知，输送同体积物料所需的仿真时间随着仿真颗粒粒度的增加呈幂指数形式增加，为了减少仿真时间，本仿真所选取颗粒直径均为 15mm，接触黏结半径为 2mm，根据已有散体物料输送离散元仿真中颗粒和墙体切向刚度和法向刚度取值可知，颗粒和墙体的法向刚度和切向刚度一般取相同值。如图 5-20 所示，煤壁内的煤颗粒与煤颗粒之间通过黏结键紧紧黏在一起，此时可确保颗粒在被截齿截割之前不会发生崩塌。

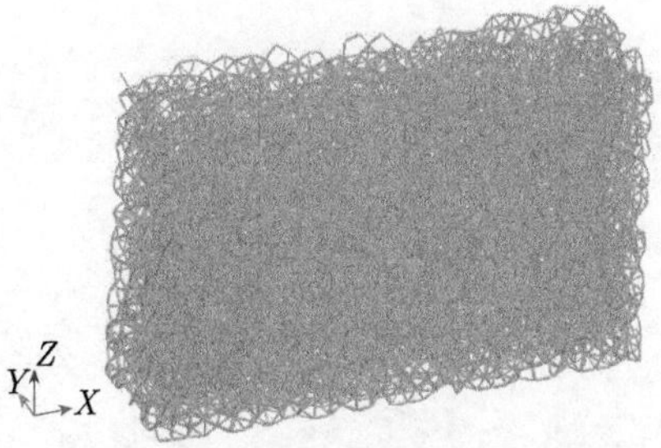

图 5-20 煤颗粒黏结键示意图

由于仿真中煤壁截落后不会出现试验中的体积膨胀 (松散系数)，为了减小这一现象对滚筒装煤过程的影响，将仿真中滚筒的牵引速度按照煤壁的松散系数进行了扩大，即如果试验牵引速度为 1m/min，因此仿真中所采用的牵引速度为 1.27m/min，滚筒转速不变，仍为 80r/min，仿真时间为 10s。

5.2.2.2 装煤仿真结果分析

为了对比分析普通形滚筒抛射装煤方式与推挤装煤方式的装煤效果、鼓形滚筒与普通形滚筒装煤性能的好坏，将进行三组装煤仿真。如图 5-21(a) 所示为普通形滚筒推挤装煤仿真，图 5-21(b) 为普通形滚筒抛射装煤仿真，图 5-22 为鼓形滚筒推挤装煤仿真。

装运率是评价滚筒装煤性能优劣的一个重要指标，装运率是指有效装煤质量与开采总质量的比值。

表 5-8 为滚筒装煤仿真结果，从表中可以看出，普通形滚筒采用推挤装煤方式

进行装煤的煤炭装运率为 61.99%，普通形滚筒采用抛射装煤方式进行装煤的煤炭装运率为 80.93%，同样条件下采用抛射方式装煤效果要明显好于采用推挤方式装煤的效果。鼓形滚筒推挤装煤方式下进行装煤的煤炭装运率为 66.62%，相同装煤方式下鼓形滚筒的煤炭装运率要比普通形滚筒高 4.63%，表明鼓形滚筒的装煤能力要好于普通形滚筒。

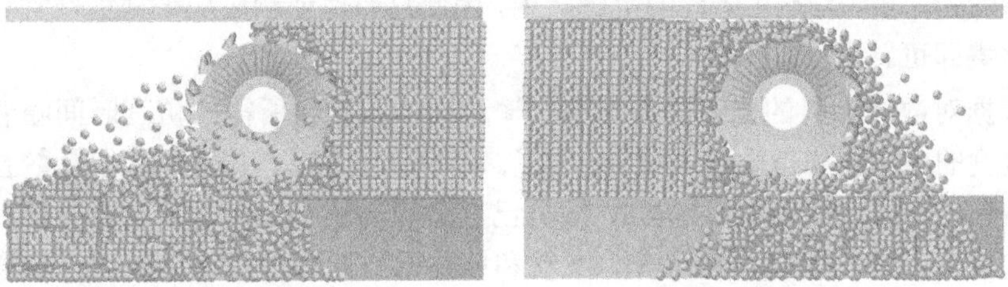

(a) 推挤装煤　　(b) 抛射装煤

图 5-21　普通形滚筒装煤仿真图

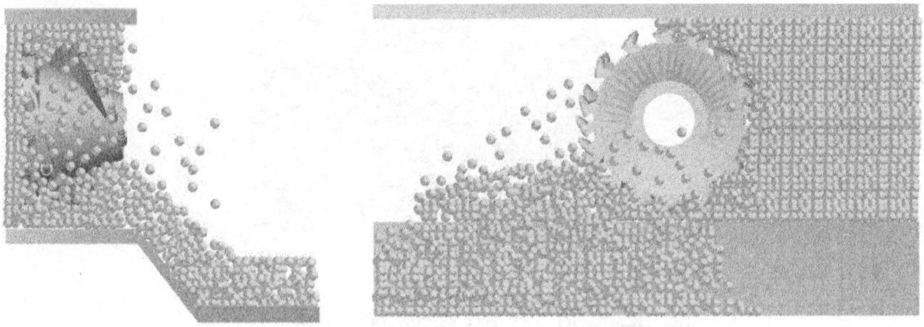

(a) 侧视图　　(b) 正视图

图 5-22　鼓形滚筒推挤装煤仿真图

表 5-8　滚筒装煤仿真结果

装煤方式	有效装煤质量/kg	开采总质量/kg	装运率/%
普通形滚筒推挤装煤	18.72	30.2	61.99
普通形滚筒抛射装煤	24.44	30.2	80.93
鼓形滚筒推挤装煤	20.12	30.2	66.62

5.2.2.3　鼓形滚筒各相关参数对装煤性能的影响

由装煤理论分析可知，滚筒装煤性能受很多因素的影响，包括叶片螺旋升角、筒毂倾角、截深、滚筒的运动参数等。

1) 叶片螺旋升角对鼓形滚筒装煤性能的影响

叶片螺旋升角是决定滚筒结构的一个很重要的参数，由分析可知，叶片螺旋升角不仅影响滚筒截齿布置位置，还对滚筒装煤性能有很大的影响，寻求鼓形滚筒最优的叶片螺旋升角对提高鼓形滚筒装煤性能具有重要意义。图 5-23 为本次对比仿真中所使用的四种不同叶片螺旋升角的鼓形滚筒，其筒毂形式、叶片直径、滚筒直径、滚筒参数等其他参数都相同。

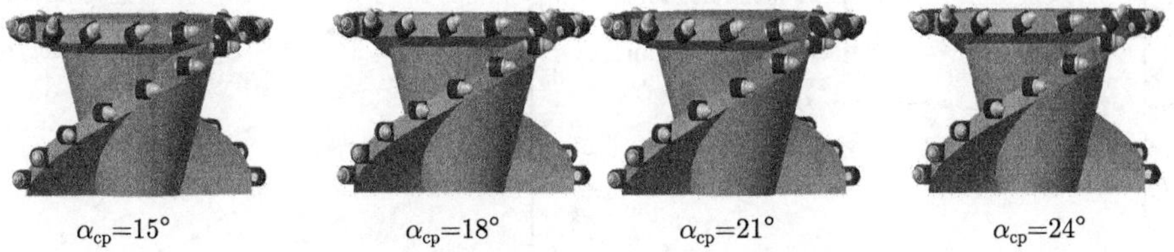

图 5-23 四种不同叶片螺旋升角的鼓形滚筒

图 5-24(a) 是根据表 5-9 中的数据绘制出的鼓形滚筒抛射装煤方式下装煤率随叶片螺旋升角的变化曲线。从图中可以看出，当滚筒处于较低转速 50r/min 时，鼓形滚筒的装煤率随螺旋叶片升角的增大而增大；当滚筒处于较高转速 110r/min 时，鼓形滚筒的装煤率随螺旋升角的增大而减小。出现该情况的主要原因是，在鼓形滚筒牵引速度不变的情况下，滚筒转速越小，单位时间内碎煤越多，滚筒内煤的填充程度越大，单位时间煤流的排出量越大。鼓形滚筒在低转速旋转时，碎煤在螺旋升角较大叶片的作用下能够获得更大的轴向、切向速度，使得煤流不至于堆积在出煤口，方便煤流的流出。

表 5-9 叶片螺旋升角对鼓形滚筒装煤率的影响 (抛射装煤)

转速/(r/min)	螺旋升角/(°)	有效装煤质量/kg	开采总质量/kg	装运率/%
50	15	22.71	30.2	75.2
50	18	23.07	30.2	76.4
50	21	23.13	30.2	76.6
50	24	23.65	30.2	78.3
80	15	24.34	30.2	80.6
80	18	23.95	30.2	79.3
80	21	23.44	30.2	77.6
80	24	22.74	30.2	75.3
110	15	22.11	30.2	73.2
110	18	21.65	30.2	71.7
110	21	20.29	30.2	67.2
110	24	18.66	30.2	61.8

图 5-24(b) 是根据表 5-10 中的数据绘制出的鼓形滚筒在推挤装煤方式下装煤率随叶片螺旋升角的变化曲线。从图中可以看出，鼓形滚筒在采用推挤方式进行装煤过程中，装煤率随滚筒转速的增大而减小，随滚筒叶片螺旋升角的增大而减小，

不同叶片螺旋升角的装煤率差值随滚筒转速的增加而增大。由此可见，小直径滚筒采煤机采用推挤装煤时，鼓形滚筒的转速不应过大，叶片螺旋升角的选择要根据具体实际工况而定。

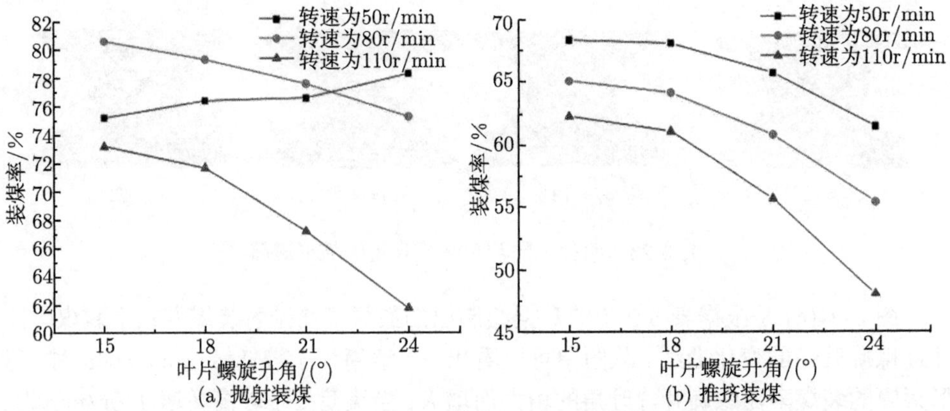

图 5-24　叶片螺旋升角对鼓形滚筒装煤性能的影响

表 5-10　叶片升角对鼓形滚筒装煤率的影响 (推挤装煤)

转速/(r/min)	螺旋升角/(°)	有效装煤质量/kg	开采总质量/kg	装运率/%
50	15	20.66	30.2	68.41
50	18	20.58	30.2	68.15
50	21	19.86	30.2	65.76
50	24	18.57	30.2	61.49
80	15	19.67	30.2	65.13
80	18	19.39	30.2	64.20
80	21	18.37	30.2	60.83
80	24	16.74	30.2	55.43
110	15	18.82	30.2	62.31
110	18	18.46	30.2	61.13
110	21	16.82	30.2	55.70
110	24	14.51	30.2	48.05

2) 筒毂倾角对鼓形滚筒装煤性能的影响

由于鼓形滚筒采用特殊的圆锥形筒毂结构，在不改变鼓形滚筒过煤空间的前提下改变圆锥形筒毂的倾角来改变鼓形滚筒从采煤面到采空面输煤空间的线性增长率，以 5° 角为一个增量来进行鼓形滚筒的结构优化 (图 5-25)，通过仿真的方法探求筒毂倾角对鼓形滚筒装煤性能的影响。

表 5-11 为不同倾角鼓形滚筒装煤效果仿真结果对比，从表中可以看出，在鼓

形滚筒其他结构参数、运动参数不变的情况下，随着筒毂倾角 ψ 的增大，鼓形滚筒的碎煤装运率先增大后减小，当筒毂倾角 ψ=80° 的时候，鼓形滚筒的煤炭装运率为最大值 70.50%。

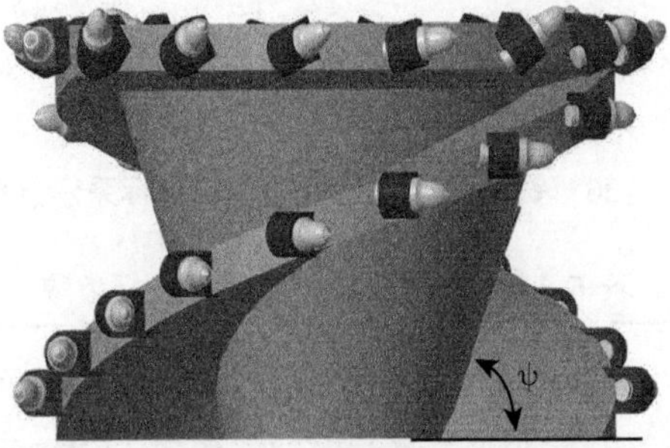

图 5-25 鼓形滚筒结构优化示意图

表 5-11 不同倾角鼓形滚筒装煤效果仿真结果对比

筒毂倾角/(°)	牵引速度/(m/min)	转速/(r/min)	开采总质量/kg	有效装煤质量/kg	装运率/%
90	1.27	80	30.2	18.72	61.99
85	1.27	80	30.2	20.12	66.62
80	1.27	80	30.2	21.29	70.50
75	1.27	80	30.2	20.60	68.20
70	1.27	80	30.2	19.81	65.60

5.2.3 旋挖式滚筒性能仿真分析

5.2.3.1 *旋挖式滚筒运动轨迹仿真研究*

旋挖式滚筒最终截割的形状主要取决于铣槽装置的运动轨迹，因此首先要对旋挖式滚筒的铣槽装置进行运动学分析。机械结构的运动学分析是研究结构的动态性能、运行轨迹规划、编程控制的基础。所有的机械结构均是通过连杆、关节轴连接组成，然后通过各个关节轴的转动或移动来使末端执行器执行一系列的动作。

1) 旋挖式滚筒模型的建立与运动学分析

(1) 旋挖式滚筒结构及参数

采用 D-H 法将旋挖式截割头的铣槽装置简化为杆系结构并建立连杆坐标系，如图 5-26 所示。

将旋挖式滚筒简化为杆系结构，并采用 D-H 法建立连杆坐标系，所得的铣槽装置的连杆参数，如表 5-12 所示。

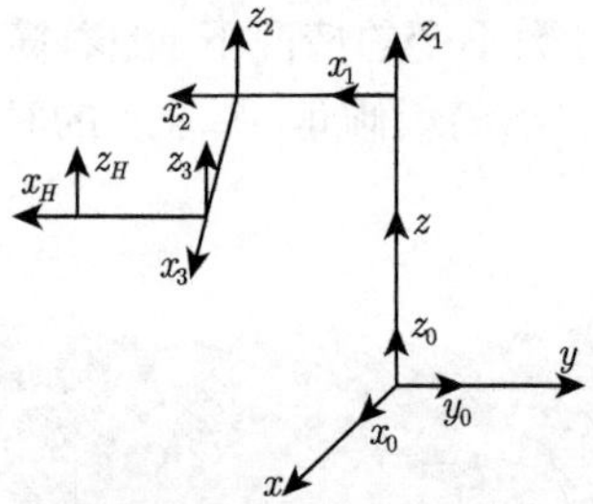

图 5-26　铣槽装置简化后的连杆坐标系示意图

表 5-12　简化后铣槽装置的连杆参数

#	θ	d	a	α
0-1	-90	D_1	0	0
1-2	θ_2	0	A_2	0
2-3	θ_3	0	A_3	0
3-H	θ_H	0	A_H	0

(2) 旋挖式滚筒铣槽装置正运动学分析

正运动学分析指的是在已知各个关节参数的前提下，求末端执行器相对基坐标的位姿，换言之就是用正运动学方程就可以计算出机构每一个瞬间的位姿。根据表 5-12 中各个连杆的参数，可以得到第 i 个坐标系相对于第 $i-1$ 个坐标系的齐次变换矩阵分别为

$$
{}_1^0T=\begin{bmatrix}0&1&0&0\\-1&0&0&0\\0&0&1&d_1\\0&0&0&1\end{bmatrix}\quad {}_2^1T=\begin{bmatrix}C\theta_2&-S\theta_2&0&a_2C\theta_2\\S\theta_2&C\theta_2&0&a_2S\theta_2\\0&0&1&0\\0&0&0&1\end{bmatrix}
$$

$$
{}_3^2T=\begin{bmatrix}C\theta_3&-S\theta_3&0&a_3C\theta_3\\S\theta_3&C\theta_3&0&a_3S\theta_3\\0&0&1&0\\0&0&0&1\end{bmatrix}\quad {}_H^3T=\begin{bmatrix}C\theta_H&-S\theta_H&0&a_HC\theta_H\\S\theta_H&C\theta_H&0&a_HS\theta_H\\0&0&1&0\\0&0&0&1\end{bmatrix}
\tag{5-17}
$$

根据铣槽装置的基坐标和末端执行器截齿的坐标系之间的变换关系，其变换矩阵可以表示为

$$
{}^0T_H={}^0T_1{}^1T_2{}^2T_3{}^3T_H=\begin{bmatrix}n_x&o_x&a_x&p_x\\n_y&o_y&a_y&p_y\\n_z&o_z&a_z&p_z\\0&0&0&1\end{bmatrix}
\tag{5-18}
$$

${}^0T_H$ 是矩阵是各个关节变量 d_1、θ_2、θ_3、θ_H 的函数，求得

$$n_x = s_{234}, \quad n_y = -c_{234}, \quad n_z = 0, \quad o_x = c_{234}, \quad o_y = s_{234}$$

$$o_z = 0, \quad a_x = 0, \quad a_y = 0, \quad a_z = 1$$

$$p_x = a_2 s_2 + a_3 s_{23} + a_4 s_{234}$$

$$p_y = -a_2 c_2 - a_3 c_{23} - a_4 c_{234}$$

$$p_z = d_1$$

式中，$c_{23} = \cos(\theta_2 + \theta_3)$；$s_{23} = \sin(\theta_2 + \theta_3)$；$s_{234}$ 和 c_{234} 同理。

变换矩阵 ${}^0T_H$ 表示的是末端执行器截齿相对于基坐标系的位姿，是进行铣槽装置运动学分析的基础。即在给定 d_1、θ_2、θ_3、θ_H 值的情况下，就可以计算出末端执行器的位置和姿态。

2) 旋挖式滚筒运动轨迹仿真

基于 MATLAB 中的 Robotics Toolbox9.10 工具箱进行旋挖式滚筒截割轨迹仿真研究，各连杆参数值如表 5-13 所示，获得的截齿运动轨迹如图 5-27 所示。

表 5-13 连杆参数取值

参数	1	2	3	4	5	6
a/mm	290	280	270	260	250	240
b/mm	10	20	30	40	50	60

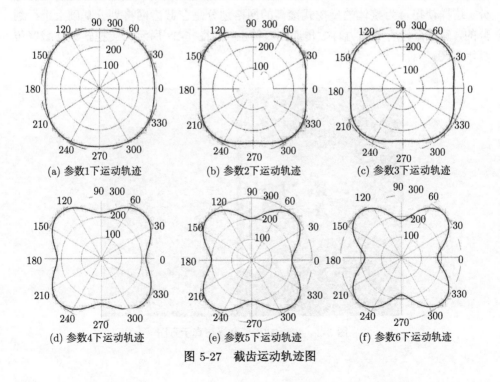

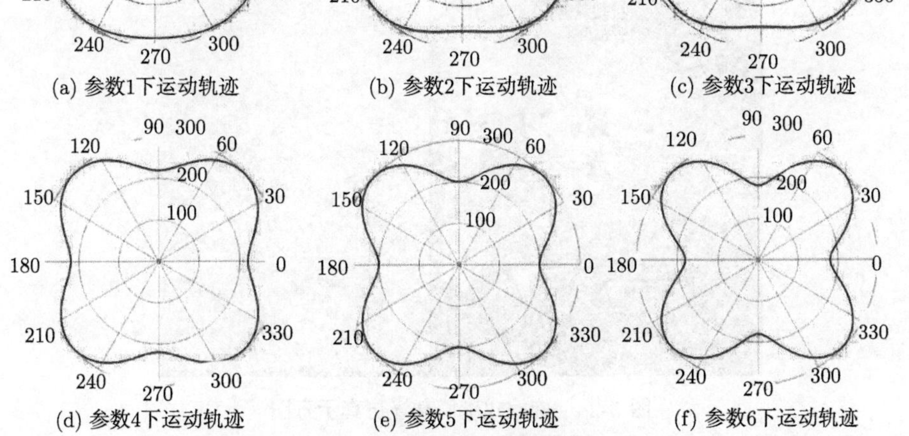

图 5-27 截齿运动轨迹图

由图 5-27 可以看出当 a=280mm，b=20mm 即 $a_2 + a_4$=280mm，a_3=20mm 时铣槽装置所形成的轮廓最接近方形孔。

5.2.3.2　旋挖式滚筒截煤性能研究

从研究的旋挖式滚筒铣槽装置外端运动轨迹可知，在改变滚筒后面减速箱里面的参数后，旋挖式滚筒截割剖面可以近似为方形。由于铣槽装置的主要作用是截割偏离圆形的那部分煤，起到修整剖面的作用，因此其对旋挖式滚筒截煤性能的影响不大，因此利用 ANSYS/LS-DYNA 数值方法模拟旋挖式滚筒截煤过程的研究不涉及铣槽装置。

1) 旋挖式滚筒截煤仿真模型建立

仿真所选用的材料本构模型与异形滚筒截煤仿真中所选用的材料本构模型相同。旋挖式滚筒选用 RIGIC 刚体模型来描述，该刚体模型的物理及力学参数为：密度 7800kg/m^3，弹性模量 600GPa，泊松比 0.22。煤壁是旋挖式滚筒的截割对象，选用 HJC 材料本构模型，煤壁仿真模型参数与异形滚筒截煤仿真中煤壁模型仿真参数相同，具体参数如表 5-4 所示。

为了兼顾仿真计算的精度和速度，对于直接参与煤岩截割的截齿进行精细划分，对于旋挖式滚筒上不参与截割的壳体、连接轴等零部件则尽可能划分较大的网格。在进行网格划分时，应按照先截齿网格后齿座、筒身网格的顺序进行网格划分，这样使得合为整体的旋挖式滚筒的网格划分是在截齿网格划分基础上进行划分的，确保截齿所受的力有效传递到滚筒上，如图 5-28 所示为旋挖式滚筒截煤仿真示意图。

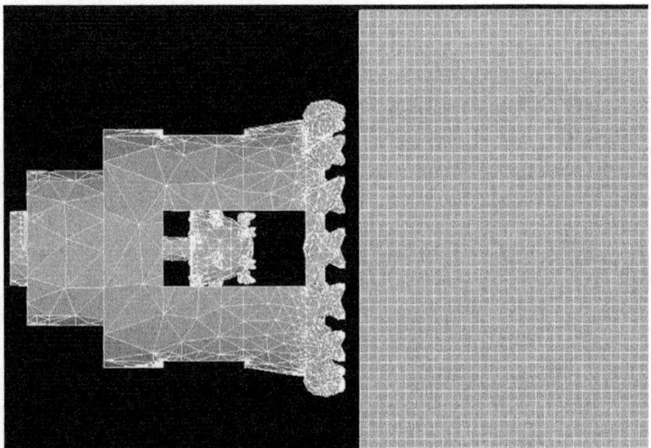

图 5-28　旋挖式滚筒截煤仿真示意图

由于在实际工作条件下旋挖式滚筒截割的煤壁可近似看成无限大，所以对煤壁模型的外表面添加全自由度的约束及无反射边界条件，并且旋挖式滚筒上的截齿与煤壁之间的接触方式均为面对面的侵蚀接触，以此来保证与旋挖式滚筒上截齿接触的煤块单元在失效消失后，后续的单元能立即与旋挖式滚筒形成接触状态；在煤壁底部、上部以及后面施加固定约束，限制其所有方向的自由度，并且对除了旋挖式滚筒与煤壁接触的面，其余面施加无反射边界条件来降低煤壁的尺寸效应对仿真结果的影响。同时为了减少模型沙漏和网格的畸变，对模型采取自适应的网格控制。

2) 仿真结果分析

对旋挖式滚筒截煤过程进行仿真时，如果仿真条件、旋挖式滚筒的运动参数与实际工况下的条件完全一致，会使仿真难以实现且计算量过大。根据所得结论：等比放大旋挖式滚筒的钻进速度、平移速度仅使得旋挖式滚筒在各个方向所受的力增大了一个相同的倍数，而不改变相对数值的大小，所以在使用 ANSYS/LS-DYNA 数值仿真软件进行旋挖式滚筒截煤时可采用等比放大滚筒运动参数的方法 (图 5-29)。

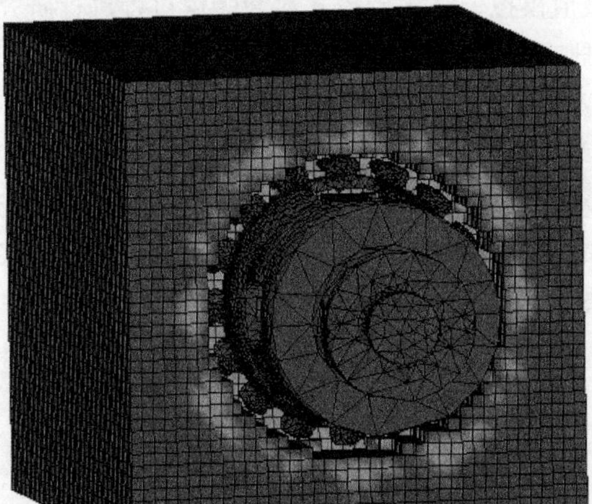

图 5-29 旋挖式滚筒截割过程应力云图

旋挖式滚筒承受的主要载荷包括截割扭矩和钻进力，鉴于截割扭矩和钻进力之间存在一定的比例关系，且二者具有一定的相关性，此处仅对旋挖式滚筒的扭矩曲线进行分析。

图 5-30 为旋挖式滚筒在煤岩截割过程中的扭矩载荷曲线，随着旋挖式滚筒的钻进，旋挖式滚筒所受扭矩迅速增大，随后进入稳定钻采阶段，旋挖式滚筒所受扭矩围绕一均值上下波动。

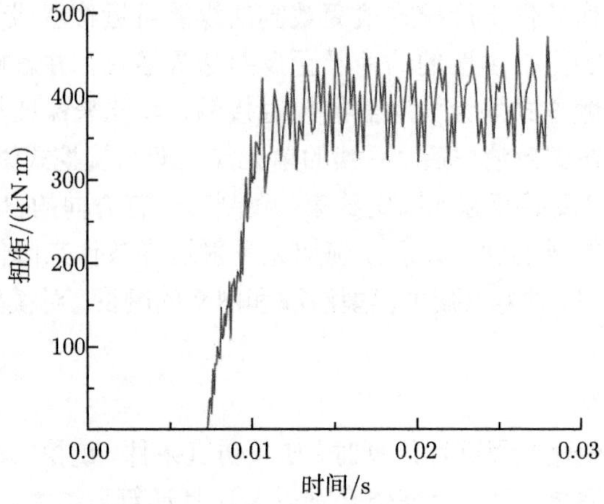

图 5-30　旋挖式滚筒在煤岩截割过程中的扭矩载荷曲线图

5.2.3.3　旋挖式滚筒装煤性能研究

利用 EDEM 数值模拟方法对旋挖式滚筒装煤过程进行研究，其中由于铣槽装置的主要作用是截割偏离圆形的那部分煤，起到修整剖面的作用，其对旋挖式滚筒装煤性能的影响不大，所以研究中不涉及铣槽装置。

1) 旋挖式滚筒装煤仿真模型建立

旋挖式滚筒的截煤开采过程为通过钻孔套进行截割，并通过破岩芯钻头进行破碎，最后通过壳体上的缺口进行排出。为了使仿真更加贴合实际工况，如图 5-31 所示，需对旋挖式滚筒装煤的有效区域进行划分。

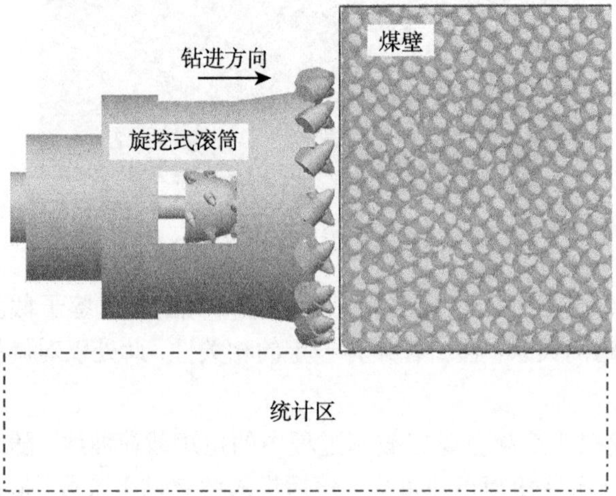

图 5-31　滚筒煤壁的组合仿真模型

仿真模型中材料的定义、煤块颗粒黏结方式与 5.2.3.2 节中选取的参数一致。

2) 仿真结果分析

图 5-32 为旋挖式滚筒装煤过程示意图，旋挖式滚筒通过钻孔套上的截齿将煤颗粒截落，然后通过钻孔套上的缺口排出。

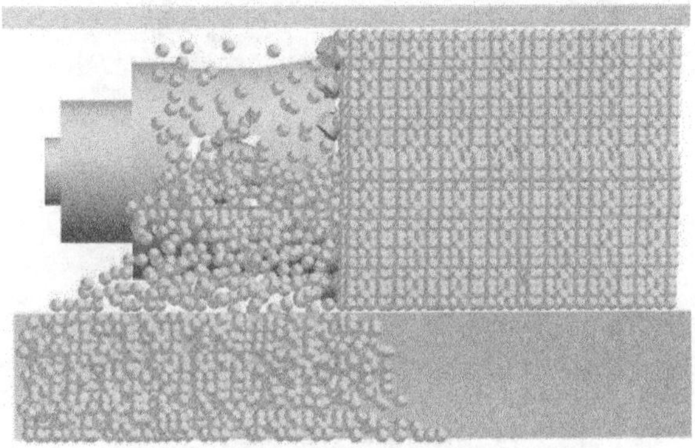

图 5-32　旋挖式滚筒装煤过程示意图

从表 5-14 可以看出，旋挖式滚筒装煤的装运率要比普通形滚筒推挤方式装煤、普通形滚筒抛射方式装煤要好，这主要是因为旋挖式滚筒的装煤过程属于半封闭状态，煤炭颗粒从旋挖式滚筒缺口直接排出至刮板输送机上。

表 5-14　旋挖式滚筒装煤仿真结果

装煤方式	有效装煤质量/kg	开采总质量/kg	装运率/%
普通形滚筒推挤装煤	18.72	30.2	61.99
普通形滚筒抛射装煤	24.44	30.2	80.93
旋挖式滚筒装煤	26.23	30.2	86.85

5.3　异形滚筒性能试验分析

针对阶梯形滚筒截煤性能、鼓形滚筒装煤性能仿真研究进行试验验证分析，在完成对阶梯形滚筒、鼓形滚筒的加工制作基础上，通过煤岩旋转截割试验台进行异形滚筒截煤性能和装煤性能的试验研究。

5.3.1　试验滚筒加工

参照阶梯形滚筒、鼓形滚筒的优化结果，对试验滚筒进行加工。阶梯形滚筒和鼓形滚筒是沿着理想的空间螺旋线进行截齿排列，为了实现对截齿空间方位的准确定位，图 5-33 设计了一种专门的截齿齿座焊接定位装置。截齿齿座焊接定位装置包括底架、横杆、滑套、竖杆、工装截齿及转轴，工装截齿安装在定位装置的横杆上，其齿尖可绕轴 FK 旋转以调整截齿的工艺切角 ψ_{T}；横杆安装在定位装置的滑套上，通过沿着相对于滑套自身轴线方向上的平移来调整截齿在滚筒上的径向位置 r_{p}；同时横杆本身还可以绕自身轴线进行旋转来定义镐形截齿的工艺仰角 ψ_{E}。焊接好的阶梯形滚筒、鼓形滚筒如图 5-34 所示。

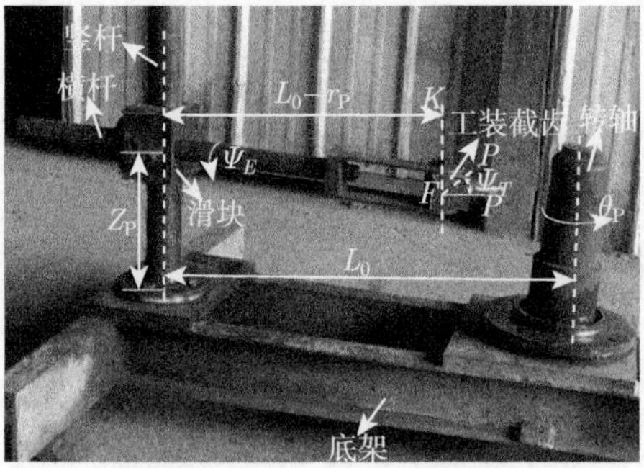

图 5-33　滚筒截齿齿座焊接定位装置

(a) 阶梯形滚筒　　(b) 鼓形滚筒

图 5-34　异形滚筒实物图

5.3.2　阶梯形滚筒截煤性能试验研究

5.3.2.1　试验设置

阶梯形滚筒与普通形滚筒截煤性能对比试验可通过以下三组试验进行。第 1 组：普通形滚筒截割煤岩试验 (图 5-35)；第 2 组：阶梯形滚筒第一刀截割煤岩试验 (图 5-36)；第 3 组：阶梯形滚筒第二刀截割煤岩试验。为了贴合实际工况，试验滚筒的转速为 80r/min，牵引速度为 1.0m/min。

图 5-35　普通形滚筒截割煤岩

图 5-36　阶梯形滚筒截割煤岩第一刀

第 3 组试验所用的煤壁由阶梯形滚筒前筒毂滚筒预先截割开槽而成，如图 5-37 所示。

图 5-37　预先开槽的煤壁

试验条件下普通形滚筒与阶梯形滚筒截割煤壁后的破碎形态如图 5-35、图 5-38 所示，这与图 5-11 仿真条件下普通形滚筒与阶梯形滚筒截割煤壁后的破碎形态在外部形貌上极为相似，主要表现为：阶梯形滚筒截割后的煤壁均有阶梯形的截槽，分别为前后筒毂截煤后截槽；普通形滚筒截割后煤壁为长方形截槽。分析表明：普通形滚筒和阶梯形滚筒截煤有限元模型能较好地体现煤壁在两滚筒截割作用下的破碎形态。

图 5-38 阶梯形滚筒截割煤岩第二刀

本试验是单变量对比试验，由于阶梯形滚筒在正常截割工况下存在自由面，所以在普通形滚筒与阶梯形滚筒的截割性能对比试验之前，有必要考虑两滚筒的截割效率进而保证一定的经济效益。因为在截煤试验过程中，人工煤壁的长度相同，且两滚筒的运动参数也一致，因此可通过测量两个滚筒在截割前后沿开采方向上的截割面积 (截后面积与开槽面积之差) 来间接衡量两者的截割效率。普通形滚筒与阶梯形滚筒煤岩截割前后面积分布如表 5-15 所示，可认为两滚筒具有相同的截割效率。

表 5-15 滚筒截割煤岩断面面积 (单位：mm^2)

断面面积	阶梯形滚筒	普通形滚筒	截割面积比
开槽面积	39750	0	
截后面积	119320	79450	1.001
截割面积	79570	79450	

5.3.2.2 截割性能分析

图 5-39、图 5-40 为试验所得阶梯形滚筒截割煤岩第一刀与普通形滚筒、阶梯形滚筒截割煤岩第二刀和普通形滚筒的载荷曲线对比图。从图中可以看出，阶梯形滚筒和普通形滚筒在截割煤岩时，所受载荷曲线的变化趋势基本一致，均包含载荷快速增大阶段和围绕一均值上下波动的相对稳定阶段。这主要是因为随着试验台的平移，试验滚筒开始截割煤壁，参与截割的截齿逐渐增多，在这一阶段滚筒所受

的扭矩及牵引阻力快速增大，当滚筒完全截割进入煤壁后，参与截割煤岩的截齿稳定在滚筒总截齿数的半数左右，所以处于相对稳定阶段，载荷曲线的上下波动是由于煤岩本身的崩落特性，煤块未从煤壁上剥落前滚筒所受载荷迅速增大形成波峰，剥落后形成波谷，这就导致了滚筒载荷的上下波动，此现象在整个截割过程中循环出现。阶梯形滚筒截割煤岩第一刀和阶梯形滚筒截割煤岩第二刀在载荷快速增大阶段有一个短暂的相对稳定阶段，这是由于阶梯形滚筒在进行煤岩截割时，后筒毂上的截齿先参与截割并稳定在半数左右，这使得滚筒所受载荷在短时间内稳定在一值上下波动。随着前筒毂上截齿逐渐参与煤岩截割，阶梯形滚筒所受载荷继续增大并最终围绕一均值上下波动。对比图 5-39、图 5-40 和图 5-14 可见，除了时间差异，滚筒仿真扭矩曲线和试验滚筒扭矩曲线、滚筒仿真牵引阻力曲线与试验滚筒牵引阻力曲线的变化规律基本相同，结果趋势基本一致。

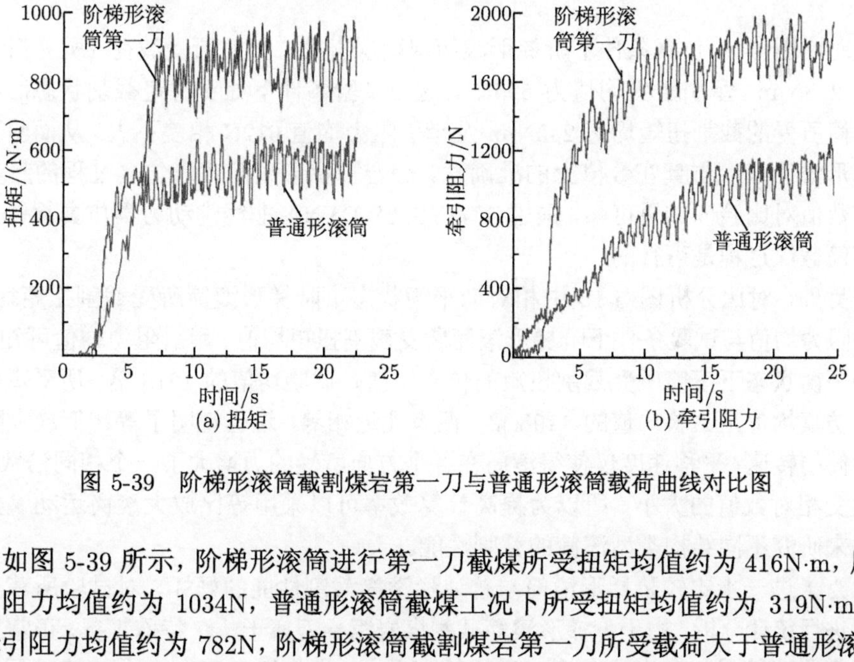

图 5-39 阶梯形滚筒截割煤岩第一刀与普通形滚筒载荷曲线对比图

如图 5-39 所示，阶梯形滚筒进行第一刀截煤所受扭矩均值约为 416N·m，所受牵引阻力均值约为 1034N，普通形滚筒截煤工况下所受扭矩均值约为 319N·m，所受牵引阻力均值约为 782N，阶梯形滚筒截割煤岩第一刀所受载荷大于普通形滚筒，这主要是因为阶梯形滚筒第一刀截煤属于一个特殊工况，煤壁上不存在预截割槽，其截煤体积要大于普通形滚筒。从图 5-40 中可以看出，阶梯形滚筒进行第二刀截煤时滚筒所受扭矩均值约为 245N·m，所受牵引阻力均值约为 612N，其值要小于截割工况下普通形滚筒所受载荷，这是因为由于预截割槽的存在，阶梯形滚筒更能充分利用煤岩的压酥效应使得煤体更易剥落。这就表明，沿截割方向上截割相同体积煤岩时阶梯形滚筒所受载荷要小于普通形滚筒所受载荷，且载荷波动更小，即阶梯形滚筒的破落煤岩效果更好。

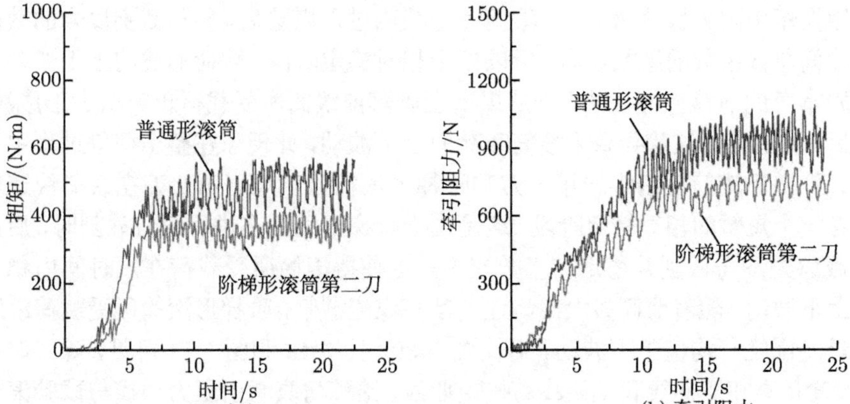

(a) 扭矩　　(b) 牵引阻力

图 5-40　阶梯形滚筒截割煤岩第二刀与普通形滚筒载荷曲线对比图

对比图 5-14 仿真条件下阶梯形滚筒截割煤岩第二刀时所受载荷 (所受扭矩均值为 238N·m，牵引阻力均值为 596N)，这与试验条件下处于稳定截割状态时阶梯形滚筒所受的截割扭矩均值 245N·m 及牵引阻力均值 612N 相差不大，从而验证了阶梯形滚筒截煤仿真在数值上的准确性。综合阶梯形滚筒截煤仿真过程的趋势对比和数值对比验证结果可知，采用 ANSYS/LS-DYNA 非线性动力学仿真软件来分析滚筒截煤过程是可行的。

另外，对比分析图 5-12 中相对动平衡状态下阶梯形滚筒所受截割扭矩均值、牵引阻力均值与试验条件下阶梯形滚筒所受截割扭矩均值、牵引阻力均值可知，相对动平衡状态下滚筒所受截割扭矩的仿真均值是试验均值的 1216 倍，所受牵引阻力的仿真均值是试验均值的 1198 倍，两者几近相等，这也说明了等比例放大阶梯形滚筒的转速、平移速度仅使得滚筒在各个方向所受的力增大了一个相同倍数，而不改变相对数值的大小，所以为提高计算效率可以采用等比放大滚筒运动参数的方法来研究不同结构类型滚筒的截割性能。

为了进一步比较阶梯形滚筒与普通形滚筒截割性能的好坏，对试验所获得的数值进行统计分析。由于阶梯形滚筒截割煤岩第一刀属于一个特殊工况，正常工况下阶梯形滚筒截割煤岩是在第一刀的基础之上，即煤壁含有自由面的情况下进行截割，所以不对其与普通形滚筒截煤进行比较分析。如表 5-16 所示，对普通形滚筒和阶梯形滚筒第二刀在截煤过程中所受扭矩均值、扭矩最大值、扭矩最小值、扭矩最大平均值、标准差以及截割比能耗进行比较。截割扭矩均值是衡量滚筒截割负载情况的一个重要指标；所受扭矩的最大值、最小值体现了滚筒截煤的负载极限值；扭矩的最大平均值是对超过滚筒所受最大载荷 95%的数值进行平均，反映滚筒在截割过程中所受冲击的情况；标准差反映的是组内个体之间的离散程度，一个较大的标准差反映大部分数值与均值之间差异较大，即滚筒所受载荷波动大，相反，一个较小的标准差代表这些数值接近平均值，滚筒所受载荷波动小，采煤机整机的稳定性越好；截割比能耗是衡量滚筒截割性能优劣的一个重要特征量，指截割单位体积煤所消耗的能量。

表 5-16 阶梯形滚筒和普通形滚筒第二刀截煤试验统计结果

滚筒类型	扭矩均值 /(N·m)	扭矩最大值 /(N·m)	扭矩最小值 /(N·m)	扭矩最大平均值 /(N·m)	标准差	截割比能耗 /(kW·h/m^3)
普通形滚筒	524.6	585.9	403.6	563.3	62.7	1.09
阶梯形滚筒	348.5	416.3	327.4	394.4	43.2	0.94

从表 5-16 可以看出，阶梯形滚筒截煤第二刀所受扭矩要小于普通形滚筒，且标准差值、截割比能耗值也小于普通形滚筒，表明阶梯形滚筒截割单位体积煤所消耗的能量较少、所受载荷波动较小。即由于自由面的存在，阶梯形滚筒更能充分利用煤岩的压酥效应，具有更好的截割性能。

5.3.2.3 频谱分析

图 5-39、图 5-40 所示的载荷曲线是时域下阶梯形滚筒和普通形滚筒在截割煤岩时所受的扭矩曲线、牵引阻力曲线，时域分析可以直观地观测到采集信号的形状，但是不能用有限的参数对信号进行准确的描述。而频域分析可以将复杂的信号分解为简单的信号，可以更加准确地了解信号的构造。如图 5-41 所示，本节将对异形滚筒截煤时所受的扭矩进行快速傅里叶变换，得到不同滚筒在频域下截割扭矩频谱图。

从图 5-41 可以看出，阶梯形滚筒截割煤岩第一刀、普通形滚筒截割煤岩、阶梯形滚筒截割煤岩第二刀的扭矩频谱图的变化趋势基本一致，包括开始截煤煤块崩落时的激烈振荡阶段和相对动平衡状态下稳定截割时的稳定波动阶段。当周期信

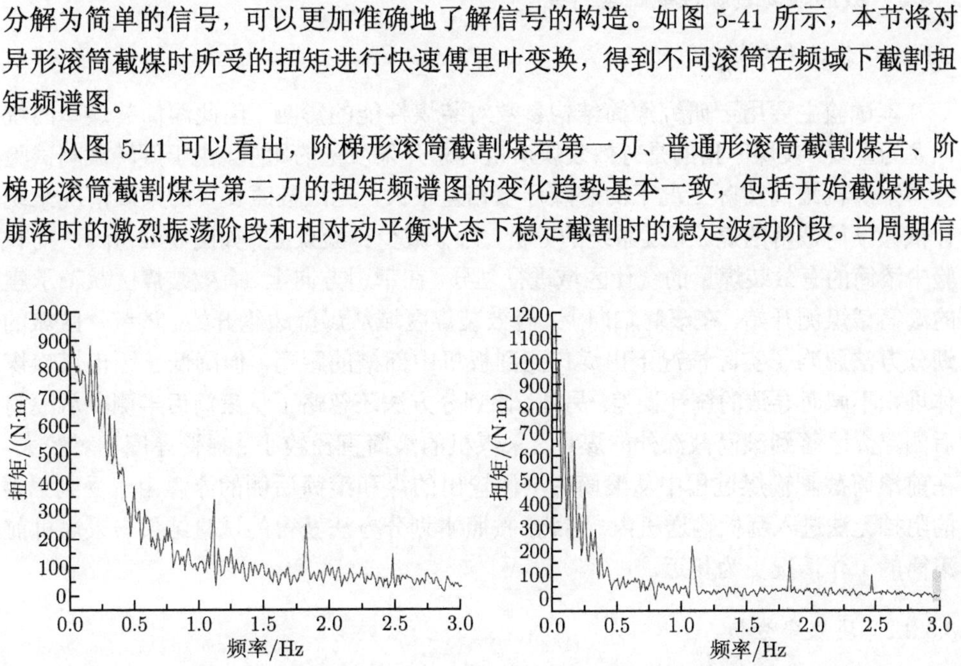

(a) 阶梯形滚筒第一刀 (b) 普通形滚筒

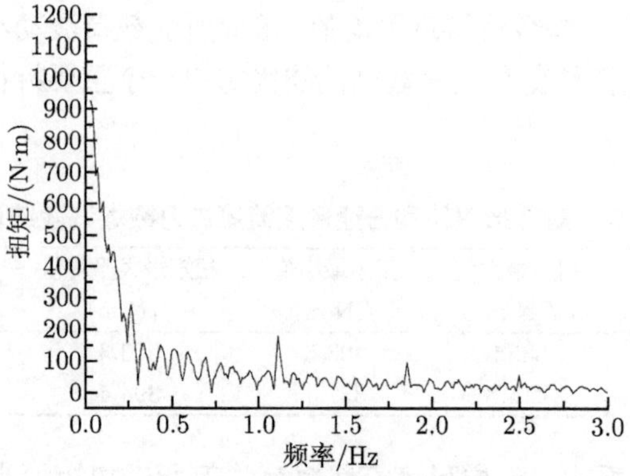

(c) 阶梯形滚筒第二刀

图 5-41　异形滚筒的扭矩频谱图

号的幅值频谱增大时，幅度频谱不断衰减，并最终趋向于 0。倍频之间的间隔为 1.35Hz，即实际滚筒截煤转速为 81r/min，这与试验设置的滚筒转速 (80r/min) 基本一致。从频谱图中的曲线波动情况可以发现，由于阶梯形滚筒第一刀截煤为特殊工况，所以，其波动最大，滚筒振动最剧烈。阶梯形滚筒第二刀截煤频谱波动要小于普通形滚筒，表明阶梯形滚筒在煤岩截割过程中的振动较小。

5.3.3　鼓形滚筒装煤性能试验研究

5.3.3.1　装煤率分析

本试验主要用于研究滚筒结构参数对装煤性能的影响，因此滚筒装煤率的统计尤为重要，装煤率指的是有效装煤质量占总开采质量的比重。由于旋转截割试验台与采煤机滚筒实际工况下的装煤环境相差很大，无法按照真实的采煤情况来统计试验滚筒截落的煤。经过系统的分析，为了减少试验误差，如图 5-42 所示，对试验中滚筒的有效装煤量的统计区域进行划分，在牵引方向上，有效装煤区从轴承座的滚筒截煤侧开始，在滚筒轴向上，有效装煤区域从煤壁边缘开始。该统计区域的划分方法忽略了实际情况下出煤口到刮板机中部槽的距离，但降低了因出煤口煤体堆积不同而导致的统计误差。另外，该划分方法还忽略了从滚筒后半侧和从滚筒后侧浮煤区落到滚筒截深外的煤量。采煤机的滚筒直径较小、摇臂厚度相对较大，在前滚筒截割输煤过程中从滚筒后半侧输出的煤和滚筒后侧的浮煤由于受到摇臂的阻挡无法进入刮板输送机内，因此，按照本划分方法获得的试验结果与采煤机前滚筒的工作情况更为相近。

5.3.3.2　块煤率分析

块煤率是衡量煤炭质量的一个重要标准，块煤率越高，煤炭的价格越高，对提高企业的经济效益具有重要作用；并且块煤率越大，粉尘量越小，对改善工人的工作环境和提高采煤时的安全性具有重要意义。为此，要把块煤率作为衡量采煤机滚筒装煤性能的一个重要指标来进行研究。对滚筒每组试验截落的碎煤进行块度分级处理，数据值为透过筛孔直径 d_{ms} 的碎煤在总截落煤中的质量百分比，称为截割块度累积率。鼓形滚筒装煤过程图如图 5-43 所示。

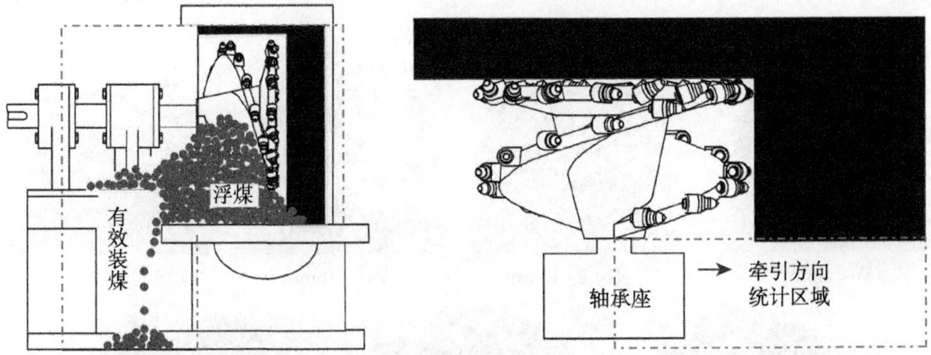

图 5-42 有效装煤区域示意图

图 5-43 鼓形滚筒装煤过程图

为了贴合实际工况，试验过程中鼓形滚筒与普通形滚筒转速均为 80r/min，牵引速度均为 1.0m/min。

5.3.3.3 试验结果及数据分析

为评价鼓形滚筒的装煤性能，对试验结果进行统计分析。如表 5-17 所示，统计鼓形滚筒与普通形滚筒截煤装煤过程的扭矩均值、有效装煤质量、开采总质量，并计算装运率、截割比能耗。如图 5-44 所示，以 5mm 为一个递增量，对滚筒截落的碎煤进行截割粒度分级，并在表 5-18 中显示统计结果。

表 5-17　滚筒装煤性能对比

滚筒类型	扭矩均值/(N·m)	有效装煤质量/kg	开采总质量/kg	装运率/%	截割比能耗/(kW·h/m^3)
普通形滚筒	319.6	64.29	75.81	84.8	1.09
鼓形滚筒	295.4	77.06	87.11	88.46	0.98

(a) <5mm　(b) 5~10mm　(c) 10~15mm　(d) 15~20mm　(e) 20~25mm　(f) 25~30mm　(g) >30mm

图 5-44　截割粒度分级

表 5-18　截落煤的截割块度累积率　　(单位：%)

滚筒类型	0~5mm	0~10mm	0~15mm	0~20mm	0~25mm	0~30mm
普通形滚筒	64.16	77.06	86.13	89.46	93.53	96.37
鼓形滚筒	52.13	64.29	81.80	92.80	95.25	98.58

从表 5-17、表 5-18 可以看出，鼓形滚筒截煤装煤过程中所受扭矩均值、截割比能耗要小于普通形滚筒，碎煤装运率要高 3.66%，假定截割直径大于 15mm 的碎煤质量所占总采煤量的质量百分比为块煤率，则普通形滚筒截煤的块煤率为 13.87%，鼓形滚筒截煤的块煤率为 18.2%。鼓形滚筒装煤的块煤率高于普通形滚筒，表明鼓形滚筒的装煤性能优于普通形滚筒。

参 考 文 献

[1] 刘送永, 杜长龙, 薛玉刚, 等. 深井高应力煤岩阶梯形滚筒[P]: 中国, CN1047123348. 2017.

[2] 刘送永, 杜长龙, 崔新霞, 等. 一种混排截齿采煤机滚筒[P]: 中国, CN101956552A. 2012.
[3] 刘送永, 刘晓辉, 谭长均, 等. 旋挖式采煤机与掘进机截割部[P]: 中国, CN202500560U. 2012.
[4] 付林. 新型钻式采煤机钻具截割与输送性能研究[D]. 徐州: 中国矿业大学, 2016.
[5] 杨旭旭, 靖洪文, 陈坤福, 等. 深部原岩应力对巷道围岩破裂范围的影响规律研究[J]. 采矿与安全工程学报, 2013, 30(4): 495-500.
[6] 刘洋洋. 采煤机异形滚筒性能研究[D]. 徐州: 中国矿业大学, 2018.

第 6 章　滚筒动力学特性研究

滚筒动力学是对截割系统动态演化过程的描述，主要研究系统的性能如何随着时间的变化而变化，而现实存在的动力学系统都是非线性的。截割破碎煤岩过程的一个基本特点是离散性、不规则性，并且截割破煤的载荷信号通常被看成随机信号，但经典的信号分析方法却不能指出信号中不均匀性和不规则性的原因。近年来迅速发展起来的非线性动力学系统理论特别是其中的分形、混沌理论，在处理这些貌似无规律的现象上获得了巨大的成功，而且已被广泛地应用于工程现象中。

长期以来，人们熟知煤岩截割破碎过程的行为特性主要分为三个阶段：截割截入、密实核形成、跃进破碎。不同破碎阶段的截割行为的变化规律不同，截割截入阶段能量急速上升；密实核形成阶段能量增长速率基本不变；跃进破碎阶段能量突然释放且速率较大，使煤岩破碎。然而，国内外学者对煤岩破碎三个阶段的认识主要是基于截割过程中的表观现象，而非基于破碎系统的动力学行为规律。通过多次试验研究发现，截割破碎是一个复杂的非线性动力系统，它具有非线性系统的一般性质和行为，因此根据截割过程中破碎现象的变化规律，从动力学观点出发，提出截割过程的三个动力阶段，即自组织阶段、混沌阶段和失稳阶段，它们分别与传统表达的截割截入、密实核形成和跃进破碎三个阶段相对应。

自组织是指某一系统或过程中自发形成时空有序结构或状态的行为。截入过程是一个典型的自组织过程，就煤岩表面破碎而言，它使初始接触形成的破碎表面逐渐与截割载荷匹配适应，随着截齿的截入，最终形成与外载荷适应的密实核。密实核的形成是一种混沌有序行为，此时破碎系统行为的变化轨迹将形成稳态的吸引子，称为截割破碎吸引子，它是截割破碎自组织行为随时间演化的结果。随着截割自组织阶段的结束，截割行为进入第二个动力阶段，即处于截割吸引子上的混沌截割阶段。该阶段的截割系统行为将维持平稳有序结构：截割能量变化平稳，能量变化速率基本不变，呈现线性状态。混沌截割行为是破碎吸引子的高级有序行为，属于破碎行为的定态。失稳阶段是吸引子消失阶段，随着截割过程的进行，煤体裂隙逐渐扩大，能量积聚到最大，使得破碎加快，混沌有序规则进而被打破，破碎吸引子消失。此时煤岩破碎，一个截割过程完成。上述过程时间很短，是对煤岩截割破碎过程动力学行为定性描述的一种假设，而滚筒截割煤岩的过程是此过程的不断重复，为验证此动力学过程的存在，还必须对其进行定量研究。但由于一个截割过程的短暂性，无法从其载荷中分析其自组织性。为此，从整体上分析截割系统的载荷，通过运用非线性动力学的分形与混沌理论研究截割破碎过程的行为规律，建立其相关模型，并进行分析，为采煤机滚筒设计提供理论基础。

6.1 动力学系统理论

广义动力学研究的是系统如何随时间变化。系统，就是指由一些相互联系 (或相互作用) 的客体组成的集合。这些客体，既可以是自然科学中的一些物质，也可以是各种社会事物和组织。使用状态变量表征系统的性质或特征，当这类状态变量随时间变化，也就是系统处于非平衡态时，此时的系统称为动力 (或动态) 系统。动力学就是研究动力系统中状态变量如何随时间变化 (即系统的运动) 的一个学科。

动力学系统分析是采用一组一阶微分或差分方程描述物理系统随时间演化的规律，系统状态的变量 n 为相空间维数[1]。一个动力学系统状态的变化规律是否关于时间连续可分为离散系统和连续系统。对于定义在区域 $M \subseteq \mathbf{R}^n$ 上的连续动力学系统可表示如下：

$$\frac{\mathrm{d}x}{\mathrm{d}t} = f(x,t), \quad x \in M, \quad t \in \mathbf{R} \tag{6-1}$$

式中，f 为 x 与 t 的连续向量函数，如果 x 满足 Lipschitz 条件，则解存在且唯一。

对于式 (6-1) 的初值 t_0 与 x_0 确定的唯一解如下：

$$x = \vartheta(t : t_0, x_0) \tag{6-2}$$

称 $\vartheta(t : t_0, x_0)$ 为 x_0 处的流，满足的条件为

$$\vartheta(t : t_0, x_0) = x_0 \tag{6-3}$$

式中，t 为时间；x 为 n 维空间中坐标为 $(x_1, x_2, \cdots, x_n)$ 的点。

根据以上分析可知，在任意时刻 t，式 (6-1) 在上述 n 维空间中确定了一个速度场。并且存在与唯一性定理的物理意义为：当给定初始时刻 t_0 和初始点 x_0，速度场中存在唯一的一个运动，它的位移随时间而变化的规律由式 (6-2) 确定，且运动在时刻 t_0 时通过 x_0 点。此时，式 (6-1) 为一个动力学系统或动力系统；$\{(x_1, x_2, \cdots, x_n)\}$ 为相空间；式 (6-2) 为一个运动，所确定的相空间中的曲线为轨道。如果动力学系统中，时间 t 不是显含的，则称这个系统是自治的，否则为非自治系统。如果系统中不含随机项，则称其为确定性的，否则为随机性的。

轨道的确定需要流的拓扑概念。根据式 (6-2) 可得到依赖于 t 和 x 的函数 $\vartheta(t, x)$，即得映射 ϑ：$\mathbf{R} \times M \to M_0$。则流的形式可写成如下形式：

$$\vartheta_t(x) \equiv \vartheta(t, x) \tag{6-4}$$

容易看出式 (6-4) 满足式 (6-1)，即

$$\left.\frac{\mathrm{d}\left(\vartheta\left(t,x\right)\right)}{\mathrm{d}t}\right|_{t=\tau}=f\left(\vartheta\left(\tau,x\right)\right) \tag{6-5}$$

式中，ϑ_t 为关于时间 t 的映射，把系统状态 $x\in M$ 转移到新的状态 $\vartheta(x)\in M$。ϑ_t 具有以下性质：

$$\begin{cases}\vartheta_0\left(x\right)=x, & \forall x\in M\\ \vartheta_s\left(\vartheta_t\left(x\right)\right)=\vartheta_{s+t}\left(x\right), & \forall s,t\in\mathbf{R},\quad x\in M\end{cases} \tag{6-6}$$

当式 (6-2) 满足式 (6-6) 时，称 ϑ 或 ϑ_t 为 M 上的连续动力系统。而离散动力学系统由差分方程或映射定义。

对于一个实函数：

$$y=f\left(x\right) \tag{6-7}$$

当自变量 x 在区间 $[a,b]$ 内变化，取 $x=x_0$ 作初值迭代，可得到一个序列：

$$\begin{cases}x_0,x_1,x_2,\cdots,x_n,x_{n+1},\cdots,f\left(x\right)\\ x_1=f\left(x_0\right)\\ x_2=f\left(x_1\right)\\ \quad\cdots\\ x_{n+1}=f\left(x_n\right)=f\left(f\left(\cdots f\left(x_0\right)\cdots\right)\right)=f^{n+1}\left(x_0\right)\end{cases} \tag{6-8}$$

一般地称

$$x_{n+1}=f\left(x_n\right) \tag{6-9}$$

是由所决定的离散动力系统，当 $f(x)$ 不可逆时称为离散半动力系统。也可以把离散动力系统看成某一依赖时间连续变化的确定性系统对时间的离散取样。

过去对动力系统的研究一般多限于线性系统，即其动力学方程都是线性的，也就是说，在方程中只有各状态变量及其各阶导数的线性 (一次) 项。这样做是因为线性方程容易求解，而且具有一些简单的特性，例如，当初始条件给定后，方程的解便是确定的，而且服从叠加原理：方程不同解的线性叠加仍是方程的解。然而实际的自然现象或社会现象是十分复杂的，其动力学规律必须用非线性方程表示，其求解也是非常困难的。

在许多情况下，人们并不清楚系统包含哪些状态变量以及这些状态变量之间相互作用的规律。还有不少情况，人们只能观测到反映系统随时间变化时某个或某些变量变化的时间序列，此变量甚至可能不是系统的状态变量而只是与状态变量有关的另外的变量。在这种不知系统状态变量相互作用的细致规律的情形下，人们

仍希望借助已有的知识，特别是某些变量随时间变化的规律来建立系统的动力学方程，这就是建模过程。人们希望将这种模型方程的解与实际观测结果进行比较以验证模型的正确性，同时也希望从模型中推得其他有意义的结果。因此，根据已有的关于系统的知识和实验数据建立系统的动力学模型，也是研究动力系统的重要方法之一。

近年来，分形理论与混沌动力学的发展使非线性动力学得到进一步发展。分形与混沌是非线性系统普遍存在的特征，下面将以采煤机截割系统为例，介绍分形理论与混沌动力学的原理与应用，分析截割系统的分形特征与混沌特征，研究截割系统动力学特征，并通过大量实验数据建立截割系统动力学模型。

6.2 采煤机滚筒分形特征

6.2.1 截割载荷的分形特征

由于采煤机滚筒所受载荷随机激励的不确定性，国内外学者对于采煤机滚筒截割载荷的研究大多采用概率计算方法进行统计分析。但此种方法不能反映截割系统的非线性本质特征及截割过程的复杂程度，对系统的识别能力不强，并且以此为基点建立的模型通用性和使用性较差。而近年发展起来的分形理论，对描述非线性动力系统的复杂性提供了一种实用方法，它用一个简单的分形维数来描述系统的复杂程度及其差别。但是，分形维数的确定方法有许多种，由于分形理论能够解释的客观问题广泛而复杂，不同学科领域的学者均在研究如何利用分形理论解决本领域的问题，但没有任何一种计算分形维数的方法可以对任何学科均适用[2]。尽管如此，不同分形维数的计算方法都是以 Hausdorff 测度为理论基础的，即以覆盖作为其本质特征，以分形集作为其研究对象。

因此，对于截割载荷的分形特征研究，需要解决的问题是分形维数计算方法的确定，并考虑所计算物理量的特征尺度。

6.2.1.1 *分形和分形维数*

分形 (fractal) 从词义简单理解，具有破碎和不规则的含义，它可以是用于指明一种由许多零碎图形所构成的图案，也可以是由许多事件组成的一种行为或现象。具有分形结构的集或函数在表象上虽然杂乱无章，但一个最基本的特点是无标度性、自相似性[3]。无标度性是一个图像经过放大或缩小，具有形态、复杂程度、不规则性等均不发生变化的特性。自相似性与无标度性有相同之处，都具有一个对象的局部与整体在形状、结构或功能等方面成比例缩小的性质。当许多现象被绘制成时间的函数时，就显示出分形特征。针对这些现象，无论是用古典的欧氏几何，还是用近代的微积分，都无法对其进行正确恰当的表征。

欧氏几何中的对象用整数维来描述，而描述分形的参数是分形维数。对于欧氏几何中点、直线、平面对象的描述都具有整数维数，称为拓扑维数。比如，点的维数为 0，线的维数为 1，面的维数为 2，体的维数为 3。如果用 1 维的线段测量 2 维的正方形，所得结果为无穷大，说明所用尺度太“小”；反之，如果用 2 维的正方形度量 1 维的线段，所得结果为零，说明所用尺度太“大”。这说明，对几何体进行测量所得结果与所用的尺度有关。而对于有些曲线 (如科赫曲线) 用传统的整数维 (如 1 维和 2 维) 尺度测量，所得结果要么为无穷大，要么为零。这表明它是一个介于整数维之间的具有分数维的几何对象，只有用非整数维的尺度去度量才能正确地表示其复杂程度，这种非整数的维数统称为分形维数。

分形几何中常以相似维数 D_{s} 和 Hausdorff 维数 D_{H} 来表示分形维数，Hausdorff 维数 D_{H} 的定义在数学上很严密且理论性很强，但理解困难。为此，利用相似维数来阐述分形维数的定义过程。

对于一条单位长度的线段，若将其等分为 $N=4$ 段，则每段的长度为 $r=1/N=1/4$，显然存在 $Nr=1$。从测量角度理解，相当于用 r 去测量线段的长度，则测量的尺度数 $N(r)$ 与尺度 r 间的关系如下：

$$N(r)=\frac{1}{r}=r^{-1} \tag{6-10}$$

同理，对于单位面积的二维正方形平面，将其等分成 $N=16$ 个小正方形，则每个小正方形的边长为 $r=1/N^{1/2}=1/4$，则二维平面的小正方形的测量尺度数 $N(r)$ 与尺度 r 间的关系为

$$N(r)=\frac{1}{r^2}=r^{-2} \tag{6-11}$$

对于单位立方体，根据以上方法可得等分后小立方体的测量尺度数 $N(r)$ 与尺度 r 间的关系为

$$N(r)=\frac{1}{r^3}=r^{-3} \tag{6-12}$$

而根据前述已知，线、面、体的维数分别为 1、2、3，则根据式 (6-10)~ 式 (6-12) 可知测量尺度数 $N(r)$ 与尺度 r 间的关系可归纳为

$$N(r)=\frac{1}{r^{D_{\mathrm{s}}}}=r^{-D_{\mathrm{s}}} \tag{6-13}$$

对式 (6-13) 两边取对数可得相似维数 D_{s} 的表达式为

$$D_{\mathrm{s}}=\frac{\ln N(r)}{\ln(1/r)} \tag{6-14}$$

由此可得分形维数的广义表达为

$$D_{\mathrm{f}}=\lim_{r\to 0}\frac{\ln N(A,r)}{\ln(1/r)} \tag{6-15}$$

式中，D_{f} 为分形维数；$N(A,r)$ 为直径为 r 的球覆盖 A 集的最小数目。

虽然利用相似维数来表示分形维数简单，但由式 (6-15) 可以看出，根据相似维数得到的分形维数广义表达式 D_{f} 是以包覆来定义的，用直径小于 $r>0$ 的可数个球覆盖整个集合或函数，当 $r\to 0$ 时得到其数学表达式。但是 $r\to 0$ 这一极限在数学以外的领域很难实现，因为试验测定是离不开界限的，当严密考虑长度为 0 的极限时，一般都要受到不确定性原理的拒绝。同时，Hausdorff 维数 D_{H} 也存在上述问题，为此利用下述方法来构建可表征不同截割载荷的特征因子。

6.2.1.2 截割载荷特征因子的构建

计算分形维数的方法很多，各有其优缺点。其中对于时间序列分形维数的计算，G-P 法 (关联维数法) 使用较多，但此方法对序列特征的表征只有一个关联维数，而试验数据变化特征基本相同，使用此方法所得关联维数相差不大，对于不同界面形式的表征分辨率较低。为此，选择文献 [4] 中所提出的均方根法，此种方法对曲线的复杂程度表征较好且物理意义更明确。其确定的分形维数与时间序列有关，过程如下所述。

对于具有分形性质的时间序列 $Z(\tau)$ 满足以下标度关系：

$$Z(\tau)-Z(\tau_0)=\zeta\left|\tau-\tau_0\right|^{2-D_{\mathrm{f}}} \tag{6-16}$$

设 $\tau_0=0$，$Z(0)=0$，则时间序列的方差或协方差为

$$\mathrm{Var}(\tau)=E\left[Z(\tau)-\overline{Z(\tau)}\right]^2\sim\tau^{4-2D_{\mathrm{f}}} \tag{6-17}$$

或者

$$\sigma(\tau)=\mathrm{Var}(\tau)^{1/2}=C\tau^{2-D_{\mathrm{f}}} \tag{6-18}$$

式中，C 为尺度系数；τ 为时域尺度。

式 (6-18) 表达了时间序列的协方差与时间区间的标度律，它表明时域内的协方差与时域尺度 τ 成幂指数关系，而此幂指数与分形维数有关。根据式 (6-18) 可知，对于一条数字化的载荷曲线，将其视为时间序列，用 n 个时域 $\tau_i(i=1,2,3,\cdots,n)$ 来计算它的协方差 $\sigma(\tau)$，在对数坐标中回归出 $\lg\sigma$-$\lg\tau$ 直线，则回归直线的斜率 α 与分形维数的关系如式 (6-19) 所示：

$$D_{\mathrm{f}}=2-\alpha \tag{6-19}$$

但是，式 (6-19) 只有在采样尺度小于曲线的相关长度时才准确成立，如图 6-1 所示。

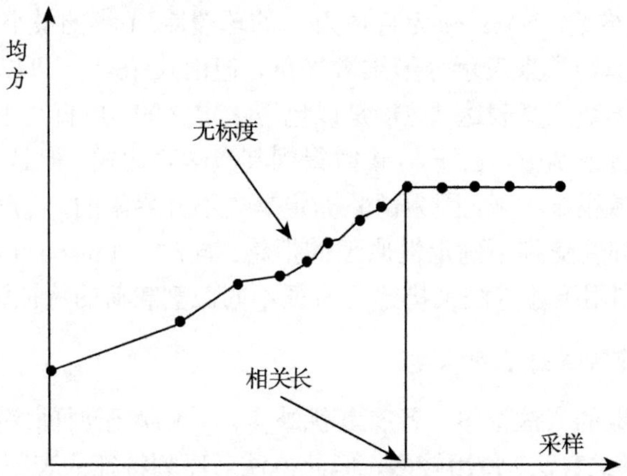

图 6-1　无标度区与相关长度的关系

而分形维数 D_{f} 反映的是曲线的复杂程度和不规则性，它是相似性度量参数；尺度系数 C 反映的是单位尺度下曲线测度的大小，它是曲线的绝对测量参数，它们均不能单独反映整个曲线的特征。为此，为寻找表征载荷曲线的特征因子，需对式 (6-18) 进行变换，结果如下：

$$\lg\sigma(\tau)=\lg C+(2-D_{\mathrm{f}})\lg\tau \tag{6-20}$$

令 $\sigma(\zeta)=1$，则

$$\lg C+(2-D_{\mathrm{f}})\lg\zeta=0 \tag{6-21}$$

则截割载荷的特征因子 ζ 为

$$\zeta=C^{-\frac{1}{2-D_{\mathrm{f}}}} \tag{6-22}$$

为此，下面将以 3.2 节中不同煤岩界面截割载荷为依据，以此特征因子表征不同煤岩界面的结构形式。

6.2.1.3　截割载荷的分形特征分析

为探索截割载荷是否存在分形特征：无标度性和自相似性 (以分形维数表示)，对采煤机滚筒截割均质煤层和具有煤岩界面煤层时的截割载荷进行分析研究，根据计算截割载荷特征因子的方法进行程序设计。并且对于均质煤层，取其前 5 个试验点作为无标度区，如图 6-2 所示；而对于含煤岩界面煤层，取其第 2~10 个试验点作为无标度区，如图 6-3 ~ 图 6-11 所示。均质煤层的抗压强度为 1.97MPa，其他参数与截割 1.97MPa 断层时条件相同。

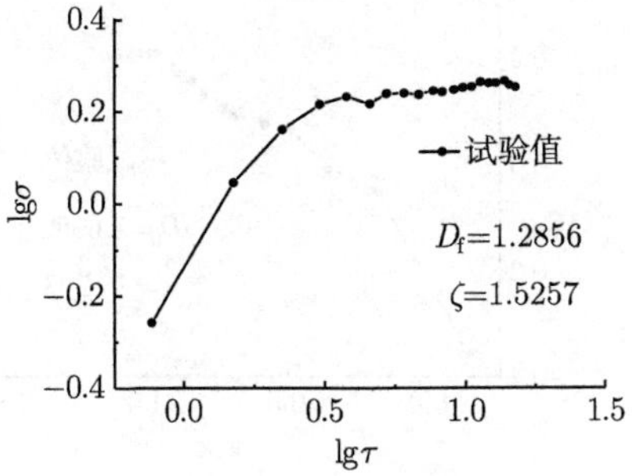

图 6-2 截割均质煤层

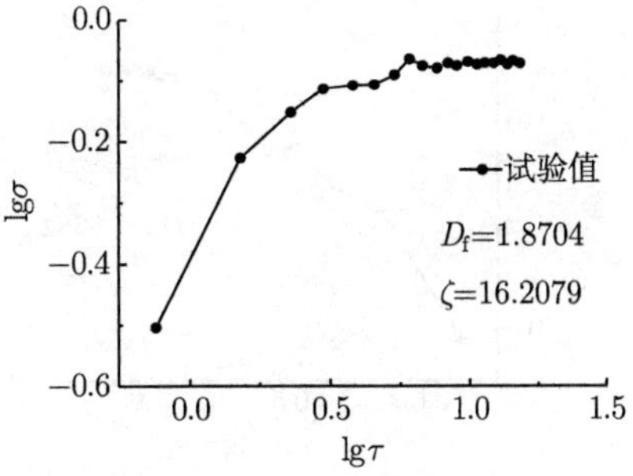

图 6-3 截割底板

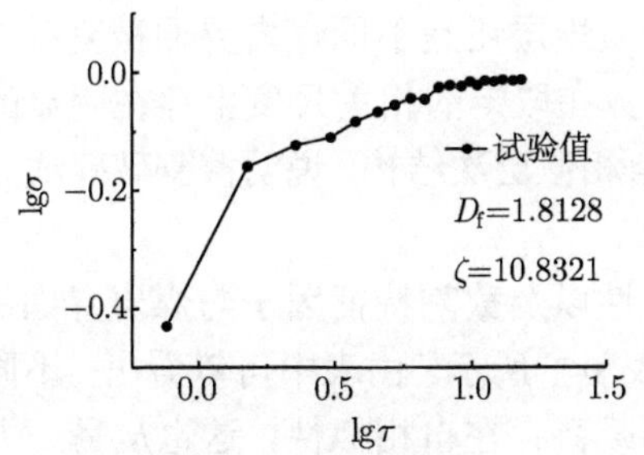

图 6-4 截割顶板

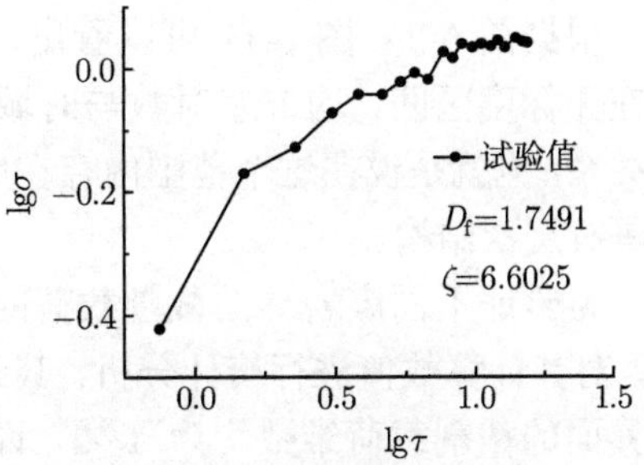

图 6-5 截割顶底板

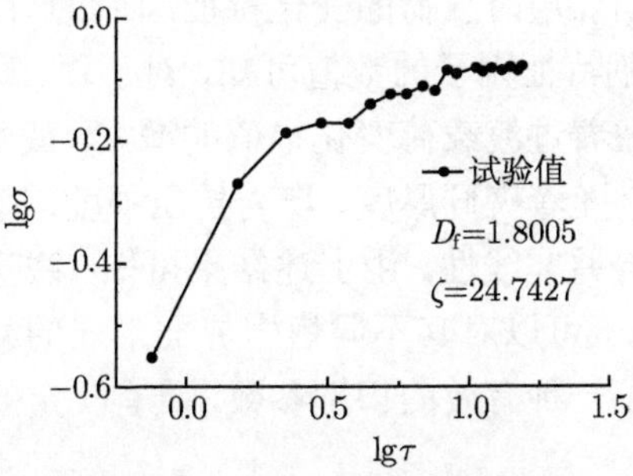

图 6-6 截割夹矸 60mm

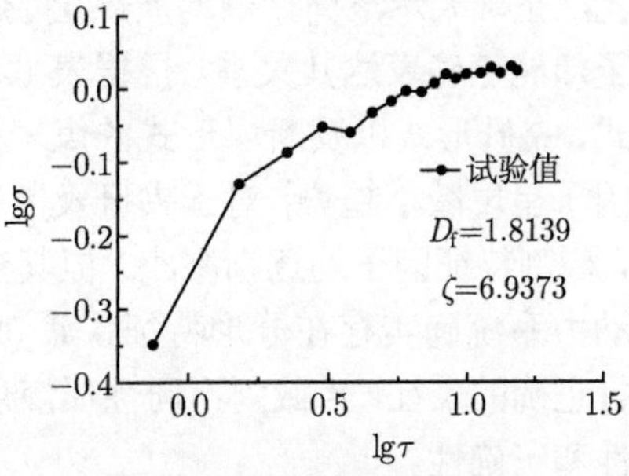

图 6-7 截割夹矸 120mm

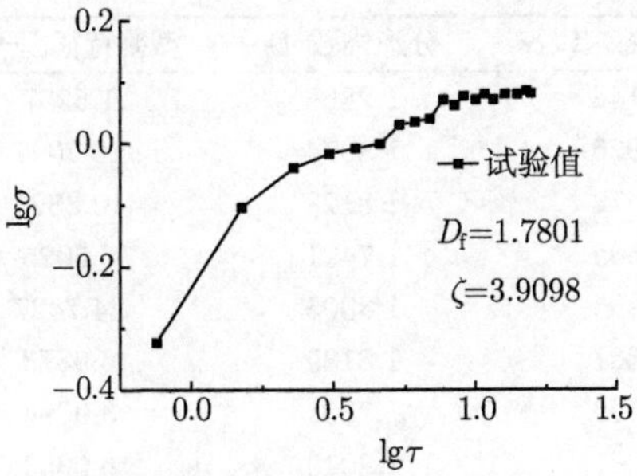

图 6-8 截割夹矸 180mm

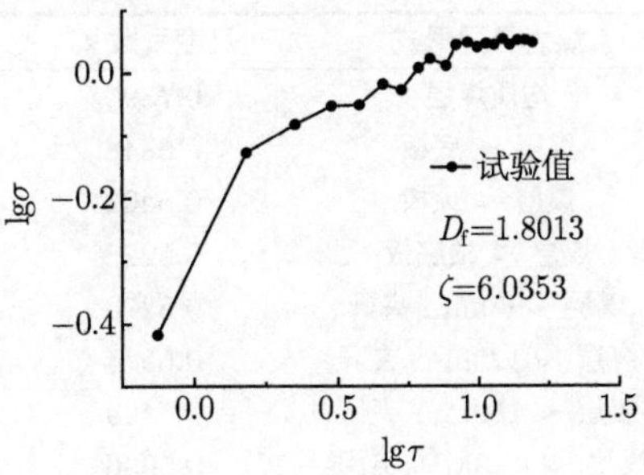

图 6-9 截割 1.43MPa 断层

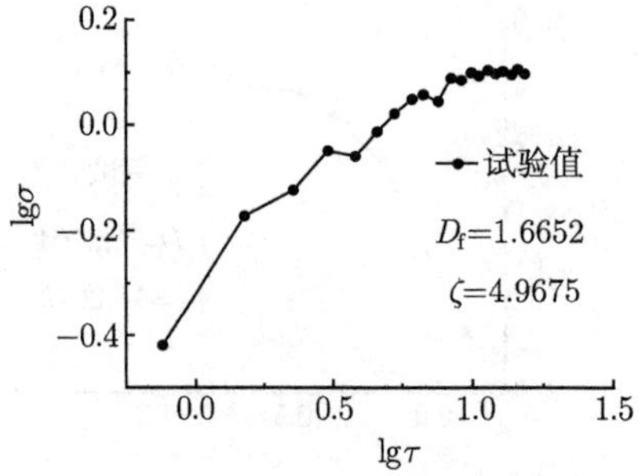

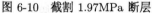

图 6-10　截割 1.97MPa 断层

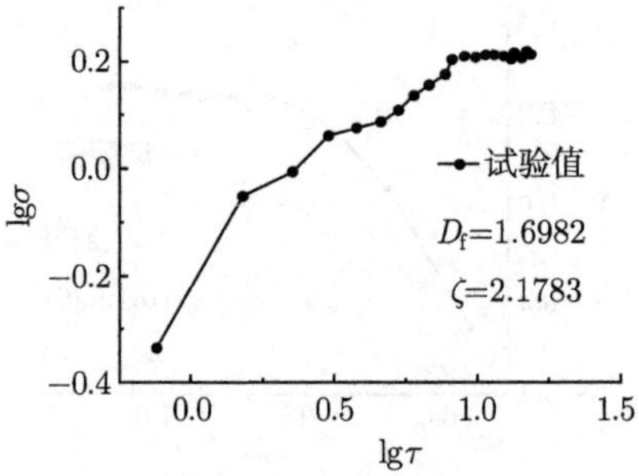

图 6-11　截割 2.48MPa 断层

根据图 6-2~ 图 6-11 可以看出，无论均质煤层还是不同煤岩界面截割载荷均存在无标度区间，均方差对数与时域尺度对数在取定的相关尺度上存在明显的线性关系，也就是说在这个范围内存在明显的自相似层次结构，说明截割破碎动力系统具有层次结构。

为验证不同煤岩界面截割载荷的自相似性以及截割特征因子与煤岩界面的关系，对其计算数值进行统计分析，其结果如表 6-1 所示。由表中可以看出，不同煤岩界面的截割载荷维数均为 1~2，说明截割载荷存在自相似性，这也从另一方面说明截割破碎动力系统具有层次性。但是，仅根据表 6-1 中的尺度系数或分形维数均无法正确表示滚筒截割均质煤层、煤岩界面煤层时载荷的变化特征，而截割特征因子却能正确表达其关系。根据表 6-1 中截割特征因子的数值可知，对于顶、底板形式，夹矸形式以及断层形式的煤岩界面，随着过渡载荷变化幅值的增大，截割特征因子呈现减小趋势；对于夹矸及断层形式，随着夹矸厚度、煤岩抗压强度差值增大，截割特征因子均逐渐减小，但其变化趋势并非线性。由上述结果可知，截割破碎动力系统确实存在分形特征，截割特征因子可以对其不同煤岩界面形式的载荷进行正确的表征，为截割不同性质煤层提供了一种有效的识别参数，具有一定的实用性和正确性。

表 6-1　不同煤岩界面截割载荷的特征因子

煤岩界面形式	尺度系数 C	回归直线斜率 α	分形维数 D	截割特征因子 ζ
均质煤层	0.7395	0.7144	1.2856	1.5257
煤层 ~ 底板	0.5848	0.1926	1.8074	16.2097
煤层 ~ 顶板	0.6402	0.1872	1.8128	10.8321
煤层 ~ 顶底板	0.6228	0.2509	1.7491	6.6025
煤层 ~ 60mm 夹矸	0.5273	0.1995	1.8005	24.7427
煤层 ~ 120mm 夹矸	0.6974	0.1861	1.8139	6.9373
煤层 ~ 180mm 夹矸	0.7409	0.2199	1.7801	3.9098
煤层 ~ 1.43MPa 断层	0.6996	0.1987	1.8013	6.0353
煤层 ~ 1.97MPa 断层	0.5847	0.3348	1.6652	4.9675
煤层 ~ 2.48MPa 断层	0.7873	0.3072	1.6928	2.1783

6.2.2 截割块度的分形特征

截落煤块度的大小直接影响着采煤机的截割比能耗、块煤率以及企业的经济效益，对于煤块度分布的研究，苏联学者通过大量的试验统计得出其块度分布服从韦布尔分布，而煤截割破碎后的块度分布与分形维数的关系、影响煤块度分布的参数以及用分形分布函数表示煤的块度分布是否合适却很少有人研究[5]。为此，根据分形理论建立了煤的块度分布函数，进而在不同抗压强度的模拟煤、不同截齿、不同滚筒、不同切削厚度的条件下进行了截割试验，利用试验结果进行分形维数的计算，寻找分形维数与各试验参数的关系，并与韦布尔分布进行比较，以期得到有益的结论。

6.2.2.1 煤截割块度分布函数模型

1) 韦布尔分布模型

$$W = 1 - \exp(-\lambda_{\mathrm{p}} d_{\mathrm{ms}}^{m_{\mathrm{p}}}) \tag{6-23}$$

式中，W 为透过筛孔 d_{ms}(mm) 的碎煤量在试样总量中的比重，%；λ_{p} 为由所采用截割方法和参数决定的破碎程度参数，其值越小，破碎越严重；m_{p} 为破碎特性指数，对于具体煤层为一常数，一般为 $0.4 \sim 1.3$，与截割工况无关，其值越大，煤破碎越严重，块度越小。

对式 (6-23) 进行对数变化，得煤粒度的分布函数为

$$F_W(x)_{<x} = \ln\ln\left(\frac{1}{1-W}\right) = \ln\lambda_{\mathrm{p}} + m_{\mathrm{p}}\ln d_{\mathrm{s}} \tag{6-24}$$

式中，$F_W(x)_{<x}$ 为煤粒度直径小于筛孔直径 d_{s} 的质量累积率分布函数。

由式 (6-24) 可以看出，如果煤截割块度服从韦布尔分布，则试验结果在对数坐标中表示，应是以破碎特性指数为斜率的直线。

2) 分形分布模型

由分形理论的相关知识可知，如果煤块度尺寸分布服从分形分布，则满足：

$$N(x) = -k_{\mathrm{k}} d_{\mathrm{k}}^{-D_{\mathrm{k}}} \tag{6-25}$$

式中，$N(x)$ 为尺寸大于 x 的数目 (即筛上粒子数目)；k_{k} 为块度尺寸系数；d_{k} 为块度直径尺寸，mm；D_{k} 为分布分形维数，D_{k} 越大，破碎越严重。

对式 (6-25) 求导可得煤块度密度分布函数：

$$\mathrm{d}N(d_{\mathrm{k}}) = k_{\mathrm{k}} D_{\mathrm{k}} d_{\mathrm{k}}^{-1-D} d_{d_{\mathrm{k}}} \tag{6-26}$$

式中，$\mathrm{d}N(d_{\mathrm{k}})$ 为粒径在 $d_{\mathrm{k}} \sim d_{\mathrm{k}} + d_{d_{\mathrm{k}}}$ 之间的块煤数目，即块度密度函数。

而在实际应用中使用的是累积量分布，则煤块度尺寸大于 d_{k} 的质量 M 的表达式为

$$M_{>d_{\mathrm{k}}}=\int_{d_{\mathrm{k}}}^{d_{\mathrm{k}\max}}\rho_{\mathrm{m}}k_{\mathrm{v}}d_{\mathrm{k}}^{3}\mathrm{d}N\left(d_{\mathrm{k}}\right)=\rho_{\mathrm{m}}k_{\mathrm{v}}k_{\mathrm{k}}\frac{D_{\mathrm{k}}}{3-D_{\mathrm{k}}}\left(d_{\mathrm{k}\max}^{3-D_{\mathrm{k}}}-d_{\mathrm{k}}^{3-D_{\mathrm{k}}}\right) \tag{6-27}$$

式中，ρ_{m} 为煤的密度，$\mathrm{kg/mm^3}$；k_{v} 为煤的颗粒体积形状系数；$d_{\mathrm{k}\max}$ 为最大粒子直径的尺寸。

当 $d_{\mathrm{k}}=0$ 时，由式 (6-27) 可得截落煤的总质量为

$$M=\int_{0}^{d_{\mathrm{k}\max}}\rho_{\mathrm{m}}k_{\mathrm{v}}d_{\mathrm{k}}^{3}\mathrm{d}N\left(d_{\mathrm{k}}\right)=\rho_{\mathrm{m}}k_{\mathrm{v}}k_{\mathrm{k}}\frac{D_{\mathrm{k}}}{3-D_{\mathrm{k}}}d_{\mathrm{k}\max}^{3-D_{\mathrm{k}}} \tag{6-28}$$

由式 (6-27)、式 (6-28) 可得煤块度尺寸大于 d_{k} 的质量累积率为

$$\frac{M_{>d_{\mathrm{k}}}}{M}=1-\left(\frac{d_{\mathrm{k}}}{d_{\mathrm{k}\max}}\right)^{3-D_{\mathrm{k}}} \tag{6-29}$$

根据式 (6-29) 可得煤块度尺寸小于 d_{k} 的质量累积率为

$$\frac{M_{<d_{\mathrm{k}}}}{M}=\left(\frac{d_{\mathrm{k}}}{d_{\mathrm{k}\max}}\right)^{3-D_{\mathrm{k}}} \tag{6-30}$$

式 (6-30) 为煤块度分布分维的计算公式，即如果煤块度分布具有分形特征，其筛分结果块度的分布规律应该符合式 (6-30)。对式 (6-30) 两边取对数可得小于 d_{k} 的质量累积率分布函数为

$$F_{F}\left(d_{\mathrm{k}}\right)_{<d_{\mathrm{k}}}=\ln\left(\frac{M_{<d_{\mathrm{k}}}}{M}\right)=\left(3-D_{\mathrm{k}}\right)\ln\left(\frac{d_{\mathrm{k}}}{d_{\mathrm{k}\max}}\right) \tag{6-31}$$

由式 (6-31) 可知，如把小于 d_{k} 的煤块度累积率试验结果在对数坐标上表示，应为线性关系，且斜率为 $3-D_{\mathrm{k}}$，并且在试验时最大煤粒度 $d_{\mathrm{k}\max}=35\mathrm{mm}$。

6.2.2.2 不同分布的试验研究

为对煤块度分布的两种函数进行比较，找出不同参数对煤块度分布的影响，选取上文中几组试验数据对截落煤岩的块度进行分布规律的研究。

1) 不同截齿、滚筒

为对两种块度分布规律比较，研究不同截齿、滚筒对煤岩截割块度的分布规律是否有影响，选择了 5 种截齿和 4 种滚筒的试验数据进行分析，选取的试验截齿及滚筒如图 6-12 所示，其截割过程中截落煤岩的粒度分级累积率如表 6-2 所示。

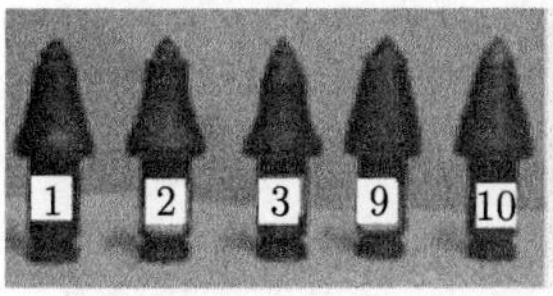

(a) 截齿

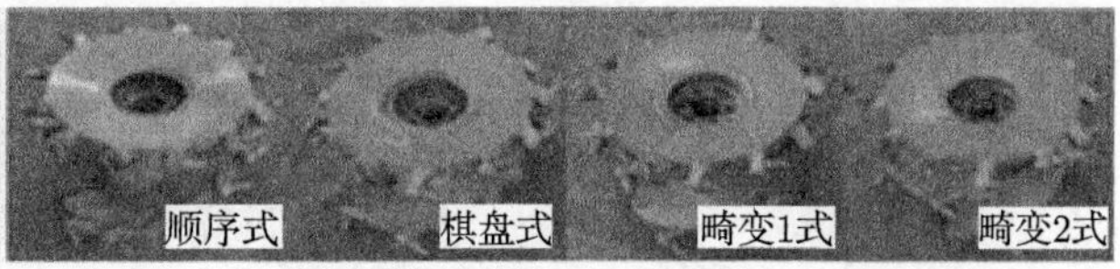

(b) 滚筒

图 6-12 试验选取截齿及滚筒

表 6-2 不同截齿、滚筒截割块度累积率

试验号	0~10 mm	0~15 mm	0~20 mm	0~25 mm	0~30 mm
1 号截齿	83.84	90.14	95.58	97.62	98.64
2 号截齿	86.43	91.25	95.33	96.58	98.44
3 号截齿	87.06	92.13	95.80	97.53	98.58
9 号截齿	86.85	90.86	94.10	95.57	96.60
10 号截齿	82.36	88.27	94.14	96.49	97.86
顺序式滚筒	79.15	86.47	94.01	96.67	98.0
棋盘式滚筒	72.34	81.78	89.62	91.93	95.16
畸变 1 式滚筒	67.14	80.59	87.5	92.55	94.68
畸变 2 式滚筒	68.26	80.71	88.86	92.12	95.92

利用表 6-2 中的试验数据，根据式 (6-24)、式 (6-31) 得到不同分布函数的相关系数，并在对数坐标上进行图形绘制，其结果如图 6-13、图 6-14 所示，并得到了其拟合值与试验值的相关系数，如表 6-3 所示。

表 6-3 不同截齿、滚筒截割分布函数的相关系数

试验号	韦布尔分布			分形分布	
	破碎特性指数 m_{p}	破碎程度参数 λ_{p}	相关系数 R_{w}	分形维数 D_{k}	相关系数 R_{f}
1 号截齿	0.80372	0.2780	0.99559	2.8465	0.98465
2 号截齿	0.65148	0.4330	0.9903	2.8809	0.99184
3 号截齿	0.67299	0.4245	0.99729	2.8845	0.98924
9 号截齿	0.47416	0.6757	0.99822	2.9009	0.99227
10 号截齿	0.74479	0.3023	0.99444	2.8366	0.98959
顺序式滚筒	0.86492	0.2066	0.99371	2.7964	0.98517
棋盘式滚筒	0.77608	0.2135	0.99651	2.7485	0.98773
畸变 1 式滚筒	0.89021	0.1450	0.99902	2.6853	0.98188
畸变 2 式滚筒	0.91501	0.1390	0.9980	2.6917	0.98541

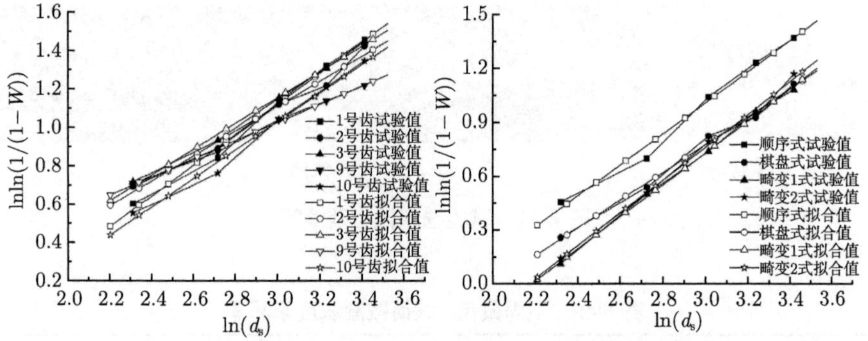

(a) 截齿　　(b) 滚筒

图 6-13　不同截齿、滚筒截割的韦布尔分布

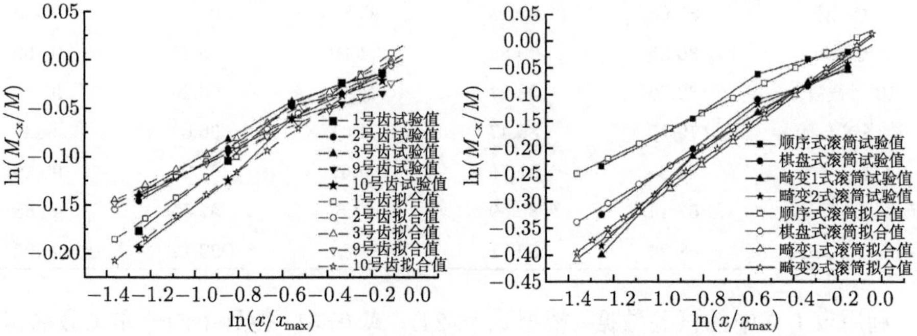

(a) 截齿　　(b) 滚筒

图 6-14　不同截齿、滚筒截割的分形分布

从图 6-13、图 6-14 以及表 6-3 可以看出，两种分布函数的相关系数非常接近，说明煤粒度分布用韦布尔分布、分形分布均可，并且煤的破碎特性指数、破碎程度参数、分形维数均与截齿形状、滚筒形式有关，并非对于具体煤层，煤的破碎特性指数为一常数，与截割工况无关。同时，从表 6-2 和表 6-3 均可看出，破碎特性指数、破碎程度参数均不能正确反映不同截齿、滚筒截割时，煤破碎程度的变化趋势；而分形维数却可以正确反映块煤率、煤破碎的程度。

2) 不同煤岩性质

为研究不同煤岩抗压强度下截割块度分布与两种分布函数的关系，破碎特性指数、破碎程度参数、分形维数与煤抗压强度的关系，选取第 3 章中 3 种抗压强度的试验值进行分析。根据表 3-3 中的试验值和式 (6-24)、式 (6-31) 得到不同抗压强度下分布函数的相关系数，并在对数坐标上进行图形绘制，其结果如图 6-15、图 6-16 所示，并得到了其拟合值与试验值的相关系数，如表 6-4 所示。

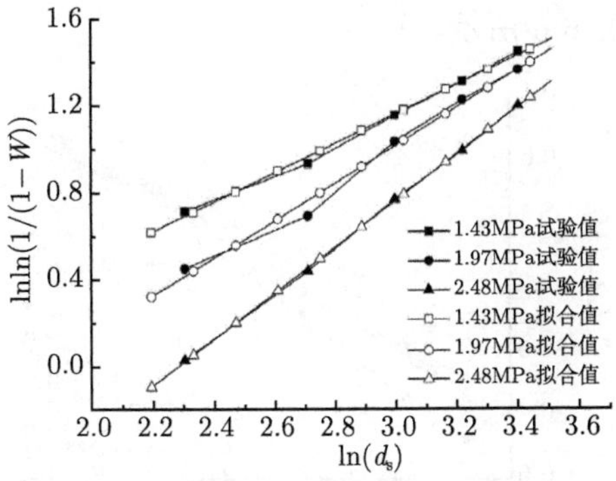

图 6-15 不同抗压强度的韦布尔分布

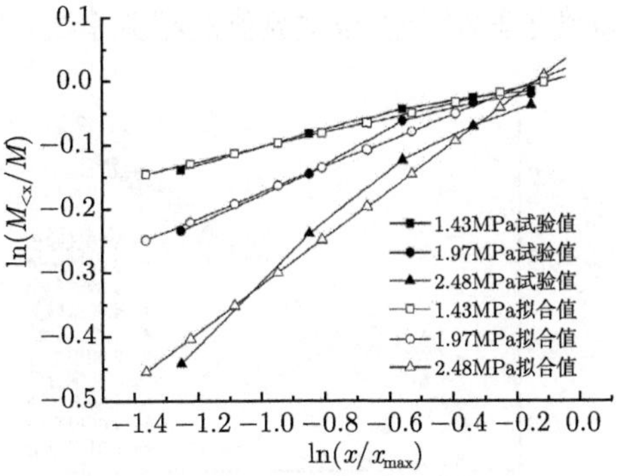

图 6-16 不同抗压强度的分形分布

表 6-4 不同抗压强度下分布函数的相关系数

试验号	韦布尔分布			分形分布	
	破碎特性指数 m_{p}	破碎程度参数 λ_{p}	相关系数 R_{w}	分形维数 D_{k}	相关系数 R_{f}
1.43MPa	0.67299	0.4207	0.99729	2.8845	0.98924
1.97MPa	0.86492	0.2066	0.99371	2.7964	0.98517
2.48MPa	1.06594	0.0878	0.99974	2.6278	0.98350

从图 6-15、图 6-16 以及表 6-4 可以看出，在截割不同抗压强度模拟煤时，两种分布函数的相关系数也非常接近，说明煤粒度分布用韦布尔分布、分形分布均可，并且煤的破碎特性指数、破碎程度参数、分形维数均与煤抗压强度有关，且呈线性关系，并均能正确反映煤破碎程度与煤抗压强度的关系。

3) 不同切削厚度

为研究不同切削厚度下截割煤粒度分布与两种分布函数的关系，破碎特性指数、破碎程度参数、分形维数与切削厚度的关系，对不同切削厚度时截割块度的分布特性进行了研究，所用试验数据如表 6-5 所示。

表 6-5 不同切削厚度下块度累积率

试验号	0~10 mm	0~15 mm	0~20 mm	0~25 mm	0~30 mm
$h = 2.60$ cm	79.15	86.47	94.01	96.67	98.00
$h = 3.65$ cm	76.48	83.98	92.47	95.23	98.14
$h = 4.39$ cm	72.76	81.42	93.18	96.34	98.83
$h = 4.69$ cm	71.22	80.97	91.74	96.84	97.92
$h = 5.21$ cm	66.18	78.49	89.72	95.38	98.64

利用表 6-5 中试验数据，根据式 (6-24)、式 (6-31) 得到不同切削厚度下分布函数的相关系数，并在对数坐标上进行图形绘制，其结果如图 6-17、图 6-18 所示，并

得到了其拟合值与试验值的相关系数，如表 6-6 所示。

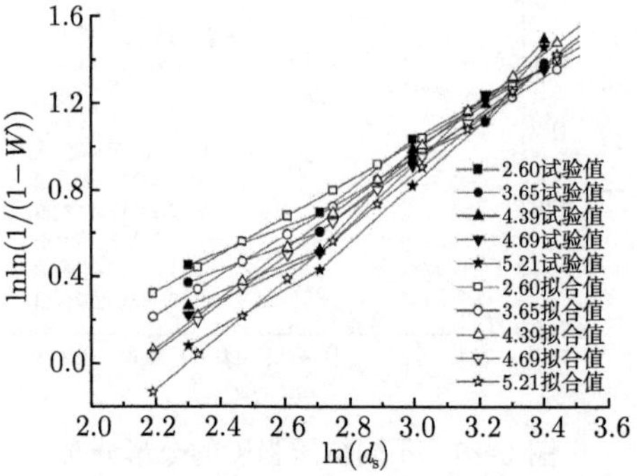

图 6-17　不同切削厚度的韦布尔分布

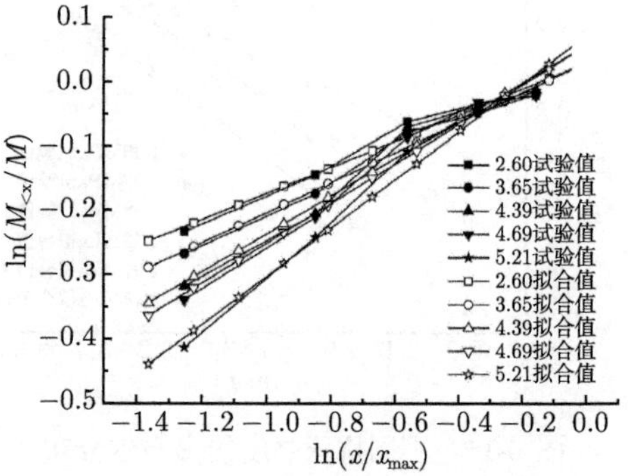

图 6-18　不同切削厚度的分形分布

表 6-6　不同切削厚度下分布函数的相关系数

试验号	韦布尔分布			分形分布	
	破碎特性指数 m_{p}	破碎程度参数 λ_{p}	相关系数 R_{w}	分形维数 D_{k}	相关系数 R_{f}
$h=2.60\mathrm{cm}$	0.86492	0.2066	0.99371	2.7964	0.98517
$h=3.65\mathrm{cm}$	0.91670	0.1657	0.98829	2.7661	0.99115
$h=4.39\mathrm{cm}$	1.13531	0.0881	0.9867	2.7062	0.98379
$h=4.69\mathrm{cm}$	1.09761	0.0940	0.98973	2.6921	0.98526
$h=5.21\mathrm{cm}$	1.24630	0.0571	0.99069	2.6258	0.99101

从图 6-17、图 6-18 以及表 6-6 可以看出，在不同切削厚度下截割时，两种分布函数的相关系数更加接近，说明煤粒度分布用韦布尔分布、分形分布均很好，但是煤的破碎特性指数、破碎程度参数不能正确反映煤的破碎程度与切削厚度的关系，而分形维数能正确表达煤的破碎程度，且与切削厚度基本呈线性关系。

根据以上分析可知，对于煤截割块度的分布规律，韦布尔分布和分形分布均可很好地表示，但是煤的破碎特性指数、破碎程度参数只能对不同抗压强度下的煤截割块度的分布、破碎程度进行正确的反映；而对于同一强度下，煤块度分布与截齿、滚筒、切削厚度的关系以及块煤率的关系不能正确表达。但是，分形维数可以很好地分辨出不同截割条件下煤的破碎程度以及与各参数的关系。由此可以看出，分形分布更适合表示煤粒度的分布规律，能较正确地表达煤破碎的规律性及不同截割条件对煤块度的影响，可以更好地指导生产。同时，煤的截割块度分布确实存在分形特征，说明采煤机在截割过程中其能量的释放是有层次的，与截割对象的分形特征有关。

6.3 截割载荷的混沌特征

在非线性动力学理论中，与分形理论密切相关的一个理论就是混沌理论。混沌是指一种貌似无规则的运动，在确定性非线性系统中，不附加任何随机因素也可以出现类似随机的行为 (内在随机性)，但支配这种运动却可以用确定性的方程来描述[6]。混沌特征主要用吸引子来表示，而混沌吸引子就是分形集。分形集是动力学系统中那些不稳定轨迹的初始点的集合。分形与混沌这两个从不同角度发展起来的理论走向的汇合点就是自相似。混沌学研究的是无序中的有序，许多现象虽然遵循严格的确定性规则，但大体上仍是无法预测的。并且，混沌学主要讨论非线性动力学系统的不稳定的发散过程，但系统状态在相空间中总是收敛于一定的吸引子。而混沌的特征参量包括 Lyapunov 指数和分形维数。Lyapunov 指数是混沌过程的一个重要参数，它给出过程对初始条件敏感依赖的度量，而奇怪吸引子正是对初始条件具有敏感性依赖的吸引子。对于一个混沌系统，分形维数指出一个时间序列重构动态系统所需要的最小自由度。这里采用 Lyapunov 指数来表征不同载荷的混沌特性，但是为得到 Lyapunov 指数，需对所测试验数据进行离散化、相空间重构以及嵌入维数的确定。

6.3.1 混沌动力学理论

6.3.1.1 混沌和奇怪吸引子

对于混沌的概念，目前还没有确定性的定义，主要是由于对混沌的研究还处于发展阶段。国内外学者引用较多的主要有三种：Sharkovskii 定理、Li-Yorke 定理和 Devaney 定义，前两种比较抽象，Devaney 定义相对直观。为此，引用 Devaney 定义来对混沌做一阐述。

设 V 是一个紧度量空间，连续映射 f: $V \to V$ 如果满足下列三个条件：

(1) 对初值敏感依赖，存在 $\delta > 0$，对于任意的 $\varepsilon > 0$ 和任意 $x \in V$，在 x 的 ε 领域内存在 y 和自然数 n，使得 $\mathrm{d}(f''(x), f^n(y)) > \delta$，

(2) 拓扑传递性，对于 V 上的任意一对开集 X、Y，存在 $k > 0$，使 $f^k(x) \cap Y \neq \Phi$，

(3) f 的周期点集在 V 中稠密，

则称 f 是在 V 上的混沌映射或混沌运动。

对于初值的敏感依赖性，意味着无论点 x、y 距离多大，在 f 的作用下两者的轨道都可能分开较大的距离，而且在每个点 x 附近都可以找到离它很近、而在 f 的作用下终于分道扬镳的点 y。对于这样的 f，如果用计算机计算它的轨道，任何微小的初始误差，经过若干次迭代后都将导致计算结果的失效。

拓扑传递性意味着任一点的领域在 f 的作用下将充满整个度量空间 V，这说明 f 不可能细分或不能分解为两个 f 下相互影响的子系统。

对于前两条，一般来说是随机系统的特征，但第三条——周期点的稠密性，却又表明系统具有很强的确定性和规律性，绝非一片混乱，形似紊乱而实则有序。

而奇怪吸引子是混沌现象的特有表征。对于一些运动，其轨迹被限制在相平面 (空间) 的有限区域内，并且无论时间多长，它都不会完全重复以前某一时刻的轨迹，此运动的有限区域称为动力系统的吸引子。对于周期运动，吸引子是一简单的闭曲线；但对于一些具有随机性的非周期运动，其吸引子并不是复杂的闭曲线，其轨迹线往往是反复折叠和相互交叉而形成的密集的带。这种具有复杂结构的吸引子称为奇怪吸引子。具有奇怪吸引子的运动就是混沌的，并且奇怪吸引子可以用 Lyapunov 指数定量地表达，它的维数是分数。

6.3.1.2 相空间重构

从数据的表象上看，单变量的时间序列似乎只能提供非常有限的信息；并且，根据常规算法，用一维的数据去处理实际上含有大量相互关联的变量的系统，确实存在一定的片面性。但把所有变量的变化信号都测出来也不可能，很多情况下所分析系统的变量甚至是无穷多个。但是，对于非线性耗散动力系统，在随时间演化的过程中，体积将发生收缩，其实质就是自由度合并，最后收缩的吸引子自由度已变得很小。因此，在时间演化中考虑问题，涉及的变量数目大为减少。基于此，对于形如式 (6-1) 的一个 n 维动力系统：

$$\frac{\mathrm{d}x_i}{\mathrm{d}t}=f_i\left(x_1,x_2,\cdots,x_n\right),\quad i=1,2,\cdots,n \tag{6-32}$$

都与一个 n 阶动力系统等价：

$$x^{(n)}=f\left(x,\dot{x},\ddot{x},\cdots,x^{(n-1)}\right),\quad x\in\mathbf{R} \tag{6-33}$$

也就是说，如果测得一个时间序列，并且知道相空间维数 n，则可通过求取时间序列的各阶导数而重现系统动态。从中可以看出，单一时间序列包含着非常丰富的信息，它蕴含着参与运动的其他变量的痕迹。根据时间延迟法，可以从单一时间序列构造出 m 个时间序列，去重建动力系统模型。此方法也正是这里所用的相空间重构的方法，但是对于试验所测数据必须进行离散化，并且离散时间间隔必须相等。其重构过程如下[7]。

经等时间间隔 Δt 离散化的原时间序列：

$$x_0=\left(w_0,w_1,w_2,w_3,\cdots,w_n,\cdots\right) \tag{6-34}$$

对其中 m 个元素按延迟时间 $\tau=k\Delta t$(k 为整数) 进行延迟，并用一个能显示 m 个数据的可移动窗口，沿着一维的时间序列按指定的窗口延迟时间 $\tau_c=(m-1)\tau$

移动，构成新的 m 维相空间。其中 τ 确保 X_m 各向量相互依赖，但不依赖于 m；而时间窗口延迟 τ_c 依赖于 m，并随 τ 的变换而变化。所构 m 维相空间如下所示：

$$X^m = \begin{cases} w_0, w_1, w_2, w_3, \cdots, w_{m-1} \\ w_\tau, w_{1+\tau}, w_{2+\tau}, w_{3+\tau}, \cdots, w_{m-1+\tau} \\ \qquad\vdots \\ w_{(n-1)\tau}, w_{1+(n-1)\tau}, w_{2+(n-1)\tau}, w_{3+(n-1)\tau}, \cdots, w_{m-1+(n-1)\tau} \\ \qquad\vdots \end{cases} \tag{6-35}$$

根据上述重构可以看出，延迟时间间隔 τ 和相重构维数 m 的确定是相重构过程的主要问题。如果 τ 取得过大，则将损失系统许多细节的信息量，并加大对原始信号长度的需求量；如果 τ 取得过小，则 X_i 和 $X_{i+\tau}$ 就会变得难以区别，X_i 指的是 X^m 中的序列，$i = 1, 2, 3, \cdots, M$，$M = N - (m-1)\tau$，N 是原数据组的大小。选择 τ 的原则应使式 (6-35) 中序列间的相关性减弱，并且动力学系统的信息不丢失。而自相关函数法是非常成熟的求时间延迟 τ 的方法，它主要提取序列间的线性相关性。对于离散变量 X_i，其自相关函数 $C(\tau)$ 为

$$C(\tau) = \lim_{M\to\infty} \frac{1}{M} \sum_{i=1}^{M-1} X_i X_{i+\tau} \tag{6-36}$$

式中，$C(\tau)$ 在此表示两时刻 (i 和 $i+\tau$) 运动的相似程度。当 X_i 的值一定时，$C(\tau)$ 越大，则 X_i 和 $X_{i+\tau}$ 越相似。而 τ 越小，X_i 和 $X_{i+\tau}$ 越相似，$C(\tau)$ 越大。反之，τ 越大，则 X_i 和 $X_{i+\tau}$ 的差异可能越来越大，以至于最后 X_i 和 $X_{i+\tau}$ 完全无关，而 $C(\tau)$ 越来越小直至为 0。由此可知，当 $C(\tau)$ 趋向于 0 时的 τ 值即所需值。

而重构维数 (系统嵌入维数) 的确定需根据其变化对 X^m 中序列的关联维数的影响来决定。当 τ 一定，X^m 中序列的关联维数不再受系统嵌入维数的变化而变化时，所得的系统嵌入维数即所需 m。

系统嵌入维数可根据时间序列的关联积分求取，其定义如下：

$$C(m, N, r, t) = \frac{2}{M(M-1)} \sum_{1\leqslant i\leqslant j\leqslant M} \theta(r - d_{ij}), \quad r > 0 \tag{6-37}$$

式中，$t = \tau$，$d_{ij} = \|X_i - X_j\|$；若 $x < 0$，$\theta(x) = 0$；若 $x \geqslant 0$，$\theta(x) = 1$；r 为覆盖半径或相关尺度。

关联维数可定义为

$$D(m, t) = \lim_{r\to 0} \frac{\lg C(m, r, t)}{\lg r} \tag{6-38}$$

其中，

$$C(m,r,t)=\lim_{N\to\infty}C(m,N,r,t) \tag{6-39}$$

但是，由于时间序列的长度 N 有限和覆盖半径 r 不可能无限小，因此，通常用一个线性区域的斜率来近似代替这个关联维，即

$$D_C=D(m,t)=\frac{\lg C(m,N,r,t)}{\lg r} \tag{6-40}$$

当 m 变化而 D_C 不变时，所得 m 即系统所需拓展维数或系统嵌入维数。这是由于当嵌入维数 m 小于描述动力系统所需的相空间数时，不能把蕴含在时间序列中的信息全面提取出来，导致关联维数 D_C 会随着嵌入维数 m 的改变而明显变化。当嵌入维数 m 大于描述动力系统所需的相空间数时，此时的嵌入相空间已经能把蕴含在时间序列中的全部信息基本提取出来，从而关联维数 D_C 不再随嵌入维数 m 的改变而明显变化，显示了相空间的有界性。

6.3.1.3　Lyapunov 指数

由于某些随机过程的关联维数也是分数维，因此分数维不是混沌的本质特征，只是混沌存在的必要条件。为了进一步弄清系统的混沌特性，有效地刻画吸引子，必须研究动力系统在整个吸引子或无穷长的轨道上平均后得到的特征量——Lyapunov 指数，它描述的是两个邻近的初值所产生的轨道，随时间推移按指数方式分离的现象。计算 Lyapunov 指数的方法很多，常用的有 Wolf 法、Jacobian 法、p-范数法以及小数据量法，它们各有优缺点和使用范围。其中 Jacobian 法是一种在实际应用中发展起来的计算 Lyapunov 指数的方法，并且应用较多[8,9]。因此，这里在离散试验数据并重构相空间的基础上，结合 Jacobian 法的相关理论来计算截割载荷的 Lyapunov 指数谱和最大 Lyapunov 指数。计算过程为：按等间隔 Δt 离散采集得到的一维系统状态点序列 $\{x_i\}\,(i=1,2,\cdots,n,\cdots)$，并按式 (6-35) 方式将其进行 m 维相空间重构，得到相空间中的点序列集 $\{X^m\}$。以其中点集 $X_i(i=1,2,\cdots,N)$ 为中心，r 为半径的小球范围来寻找相邻点集 $X_j(j=1,2,\cdots,n)$，则 X_j 中的任意点可看成在相空间中与 X_i 所在轨道十分相近的点。但它们间的位移向量 $\{Y_i\}$ 必须满足以下关系：

$$\{Y_i\}=\{X_i-X_j,\|X_i-X_j\|\leqslant\gamma\} \tag{6-41}$$

在此条件下，经过 $\tau=k\Delta t$ 时间的演化，X_i 变为 $X_{i+\tau}$，相邻点集 X_j 也变为 $X_{j+\tau}$，而两点集间的位移向量 $\{Y_i\}$ 则映射为

$$\{Z_i\}=\{X_{i+\tau}-X_{j+\tau},\|X_i-X_j\|\leqslant\gamma\} \tag{6-42}$$

如果半径 r 足够小，则位移向量 $\{Y_i\}$ 和 $\{Z_i\}$ 可认为是切空间中的切向量。由 Y_i 演化到 Z_i 可表述为

$$Z_i = TY_i \tag{6-43}$$

式中，T 为变换矩阵。

用最小二乘法可由 $\{Y_i\}$ 和 $\{Z_i\}$ 获得 T 的最佳估计为

$$\min_T \Theta = \min_T \frac{1}{N}\sum_{i=1}^{N}\|Z_i - TY_i\|^2 \tag{6-44}$$

对 Θ 关于 T 中的元素 $a(i,j)$ 求偏微分，并使 $\partial\Theta/\partial T(i,j)=0$，可得 $n\times n$ 个待解方程。当 $n\leqslant N$ 时，T 可由式 (6-45) 求解：

$$\begin{cases} P_{uv} = \dfrac{1}{N}\displaystyle\sum_{i=1}^{N} Y_{iu}Y_{iv} \\ Q_{uv} = \dfrac{1}{N}\displaystyle\sum_{i=1}^{N} Z_{iu}Y_{iv} \\ T = QP^{-1} \end{cases} \tag{6-45}$$

式中，P、Q 为 $n\times n$ 阶协方差矩阵；Y_{iu}、Z_{iu} 为向量 Y_i、Z_i 中的第 u 个分量。

进而，根据式 (6-46) 来求取 Lyapunov 指数谱和最大 Lyapunov 指数：

$$\begin{cases} \mathrm{Lpv}_i = \displaystyle\lim_{n\to\infty}\frac{1}{n\tau}\sum_{j=1}^{n}\ln\left\|Te_i^j\right\| \\ \mathrm{Lpv}_{\max} = \dfrac{1}{n}\displaystyle\sum_{i=1}^{n}\lambda_i \end{cases} \tag{6-46}$$

式中，e_i^j 为 X_j 处切空间的基向量。

6.3.2 截割载荷的混沌特征分析

根据上述混沌动力学理论分析可知，研究截割载荷的混沌特征，需对采集所得试验数据进行离散、相空间重构。为此，根据式 (6-35) 对任意一组截割均质模拟煤壁的试验数据 (图 6-19) 进行等间隔离散，并进行相空间重构。但受到几何表示方法的限制，三维以上的相空间无法表达。此处给出了破碎吸引子的三维相图及其二维相图，如图 6-20 ~ 图 6-23 所示。由图可以看出，破碎吸引子的相轨道并没有终止在一个焦点或极限环上，说明系统不是简单的阻尼运动或周期运动。它的相轨迹好像是一个极限环，但这个极限环的周期是无穷大的，或者说无周期的，因为其轨道永不封闭。并且其相轨迹总是在一定的区域内却不重复，而是反复折叠和相互交叉形成密集的带。因此，从其表象可以看出系统所呈现的吸引子形态具有奇怪吸引

子的特征，但这仅仅是其表象而已，仍需从其表征量——Lyapunov 指数谱和最大 Lyapunov 指数来进行系统特征的研究。

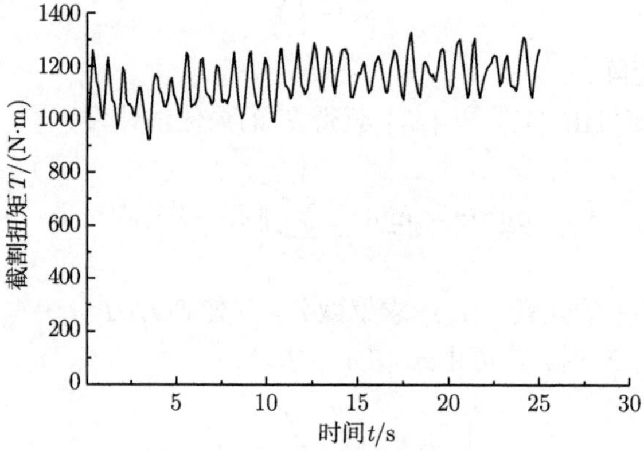

图 6-19　原始数据

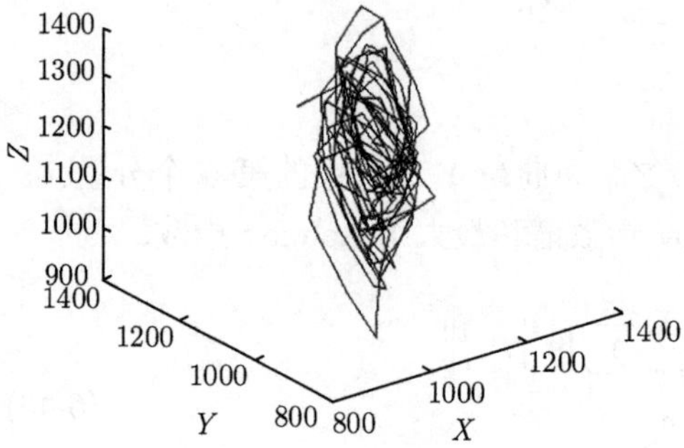

图 6-20　截割载荷的三维相图

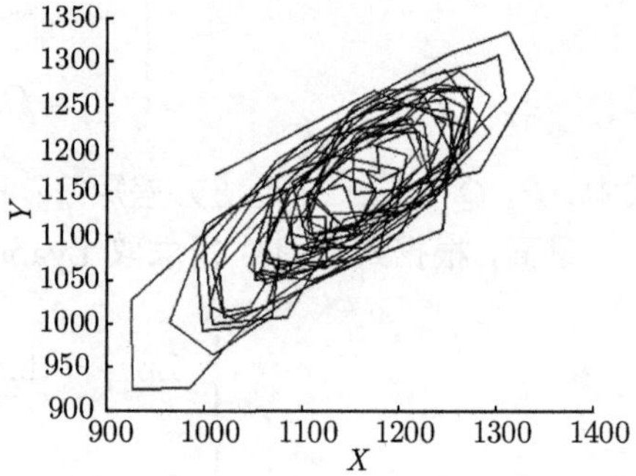

图 6-21　截割载荷的 XY 相图

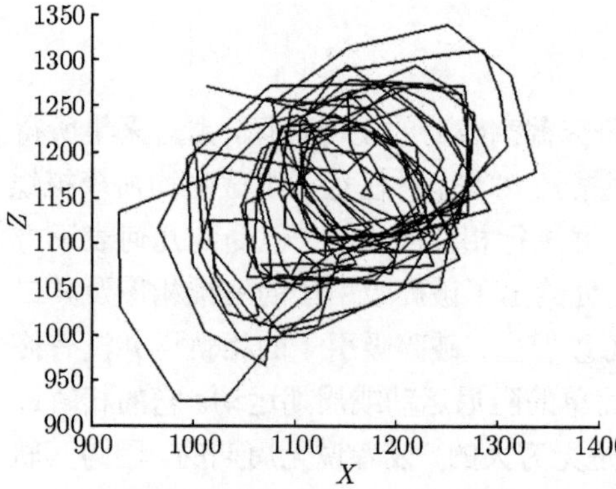

图 6-22　截割载荷的 XZ 相图

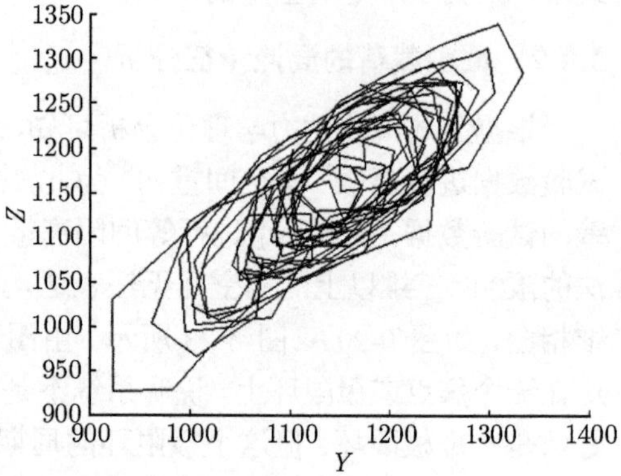

图 6-23　截割载荷的 YZ 相图

为得到 Lyapunov 指数谱和最大 Lyapunov 指数，根据前述理论分析可知，需确定系统的嵌入维数 m。为此，根据式 (6-40) 的推导过程，建立了求取关联维数 $D(m,t)$ 的流程图，如图 6-24 所示。以此为基础编制了相应的 MATLAB 程序，并仍以图 6-19 中的试验数据为基础，得到了不同系统嵌入维数下的关联维数图，同时给出了当 $m=3$、$D_C=1.4299$ 时的 $\lg\theta$-$\lg r$ 变化曲线，如图 6-25 所示。从图

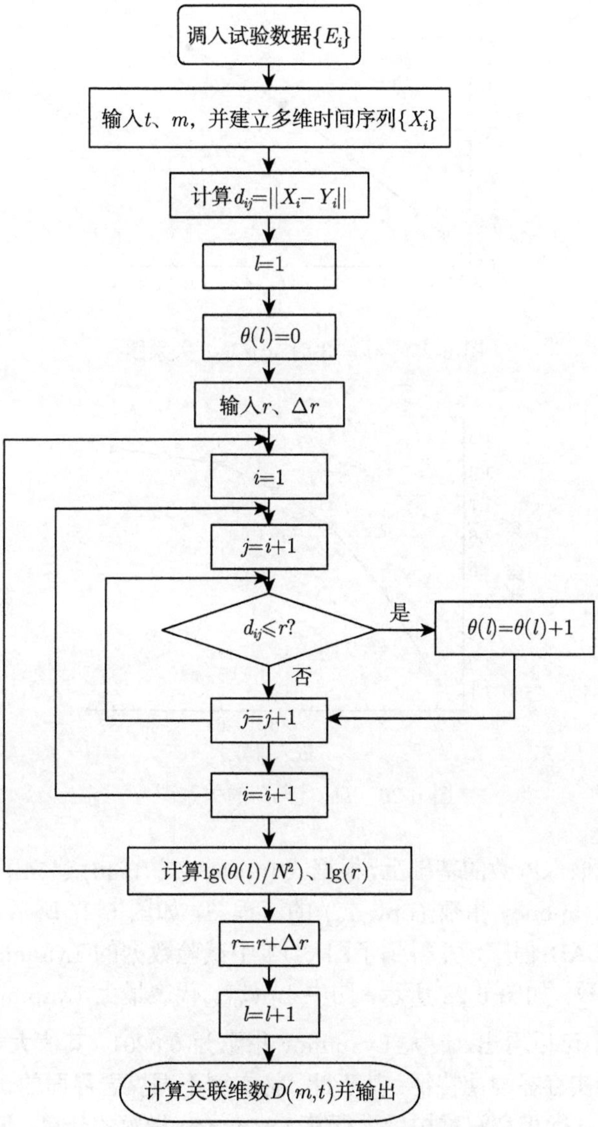

图 6-24 求取关联维数流程图

中可以看出，关联积分的对数与覆盖半径的对数具有一定的线性关系，说明系统存在明显的自相似结构。同时，通过变化嵌入维数 m，得到了关联维数 D_C 随之变化的趋势图，如图 6-26 所示。从中可以看出，当嵌入维数 $m=6$ 时，关联维数的变化趋向于平缓。根据前述关联维数与嵌入维数的关系分析可知，当嵌入维数 $m=6$ 时，基本上可以提取系统中所包含的信息。

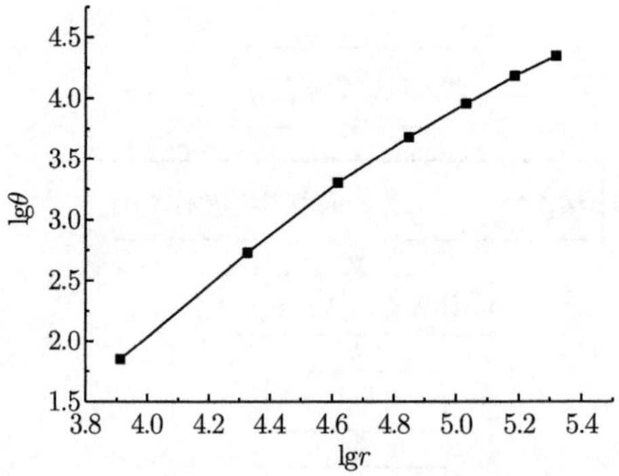

图 6-25 $m=3$ 时 $\lg\theta$-$\lg r$ 关系图

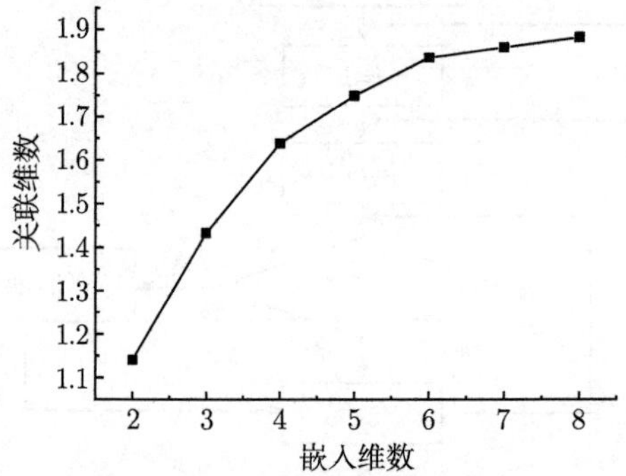

图 6-26 D_C 与 m 的关系图

在确定系统嵌入维数的基础上，根据式 (6-41)～式 (6-46) 建立了计算 Lyapunov 指数谱和最大 Lyapunov 指数 ($\mathrm{Lpv}_{\max}$) 的流程图，如图 6-27 所示。基于此，编制了相应的 MATLAB 程序，并得到了图 6-19 中试验数据的 Lyapunov 指数谱和最大 Lyapunov 指数，如图 6-28 所示，图中 $\mathrm{Lpv}_{\max}$ 代表最大 Lyapunov 指数。

从图 6-28 中可以看出，最大 Lyapunov 指数为 0.6201，其值大于零，说明截割破碎扭矩信号确实存在混沌特征。基于此，将实测不同煤岩界面的试验数据按等时间间隔离散化，进行相空间重构后进行其 Lyapunov 指数的计算。但其相空间重构后的三维相图和二维相图与截割均质煤层载荷的相图存在一定差异，说明不同性质煤层的混沌特征不一样，可以利用表征其现象的 Lyapunov 指数进行区分。任一不同煤岩界面截割载荷的三维相图、二维相图如图 6-29 ~ 图 6-32 所示。

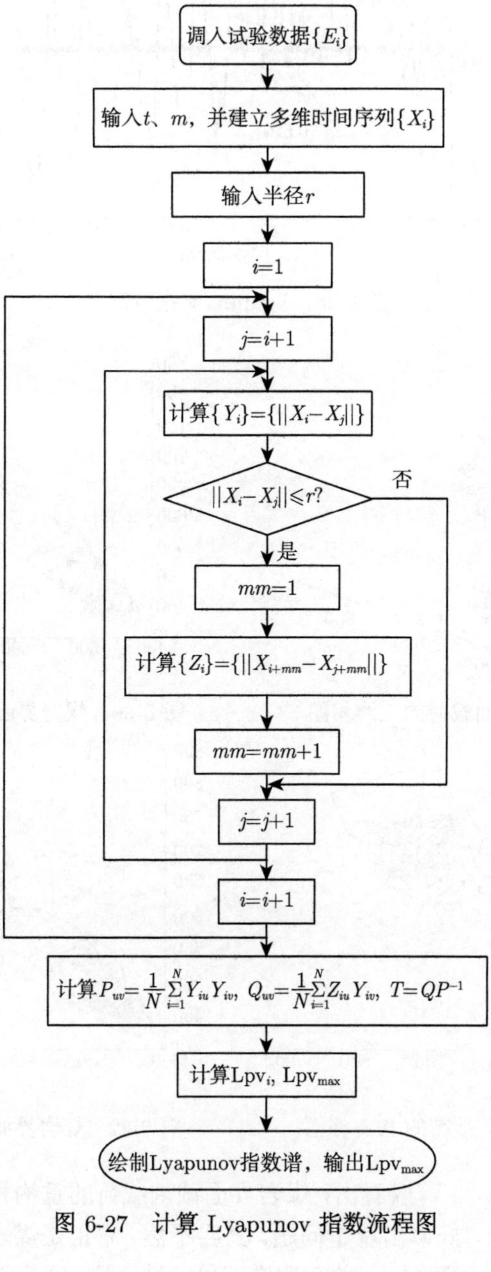

图 6-27 计算 Lyapunov 指数流程图

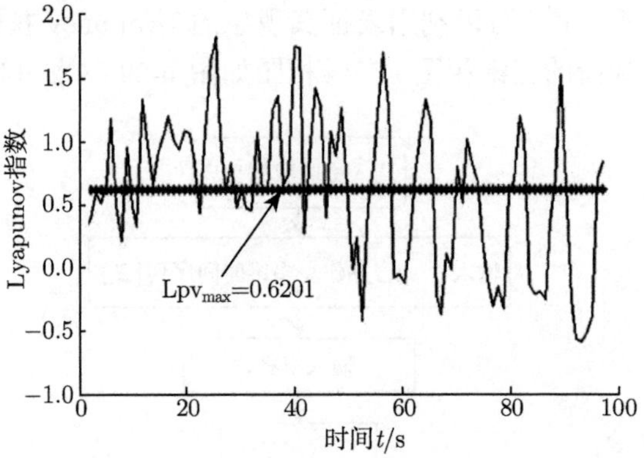

图 6-28　Lyapunov 指数谱

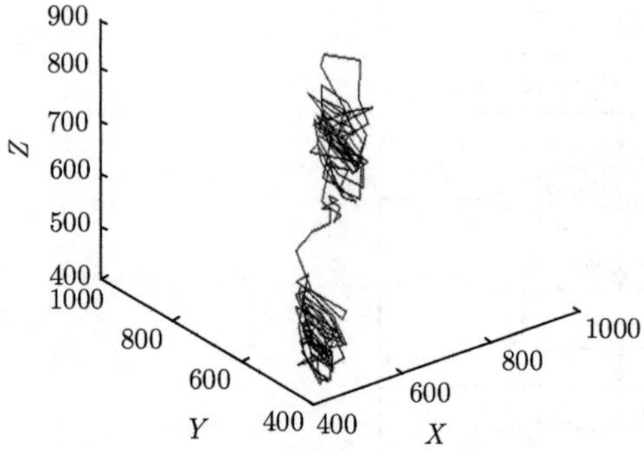

图 6-29　煤岩界面载荷的三维相图

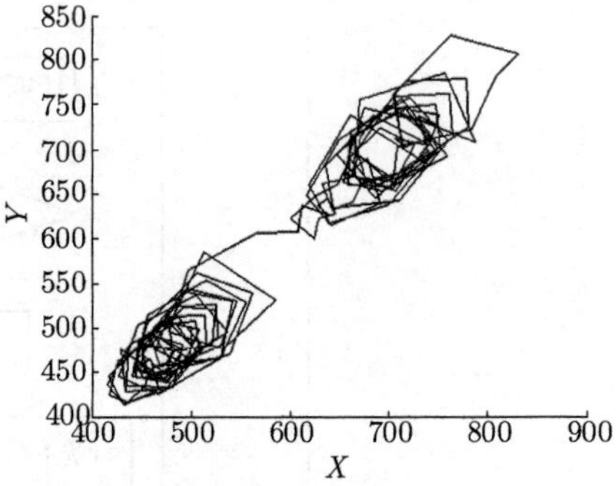

图 6-30　煤岩界面载荷的 XY 相图

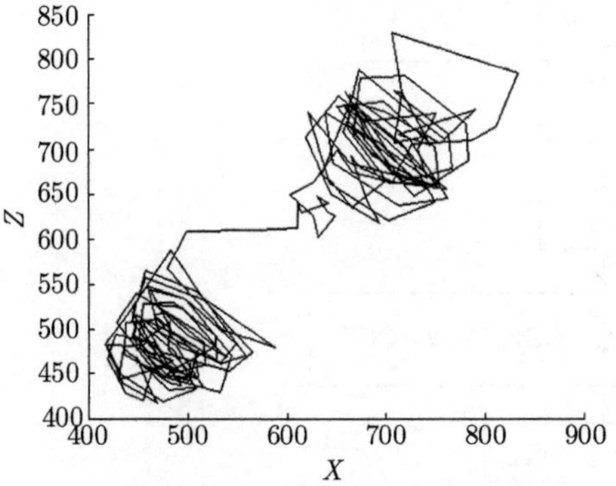

图 6-31　煤岩界面载荷的 XZ 相图

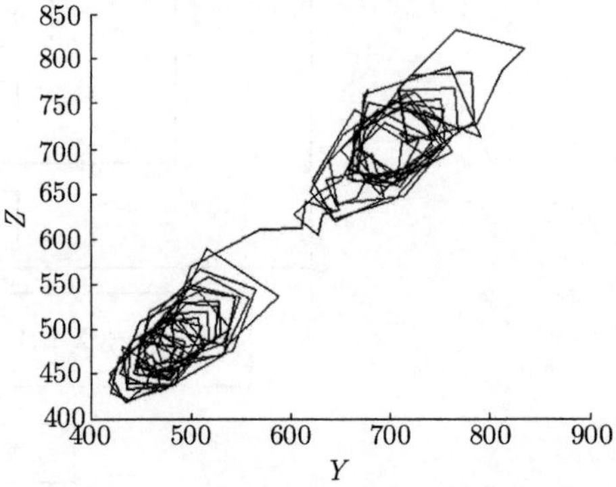

图 6-32　煤岩界面载荷的 YZ 相图

从图 6-29~ 图 6-32 可以看出，煤岩界面截割载荷的重构相图从表象上看是由两个奇怪吸引子组成，好似出现了问题。其实不然，它正是煤岩界面截割载荷的正确反映，表征着采煤机滚筒从一种介质进入另一种介质，很好地反映了滚筒通过煤岩界面时载荷的变化以及其吸引子的变化，其整体仍呈现出混沌特性。为定量地分析不同煤岩界面截割载荷的混沌特性，给出了表征不同结构形式煤岩界面的混沌度量：Lyapunov 指数谱及最大 Lyapunov 指数，如图 6-33～ 图 6-41 所示。

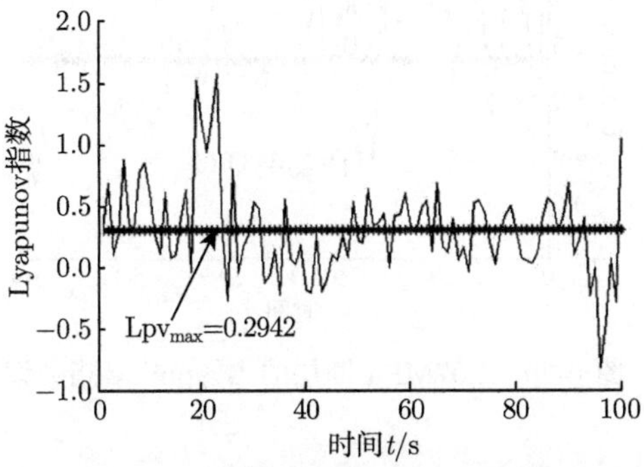

图 6-33 截割底板 Lyapunov 指数谱

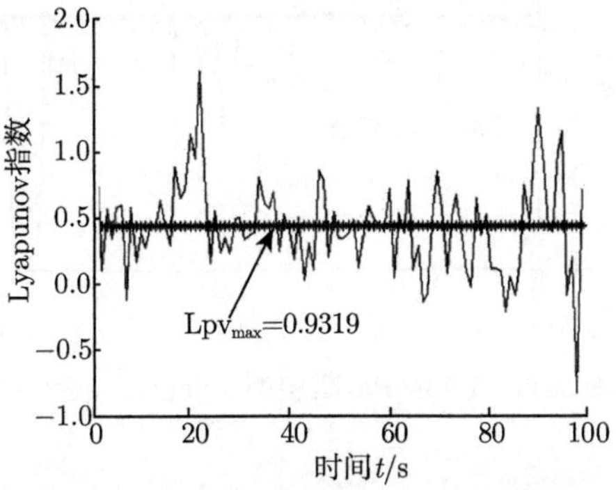

图 6-34 截割顶板 Lyapunov 指数谱

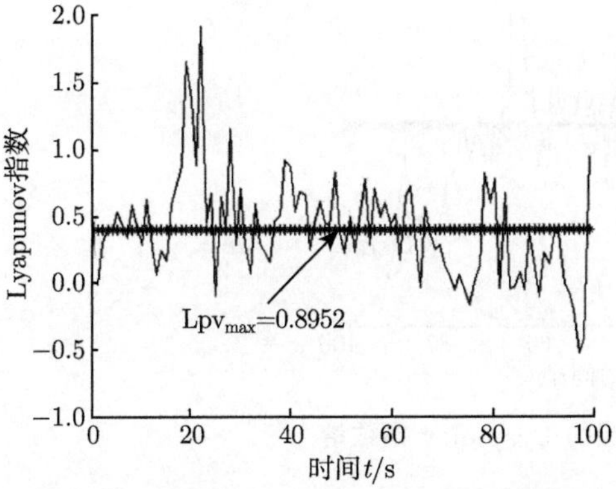

图 6-35 截割顶、底板 Lyapunov 指数谱

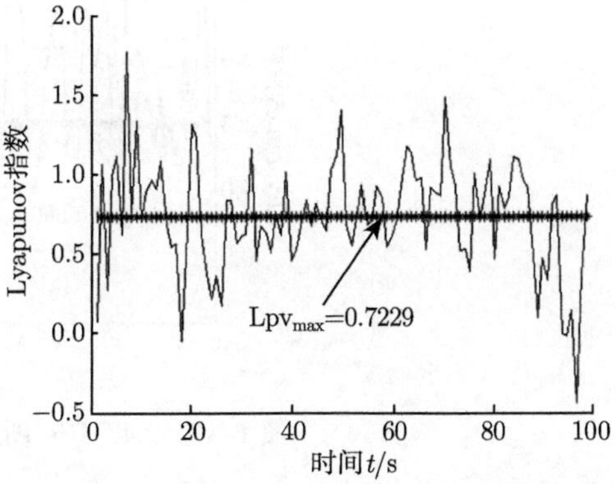

图 6-36 夹矸 60mm 的 Lyapunov 指数谱

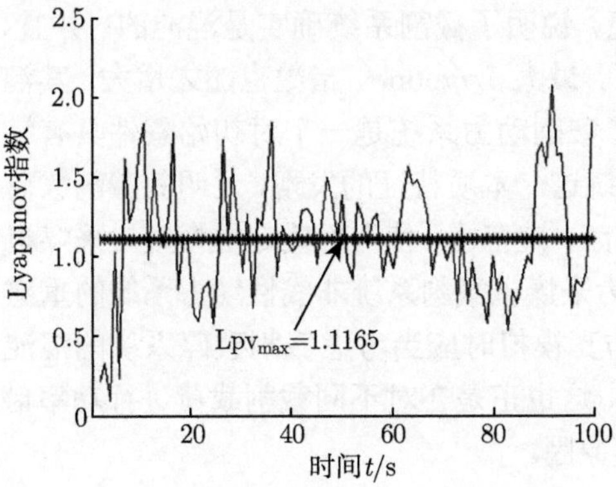

图 6-37 夹矸 120mm 的 Lyapunov 指数谱

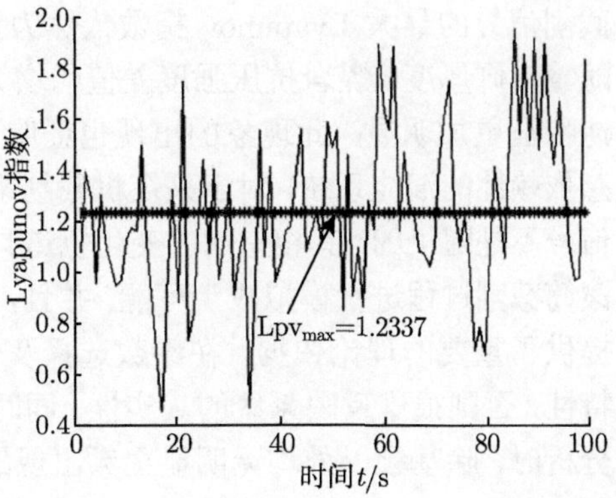

图 6-38 夹矸 180mm 的 Lyapunov 指数谱

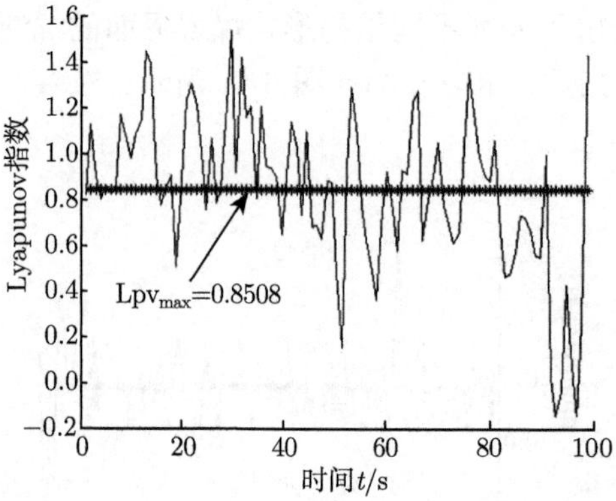

图 6-39　1.43MPa 断层的 Lyapunov 指数谱

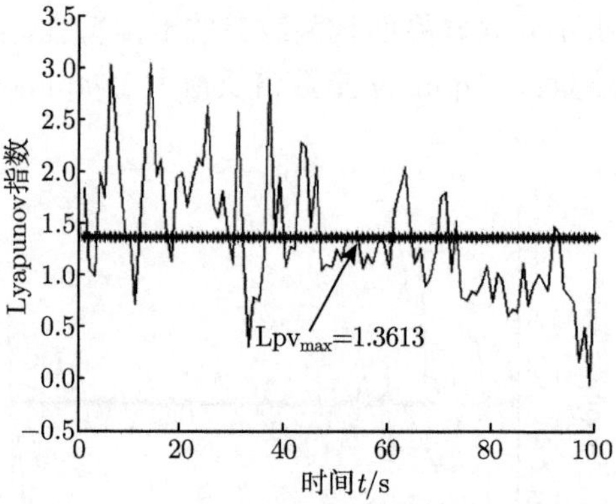

图 6-40　1.97MPa 断层的 Lyapunov 指数谱

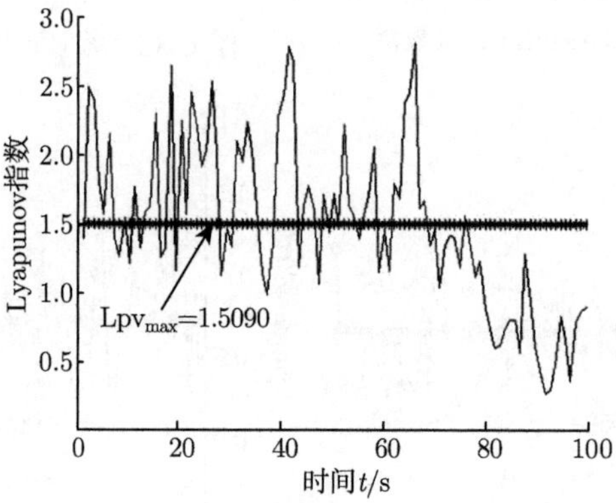

图 6-41　2.43MPa 断层的 Lyapunov 指数谱

从图 6-33～ 图 6-41 可以看出，虽然煤岩界面的结构形式及其性质不同，但其截割信号的最大 Lyapunov 指数依然为正，说明了截割系统确实是混沌的；并且，随着夹矸厚度、煤岩抗压强度差值的增大，最大 Lyapunov 指数也随之增大，其混沌特征更加明显。此现象的出现也证明了截割动力系统是一个对初始条件具有敏感依赖性的混沌系统。对于采煤机截割系统这一本质特征的发现，说明其截割载荷信号不是随机的，其相空间的变化轨道具有一定范围，使得用确定性模型对采煤机滚筒截割过程进行模拟成为可能；并且，为采煤机截割系统非线性动力系统的重建提供了重要的理论依据，在参数选择及仿真模拟时应当考虑截割破碎系统的混沌特性，否则很难反映系统的真实性。同时，这也正是在对不同截割载荷进行功率谱分析时，除基频以外均无明显主频出现的原因。

下面需要建立截割载荷的混沌模型，在此之前，必须对煤岩界面突变载荷进行分析，因此，首先对煤岩界面突变载荷下滚筒动力学进行分析，建立滚筒截割煤岩界面煤层的本构力学模型，最后建立截割载荷的混沌模型。

6.3.3 滚筒截割煤岩界面本构力学模型

6.3.3.1 小波分析理论

小波分析作为一个新的数学分支，它是泛函分析、傅里叶分析、样条分析和数值分析的最完美结晶，它的基本思想与傅里叶变换是一致的，它也是用一族函数来表示信号的函数，这一族函数称为小波函数系。但是小波函数系与傅里叶变换所用的正余弦函数系不同，它是由基本小波函数的平移和伸缩构成的。

设 $x(t)$ 是平方可积函数，记为 $x(t) \in L^2(\mathbf{R})$，$\psi(t)$ 称为基本小波或母小波的函数。则

$$WT_x(a,b) = \frac{1}{\sqrt{a}}\int x(t)\psi^*\left(\frac{t-b}{a}\right)\mathrm{d}t = \langle x(t), \psi_{a,b}(t)\rangle \tag{6-47}$$

称为 $x(t)$ 的小波变换。式中，$a>0$ 是尺度因子，b 是平移因子，其值可正可负，尺度因子改变小波的形状，平移因子改变小波的位置。上标 * 表示相应函数的共轭，符号 $\langle x,y\rangle$ 表示内积，有

$$\langle x(t), y(t)\rangle = \int x(t)y^*(t)\mathrm{d}t \tag{6-48}$$

$\psi_{a,b}(t) = \dfrac{1}{\sqrt{a}}\psi\left(\dfrac{t-b}{a}\right)$ 是基本小波的位移和尺度伸缩。式 (6-47) 中不但 t 是连续变量，而且 a 和 b 也是连续变量，因此称为连续小波变换，简记为 CWT。

在实际应用中，为了方便用计算机进行分析、处理，信号 $x(t)$ 都要离散化为离散时间列。但这里的离散化是针对连续的尺度因子 a 和连续的平移因子 b 的，而不是针对时间变量 t。通常采用二进制的方式离散化，取 $a=2^j$，$b=k2^j$，这里 $j,k\in\mathbf{Z}$，则离散化小波函数可表示为

$$\psi_{j,k}(t) = 2^{\frac{-j}{2}}\psi\left(\frac{t-k}{2^j}\right) \tag{6-49}$$

称为二进小波。二进小波介于连续小波和离散小波之间，由于它只是对尺度参量进行离散化，在时间域上的平移量仍保持着连续的变化，所以二进小波变换具有连续小波变换的时移共变性，这个特点也是正交离散小波所不具有的。离散化二进小波变换表示为

$$WT_x(j,k) = \int_{-\infty}^{+\infty} x(t)\psi_{j,k}^*(t)\,\mathrm{d}t = \langle x(t), \psi_{j,k}(t)\rangle \tag{6-50}$$

选择合适的基本小波 $\psi(t)$，使函数族 $\{\psi_{j,k}(t); j,k\in\mathbf{Z}\}$ 成为 $L^2(\mathbf{R})$ 空间的标准正交基，此时称 $\psi(t)$ 为正交小波，则 $L^2(\mathbf{R})$ 空间任何信号 $x(t)$ 都可以展开成正交小波级数，并且函数和它对应的正交小波级数的系数形成一一对应关系，这些系

数序列都在序列空间 $l^2(\mathbf{Z})$ 中，于是得到空间 $L^2(\mathbf{R})$ 和空间 $l^2(\mathbf{Z})$ 的对等关系。从而在正交小波极为简明的代数结构的基础上实现了 $L^2(\mathbf{R})$ 空间的序列化。

小波具有多分辨力特性，可通过多分辨率分析得到。

多分辨率分析是由 Mallat 在构造正交小波基时提出的，从空间的概念上形象地说明了小波的多分辨力特性，将所有正交小波基的构造法统一起来，给出了正交小波的构造方法以及正交小波变换的快速算法，即 Mallat 算法。

小波的多分辨率分析主要是对低频部分进行进一步分解，高频部分则不予考虑，比如，对于一个三层的分解，其小波分解树如图 6-42 所示。图中 S 为待分析函数，A 为信号的低频部分，D 为信号的高频部分。分解具有关系：$S = A3 + D3 + D2 + D1$。多分辨率分析的最终目的是构造一个在频率上高度逼近 $L^2(\mathbf{R})$ 空间的正交小波基 (或正交小波包基)，这些频率分辨率不同的正交小波基相当于带宽各异的带通滤波器。从图 6-42 可以看出，多分辨率分析只对低频空间进行进一步的分解，使频率的分辨率变得越来越高，说明小波多分辨率分析比较适合主要频率集中在较低频率的信号。

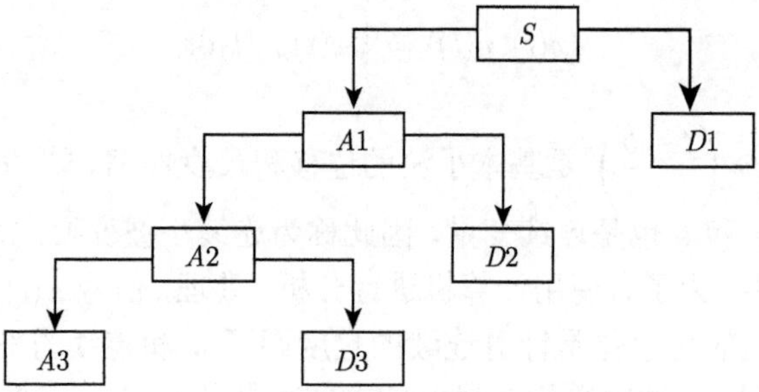

图 6-42　三层多分辨率小波分解树结构图

空间 $L^2(\mathbf{R})$ 中的多分辨率分析是指 $L^2(\mathbf{R})$ 中满足如下条件的一个空间序列 $\{V_j\}_{j\in\mathbf{Z}}$：

(1) 单调性。对任意 $j\in\mathbf{Z}$，有 $V_j\subset V_{j-1}$。

(2) 逼近性。$\bigcap\limits_{j\in\mathbf{Z}} V_j=\{0\}$，$\bigcup\limits_{j=-\infty}^{\infty} V_j = L^2(\mathbf{R})$。

(3) 伸缩性。$x(t)\in V_j \Leftrightarrow x(2t)\in V_{j+1}$，伸缩性体现了尺度的变换、逼近正交小波函数的变化和空间的变化具有一致性。

(4) 平移不变性。对任意 $k\in\mathbf{Z}$，有 $\phi_j(2^{-j}t)\in V_j \Rightarrow \phi_j(2^{-j}t-k)\in V_j$。

(5) Riesz 基存在性。存在 $\phi(t)\in V_0$，使得 $\left\{\phi\left(2^{-j}t-k\right)\right\}_{k\in\mathbf{Z}}$ 构成 V_j 的 Riesz 基。

根据上述多分辨率分析的定义可知，存在函数 $\phi(t)\in V_0$ 使它的整数平移系数 $\left\{\phi\left(2^{-j}t-k\right)|k\in\mathbf{Z}\right\}$ 构成 V_j 的规范正交基，称 $\phi(t)$ 为尺度函数。进而得到函

数系：

$$\left\{\phi_{j,k}(t)=2^{-j/2}\phi\left(2^{-j}t-k\right);k\in\mathbf{Z}\right\}$$

则函数系 $\{\phi_{j,k}(t)|k\in\mathbf{Z}\}$ 为 V_j 空间的标准正交基。

同时，由于 $\phi_{0,0}(t)\in V_0\subset V_{-1}$，所以 $\phi(t)=\phi_{0,0}(t)$ 可以用 V_{-1} 子空间的基函数 $\phi_{-1,k}(t)=2^{1/2}\phi(2t-k)$ 展开，令展开系数为 h_k，则

$$\phi(t)=\sqrt{2}\sum_{k\in\mathbf{Z}}h_k\phi(2t-k) \tag{6-51}$$

该式为尺度函数的双尺度方程。系数 h_k 的计算公式为

$$h_k=\sqrt{2}\int_{\mathbf{R}}\phi(t)\overline{\phi}(2t-k)\mathrm{d}t \tag{6-52}$$

以 V_j 表示分解中的低频部分 A_j，W_j 表示分解中的高频部分，则 W_j 是 V_j 在 V_{j-1} 中的正交补，即

$$W_j\perp V_j,\quad V_{j-1}=W_j\oplus V_j$$

则对于小波函数 $\psi(t)\in W_0\subseteq V_{-1}$，存在序列 $\{g_k;k\in\mathbf{Z}\}\in l^2(\mathbf{Z})$，使得

$$\psi(t)=\sqrt{2}\sum_{k\in\mathbf{Z}}g_k\phi(2t-k) \tag{6-53}$$

该式为小波函数的构造方程。其中 $g_k=(-1)^{k-1}\,\bar{h}_{1-k}$，$k\in\mathbf{Z}$，从而可以得出小波函数，使得函数族 $\{\psi(t-k);k\in\mathbf{Z}\}$ 是 W_0 的标准正交基。利用正交多分辨率分析及尺度方程和构造方程的系数，可以得到数字信号离散小波变换的正逆变换的递推算法，即 Mallat 算法。

对于任意的整数 j 和 k，有

$$\begin{cases}\phi_{j,k}(t)=2^{-j/2}\phi(2^{-j}t-k)\\ \psi_{j,k}(t)=2^{-j/2}\psi(2^{-j}t-k)\end{cases} \tag{6-54}$$

和

$$\begin{cases}V_j=\mathrm{Closespan}\left\{\varphi_{j,k}(t);k\in\mathbf{Z}\right\}\\ W_j=\mathrm{Closespan}\left\{\psi_{j,k}(t);k\in\mathbf{Z}\right\}\\ L^2(\mathbf{R})=\underset{j\in\mathbf{Z}}{\oplus}W_j=\mathrm{Closespan}\left\{\psi_{j,k}(t);(j,k)\in\mathbf{Z}\times\mathbf{Z}\right\}\end{cases} \tag{6-55}$$

式中，Closespan{} 表示由子集张成的闭子空间。

在实际中，任意函数 $f(t)\in L^2(\mathbf{R})$，它实际上只有有限的细节，因为物理仪器记录下来的信号总是只有有限的分辨率，可以假设 $f(t)\in V_0$ (将有最精细的细节的函数空间记为 V_0)。根据上述分析可知：

$$V_0=V_1+W_1=V_2+W_2+W_1=\cdots=V_j+W_j+W_{j-1}+\cdots+W_1$$

所以，$f(t) = f_J(t) + g_J(t) + g_{J-1}(t) + \cdots + g_1(t)$，即

$$f(t) = \sum_{k\in\mathbf{Z}} c_{j,k}\phi_{j,k}(t) + \sum_{k\in\mathbf{Z}} d_{j,k}\psi_{j,k}(t) \tag{6-56}$$

其中，

$$\begin{cases} c_{j,k} = \displaystyle\int_{\mathbf{R}} f(t)\overline{\phi}_{j,k}(t)\mathrm{d}t \\ d_{j,k} = \displaystyle\int_{\mathbf{R}} f(t)\overline{\psi}_{j,k}(t)\mathrm{d}t \end{cases} \tag{6-57}$$

式中，$c_{j,k}$ 与 $d_{j,k}$ 分别称为 $f(t)$ 的尺度系数和小波系数，同时，将 $f(t)$ 在闭子空间 V_j 和 W_j 上的正交投影分别记为 $A_jf(t)$ 和 $D_jf(t)$，则

$$\begin{cases} A_jf(t) = \displaystyle\sum_{k\in\mathbf{Z}} c_{j,k}\varphi_{j,k}(t) \\ D_jf(t) = \displaystyle\sum_{k\in\mathbf{Z}} d_{j,k}\psi_{j,k}(t) \end{cases} \tag{6-58}$$

根据空间正交基和分解关系 $V_{j-1} = W_j \oplus V_j$，可得

$$A_{j-1}f(t) = A_jf(t) + D_jf(t) \tag{6-59}$$

信号的尺度变换系数和小波变换系数之间的关系可以写成：

$$\sum_{l\in\mathbf{Z}} c_{j-1,l}\phi_{j-1,l}(t) = \sum_{k\in\mathbf{Z}} c_{j,k}\phi_{j,k}(t) + \sum_{k\in\mathbf{Z}} d_{j,k}\psi_{j,k}(t) \tag{6-60}$$

为利用 $\{c_{j-1,l};l \in \mathbf{Z}\}$ 计算系数 $\{c_{j,k};k \in \mathbf{Z}\}$ 和 $\{d_{j,k};k \in \mathbf{Z}\}$，分别用 $\overline{\varphi}_{j,k}(t)$ 和 $\overline{\psi}_{j,k}(t)$ 乘以式 (6-60) 两端后求积分，并利用尺度方程和构造方程的系数公式：

$$\begin{cases} h_l = \displaystyle\int_{\mathbf{R}} \phi(t)\overline{\phi}_{1,l}(t)\mathrm{d}t \\ g_l = \displaystyle\int_{\mathbf{R}} \psi(t)\overline{\phi}_{1,l}(t)\mathrm{d}t \end{cases} \tag{6-61}$$

可以得到 Mallat 分解公式：

$$\begin{cases} c_{j,k} = \displaystyle\sum_{m\in\mathbf{Z}} \bar{h}_{m-2k}c_{j+1,m} \\ d_{j,k} = \displaystyle\sum_{m\in\mathbf{Z}} \bar{g}_{m-2k}c_{j+1,m} \end{cases} \tag{6-62}$$

设 $\tilde{H}$ 和 $\tilde{G}$ 分别为滤波器 H 和 G 的镜像滤波器，则信号 $f(t)$ 的低频逼近 $A_jf(t)$ 可以从下一级尺度的逼近 $A_{j+1}f(t)$ 通过滤波器 $\tilde{H}$ 并隔 2 抽样 (以 $\downarrow 2$ 表

示) 得到；信号的高频细节 $D_jf(t)$ 可以从下一级尺度的逼近 $A_{j+1}f(t)$ 通过滤波器 $\tilde{G}$ 并抽样得到。

为利用系数 $\{c_{j,k};k\in\mathbf{Z}\}$ 和 $\{d_{j,k};k\in\mathbf{Z}\}$ 计算 $\{c_{j-1,m};m\in\mathbf{Z}\}$，用 $\overline{\phi}_{j-1,m}(t)$ 乘以式 (6-60) 两端后求积分，并利用系数式 (6-61) 得 Mallat 合成公式：

$$c_{j-1,m}=\sum_{k\in\mathbf{Z}}(h_{m-2k}c_{j,k}+g_{m-2k}d_{j,k}) \tag{6-63}$$

即在高频细节 $D_jf(t)$ 和低频逼近 $A_jf(t)$ 采样点间插 0(以 $\uparrow 2$ 表示) 再分别和滤波器 H 和 G 卷积重构信号 $f(t)$ 的高一级尺度的逼近 $A_{j-1}f(t)$。

由上述分析可知，离散信号 $f(t)$ 经过尺度 1，2，$\cdots$，J 的分解，最终分解为 d_1，d_2，$\cdots$，d_J，a_J，它们分别包含了信号从高频到低频的不同频带的信息。

6.3.3.2 含煤岩界面煤层载荷分析

为研究滚筒通过煤岩界面时对截割载荷频率及能量影响，对截割均质煤层和含有煤岩界面煤层的载荷进行频谱分析，主要研究截割均质煤层与含有界面煤层载荷的频率差异以及能量分布的不同。首先对截割均质煤层的载荷进行功率谱分析，由于信号的采样频率为 100Hz，故小波分析的频率为 0~50Hz，利用 “db10” 函数对截割载荷进行 5 层分解，则分解结构图如图 6-43 所示，每层频率范围如表 6-7 所示，分解信号的低频部分和高频部分如图 6-44 所示，功率谱如图 6-45 所示。

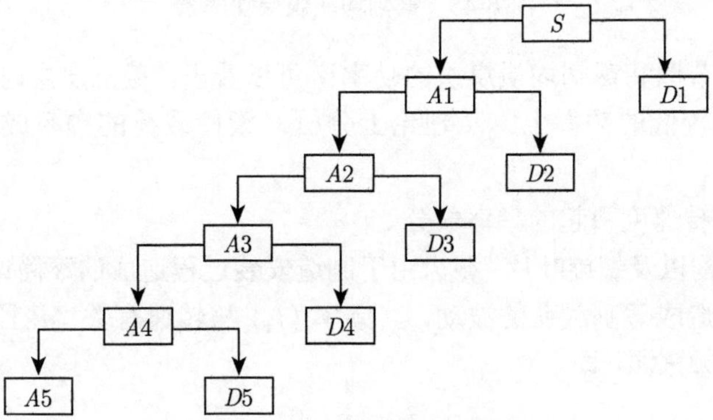

图 6-43 信号分解结构图

表 6-7 各分解层对应的频率段

小波分解层	$A1$	$D1$	$A2$	$D2$	$A3$
频率段/Hz	0~25	25~50	0~12.5	12.5~25	0~6.25
小波分解层	$D3$	$A4$	$D4$	$A5$	$D5$
频率段/Hz	6.25~12.5	0~3.125	3.125~6.25	0~1.5625	1.5625~3.125

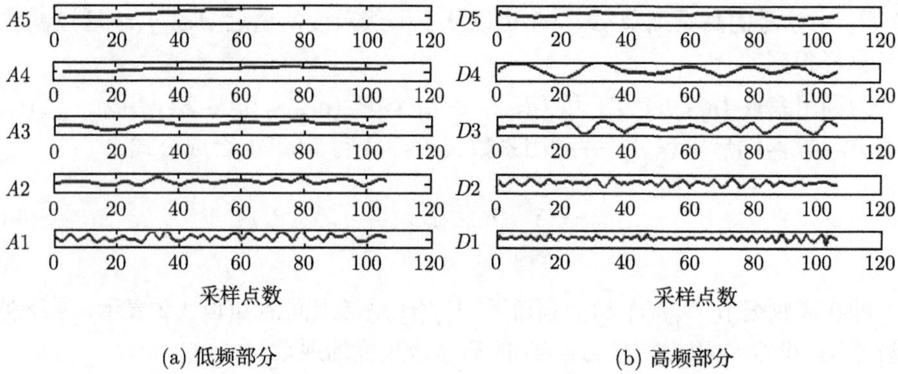

图 6-44　小波分解细节图

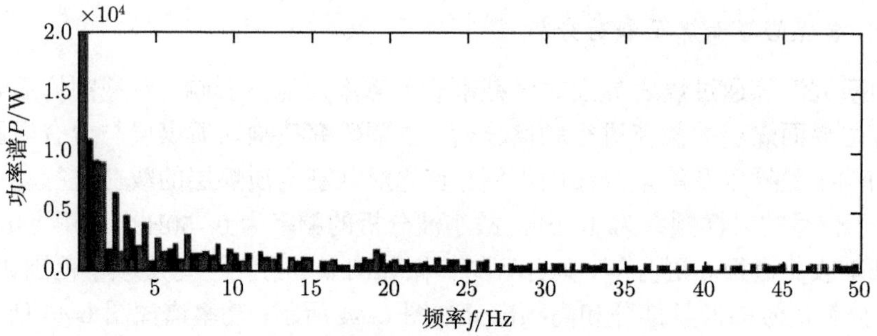

图 6-45　截割均质煤层功率谱

从分解细节图和截割均质煤层的功率谱可以看出，截割煤层时滚筒载荷的主要能量集中在较低的频率上。从理论上分析，滚筒载荷的频率成分主要有以下几个。

1) 滚筒旋转速度引起的频率成分

滚筒的结构以及螺旋叶片、截齿由于制造安装过程造成的滚筒偏心，在滚筒旋转过程中必会造成截割载荷的波动，其频率 (f_1) 与转速有关，并且此频率是滚筒载荷频率的基频来源，即

$$f_1 = n/60 \tag{6-64}$$

2) 叶片头数引起的频率成分

根据第 2 章截齿的截煤机理可知，滚筒旋转一圈，截齿的切削厚度成月牙形。由此可知，每个螺旋叶片受载先增大后减小，则滚筒旋转一圈载荷的变化周期与叶片头数相同。则由于叶片头数引起的频率 (f_2) 为

$$f_2 = N_{\mathrm{y}} f_1 \tag{6-65}$$

3) 截齿引起的频率成分

截齿直接作用于煤壁，其布置形式对滚筒载荷的变化影响较大。主要包括三个方面：一是叶片的截线数及每条截线上的截齿数；二是叶片上相邻两个截齿的周向夹角；三是端盘截齿的组数。其引起的频率成分的计算公式如下：

$$\begin{cases} f_3 = N_{\mathrm{j}} f_1 \\ f_4 = N_{\mathrm{jc}} f_1 \\ f_5 = (2\pi/\alpha_{\mathrm{xj}}) f_1 \\ f_6 = N_{\mathrm{dz}} f_1 \end{cases} \tag{6-66}$$

式中，N_{j} 为叶片上截线数；N_{jc} 为每条截线上的截齿数；α_{xj} 为相邻截齿的周向夹角，rad，试验滚筒的 α_{xj} 为 0.42 rad；N_{dz} 为端盘截齿的组数。

根据式 (6-64)~ 式 (6-66) 及试验条件可知，$f_1 = 1.33\text{Hz}$，$f_2 = f_4 = 2.66\text{Hz}$，$f_3 = 6.65\text{Hz}$，$f_4 = 19.89\text{Hz}$，$f_5 = 3.99\text{Hz}$。由此可知，本试验滚筒截割均质模拟煤壁过程中，频率主要在 1.33 ~ 6.65Hz 和 19.89Hz 左右，其他频率主要是基频 f_1 的谐波分量，并且幅值较低。

为研究滚筒通过不同煤岩界面形式对载荷能量和频率分布的影响，对每组信号进行了细节分析和功率谱分析，并在小波分解的基础上进行了截割载荷信号的重构，重构信号 $S = A5 + D5 + D4 + D3 + D2 + D1$。截割顶底板、夹矸煤层、含小断层煤层的细节信号及重构信号如图 6-46~ 图 6-48 所示，从这些图整体上可以看出，滚筒回转频率的振动主要体现在 $D5$ 层，叶片头数所引起的振动主要体现在 $D5$ 层，截齿周向角度引起的振动主要体现在 $D4$ 层，叶片截齿数引起的振动主要体现在 $D3$ 层，而每条截线上截齿数引起的振动主要体现在 $D2$ 层。根据表 6-7 和式 (6-64) ~ 式 (6-66) 可知，滚筒载荷频率成分的划分是正确的。截割顶底板、夹矸煤层、含小断层煤层的功率谱如图 6-49 ~ 图 6-51 所示。

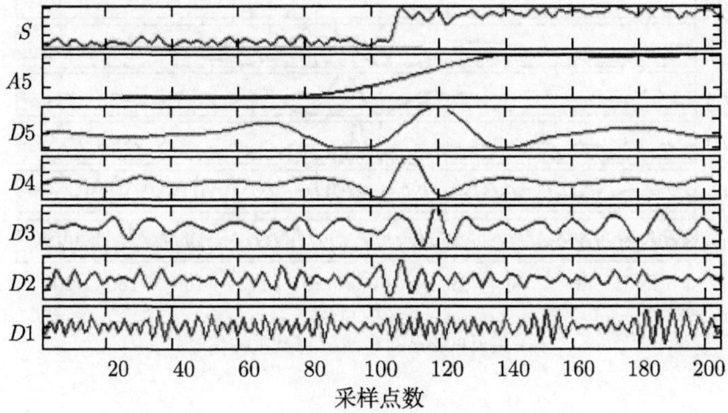

(a) 截割底板的小波分解及重构信号

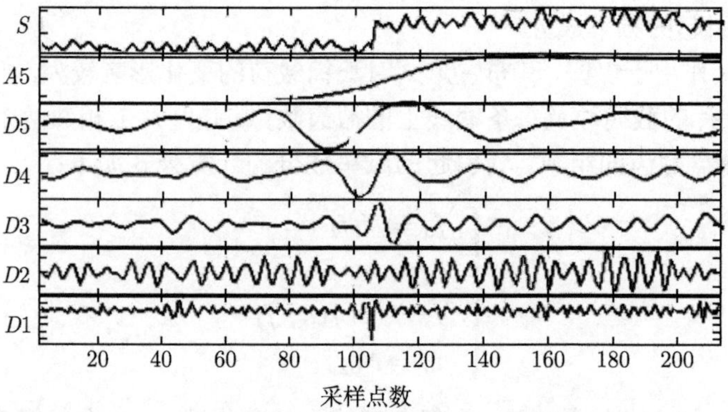

(b) 截割顶板的小波分解及重构信号

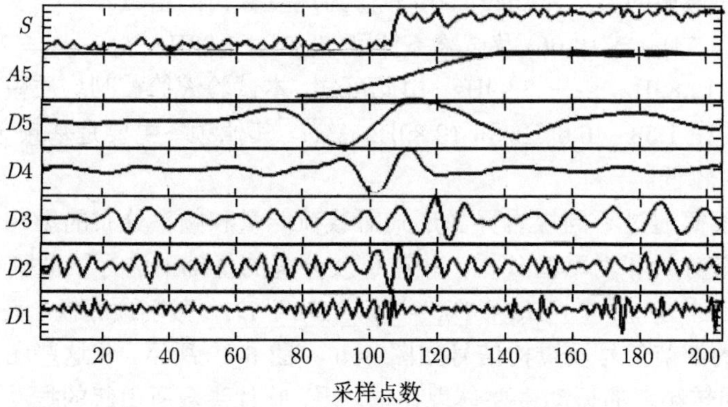

(c) 截割顶底板的小波分解及重构信号

图 6-46　截割顶底板载荷的小波分解

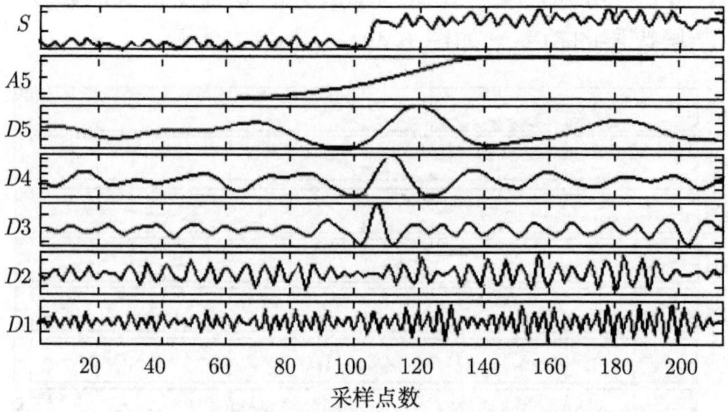

(a) 夹矸60mm的小波分解及重构信号

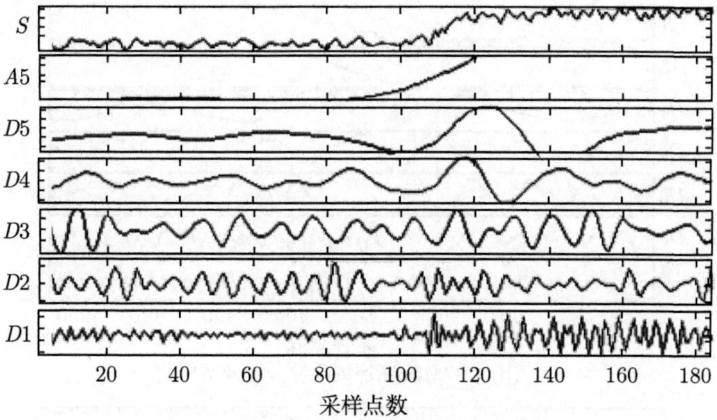

(b) 夹矸120mm的小波分解及重构信号

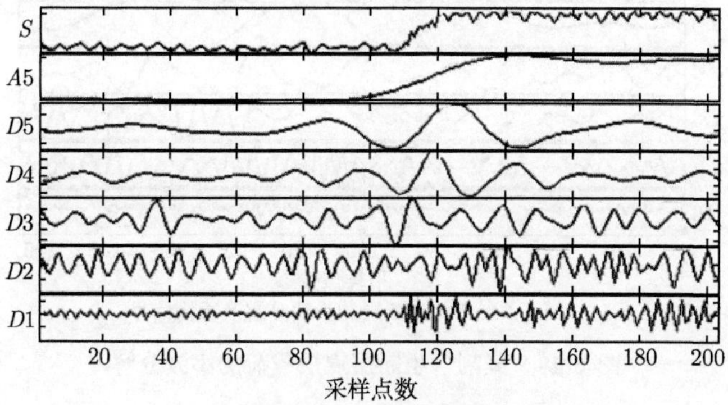

(c) 夹矸180mm的小波分解及重构信号

图 6-47 截割夹矸煤层载荷的小波分解

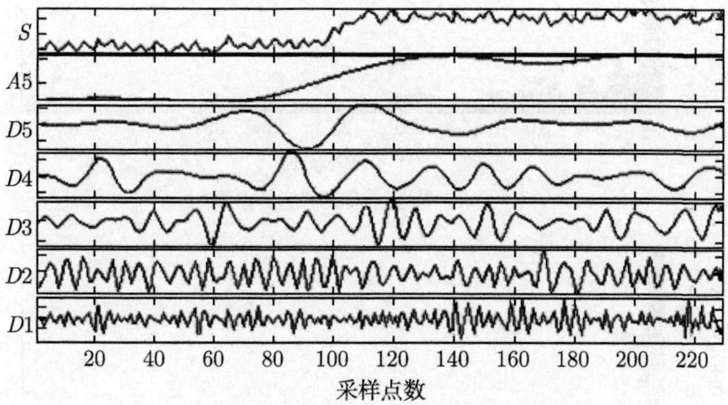

(a) 1.43MPa断层的小波分解及重构信号

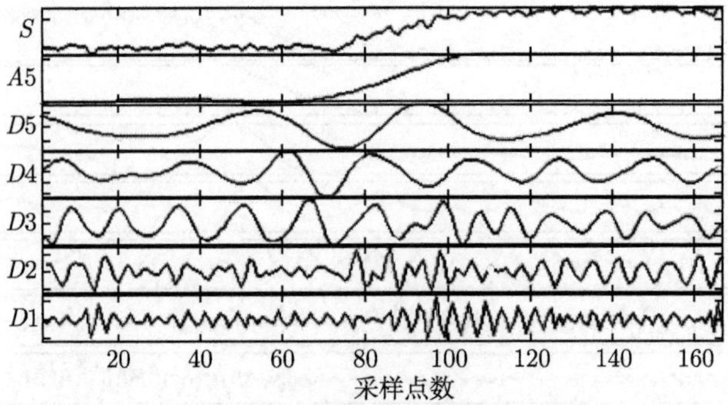

(b) 1.97MPa断层的小波分解及重构信号

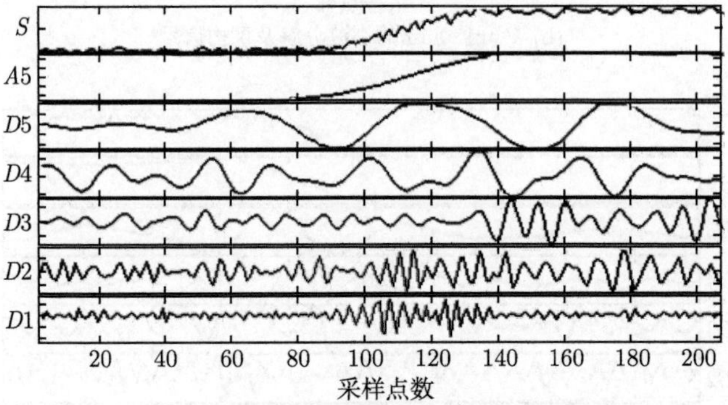

(c) 2.48MPa断层的小波分解及重构信号

图 6-48　截割含小断层煤层载荷的小波分解

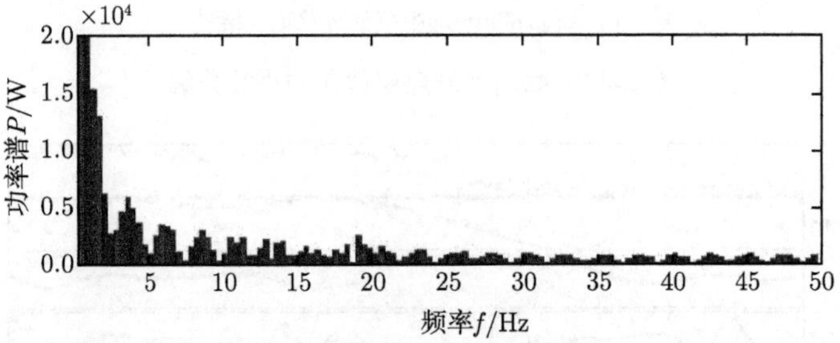

(a) 截割底板载荷的功率谱

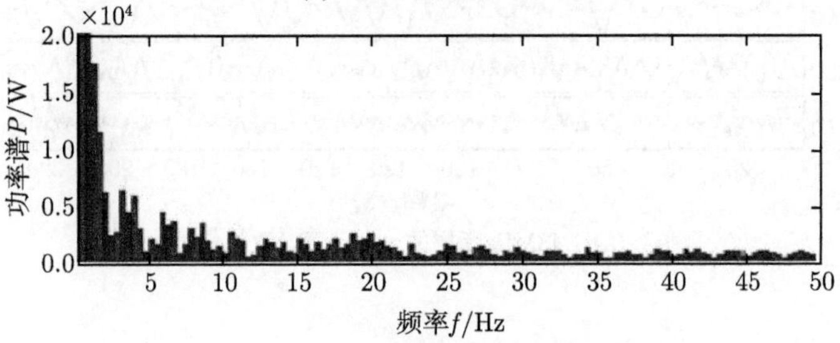

(b) 截割顶板载荷的功率谱

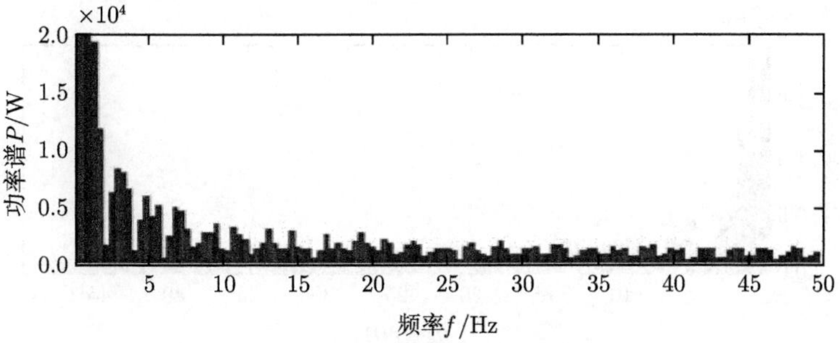

(c) 截割顶板载荷的功率谱

图 6-49 截割顶底板载荷的功率谱

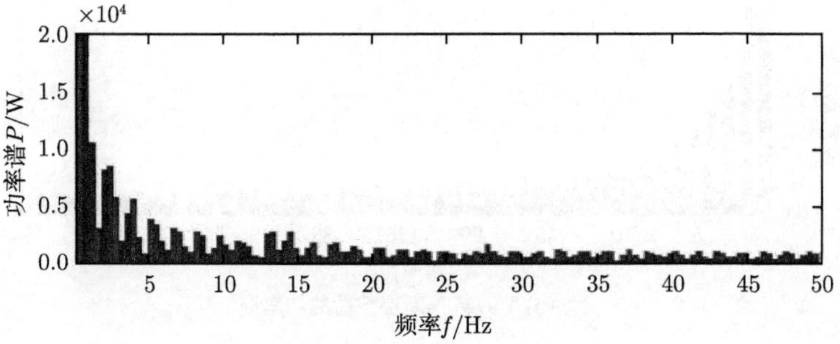

(a) 夹矸60mm载荷的功率谱

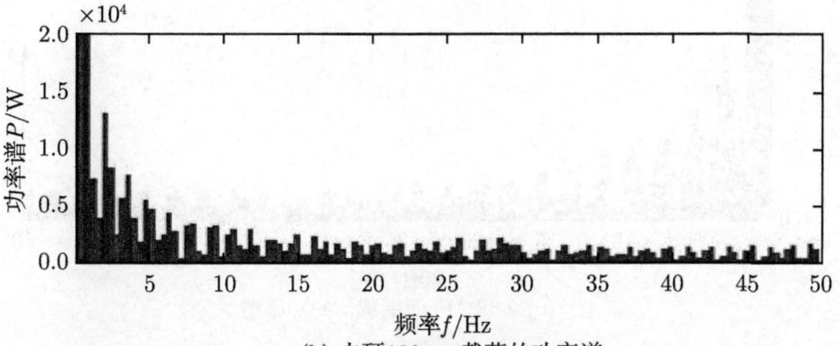

(b) 夹矸120mm载荷的功率谱

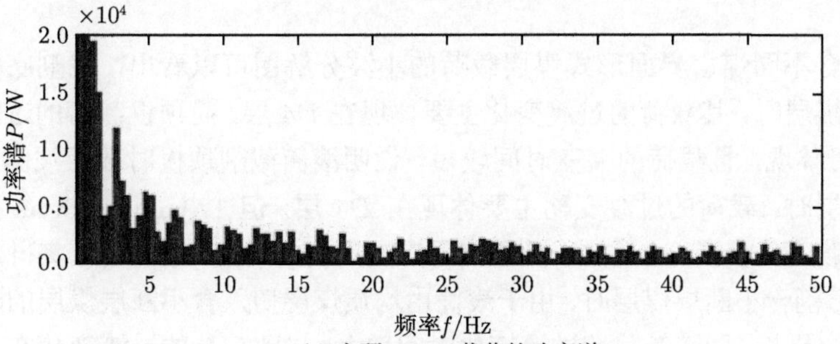

(c) 夹矸180mm载荷的功率谱

图 6-50 截割夹矸煤层载荷的功率谱

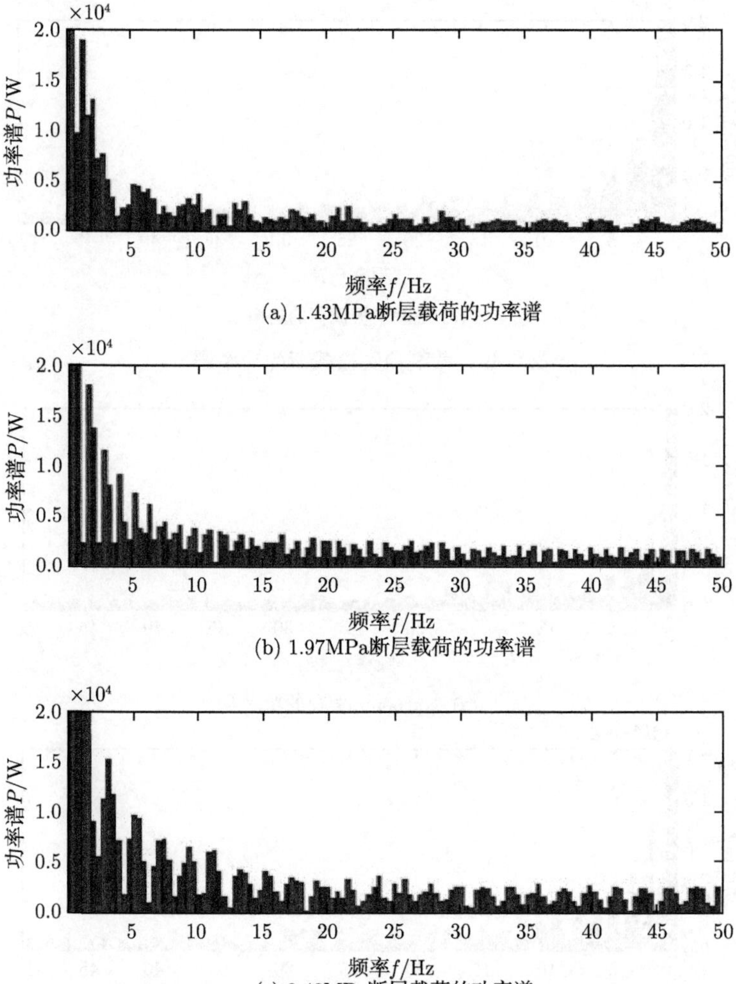

(a) 1.43MPa断层载荷的功率谱

(b) 1.97MPa断层载荷的功率谱

(c) 2.48MPa断层载荷的功率谱

图 6-51 截割含小断层煤层载荷的功率谱

根据含不同煤岩界面形式煤层载荷的小波分解图可以看出，截割底板、顶板和顶底板煤层时，其载荷的过渡变化主要体现在 $D4$ 层，而顶板载荷的过渡变化在 $D3$ 层也可体现，且载荷的突变时间较短，说明滚筒截割顶板时载荷波动较大；截割夹矸煤层时，载荷的过渡变化主要体现在 $D4$ 层，但 120mm、180mm 夹矸煤层载荷的过渡变化较慢，这是由于随着夹矸煤层厚度的增加，滚筒切入夹矸煤层的时间变长；截割含小断层煤层时，由于滚筒由均质煤层切入含小断层煤层的时间比切入夹矸煤层更长，即滚筒载荷过渡变化时间增大，导致载荷的过渡变化在小波分解图中的细节图不是非常明显，但是根据小波分解每层信号的波动变化可以看出，截割含小断层煤层时载荷的过渡变化主要体现在 $D5$ 层。同时，从不同载荷的小波分解图可以看出，随着过渡时间的延长，表示过渡载荷的小波分解图中的细节图已不明显，由此可知，小波分解对载荷变化时间较短且剧烈的效果较好。

同时，根据不同煤岩界面形式载荷的功率谱与图 6-45 对比可以看出，截割底板、顶板和顶底板时，除使功率谱的幅值有所增大外，还出现了频率为 8.53Hz 的低频信号；截割夹矸煤层时，随着夹矸层厚度的增大，功率谱的幅值增大且低频范围增大，且 25~30Hz 频率范围的幅值变化较大；而随着煤层和小断层抗压强度差值的增大，除了使低频幅值增大、范围变宽，对高频部分的影响也较为显著。但是，从不同载荷信号的功率谱可以看出，其整体变化趋势基本相同，说明此信号存在影响其变化的本质特征因子。

6.3.3.3 煤岩界面突变载荷本构模型建立

滚筒通过煤岩界面时载荷的变化实际上是单个截齿截煤载荷变化的宏观表现，单齿截割载荷不随截齿侵深的增长而均衡地增加，在截入煤层之初，载荷按一定的比例增加，当达到某一临界值时便发生突然的跃进现象。此时煤体出现崩碎，载荷暂时下降，随着截齿的继续截入，载荷再度上升，此种现象周而复始地出现。煤层脆性越大，这种跃进式截入特点越明显。而截齿截煤载荷变化的这个过程反映在滚筒截割煤岩界面上，呈现的是滚筒载荷随着滚筒截入煤岩界面煤层宽度变化而变化，载荷起初按一定的比例增加，当达到某一临界值时便发生突然的跃进现象。当滚筒截入煤岩界面煤层的宽度达到一定宽度时，载荷的变化将趋于稳定。滚筒由均质煤层过渡到煤岩界面煤层的过程如图 6-52 所示，岩层指含顶底板煤层、夹矸煤层和小断层煤层。

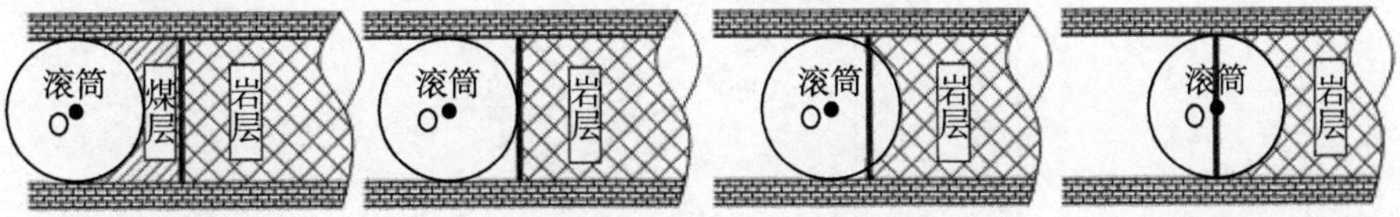

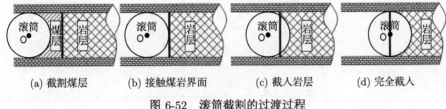

(a) 截割煤层 (b) 接触煤岩界面 (c) 截入岩层 (d) 完全截入

图 6-52 滚筒截割的过渡过程

根据截割载荷的小波分解图可以看出滚筒截入含煤岩界面煤层时的两个重要现象：一是非线性，载荷与截入宽度间不存在线性关系，在滚筒完全截入前用线性近似也存在一定的误差；二是软化性，过了峰值点后，曲线下滑。基于此，建立了截割过程中过渡载荷变化的理论形式如图 6-53 所示，B 点为滚筒由均质煤层截入含煤岩界面煤层的起始点，AB 段为截割均质煤层，BD 段为过渡载荷，横坐标为滚筒截入煤岩界面煤层的宽度，纵坐标为截割载荷。并且，采用负指数形式来建立滚筒截割煤岩界面载荷过渡变化时的本构力学模型：

$$F = Kse^{-\frac{s}{s_0}} \tag{6-67}$$

式中，F 为截割载荷；K 为煤岩刚度；s 为滚筒截入宽度；s_0 为峰值载荷对应下的截入宽度。

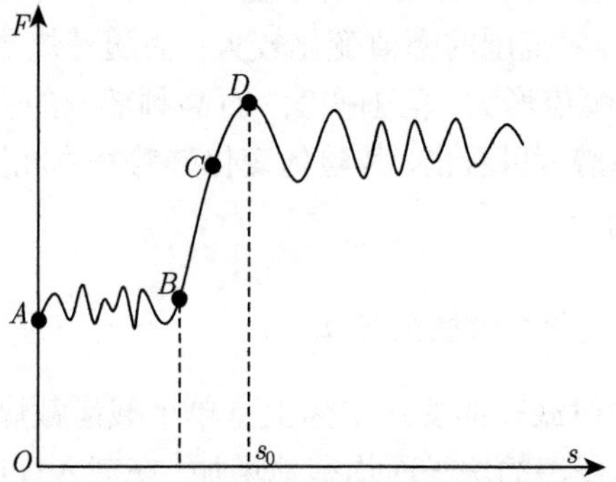

图 6-53　截割煤岩界面载荷变化图

为验证突变载荷理论模型的正确性，对模型进行仿真研究。仿真时 K 分别为 1500、1200、1000，仿真变化曲线如图 6-54 所示。从图中可以看出，仿真曲线与理论曲线的变化趋势基本相同，并体现了滚筒截入时的两个现象，说明了理论载荷力学模型的正确性。

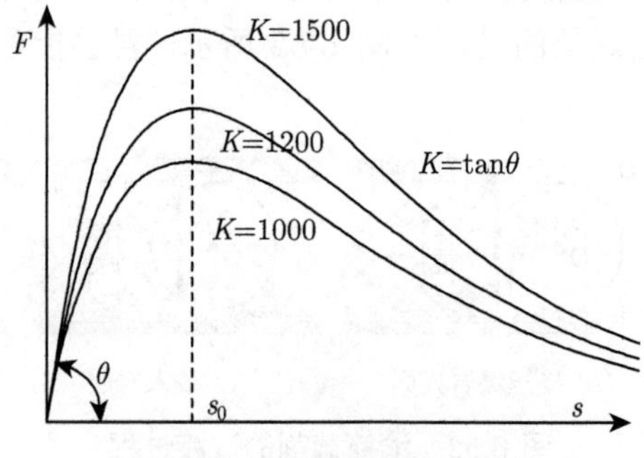

图 6-54　模拟突变载荷曲线

同时，式 (6-67) 对于含不同煤岩界面煤层其刚度 K 的含义不同，对于含小断层煤层：

$$K = \sigma_{\mathrm{yy}} - \sigma_{\mathrm{ym}} \tag{6-68}$$

式中，σ_{yy} 为岩层抗压强度；σ_{ym} 为煤层抗压强度。

并且，式 (6-68) 对于滚筒由空载到截入煤层时也实用，此时 $K = \sigma_{\mathrm{m}}$。而对于

含顶底板煤层和夹矸煤层，系统刚度 K 为

$$K = \sigma_{\mathrm{yc}} - \sigma_{\mathrm{ym}} \tag{6-69}$$

式中，σ_{yc} 为煤岩等效抗压强度，其值可根据截割比能耗求得。由于截割比能耗与抗压强度呈线性关系，为此，可根据下式求得等效抗压强度：

$$k_\sigma \sigma_{\mathrm{yc}} + C_0 = H_{\mathrm{cw}} \tag{6-70}$$

式中，k_σ 为截割比能耗随煤层抗压强度变化的斜率，其值为 $k_\sigma = \Delta H_{\mathrm{w}}/\Delta\sigma_{\mathrm{ym}}$；$C_0$ 为常数；H_{cw} 为截割含顶底板煤层和夹矸煤层时的截割比能耗。

根据以上分析可得滚筒通过煤岩界面时载荷的变化力学模型为

$$\begin{cases} F = Kse^{-\frac{s}{s_0}}, \quad K = \sigma_{\mathrm{yy}} - \sigma_{\mathrm{ym}}\ (\text{煤层} \to \text{岩层, 空载} \to \text{煤层}) \\ F = Kse^{-\frac{s}{s_0}}, \quad K = \sigma_{\mathrm{yc}} - \sigma_{\mathrm{ym}}\ (\text{煤层} \to \text{顶底板煤层/夹矸煤层}) \end{cases} \tag{6-71}$$

6.3.3.4 突变载荷本构模型的突变分析

突变理论主要解决由渐变、量变发展为突变、质变的现象，而此现象的发生由系统中某一因素的连续变化引起，并且很多现象可通过建立其突变模型来解释[10]。突变理论对力学系统问题的描述如下：

$$\frac{\mathrm{d}x_i}{\mathrm{d}t} = -\frac{\partial V(x_i, c_\beta)}{\partial x_i} \tag{6-72}$$

式中，V 为系统的势函数；x_i 为系统的状态变量，$i = 1, 2, \cdots, n$；c_β 为系统的控制参数，$\beta = 1, 2, \cdots, m$。

突变理论研究是与时间 t 无关的结构稳定的系统，即

$$\frac{\partial V(x_i, c_\beta)}{\partial x_i} = 0 \tag{6-73}$$

此方程为梯度动力系统的平衡方程，其解为系统的临界点，其稳函数形式确定了 $\mathbf{R}^n$ 空间的平衡曲面 M。

突变理论的主要内容是研究势函数 $V(x_i, c_\beta)$ 的平衡点 $x_i(c_\beta)$ 如何随着控制参数 c_β 变化而变化的规律以及 $V(x_i, c_\beta)$ 与 x_i、c_β 间的关系。而势函数的具体形式由不同学科的具体规律来决定，此处采用的 V 为力学系统中的总能量。

突变理论的主要数学基础是奇点理论与拓扑学，根据势函数的临界点类型，用拓扑学方法研究势函数在各种临界点附近非连续形态的性质，建立其定性的模型。其中非常重要的一个概念是分叉集，如下所述。

设状态空间 $S \subset \mathbf{R}^n$，控制空间为 $C \subset \mathbf{R}^m$，平衡曲面 M 是由势函数 $V(S \times C \to \mathbf{R})$ 的偏导方程——式 (6-49) 所定义的 $\mathbf{R}^n \times \mathbf{R}^m$ 的子集，M 上所有奇点的集合称为奇点集，其在 C 中的像称为分叉集。

$$\nabla V_\beta (x) = 0, \quad x \in S, \quad \beta \in C \tag{6-74}$$

奇点集可通过使 Hessian 矩阵的行列式为零求得

$$\det H(V) = \det V_{ij} = \det \frac{\partial^2 V}{\partial x_i \partial x_j} = 0 \tag{6-75}$$

实际应用较多的为尖点突变模型，它由两个控制参数 u、v 和一个状态变量 x 构成，其势函数的正则形式为

$$V(x) = \frac{x^4}{4} + \frac{ux^2}{2} + vx \tag{6-76}$$

这个函数的临界点是 $V' = 0$，即

$$x^3 + ux + v = 0 \tag{6-77}$$

此三次方程为尖点突变模型的平衡方程，它有一个实根或三个实根，其实根数目的判别式为

$$\varDelta = 4u^3 + 27v^2 \tag{6-78}$$

如果 $\varDelta \leqslant 0$，则有三个实根，否则只有一个实根。$\varDelta = 0$ 时，或者两个根相同 (u 和 v 均非零)，或者所有三个根都不同 (u 和 v 均为零)。并且当 $\varDelta = 0$ 时，即

$$4u^3 + 27v^2 = 0 \tag{6-79}$$

此时，式 (6-79) 为分叉集方程。u 称为剖分因子，v 称为正则因子。当 $u > 0$ 时，v 的变化只是引起 x 的光滑变化；当 $u < 0$ 时，平衡曲面 M 出现折叠，x 的变化不再连续。

此处建立的力学模型把滚筒与煤岩作为一个系统来研究，而不是以某种强度理论对滚筒截割煤岩过程进行分析。并且此处认为在滚筒截割煤岩系统中，滚筒与煤岩的作用力不是作用力与反作用力的关系，而是把载荷分为滚筒截割截入的力 F_1 和煤岩本体的阻截入力 F_2，它们只有在静平衡条件下才相等，在截割过程中为非平稳状态。

同时，根据井下实际截割时滚筒载荷由煤岩特性决定，并且设定牵引速度与实际牵引速度存在一定差值的特性，截割截入过程的力学模型如图 6-55 所示，w 为设定位移，可根据采煤机类型及煤岩特性设定，为可控制量；s 为实际位移量，取

决于煤岩抗截入阻力特性，一般情况下不等于 w。由此可知截割系统的势能 V 可按下式表示：

$$\begin{aligned}V &= \frac{1}{2}k\left(w-s\right)^2+\int_0^s F\mathrm{d}s \\ &= \frac{1}{2}k\left(w-s\right)^2+\int_0^s Ks\mathrm{e}^{-\frac{s}{s_0}}\mathrm{d}s \\ &= \frac{1}{2}k\left(w-s\right)^2+Ks_0\left[s_0-\left(s+s_0\right)\mathrm{e}^{-\frac{s}{s_0}}\right]\end{aligned} \tag{6-80}$$

式中，k 为系统截入刚度；$F_1=k\left(w-s\right)$；$F_2=Ks\mathrm{e}^{-\frac{s}{s_0}}$。

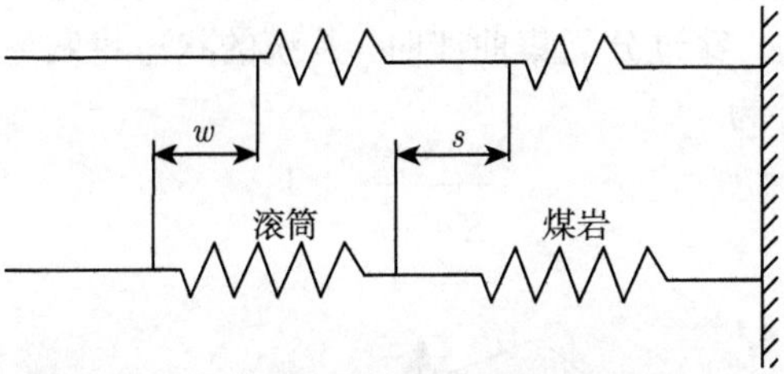

图 6-55 截割截入过程的力学模型

由以上分析可知，根据式 (6-80) 可得到势函数 V 的平衡曲面 M 和分叉集为[11]

$$\begin{cases}\dot{V}=Ks\mathrm{e}^{-\frac{s}{s_0}}-k(w-s)=0 \\ \ddot{V}=K\mathrm{e}^{-\frac{s}{s_0}}\left(1-\dfrac{s}{s_0}\right)+k=0\end{cases} \tag{6-81}$$

根据平衡曲面 M 的光滑性，使得 $\ddot{V}=0$ 可得平衡曲面尖点处位移 s_j 所满足的方程为

$$\dddot{V}=\frac{K}{s_0}\mathrm{e}^{-\frac{s}{s_0}}\left(2-\frac{s}{s_0}\right)=0 \tag{6-82}$$

则尖点处的位移量为 $s_\mathrm{jj}=2s_0$，将平衡曲面在尖点处作 Taylor 展开，截取前三项可得

$$\begin{aligned}Ks\mathrm{e}^{-\frac{s}{s_0}}-k(w-s) &= \left[\frac{K\mathrm{e}^{-\frac{s_\mathrm{jj}}{s_0}}}{6s_0^2}\left(3-\frac{s_\mathrm{jj}}{s_0}\right)\right]\left(s-s_\mathrm{jj}\right)^3 \\ &\quad+\left[\frac{K\mathrm{e}^{-\frac{s_\mathrm{jj}}{s_0}}}{2s_0}\left(\frac{s_\mathrm{jj}}{s_0}-2\right)\right]\left(s-s_\mathrm{jj}\right)^2 \\ &\quad+\left[K\mathrm{e}^{-\frac{s_\mathrm{jj}}{s_0}}\left(1-\frac{s_\mathrm{jj}}{s_0}\right)+k\right]\left(s-s_\mathrm{jj}\right)=0\end{aligned} \tag{6-83}$$

式 (6-83) 为三次方程，为得到尖点突变的理论标准模型需对其进行变化，令 $x=(s-s_{\mathrm{jj}})/s_{\mathrm{jj}}$ 并作变量代换可得到尖点突变理论标准形式的平衡曲面方程为

$$x^3+u_0x+v_0=0 \tag{6-84}$$

式中，$u_0=\dfrac{3}{4}(\lambda-1)$，$v_0=\dfrac{3}{4}(1-\lambda\xi)$，$\lambda=\dfrac{k}{K\mathrm{e}^{-\frac{s_{\mathrm{jj}}}{s_0}}}$，$\xi=\dfrac{w-s_{\mathrm{jj}}}{s_{\mathrm{jj}}}$，其中 λ 为截割系统刚度与煤岩刚度之比，称为刚度比；ξ 为全位移参数，即与全位移 w 有关的无量纲参数。

由式 (6-79) 和式 (6-84) 可得平衡曲面及其折线的投影，如图 6-56 所示，其中分叉集为一半立方抛物线。从图中可以看出，只要控制变量 $u_0<0$，系统从一种状态演化到另一种状态，穿过分叉集曲线时，系统的状态将发生突跳，系统失稳。即滚筒截割截入的条件为

$$\frac{k}{K\mathrm{e}^{-\frac{s_{\mathrm{jj}}}{s_0}}}<1 \tag{6-85}$$

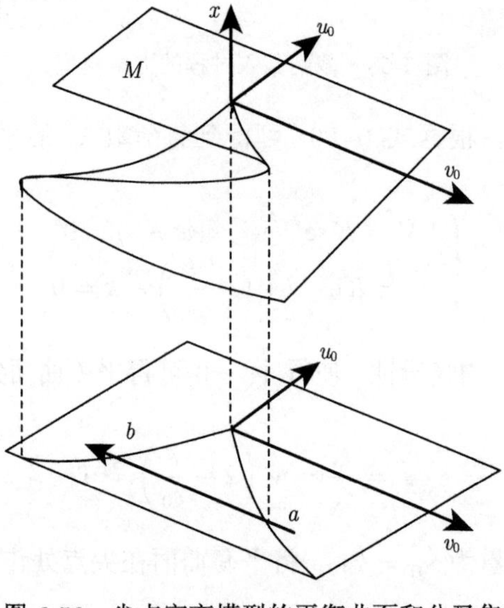

图 6-56　尖点突变模型的平衡曲面和分叉集

此为系统内部性质完全确定的条件，反映到采煤机滚筒截煤过程上，k 为牵引系统的刚度，$K\mathrm{e}^{-(s_{\mathrm{jj}}/s_0)}$ 为煤岩刚度。由此可知，若使采煤机正常截煤，其牵引系统的刚度必须小于煤岩刚度，否则截割时滚筒所受冲击载荷较大，将损坏滚筒或传动部分，甚至引起整机损坏。

为得到滚筒截割截入煤岩界面的能量条件，建立能量释放率与刚度间的关系。如图 6-57 所示，直线 L_1 为截割截入系统的刚度线，直线 L_2 为煤岩阻侵的刚度

线；G 点为全程曲线上的失稳点，即滚筒是否能完全截入使煤岩破坏的平衡点，在此点 $F_1 = F_2$。

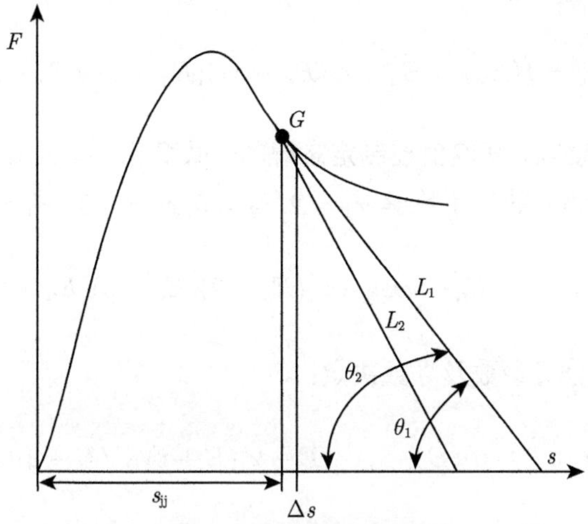

图 6-57 截割系统刚度

如果在 G 点有一位移量 Δs，则截入系统释放的能量为

$$\Delta P_1 = F_1\Delta s - \frac{1}{2}\tan\theta_1\Delta s^2 = F_1\Delta s - \frac{1}{2}k\Delta s^2 \tag{6-86}$$

煤岩破碎达到此位移所需能量为

$$\Delta P_2 = F_2\Delta s - \frac{1}{2}\tan\theta_2\Delta s^2 = F_2\Delta s - \frac{1}{2}\left|\frac{\mathrm{d}F_2}{\mathrm{d}s}\right|\Delta s^2 \tag{6-87}$$

由于 $F_1 = F_2$，则

$$\Delta P_1 - \Delta P_2 = \frac{1}{2}\left(\left|\frac{\mathrm{d}F_2}{\mathrm{d}s}\right| - k\right)\Delta s^2 \tag{6-88}$$

根据式 (6-85) 可知：

$$\Delta P_1 - \Delta P_2 > 0 \tag{6-89}$$

即滚筒截割煤岩的能量条件。由此可知只有滚筒释放的能量大于煤岩破碎所需的能量时，滚筒才能正常截割，否则会出现堵转，甚至损坏滚筒。

6.3.4 截割载荷的混沌模型

根据对煤岩界面载荷本构力学模型的分析可知，截割破碎系统具有分叉突变的失稳机制，因此，假设截割载荷信号 $E(t)$ 相重构后具有以下三次多项式形式：

$$E_{n+1} = E_n + \left(a_0 + a_1E_n + a_2E_n^2 + a_3E_n^3\right)\Delta\tau \tag{6-90}$$

此式为一个确定性的非线性时间序列模型，其定态点的个数取决于系数 $a_i(i=0,1,2,3)$。由于只有穿越分叉集时，才可能产生失稳破碎现象，且此时系统存在三个定态解，因此，假设定态解为 x_1,x_2,x_3，则式 (6-90) 可化为

$$E_{n+1}=f(E_n)=E_n-r_\varsigma(E_n-x_1)(E_n-x_2)(E_n-x_3) \tag{6-91}$$

式中，r_ς 为混沌扰动项，其取值控制定态解的个数变化，$r_\varsigma>0$。

对于穿越分叉集时的一个特解 $x_1=2,x_2=6,x_3=-8$，则式 (6-91) 转化为

$$E_{n+1}=f(E_n)=E_n-r_\varsigma(E_n-2)(E_n-6)(E_n+8) \tag{6-92}$$

其取值情况由分叉参数及导数决定：

$$f'(E_n)=1-r_\varsigma\left[(E-6)(E+8)+(E-2)(E+8)+(E-2)(E-6)\right] \tag{6-93}$$

当 $E_1=2,E_2=6,E_3=-8$ 时，上式分别为

$$\begin{cases} f'(E_n)=1-40r_\varsigma \\ f'(E_n)=1+56r_\varsigma \\ f'(E_n)=1-140r_\varsigma \end{cases} \tag{6-94}$$

由定态解稳定性判别条件 $|f'(E_n)|<1$ 知，$E=6$ 点总是不稳定的；当 $r_\varsigma<0.0143$ 时，$E=2$ 和 $E=-8$ 点都是稳定的；随着 r_ς 的增大，将发生失稳转化，当 $0.0143<r_\varsigma<0.050$ 时，$E=-8$ 点失稳，但 $E=2$ 仍为稳定；当 $0.050<r_\varsigma$ 时，所有定态解失稳。

同时，由图 6-58 的系统终态图可以看出，随着 r_ς 的增大，图像从一个“树枝”变为两个“树枝”，此时意味着系统的长期行为特征表现在两种不同的状态——上面一个“树枝”和下面一个“树枝”——之间交替变换。这就是周期行为特征。有两个“树枝”，称为周期 2。当看到四个树枝时，意味着终态行为特征的周期已经从 2 增到 4。这就是倍周期：$1\to2\to4\to8\to16\to\cdots$。在这个倍周期级联之外，从图的右端可以看到一个具有很多详细明显的图案结构。说明混沌现象已经开始；并且最后，当 $r_\varsigma\approx0.09$ 时，混沌主导了变化的整个区间。由此可以看出，只有混沌态的时间历程才能完全地表征整个载荷所有信息，才能模拟实际的载荷信号。

基于上述分析，通过对采煤机滚筒截割载荷的研究，根据煤岩界面载荷变化的本构方程 (式 (6-67))，及滚筒截割截入的力学模型 (图 6-55)，建立滚筒截割破煤过程的混沌动力学模型为

$$
\begin{cases}
F = Kx_1 \mathrm{e}^{-\frac{x_1}{s_0}} \\
\dot{x}_1 = x_2 \\
\dot{x}_2 = a(x_3 - x_1) - r_{\mathrm{h}} x_1 \mathrm{e}^{-\frac{x_1}{s_0}} - C_1 \\
\dot{x}_3 = x_4 \\
\dot{x}_4 = b x_4^2 - d(x_3 - x_1) - C_2
\end{cases}
\tag{6-95}
$$

式中，x_1 代表图 6-55 中的 s；x_2 是截割系统的截入速度；x_3 代表图 6-55 中的 w；x_4 为驱动系统的速度；$a = k/m_{\mathrm{g}} = 3$，m_{g} 为截割系统的质量；$r_{\mathrm{h}} = K/m_{\mathrm{g}}$ 为截割动力模型的混沌扰动项；$C_1 = \varsigma_1 x_2/m_{\mathrm{g}} = 0.5$ 为截割系统阻尼项，ς_1 为煤岩阻尼系数；$b = C_{\mathrm{q}}/m_{\mathrm{q}} = 20$，$C_{\mathrm{q}}$ 为驱动系统常数，本试验台中采用液压驱动，驱动力与流量的平方成正比，故在此用 $C_{\mathrm{q}} x_4^2$ 来代替驱动力，m_{q} 为驱动系统质量；$d = k/m_{\mathrm{q}} = 8$；$C_2 = \varsigma_2 x_4/m_{\mathrm{q}}$ 为驱动阻尼项，ς_2 为驱动阻尼系数；F 在此为输出载荷。

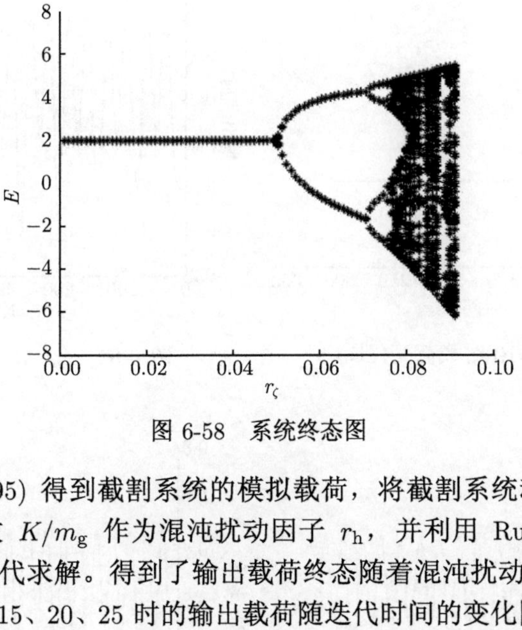

图 6-58 系统终态图

为利用式 (6-95) 得到截割系统的模拟载荷，将截割系统动力模型项 $\dot{x}_2$ 中的非线性项的系数 K/m_{g} 作为混沌扰动因子 r_{h}，并利用 Runge-Kutta 法将式 (6-95) 离散化并迭代求解。得到了输出载荷终态随着混沌扰动因子 r_{h} 的变化图以及 $r_{\mathrm{h}} = 1$、10、15、20、25 时的输出载荷随迭代时间的变化图，如图 6-59～ 图 6-64 所示。从图中可以看出，随着混沌扰动因子的变化，系统逐渐向混沌态过渡；在混沌扰动因子 $r_{\mathrm{h}} = 15$ 时，混沌信号开始打乱或淹没具有周期性的信号；并随着混沌扰动因子的继续增大，混沌信号遍布整个信号区。当 $r_{\mathrm{h}} \geqslant 20$ 后，混沌信号将试验所测信号的变化趋势可以完全表征出来，只是幅值上存在一定的差值。也就是说，如果式 (6-95) 中参数均按实际参数选择，此信号完全可以作为截割系统的模拟加载信号，实现对截割系统的仿真性研究，但必须满足式 (6-85)，即 k/K 在 0.1353 附近或小于此值。

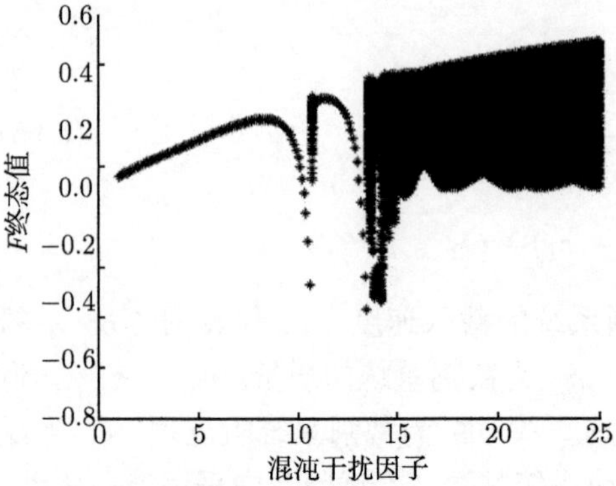

图 6-59　输出载荷终态图

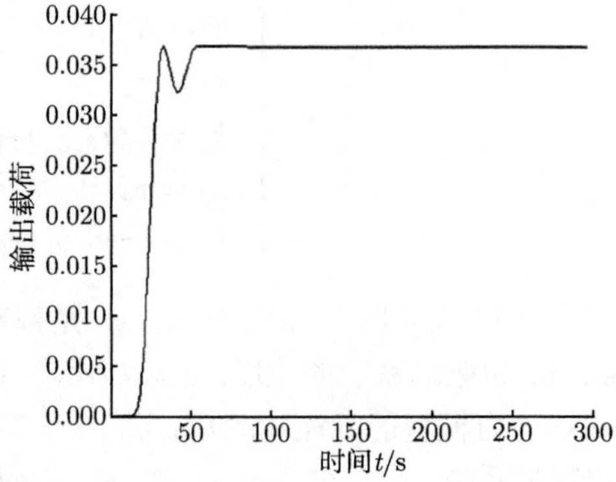

图 6-60　r_h=1 时载荷变化图

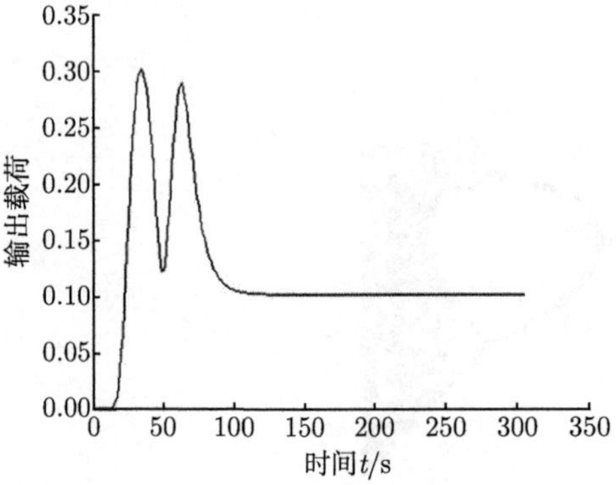

图 6-61　r_h=10 时载荷变化图

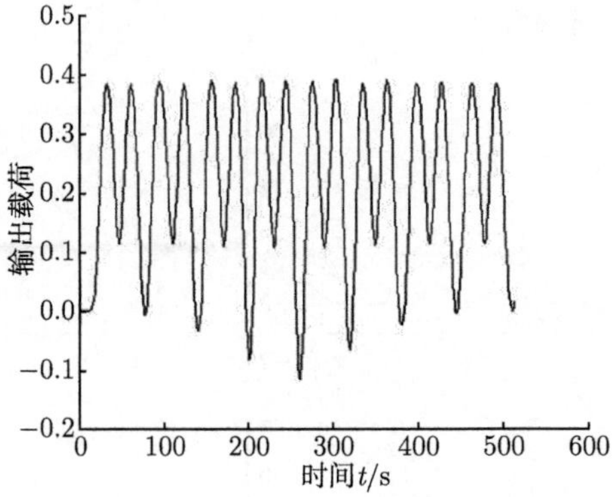

图 6-62　r_h=15 时载荷变化图

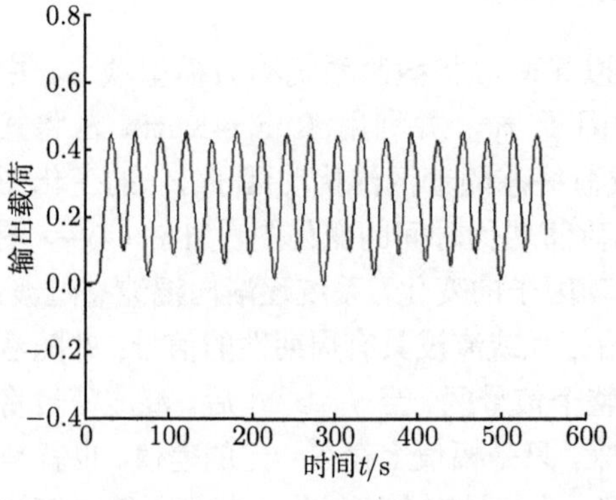

图 6-63　r_h=20 时载荷变化图

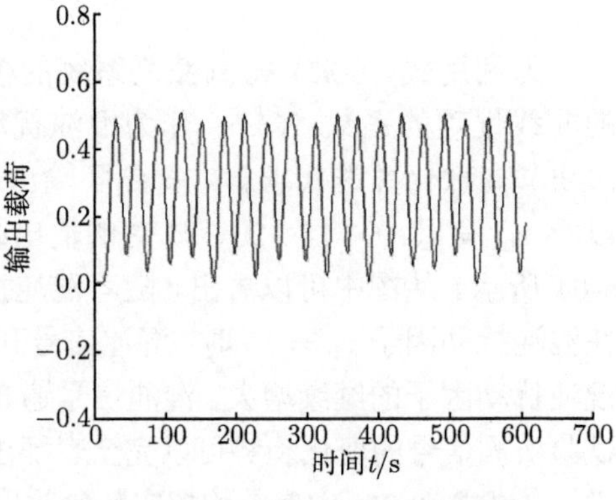

图 6-64　r_h=25 时载荷变化图

为进一步确认 $r_h \geqslant 20$ 模拟载荷信号的混沌性，对图 6-63、图 6-64 中的输出载荷信号进行了相空间重构和最大 Lyapunov 指数的求取，如图 6-65~ 图 6-68 所示。从图 6-65、图 6-66 中可以看出，模拟载荷信号的三维相图与实测信号的相图非常相似，均像极限环，但永久不封闭，在一定的区域内不断变化。并且，根据图 6-67、图 6-68 中的最大 Lyapunov 指数为 1.2357 可知，当 $r_{\mathrm{h}} \geqslant 20$ 时，式 (6-95) 确定的截割系统动力学模型为混沌态，并且完全可以对截割系统载荷进行表征。从另一方面也说明了所建截割系统混沌动力学模型的正确性，为对截割系统进行理论研究提供了一种新的方法。

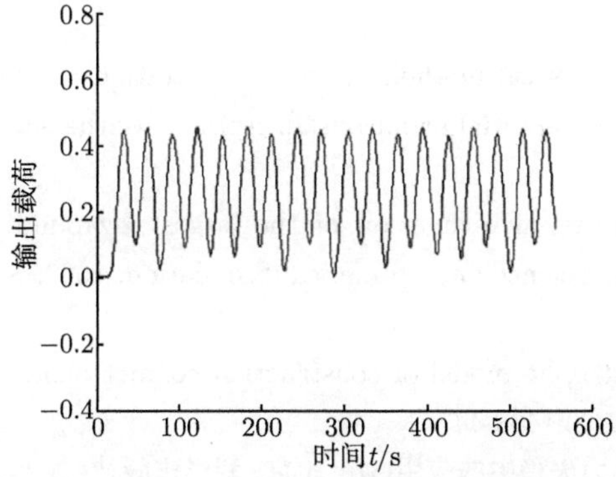

图 6-65 $r_{\mathrm{h}} = 20$ 时载荷的三维相图

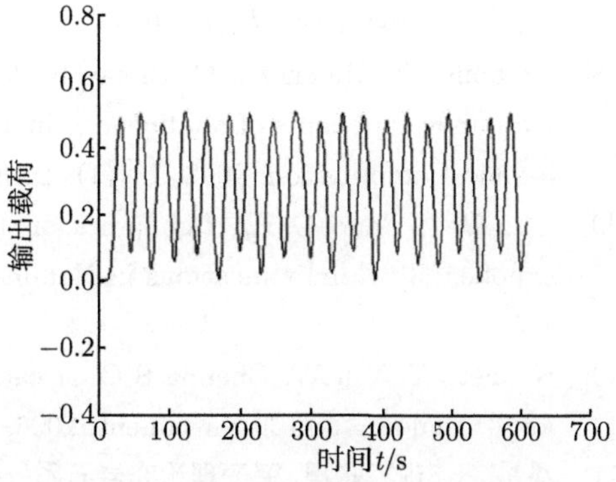

图 6-66 $r_{\mathrm{h}} = 25$ 时载荷的三维相图

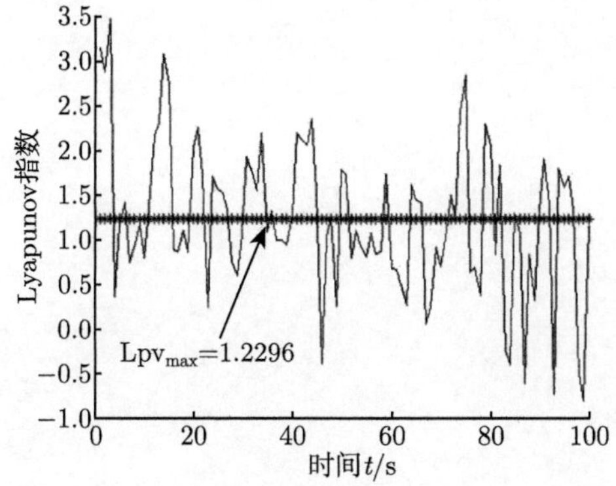

图 6-67 $r_{\mathrm{h}} = 20$ 时的最大 Lyapunov 指数

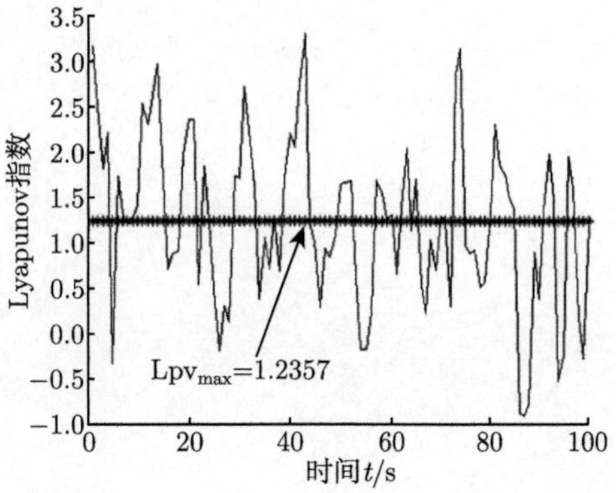

图 6-68 $r_{\mathrm{h}} = 25$ 时的最大 Lyapunov 指数

参 考 文 献

[1] 刘秉正, 彭建华. 非线性动力学[M]. 北京: 高等教育出版社, 2003.

[2] Suleymanov A A, Abbasov A A, Ismaylov A J. Fractal analysis of time series in oil and gas production[J]. Chaos, Solitons and Fractals, 2009, 41: 2474-2483.

[3] Kolokolov Y, Monovskaya A. Fractal principles of multidimensional data structurization for real-time pulse system dynamics forecasting and identification[J]. Chaos, Solitons and Fractals, 2005, 25: 991-1006.

[4] 谢和平. 分形——岩石力学导论[M]. 北京: 科学出版社, 1996.

[5] 刘送永, 杜长龙, 李建平. 煤截割粒度分布规律的分形特征研究[J]. 煤炭学报, 2009, 34(7): 977-982.

[6] 黄润生. 混沌及其应用[M]. 武汉: 武汉大学出版社, 2000.

[7] 海因茨・奥托・佩特根, 哈特穆特・于尔根斯, 迪特马尔・绍柏. 混沌与分形[M]. 田逢春, 译. 北京: 国防工业出版社, 2008.

[8] Carbonell F, Jimenez J C, Biscay R. A numerical method for the computation of the Lyapunov exponents of nonlinear ordinary differential equations[J]. Applied Mathematics and Computation, 2002, 131(1): 21-37.

[9] Kim B J, Choe G H. High precision numerical estimation of the largest Lyapunov exponent[J]. Communications in Nonlinear Science and Numerical Simulation, 2009, 8: 1-7.

[10] Kenneth T, Yiu W, Cheung S O. A catastrophe model of construction conflict behavior[J]. Building and Environment, 2006, 41(4): 438-447.

[11] 潘岳, 王志强, 张勇. 突变理论在岩石系统动力失稳中的应用[M]. 北京: 科学出版社, 2008.

索　引